EDA 工程与应用丛书

MATLAB 2016 高级应用与仿真

李 津 刘 涛 等编著

机 械 工 业 出 版 社

本书以 MATLAB 2016 为基础，结合高等学校教师的教学经验和计算科学的应用，讲解 MATLAB 在智能计算和系统仿真分析中的各种方法和技巧，完整地编写一套让学生与零基础读者可以灵活掌握的学习指南，让他们最终脱离书本并独立应用于工程实践中。

本书主要内容包括 MATLAB 的入门、基础知识、程序设计基础、图形绘制、图形与图像的处理、高等数学计算、方程组、符号运算、优化设计、图形用户界面设计、Simulink 仿真基础、数理统计分析、概率统计分析和外部接口设计等。本书覆盖数学计算与仿真分析的各个方面，既有 MATLAB 基本函数的介绍，也有用 MATLAB 编写的专门计算程序，利用函数解决不同的应用问题，实例丰富而典型，将重点知识进行融入应用，全书通过近 400 个实例指导读者有的放矢地进行学习，包括两章经典实例。

本书既可作为初学者的入门用书，也可作为高等院校相关工程技术专业学生和工程技术人员的工具用书。

图书在版编目（CIP）数据

MATLAB 2016 高级应用与仿真/李津等编著. —北京：机械工业出版社，2017.9（2025.1 重印）
（EDA 工程与应用丛书）
ISBN 978-7-111-57523-8

Ⅰ.①M… Ⅱ.①李… Ⅲ.①Matlab 软件 Ⅳ.①TP317

中国版本图书馆 CIP 数据核字（2017）第 171156 号

机械工业出版社（北京市百万庄大街 22 号 邮政编码 100037）
策划编辑：尚　晨　　责任编辑：尚　晨
责任校对：张艳霞　　责任印制：常天培

北京机工印刷厂有限公司印刷

2025 年 1 月第 1 版・第 3 次印刷
184mm×260mm・26 印张・630 千字
标准书号：ISBN 978-7-111-57523-8
定价：79.90 元

电话服务　　　　　　　　　网络服务
客服电话：010-88361066　　机 工 官 网：www.cmpbook.com
　　　　　010-88379833　　机 工 官 博：weibo.com/cmp1952
　　　　　010-68326294　　金　书　网：www.golden-book.com
封底无防伪标均为盗版　　　机工教育服务网：www.cmpedu.com

前　言

　　MATLAB 是美国 MathWorks 公司出品的一款优秀的数学计算软件，其强大的数值计算能力和数据可视化能力令人震撼。经过多年的发展，MATLAB 已经发展到了 2016a 版本，功能日趋完善。MATLAB 已经成为多种学科必不可少的计算工具，成为自动控制、应用数学、信息与计算科学等专业大学生与研究生必须掌握的基本技能。

　　目前，MATLAB 已经得到了很大程度的普及，它不仅成为各大公司和科研机构的专用软件，在各高校中同样也得到了普及。越来越多的学生借助 MATLAB 来学习数学分析、图像处理及仿真分析。

　　为了帮助零基础读者快速掌握 MATLAB 的使用方法，本书从基础着手，详细对 MATLAB 的基本函数功能进行介绍，同时根据读者的不同需求，作者在数学计算、图形绘制、仿真分析、最优化设计和外部接口编程等不同的领域进行了详细的介绍。

　　本书基于 MATLAB 2016a 版，提供了使用 MATLAB 解决数学问题的实践性指导，内容由浅入深，特别是对每一条命令的使用格式都做了详细而又简单明了的说明，并为用户提供了大量的例题加以说明，因此，对于初学者自学是很有帮助的；同时，又对数学中的一些深入问题如优化理论的算法介绍以及各种数学问题如概率问题、数理统计问题等进行了较为详细的介绍，因此，该书也可作为科技工作者的科学计算工具书。

　　本书共 16 章，分别介绍了 MATLAB 的入门、基础知识、程序设计基础、图形绘制、图形与图像的处理、高等数学计算、方程组的运算、符号运算、优化设计、图形用户界面设计、Simulink 仿真基础、数理统计分析、概率统计分析、外部接口设计、控制系统分析设计实例、分析健康女性的测量数据设计实例等内容。

　　MATLAB 本身是一个极为丰富的资源库。因此，对大多数用户来说，有些 MATLAB 内容看起来是"透明"的，也就是说用户能明白其全部细节；另有一些内容表现为"灰色"，即用户虽明白其原理但是对于具体的执行细节不能完全掌握；还有些内容则表现为"全黑"，即用户对它们一无所知。本书虽仅涉及 MATLAB 在各方面应用的一小部分，但就是这部分内容使作者在写稿过程中遇到过不少困惑，作者通过再学习和向专家请教虽克服了障碍，但仍难免有错误和偏见。本书所有算例均由作者在计算机上验证。在此，本书作者肯切期望得到各方面专家和广大读者的指教。

　　本书由华东交通大学教材基金资助，华东交通大学的李津和刘涛主编，华东交通大学的沈晓玲、朱爱华、黄志刚、钟礼东参与部分章节编著，其中李津执笔编写了第 1 ~ 4 章，刘涛执笔编写了第 5 ~ 8 章，沈晓玲执笔编写了第 9 ~ 10 章，朱爱华执笔编写了第 11 ~ 12 章，黄志刚执笔编写了第 13 ~ 14 章，钟礼东执笔编写了第 15 ~ 16 章。王敏、闫聪聪、刘昌丽、李兵、宫鹏涵、孙立明等参与了部分章节的内容整理，在此对他们的付出表示感谢。

读者在学习过程中若发现错误，请登录 www. sjzswsw. com 或联系 win760520@ 126. com，编者将不胜感激。欢迎加入三维书屋 EDA 图书学习交流群 QQ：477013282 交流探讨。也可以登录本 QQ 交流群索取本书配套资源包含全书所有实例（多达 400 个）的源文件。

编 者

目 录

前言
第1章 MATLAB 入门 ··· 1
  1.1 MATLAB 概述 ·· 1
    1.1.1 MATLAB 发展历程 ·· 1
    1.1.2 MATLAB 系统 ·· 2
  1.2 MATLAB 2016 用户界面 ·· 3
    1.2.1 标题栏 ··· 3
    1.2.2 功能区 ··· 4
    1.2.3 工具栏 ··· 4
    1.2.4 命令窗口 ·· 5
    1.2.5 历史窗口 ·· 7
    1.2.6 当前目录窗口 ··· 8
    1.2.7 工作空间管理窗口 ··· 10
    1.2.8 图像窗口 ··· 11
  1.3 MATLAB 内容及查找 ·· 12
    1.3.1 MATLAB 的搜索路径 ·· 12
    1.3.2 扩展 MATLAB 的搜索路径 ··· 13
  1.4 MATLAB 帮助系统 ··· 15
    1.4.1 联机帮助系统 ··· 15
    1.4.2 帮助命令 ··· 15
    1.4.3 联机演示系统 ··· 18
    1.4.4 网络资源 ··· 20
第2章 MATLAB 基础知识 ··· 22
  2.1 MATLAB 命令的组成 ·· 22
    2.1.1 基本符号 ··· 23
    2.1.2 功能符号 ··· 24
    2.1.3 常用指令 ··· 25
    2.1.4 基本数学函数 ··· 27
  2.2 数据类型 ·· 27
    2.2.1 变量与常量 ·· 28
    2.2.2 数值 ··· 29
    2.2.3 字符串 ·· 32
    2.2.4 向量 ··· 34
    2.2.5 矩阵 ··· 36

  2.2.6 单元型变量 ·· 42
  2.2.7 结构型变量 ·· 43
 2.3 运算符 ·· 45
  2.3.1 算术运算符 ·· 45
  2.3.2 关系运算符 ·· 46
  2.3.3 逻辑运算符 ·· 46
 2.4 数值运算 ·· 46
  2.4.1 矩阵运算 ··· 47
  2.4.2 向量运算 ··· 52
 2.5 M 文件 ··· 54
  2.5.1 命令式文件 ·· 55
  2.5.2 函数式文件 ·· 57
 2.6 操作实例——魔方阵函数 ··· 58
第3章 程序设计基础 ·· 60
 3.1 MATLAB 程序设计 ·· 60
  3.1.1 表达式、表达式语句与赋值语句 ·· 60
  3.1.2 程序结构 ··· 61
  3.1.3 程序流程控制指令 ··· 66
  3.1.4 人机交互语句 ··· 67
  3.1.5 MATLAB 程序的调试命令 ·· 69
 3.2 函数句柄 ·· 69
  3.2.1 函数句柄的创建与显示 ··· 69
  3.2.2 函数句柄的调用与操作 ··· 70
 3.3 函数变量及其作用域 ··· 70
 3.4 子函数与私有函数 ·· 71
 3.5 程序设计的辅助函数 ··· 71
 3.6 程序设计优化 ·· 73
 3.7 文件调用记录 ·· 73
  3.7.1 profile 函数 ·· 73
  3.7.2 调用记录结果的显示 ·· 74
 3.8 操作实例——编写一个学生成绩评定函数 ·· 78
第4章 图形绘制 ·· 80
 4.1 二维曲线的绘制 ··· 80
  4.1.1 绘制二维图形 ··· 80
  4.1.2 多图形显示 ·· 84
  4.1.3 函数图形的绘制 ·· 87
 4.2 图形属性设置 ·· 91
  4.2.1 图形窗口的属性 ·· 91
  4.2.2 坐标系与坐标轴 ·· 95

        4.2.3 图形注释 ………………………………………………………………………… 98
　4.3 三维绘图 ………………………………………………………………………………… 104
        4.3.1 三维曲线绘图命令 ……………………………………………………………… 104
        4.3.2 三维网格命令 …………………………………………………………………… 108
        4.3.3 三维曲面命令 …………………………………………………………………… 111
        4.3.4 柱面与球面 ……………………………………………………………………… 113
        4.3.5 三维图形等值线 ………………………………………………………………… 115
　4.4 三维图形修饰处理 ……………………………………………………………………… 120
        4.4.1 视角处理 ………………………………………………………………………… 120
        4.4.2 颜色处理 ………………………………………………………………………… 122
        4.4.3 光照处理 ………………………………………………………………………… 125
　4.5 操作实例——绘制函数的三维视图 …………………………………………………… 129

第5章 图形与图像的处理 ……………………………………………………………………… 132
　5.1 向量图形 ………………………………………………………………………………… 132
　5.2 图像处理及动画演示 …………………………………………………………………… 135
        5.2.1 图像的读写 ……………………………………………………………………… 135
        5.2.2 图像的显示及信息查询 ………………………………………………………… 136
        5.2.3 动画演示 ………………………………………………………………………… 139
　5.3 操作实例——曲线的绘制 ……………………………………………………………… 141

第6章 高等数学计算 …………………………………………………………………………… 144
　6.1 数列 ……………………………………………………………………………………… 144
        6.1.1 数列求和 ………………………………………………………………………… 145
        6.1.2 数列求积 ………………………………………………………………………… 151
　6.2 级数 ……………………………………………………………………………………… 156
　6.3 极限、导数 ……………………………………………………………………………… 158
        6.3.1 极限 ……………………………………………………………………………… 158
        6.3.2 导数 ……………………………………………………………………………… 159
　6.4 积分 ……………………………………………………………………………………… 160
        6.4.1 定积分与广义积分 ……………………………………………………………… 160
        6.4.2 不定积分 ………………………………………………………………………… 162
        6.4.3 多重积分 ………………………………………………………………………… 162
　6.5 积分变换 ………………………………………………………………………………… 165
        6.5.1 傅里叶（Fourier）积分变换 …………………………………………………… 165
        6.5.2 傅里叶（Fourier）逆变换 ……………………………………………………… 166
        6.5.3 快速傅里叶（Fourier）变换 …………………………………………………… 167
        6.5.4 拉普拉斯（Laplace）变换 ……………………………………………………… 170
        6.5.5 拉普拉斯（ilaplace）逆变换 …………………………………………………… 171
　6.6 复杂函数 ………………………………………………………………………………… 172
        6.6.1 泰勒（Taylor）展开 ……………………………………………………………… 172

6.6.2 傅里叶（Fourier）展开 ························· 174
6.7 操作实例——高斯脉冲时域与频域转换 ················· 175

第7章 方程组 ························· 177

7.1 方程的运算 ························· 177
　　7.1.1 方程组的介绍 ························· 177
　　7.1.2 方程式的解 ························· 178
　　7.1.3 线性方程有解 ························· 179
7.2 线性方程组求解 ························· 179
　　7.2.1 线性方程组定义 ························· 180
　　7.2.2 利用矩阵的基本运算 ························· 180
　　7.2.3 利用矩阵分解法求解 ························· 182
　　7.2.4 非负最小二乘解 ························· 186
7.3 四元一次方程组求解 ························· 189
　　7.3.1 利用矩阵的逆 ························· 190
　　7.3.2 利用行阶梯形求解 ························· 190
　　7.3.3 利用矩阵分解求解 ························· 191
7.4 非线性方程（组）的求解 ························· 195
　　7.4.1 非线性方程的求解 ························· 195
　　7.4.2 非线性方程组的求解 ························· 196
7.5 常微分方程的数值解法 ························· 197
　　7.5.1 欧拉（Euler）方法 ························· 198
　　7.5.2 龙格－库塔（Runge Kutta）方法 ························· 200
　　7.5.3 用龙格－库塔（Runge－Kutta）方法解刚性问题 ························· 205
7.6 偏微分方程 ························· 206
　　7.6.1 偏微分方程简介 ························· 206
　　7.6.2 区域设置及网格化 ························· 207
　　7.6.3 边界条件设置 ························· 211
　　7.6.4 解椭圆型方程 ························· 213
　　7.6.5 解抛物型方程 ························· 216
　　7.6.6 解双曲型方程 ························· 217
　　7.6.7 解特征值方程 ························· 218
　　7.6.8 解非线性椭圆型方程 ························· 220
7.7 操作实例——带雅可比矩阵的非线性方程组求解 ························· 221

第8章 符号运算 ························· 224

8.1 符号与数值 ························· 224
　　8.1.1 符号与数值间的转换 ························· 224
　　8.1.2 符号与数值间的精度设置 ························· 225
8.2 符号矩阵 ························· 226
　　8.2.1 符号矩阵的创建 ························· 226

  8.2.2 符号矩阵的其他运算 …………………………………………………………… 228
  8.2.3 符号多项式的简化 ………………………………………………………………… 233
 8.3 多元函数分析 ………………………………………………………………………………… 235
  8.3.1 雅可比矩阵 ………………………………………………………………………… 235
  8.3.2 实数矩阵的梯度 …………………………………………………………………… 236
 8.4 操作实例——希尔伯特矩阵 ……………………………………………………………… 237

第9章 优化设计 …………………………………………………………………………………… 247
 9.1 优化问题概述 ………………………………………………………………………………… 247
  9.1.1 背景 ………………………………………………………………………………… 247
  9.1.2 最优化问题的实现 ………………………………………………………………… 248
  9.1.3 基本概念及分支 …………………………………………………………………… 248
 9.2 MATLAB 中的工具箱 ……………………………………………………………………… 250
  9.2.1 MATLAB 中常用的工具箱 ……………………………………………………… 250
  9.2.2 工具箱和工具箱函数的查询 ……………………………………………………… 251
 9.3 优化工具箱中的函数 ………………………………………………………………………… 254
 9.4 优化函数的变量 ……………………………………………………………………………… 255
 9.5 参数设置 ……………………………………………………………………………………… 257
  9.5.1 参数值 ……………………………………………………………………………… 257
  9.5.2 optimset 函数 ……………………………………………………………………… 258
  9.5.3 optimget 函数 ……………………………………………………………………… 263
 9.6 模型输入时需要注意的问题 ………………………………………………………………… 264
 9.7 @ 函数 ………………………………………………………………………………………… 264
 9.8 优化算法介绍 ………………………………………………………………………………… 265
  9.8.1 参数优化问题 ……………………………………………………………………… 265
  9.8.2 无约束优化问题 …………………………………………………………………… 266
  9.8.3 拟牛顿法实现 ……………………………………………………………………… 268
  9.8.4 最小二乘优化 ……………………………………………………………………… 268
  9.8.5 非线性最小二乘实现 ……………………………………………………………… 269
  9.8.6 约束优化 …………………………………………………………………………… 269
  9.8.7 SQP 实现 …………………………………………………………………………… 270
 9.9 线性规划 ……………………………………………………………………………………… 271
  9.9.1 表述形式 …………………………………………………………………………… 271
  9.9.2 MATLAB 求解 …………………………………………………………………… 272
 9.10 操作实例——最小化问题 ………………………………………………………………… 279

第10章 图形用户界面设计 ……………………………………………………………………… 282
 10.1 用户界面概述 ……………………………………………………………………………… 282
  10.1.1 用户界面对象 …………………………………………………………………… 282
  10.1.2 图形用户界面 …………………………………………………………………… 283
 10.2 图形用户界面设计 ………………………………………………………………………… 285

		10.2.1 GUI 概述	285
		10.2.2 创建控件	285
		10.2.3 控件属性编辑	288
	10.3	控件编程	291
		10.3.1 菜单设计	292
		10.3.2 回调函数	294
	10.4	操作实例——二阶系统的曲线显示	297

第 11 章 Simulink 仿真基础 … 300

11.1	Simulink 简介	300
	11.1.1 Simulink 模型的特点	301
	11.1.2 Simulink 的数据类型	302
11.2	Simulink 模块库	305
	11.2.1 常用模块库	305
	11.2.2 子系统及其封装	307
11.3	模块的创建	312
	11.3.1 创建模块文件	312
	11.3.2 模块的基本操作	314
	11.3.3 模块参数设置	315
	11.3.4 模块的连接	317
11.4	仿真分析	319
	11.4.1 仿真参数设置	320
	11.4.2 仿真的运行和分析	321
	11.4.3 仿真错误诊断	322
11.5	过零检测	323
11.6	代数环	324
11.7	回调函数	324
11.8	S 函数	326
	11.8.1 S 函数的工作流程	326
	11.8.2 S 函数的编写	327
11.9	操作实例——轴系扭转振动仿真	329

第 12 章 数理统计分析 … 332

12.1	MATLAB 数理统计基础	332
	12.1.1 样本均值	332
	12.1.2 样本方差与标准差	334
	12.1.3 协方差和相关系数	335
12.2	曲线拟合	336
	12.2.1 多项式拟和	336
	12.2.2 直线的最小二乘拟合	337
	12.2.3 最小二乘法曲线拟合	339

12.3 回归分析 341
　　12.3.1 一元线性回归 342
　　12.3.2 多元线性回归 342
　　12.3.3 部分最小二乘回归 343
12.4 操作实例——飞机速度拟合分析 346

第13章 概率统计分析
13.1 概率问题 349
13.2 数据可视化 349
　　13.2.1 离散情况 349
　　13.2.2 连续情况 350
13.3 正交试验分析 352
　　13.3.1 正交试验的极差分析 352
　　13.3.2 正交试验的方差分析 355
13.4 特殊图形 358
　　13.4.1 统计图形 358
　　13.4.2 离散数据图形 362
13.5 操作实例——盐泉的钾性判别 365

第14章 MATLAB与外部程序接口
14.1 应用程序接口介绍 370
　　14.1.1 MEX文件 370
　　14.1.2 mx-函数库和MEX文件的区别 371
　　14.1.3 MAT文件 372
14.2 MEX文件的编辑与使用 372
　　14.2.1 C语言MEX文件的编写 372
　　14.2.2 FORTRAN语言MEX文件 378
14.3 MATLAB可执行程序 379
　　14.3.1 接口函数mexFunction 379
　　14.3.2 出错信息发布函数mexErrMsgTxt和mexWarnMsgTxt 379
　　14.3.3 变量定义函数mexCallMATLAB和mexString 380
　　14.3.4 建立二维双精度矩阵函数mxCreateDoubleMatrix 380
　　14.3.5 获取行维和列维函数mxGetM、mxGetN 380
　　14.3.6 获取矩阵实部和虚部函数mxGetPr、mxGetPi 381
　　14.3.7 在Visual C++中实现MATLAB可执行程序 381

第15章 控制系统的时域分析设计实例
15.1 控制系统的分析 385
　　15.1.1 控制系统的仿真分析 385
　　15.1.2 闭环传递函数 385
15.2 闭环传递函数的响应分析 386
　　15.2.1 阶跃响应曲线 386

		15.2.2 冲激响应曲线 ··· 387
		15.2.3 斜坡响应 ··· 388

15.3 控制系统的稳定性分析 ··· 388
  15.3.1 状态空间实现 ··· 388
  15.3.2 稳定性 ··· 389

第16章 分析健康女性的测量数据设计实例 ······················· 391
16.1 健康女性的测量数据分析 ·· 391
16.2 曲线拟合分析 ··· 391
  16.2.1 二次多项式拟合曲线 ·· 392
  16.2.2 直线拟合分析 ·· 393
  16.2.3 线性回归分析 ·· 395
16.3 样本分析 ··· 396
  16.3.1 样本均值分析 ·· 396
  16.3.2 样本方差的分析 ··· 398
  16.3.3 协方差分析 ··· 399

参考文献 ·· 404

第1章 MATLAB 入门

 内容指南

MATLAB 是 Matrix Laboratory（矩阵实验室）的缩写。它是以线性代数软件包 LINPACK 和特征值计算软件包 EISPACK 中的子程序为基础发展起来的一种开放式程序设计语言，是一种高性能的工程计算语言，其基本的数据单位是没有维数限制的矩阵。本章主要介绍了 MATLAB 的发展历程及 MATLAB 的用户界面。

 知识重点

- MATLAB 概述
- MATLAB 2016 用户界面
- MATLAB 2016 内容及查找
- MATLAB 帮助系统

1.1 MATLAB 概述

MATLAB 是一种功能非常强大的科学计算软件。在正式使用 MATLAB 之前，读者应该对它有一个整体的认识。

MATLAB 的指令表达式与数学、工程中常用的形式十分相似，故用 MATLAB 来计算问题要比用仅支持标量的非交互式的编程语言（如 C、FORTRAN 等语言）简捷得多，尤其是解决包含了矩阵和向量的工程技术问题。在大学中，MATLAB 是很多数学类、工程和科学类的初等和高等课程的标准指导工具。在工业上，MATLAB 是产品研究、开发和分析经常选择的工具。

1.1.1 MATLAB 发展历程

20 世纪 70 年代中期，Cleve Moler 博士及其同事在美国国家科学基金的资助下开发了调用 EISPACK 和 LINPACK 的 FORTRAN 子程序库。EISPACK 是求解特征值的 FOTRAN 程序库，LINPACK 是求解线性方程的程序库。在当时，这两个程序库代表矩阵运算的最高水平。

20 世纪 70 年代后期，时任美国新墨西哥大学计算机科学系主任的 Cleve Moler 教授在给学生讲授线性代数课程时，想教给学生使用 EISPACK 和 LINPACK 程序库，但他发现学生用 FORTRAN 编写接口程序很费时间，出于减轻学生编程负担的目的，为学生设计了一组调用 LINPACK 和 EISPACK 库程序的"通俗易用"的接口，此即用 FORTRAN 编写的萌芽状态的 MATLAB。在此后的数年里，MATLAB 在多所大学里作为教学辅助软件使用，并成为面向大众的免费软件广为流传。

1983 年，Cleve Moler 教授、工程师 John Little 和 Steve Bangert 一起用 C 语言开发了第二代专业版 MATLAB，使 MATLAB 语言同时具备了数值计算和数据图示化的功能。

1984 年，Cleve Moler 和 John Little 成立了 MathWorks 公司，正式把 MATLAB 推向市场，并继续进行 MATLAB 的研究和开发。从这时起，MATLAB 的内核采用 C 语言编写。

1993 年，MathWorks 公司推出 MATLAB 4.0 版本，从此告别 DOS 版。4.x 版在继承和发展其原有的数值计算和图形可视能力的同时，出现了几个重要变化：推出了交互式操作的动态系统建模、仿真、分析集成环境——Simulink；开发了与外部进行直接数据交换的组件，打通了 MATLAB 进行实时数据分析、处理和硬件开发的道路；推出了符号计算工具包；构造了 Notebook。

1997 年，MATLAB 5.0 版问世，紧接着是 5.1、5.2 以及 1999 年春的 5.3 版。2003 年，MATLAB 7.0 问世。与以往的版本相比，新版 MATLAB 拥有更丰富的数据类型和结构、更友善的面向对象的开发环境、更快速精良的图形可视化界面、更广博的数学和数据分析资源、更多的应用开发工具。

2006 年，MATLAB 分别在 3 月和 9 月进行两次产品发布，3 月发布的版本被称为"a"，9 月发布的版本被称为"b"，即 R2006a 和 R2006b。之后，MATLAB 分别在每年的 3 月和 9 月进行两次产品发布，每次发布都涵盖产品家族中的所有模块，包含已有产品的新特性和 bug 修订以及新产品的发布。

2016 年 3 月，MathWorks 正式发布了 R2016a 版 MATLAB（以下简称 MATLAB 2016）和 Simulink 产品系列的 Release 2016（R2016）版本。

1.1.2 MATLAB 系统

MATLAB 系统主要包括以下 5 个部分。

1）桌面工具和开发环境：MATLAB 由一系列工具组成，这些工具大部分是图形界面，方便用户使用 MATLAB 的函数和文件，包括 MATLAB 桌面和命令窗口、编辑器和调试器、代码分析器以及用于浏览帮助、工作空间、文件的浏览器。

2）数学函数库：MATLAB 数学函数库包括了大量的计算算法，从初等函数（如加法、正弦、余弦等）到复杂的高等函数（如矩阵求逆、矩阵特征值、贝塞尔函数和快速傅里叶变换等）。

3）语言：MATLAB 语言是一种高级的基于矩阵/数组的语言，具有程序流控制、函数、数据结构、输入/输出和面向对象编程等特色。用户可以在命令窗口中将输入语句与执行命令同步，以迅速创立快简单程序，也可以先编写一个较大的、复杂的 M 文件后再一起运行，以创立完整的大型应用程序。

4）图形处理：MATLAB 具有方便的数据可视化功能，以将向量和矩阵用图形表现出来，并且可以对图形进行标注和打印。它的高层次作图包括二维和三维的可视化、图像处理、动画和表达式作图。低层次作图包括完全定制图形的外观以及建立基于用户的 MATLAB 应用程序的完整的图形用户界面。

5）外部接口：外部接口是一个使 MATLAB 语言能与 C、FORTRAN 等其他高级编程语言进行交互的函数库，它包括从 MATLAB 中调用程序（动态链接）、调用 MATLAB 为计算引擎和读写 .mat 文件的设备。

1.2 MATLAB 2016 用户界面

本节通过介绍 MATLAB 2016 的工作环境界面，使读者初步认识 MATLAB 2016 的主要功能窗口，并掌握其操作方法。

第一次使用 MATLAB 2016，将进入其默认设置的工作界面，如图 1-1 所示。

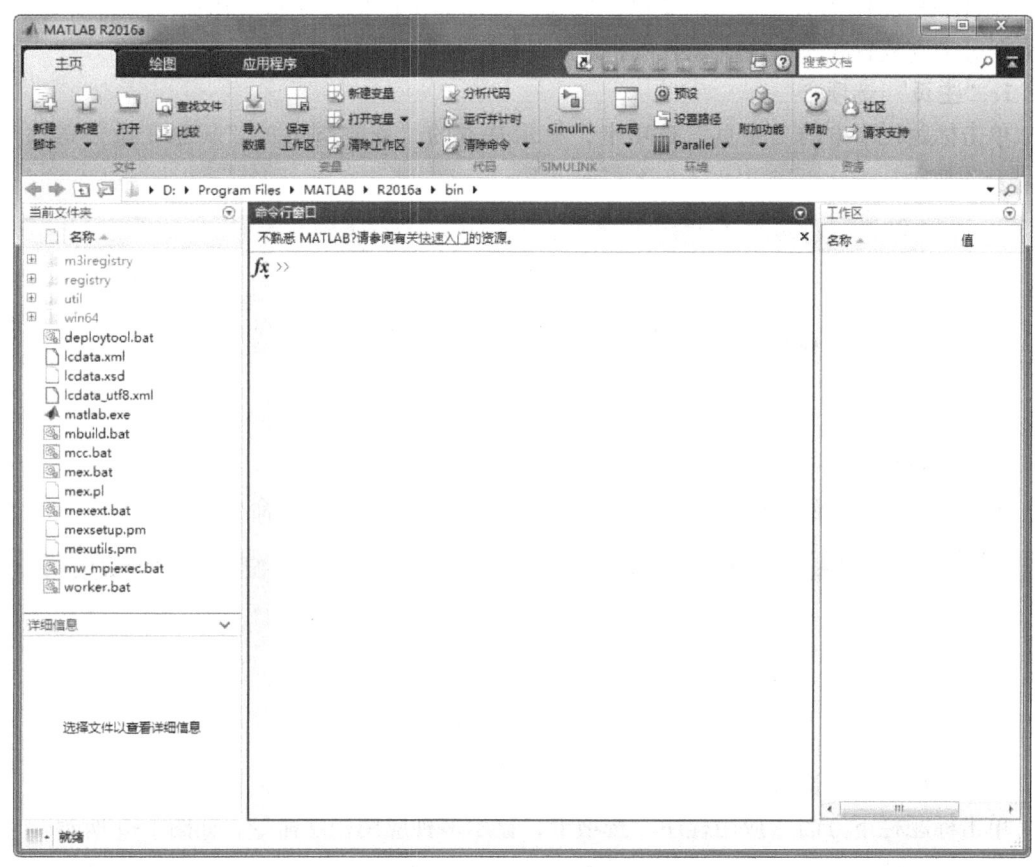

图 1-1 MATLAB 工作平台

MATLAB 2016 的工作界面形式简洁，主要由标题栏、菜单栏、工具栏、当前工作目录窗口（Current Folder）、命令窗口（Command Window）、工作空间管理窗口（Workspace）和历史命令窗口（Command History）等组成。

1.2.1 标题栏

MATLAB 最新版本为 2016 版，在图 1-1 所示的用户界面左上角显示的为标题栏，如图 1-2 所示。

图 1-2 标题栏

在用户界面右上角显示 3 个图标，其中，单击 ▬ 按钮，将最小化显示工作界面；单击 ▫ 按钮，最大化显示工作界面，单击 ✕ 按钮，关闭工作界面。

在命令窗口中输入 "exit" 或 "quit" 命令，或使用〈Alt + F4〉组合键，同样可以关闭 MATLAB。

1.2.2 功能区

MATLAB 2016 有别于传统的菜单栏形式，以功能区的形式显示应用命令。将所有的功能命令分类别放置在 3 个选项卡中，下面分别介绍这 3 个选项卡。

1. "主页" 选项卡

单击标题栏下方的 "主页" 选项卡，显示基本的 "新建脚本" "新建变量" 等命令，如图 1-3 所示。

图 1-3 "主页" 选项卡

2. "绘图" 选项卡

单击标题栏下方的 "绘图" 选项卡，显示关于图形绘制的编辑命令，如图 1-4 所示。

图 1-4 "绘图" 选项卡

3. "应用程序" 选项卡

单击标题栏下方的 "应用程序" 选项卡，显示多种应用程序命令，如图 1-5 所示。

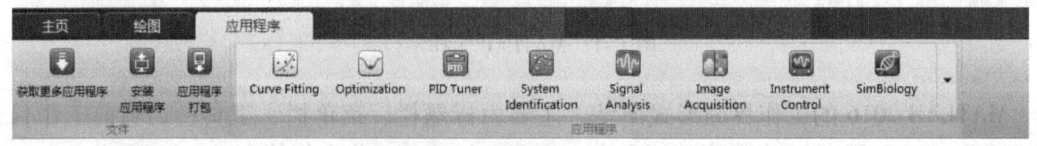

图 1-5 "应用程序" 选项卡

1.2.3 工具栏

功能区下方是工具栏，工具栏以图标方式汇集了常用的操作命令。下面简要介绍工具栏中部分常用按钮的功能。

- ▬：新建或打开一个 M 文件。
- ▬：剪切、复制或粘贴已选中的对象。
- ▬：撤销或恢复上一次操作。

- ![]: 打开 Simulink 主窗口。
- ![]: 打开用户界面设计窗口。
- ![分析代码]: 打开代码分析器主窗口。
- ![]: 打开 MATLAB 帮助系统。
- ![D: ▶ Program Files ▶ MATLAB ▶ R2016a ▶ bin ▶]: 当前路径设置栏。

1.2.4 命令窗口

MATLAB 的使用方法和界面有多种形式，但命令窗口指令操作是最基本的方法之一，也是入门时首先要掌握的。

1. 基本界面

MATLAB 命令窗的基本表现形态和操作方式如图 1-6 所示，在该窗口中可以进行各种计算操作，也可以使用命令打开各种 MATLAB 工具，还可以查看各种命令的帮助说明等。

2. 基本操作

在命令窗口的右上角，用户可以单击相应的按钮进行最大化、还原或关闭窗口。单击右上角的 ⊙ 按钮，出现一个下拉菜单，如图 1-7 所示。在该下拉菜单中，单击"→|"按钮，可将命令窗口最小化到主窗口左侧，以页签形式存在，当鼠标指针移到上面时，显示窗口内容。此时单击 ⊙ 下拉菜单中的 □ 按钮，即可恢复显示。

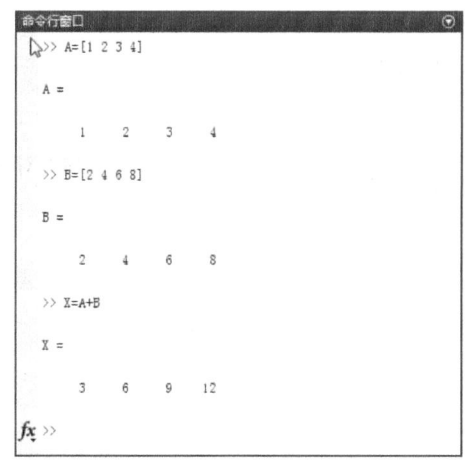

图 1-6 命令窗口

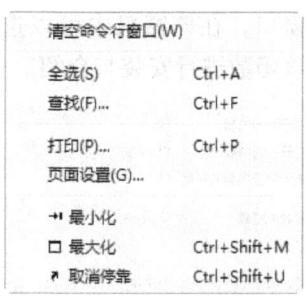

图 1-7 下拉列表

选择"页面设置"命令，弹出图 1-8 所示的"页面设置：命令行窗口"对话框，该对话框中包括 3 个选项卡，分别对打印前命令窗口中的文字布局、标题、字体进行设置。

1）"布局"选项卡，如图 1-8 所示，用于设置文本的打印对象及打印颜色进行设置。

2）"标题"选项卡，如图 1-9 所示，用于对打印的页码及布局单双行进行设置。

3）"字体"选项卡：如图 1-10 所示，可选择使用当前命令行中的字体，也可以进行自定义设置，在下拉列表中选择字体名称及字体大小。

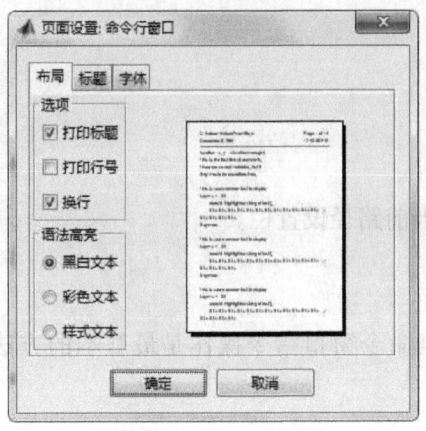 

图1-8 "页面设置：命令行窗口"对话框　　图1-9 "标题"选项卡对话框

3. 快捷操作

选中相应窗口中的命令，单击鼠标右键即可弹出图1-11所示的快捷菜单，选择其中的命令，即可进行对应操作。

下面介绍几种常用命令。

1）执行所选内容：对选中的内容进行操作。

2）打开所选内容：执行该命令，找到所选内容所在的文件，并在命令窗口显示该文件中的内容。

3）关于所选内容的帮助：执行该命令，弹出关于所选内容的相关帮助窗口，如图1-12所示。

4）函数浏览器：执行该命令，弹出图1-13所示的函数窗口，在该窗口中可以选择编程所需的函数，并对该函数进行安装与介绍。

图1-10 "字体"选项卡对话框

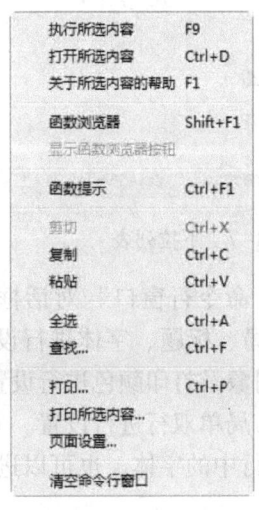 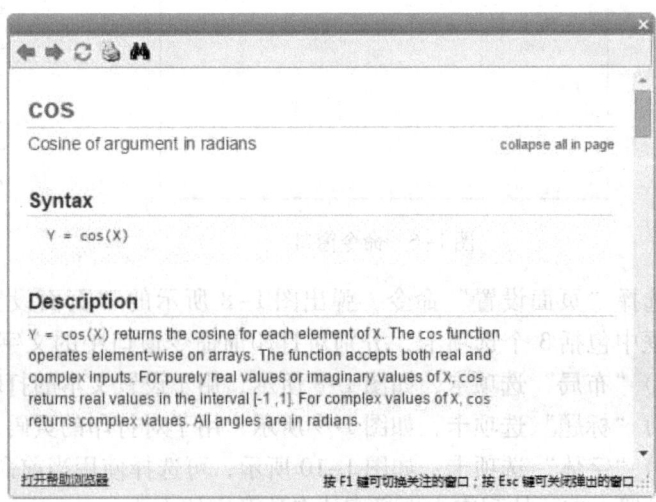

图1-11 快捷菜单　　图1-12 帮助窗口

5）剪切：剪切选中的文本。
6）复制：复制选中的文本。
7）粘贴：粘贴选中的文本。
8）全选：将该文件中显示在命令窗口的文本全部选中。
9）查找：执行该命令后，弹出"查找"对话框，如图 1-14 所示。在该对话框中"查找内容"文本框中输入要查找的文本关键词，即可在庞大的命令程序历史记录中迅速定位所需对象的位置。

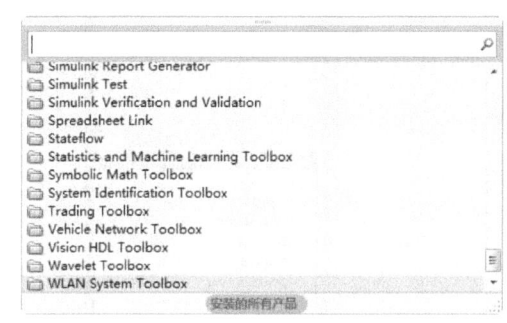
图 1-13　函数窗口

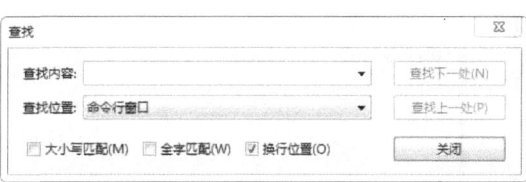
图 1-14　"查找"对话框

10）清空命令行窗口：删除命令窗口中显示的所有命令程序。

1.2.5　历史窗口

历史窗口主要用于记录所有执行过的命令，如图 1-15 所示。在默认条件下，它会保存自安装以来所有运行过的命令的历史记录，并记录运行时间，以方便查询。

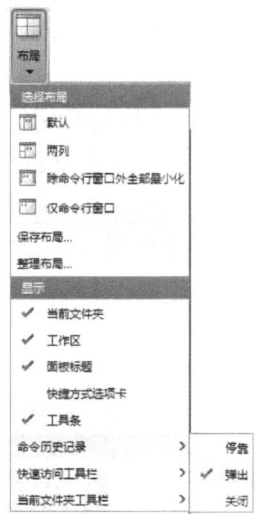
图 1-15　"命令历史记录"命令

选择"命令历史记录"→"停靠"命令，在显示界面上固定显示命令历史窗口，如图 1-16 所示。

在历史窗口中双击某一命令，命令窗口中将执行该命令。

7

图 1-16　停靠命令历史记录

1.2.6　当前目录窗口

当前目录窗口显示如图 1-17 所示，可显示或改变当前目录，查看当前目录下的文件，单击 按钮可以在当前目录或子目录下搜索文件。

单击 按钮，在弹出的下拉菜单中可以执行常用的操作。例如，在当前目录下新建文件或文件夹（还可以指定新建文件的类型）、生成文件分析报告、查找文件、显示/隐藏文件信息、将当前目录按某种指定方式排序和分组等。图 1-18 所示是对当前目录中 M 文件的代码进行分析，提出一些程序优化建议并生成报告。

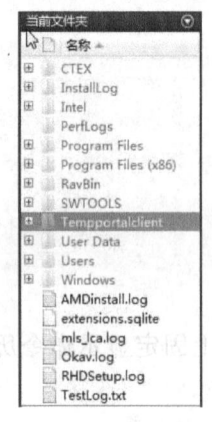

图 1-17　当前目录窗口

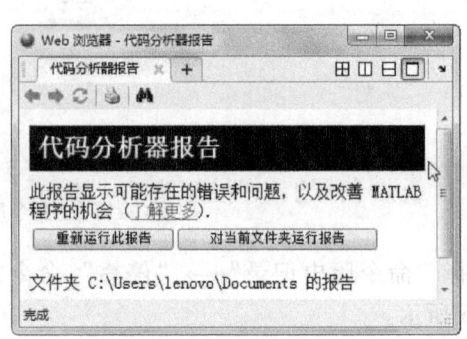

图 1-18　M 文件分析报告

在 MATLAB 中包括搜索路径的设置命令，下面分别进行介绍。

1）在命令窗口中输入"path"，按 Enter 键，在命令行窗口中显示图 1-19 所示的目录。

图 1-19　设置目录

2）在命令行窗口中输入"pathtool"，弹出"设置路径"对话框，如图 1-20 所示。

图 1-20　"设置路径"对话框

单击"添加文件夹"按钮,进入文件夹浏览对话框,把某一目录下的文件包含进搜索范围而忽略子目录。

单击"添加并包含子文件夹"按钮,进入文件夹浏览对话框,将子目录也包含进来。建议选择后者以避免一些可能的错误。

1.2.7 工作空间管理窗口

工作区可以显示目前内存中所有的 MATLAB 变量名、数据结构、字节数与类型。不同的变量类型有不同的变量名图标。

在命令窗口输入下面的程序:

```
>>a = 2
a =
    2
>>b = 5
b =
    5
```

上面的语句表示在 MATLAB 中创建了变量 a、b,并给变量赋值,同时将整个语句保存在计算机的一段内存中,也就是工作区中,显示在工作空间管理窗口中,如图 1-21 所示。

工作空间管理窗口是 MATLAB 一个非常重要的数据分析与管理窗口。它的主要按钮功能如下。

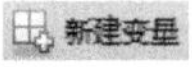

- 新建变量:新建一个数据变量。 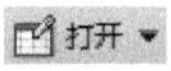
- 打开:打开选择的数据对象。单击该按钮之后,进入图 1-22 所示的数组编辑窗口,在这里可以对数据进行各种编辑操作。

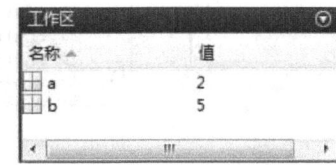

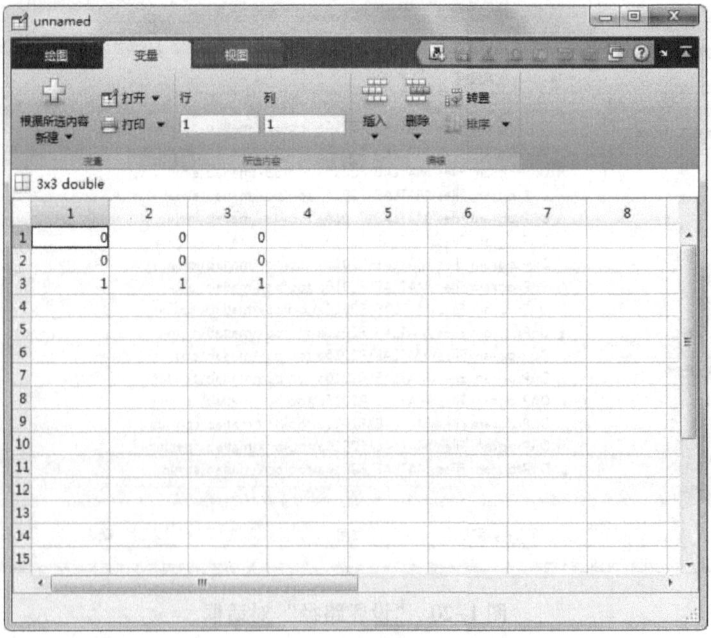

图 1-21 工作空间管理窗口

图 1-22 数组编辑窗口

- : 将数据文件导入到工作空间。
- : 保存变量。
- ![清除工作区]: 删除变量。
- Stack: Base : 在调试 M 文件时在不同工作间之间进行切换。MATLAB 在执行 M 文件时，会把 M 文件的数据保存到其对应的工作间中。为了区别命令窗口的工作间以及全局变量的工作间，前者被标记为基本工作间（Base）。
- ![]: 绘制数据图形。单击右侧的下三角形按钮，弹出图 1-23 所示的列表，用户在这里可以选择不同的绘制命令。

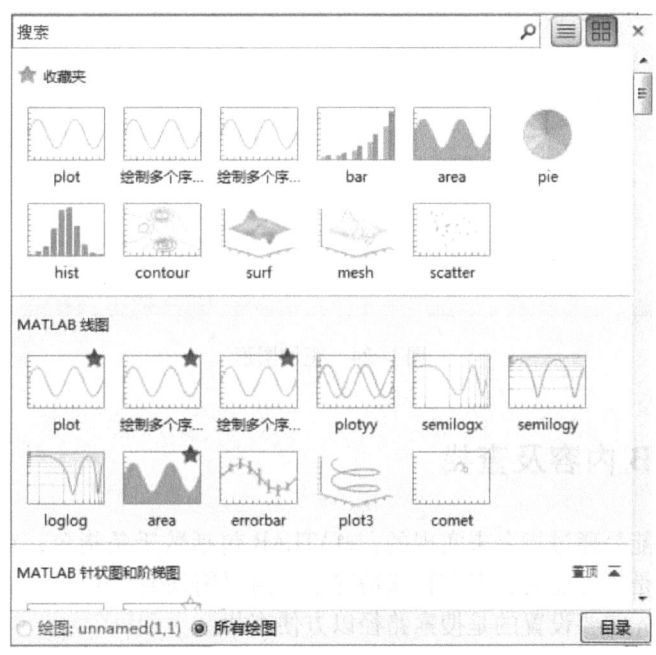

图 1-23　绘制命令列表

1.2.8　图像窗口

图像窗口主要是用于显示 MATLAB 图像。MATLAB 显示的图像可以是数据的二维或三维坐标图、图片或用户图形接口。

在命令行窗口输入下面的程序。

```
>>x = 0:0.2:10;
>>y = exp(x);
>>plot(x,y)
```

弹出图 1-24 所示的"Figure"正切图形窗口，在该对话框中生成默认名为 Figure 1 的图形文件，在该文件中显示程序中输入的指数图形。

利用图形文件中的菜单命令或工具按钮保存图形文件，在程序中需要使用该图形时，不需要再输入上面的程序，而只需要在命令窗口中输入文件名就可以执行文件了。

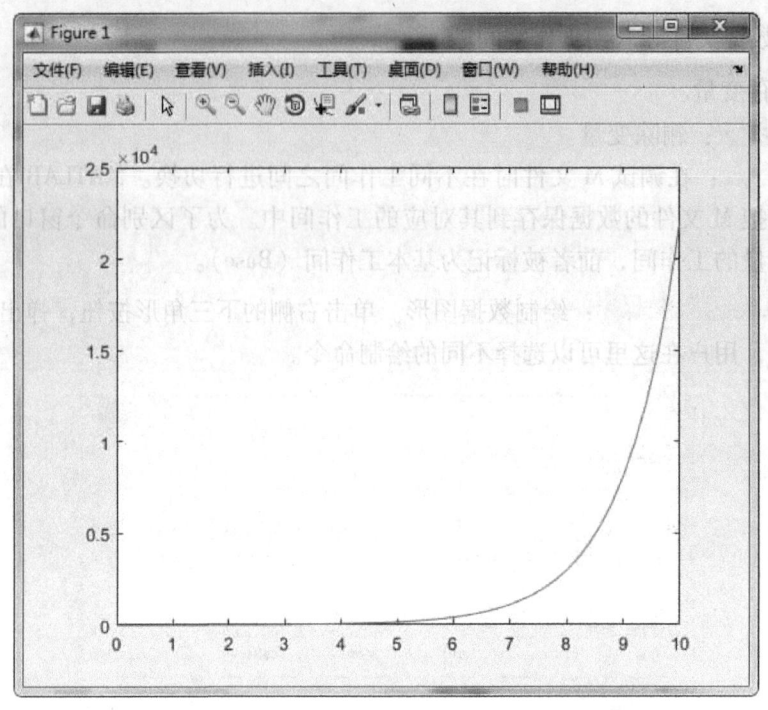

图 1-24 正切图形

1.3 MATLAB 内容及查找

MATLAB 的功能是通过指令来实现的，MATLAB 包括数千条指令，对大多数用户来说，全部掌握这些指令是不可能的，但在特殊情况下，需要用到某个指令，只需要对指令进行查找。在此之前，首先需要设置的是搜索路径以方便查找。

1.3.1 MATLAB 的搜索路径

1. 搜索路径对话框

选择 MATLAB 主窗口中的菜单"主页"中的"设置路径"选项，进入到设置搜索路径对话框，如图 1-25 所示。

这里的列表框中所列出的目录就是 MATLAB 的所有搜索路径。

2. path 命令

在命令窗口中输入命令 path 可得到 MATLAB 的所有搜索路径，如下所示：

```
>> path
    MATLABPATH
D:\Documents\MATLAB
......
D:\Program Files\MATLAB\R2016a\toolbox\rtw\targets\xpc\target\build\xpcblocks
D:\Program Files\MATLAB\R2016a\toolbox\rtw\targets\xpc\target\build\xpcobsolete
D:\Program Files\MATLAB\R2016a\toolbox\rtw\targets\xpc\xpc\xpcmngr
D:\Program Files\MATLAB\R2016a\toolbox\rtw\targets\xpc\xpcdemos
```

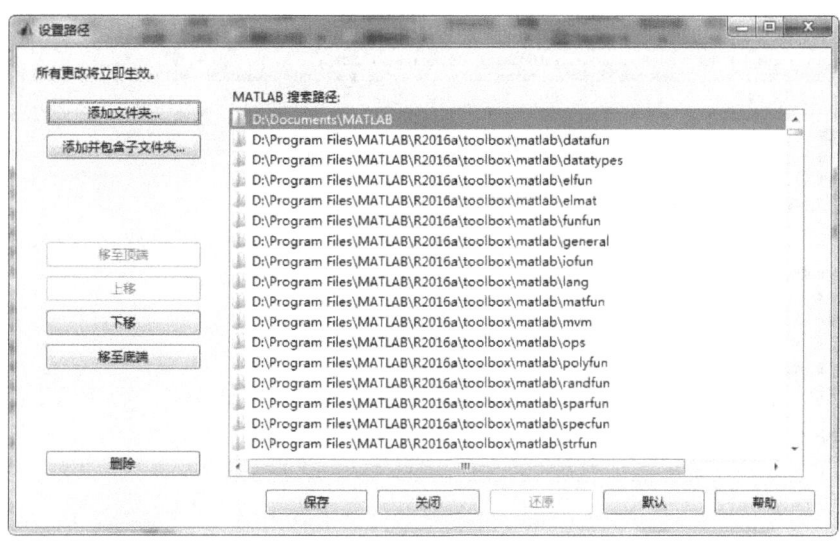

图 1-25　设置搜索路径对话框

其中的"……"在 MATLAB 中是很多的显示内容，这里由于版面限制而省略。

3. genpath 命令

在命令窗口中输入命令 genpath 可以得到由 MATLAB 所有搜索路径连接而成的一个长字符串。如下所示：

```
>> genpath
ans =
D:\Program Files\MATLAB\R2016a\toolbox;D:\Program Files\MATLAB\R2016a\toolbox\aero;D:\Program Files\MATLAB\R2016a\toolbox\aero\aero;D:\Program Files\MATLAB\R2016a\toolbox\aero\aero\src;D:\Program
……
```

其中的……在 MATLAB 中是很多的显示内容，这里由于版面限制而省略。

4. editpath 或 pathtool 命令

在 MATLAB 命令窗口中输入 editpath 或 pathtool 命令，将进入图 1-25 所示的 MATLAB 设置搜索路径对话框。

1.3.2　扩展 MATLAB 的搜索路径

MATLAB 的一切操作都是在它的搜索路径（包括当前路径）中进行的，如果调用的函数在搜索路径之外，MATLAB 则认为此函数并不存在。这是初学者常犯的一个错误，明明看到自己编写的程序在某个路径下，但是 MATLAB 就是找不到，并报告此函数不存在。这个问题很容易解决，只需要把程序所在的目录扩展成 MATLAB 的搜索路径即可。

1. 利用设置搜索路径对话框设置菜单

选择 MATLAB 主窗口中"主页"中的"设置路径"选项，进入到图 1-25 的设置搜索路径对话框。如果只想把某一目录下的文件包含在搜索范围内而忽略其子目录，则单击对话框中的"添加文件夹"按钮，否则单击"添加并包含子文件夹"按钮，进入图 1-26 所示的浏览文件夹对话框。

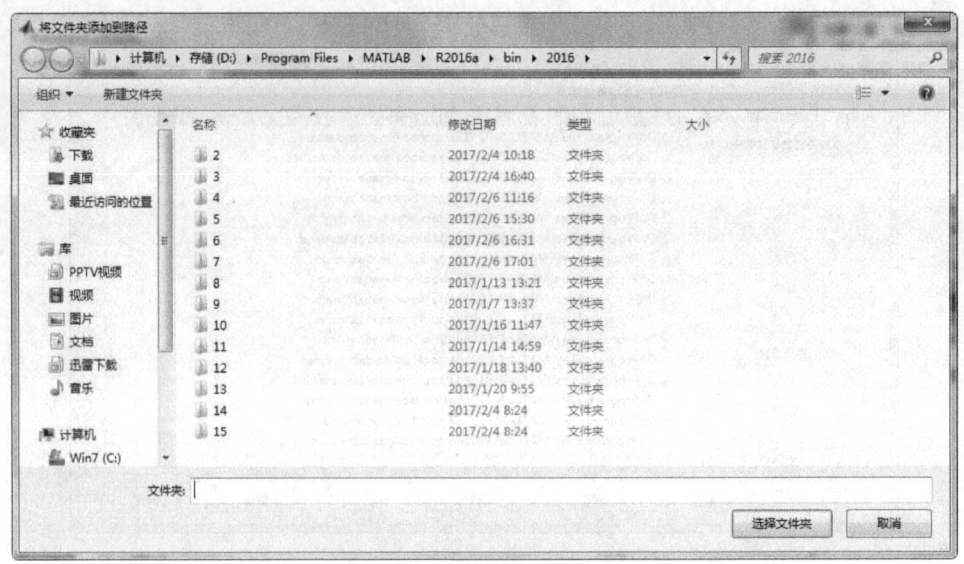

图1-26　浏览文件夹对话框

选中文件夹，单击"确定"按钮，新的目录出现在搜索路径的列表中，单击"保存"按钮保存新的搜索路径，单击"关闭"按钮关闭对话框，新的搜索路径设置完毕。

为了以后的方便，这里再简单介绍一下图1-25中其他几个按钮控件的作用。

- 移至顶端：将选中的目录移动到搜索路径的顶端；
- 上移：将选中的目录在搜索路径中向上移动一位；
- 删除：将选中的目录在搜索路径中删除；
- 下移：将选中的目录在搜索路径中向下移动一位；
- 移至底端：将选中的目录移动到搜索路径的底部；
- 还原：恢复上次改变路经前的路径；
- 默认：恢复到最原始的MATLAB的默认路径。

2. 使用path命令扩展目录

使用path命令也可以扩展MATLAB的搜索路径。以上面的例子来说，把D:\matlabfile扩展到搜索路径的方法是在MATLAB的命令窗口中输入：

```
>>path(path,'D:\matlabfile')
```

3. 使用addpath命令扩展目录

在早期的MATLAB版本中，用得最多的扩展目录命令就是addpath，如果要把D:\matlabfile添加到整个搜索路径的开始，使用命令：

```
>>addpathD:\matlabfile-begin
```

如果要把D:\matlabfile添加到整个搜索路径的末尾，使用命令：

```
>>addpathD:\matlabfile-end
```

4. 使用editpath和pathtool命令扩展目录

在MATLAB命令窗口中输入editpath或pathtool命令，将进入图1-26所示的MATLAB设置搜索路径对话框。所以，以后的工作可参照利用设置搜索路径对话框设置菜单进行。

1.4 MATLAB 帮助系统

MATLAB 的帮助系统非常完善,这与其他科学计算软件相比是一个突出的特点,要熟练掌握 MATLAB,就必须熟练掌握 MATLAB 帮助系统的应用。所以,用户在学习 MATLAB 的过程中,理解、掌握和熟练应用 MATLAB 帮助系统是非常重要的。

1.4.1 联机帮助系统

选中图 1-27 所示的"帮助"下拉菜单的前四项中的任何一项,打开 MATLAB 联机帮助系统窗口。

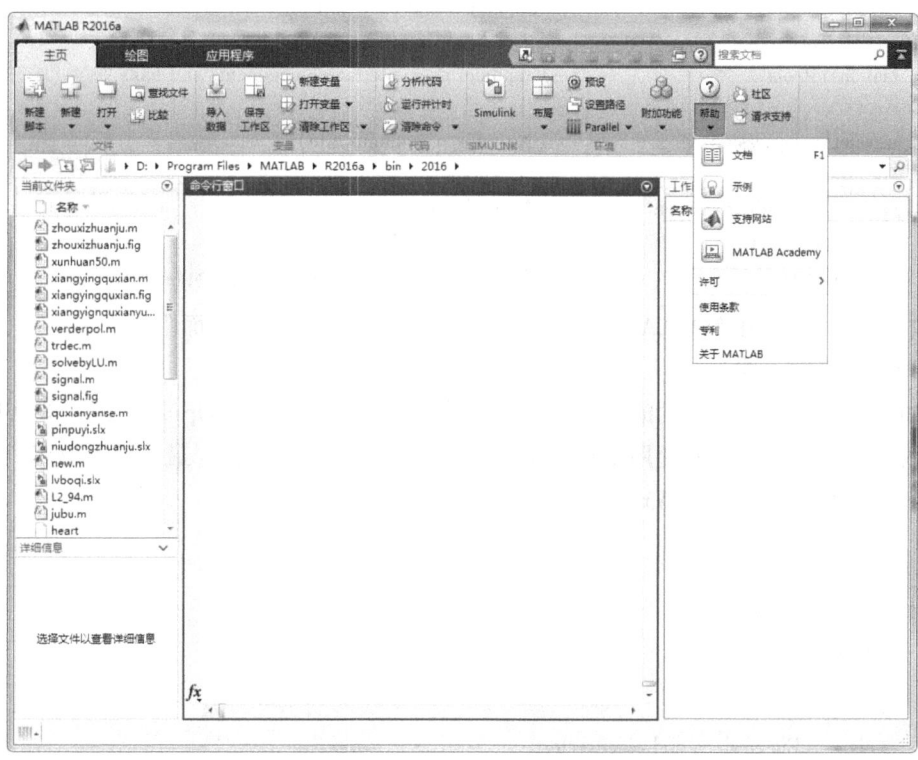

图 1-27 "帮助"下拉菜单

1.4.2 帮助命令

为了使用户更快捷地获得帮助,MATLAB 提供了一些帮助命令,包括 help 系列命令、lookfor 命令和其他常用的帮助命令。

1. help 系列命令

help 系列的帮助命令有 help、help + 函数(类)名、helpwin 和 helpdesk,其中后两个是用来调用 MATLAB 联机帮助窗口的。

2. help 命令

help 命令是最常用的帮助命令。在命令窗口中直接输入 help 命令将会显示当前的帮助系统中所包含的所有项目，也就是搜索路径中所有的目录名称。

例 1-1：搜索所有目录文件。

解：MATLAB 程序如下：

```
>> help
HELP topics:
matlabxl\matlabxl          - MATLAB Builder EX
matlab\demos               - Examples and demonstrations.
matlab\graph2d             - Two dimensional graphs.
matlab\graph3d             - Three dimensional graphs.
matlab\graphics            - Handle Graphics.
matlab\plottools           - Graphical plot editing tools
matlab\scribe              - Annotation and Plot Editing.
matlab\specgraph           - Specialized graphs.
matlab\uitools             - Graphical user interface components and tools
……
wavelet\compression        - (No table of contents file)
xpc\xpc                    - xPC Target
xpcblocks\thirdpartydrivers - (No table of contents file)
build\xpcblocks            - xPC Target -- Blocks
xpc\xpcdemos               - xPC Target -- demos and sample script files.
```

其中的"……"在 MATLAB 中是很多的显示内容，这里由于版面限制而省略。

3. help + 函数（类）名

假如准确知道所要求帮助的主题词，或指令名称，那么使用 help 是获得在线帮助的最简单有效的途径。在平时的使用中，这个命令是最有用的，能最快、最好地解决用户在使用的过程中碰到的问题。调用格式为：

```
>> help 函数(类)名
```

例 1-2：查询 eig 函数。

解：MATLAB 程序如下：

```
>> help eig
 eig    Eigenvalues and eigenvectors.
    E = eig(A) produces a column vector E containing the eigenvalues of
    a square matrix A.

    [V,D] = eig(A) produces a diagonal matrix D of eigenvalues and
    a full matrix V whose columns are the corresponding eigenvectors
    so that A * V = V * D.

    [V,D,W] = eig(A) also produces a full matrix W whose columns are the
    corresponding left eigenvectors so that W' * A = D * W'.

    [...] = eig(A,'nobalance') performs the computation with balancing
    disabled, which sometimes gives more accurate results for certain
    problems with unusual scaling. If A is symmetric, eig(A,'nobalance')
```

is ignored since A is already balanced.

[...] = eig(A,'balance') is the same as eig(A).

E = eig(A,B) produces a column vector E containing the generalized eigenvalues of square matrices A and B.

[V,D] = eig(A,B) produces a diagonal matrix D of generalized eigenvalues and a full matrix V whose columns are the corresponding eigenvectors so that $A * V = B * V * D$.

[V,D,W] = eig(A,B) also produces a full matrix W whose columns are the corresponding left eigenvectors so that $W' * A = D * W' * B$.

[...] = eig(A,B,'chol') is the same as eig(A,B) for symmetric A and symmetric positive definite B. It computes the generalized eigenvalues of A and B using the Cholesky factorization of B.

[...] = eig(A,B,'qz') ignores the symmetry of A and B and uses the QZ algorithm. In general, the two algorithms return the same result, however using the QZ algorithm may be more stable for certain problems. The flag is ignored when A or B are not symmetric.

[...] = eig(...,'vector') returns eigenvalues in a column vector instead of a diagonal matrix.

[...] = eig(...,'matrix') returns eigenvalues in a diagonal matrix instead of a column vector.

See also condeig, eigs, ordeig.

eig 的参考页
名为 eig 的其他函数

4. lookfor 函数

如果知道某个函数的函数名但是不知道该函数的具体用法，help 系列函数足以解决这些问题，然而，用户在很多情况下还不知道某个函数的确切名称，这时候就需要用到 lookfor 函数。lookfor 函数可以用于查询根据用户提供的关键字搜索到的相关函数。

例 1-3：搜索 quadratic 函数。

解：MATLAB 程序如下：

```
>>lookfor quadratic
lookfor quadratic
dlqr      – Linear – quadratic regulator design for discrete – time systems.
lqr       – Linear – quadratic regulator design for state space systems.
lqrd      – Discrete linear – quadratic regulator design from continuous
dlqry     – Linear quadratic regulator design with output weighting for
lqe2      – Linear quadratic estimator design. For the continuous – time system:
lqr2      – Linear – quadratic regulator design for continuous – time systems.
lqry      – Linear – quadratic regulator design with output weighting.
qplcprog  – Positive – semidefinite quadratic programming based on linear complementary programming.
```

```
lincontest6    - A quadratic objective function(from Optimization Toolbox)
..
```

执行 lookfor 命令后,它对 MATLAB 搜索路径中的每个 M 文件的注释区的第一行进行扫描,发现此行中包含有所查询的字符串,则将该函数名和第一行注释全部显示在显示器上。当然,用户也可以在自己的文件中加入在线注释,并且最好加入。

5. 其他的帮助命令

MATLAB 中还有许多其他的常用查询帮助命令,如

- who:内存变量列表
- whos:内存变量详细信息
- what:目录中的文件列表
- which:确定文件位置
- exist:变量检验函数

1.4.3 联机演示系统

除了在使用时查询帮助,对 MATLAB 或某个工具箱的初学者,最好的学习办法是查看它的联机演示系统。MATLAB 一向重视演示软件的设计,因此,无论是 MATLAB 旧版还是新版,都随带各自的演示程序。只是新版内容更丰富了。

单击 MATLAB 主窗口菜单的"帮助"中的"示例"选项,或者直接在图 1-27 的 MATLAB 联机帮助窗口中选中"MATLAB Example"选项卡,或者直接在命令窗口中输入 demos,将进入 MATLAB 帮助系统的主演示页面,如图 1-28 所示。

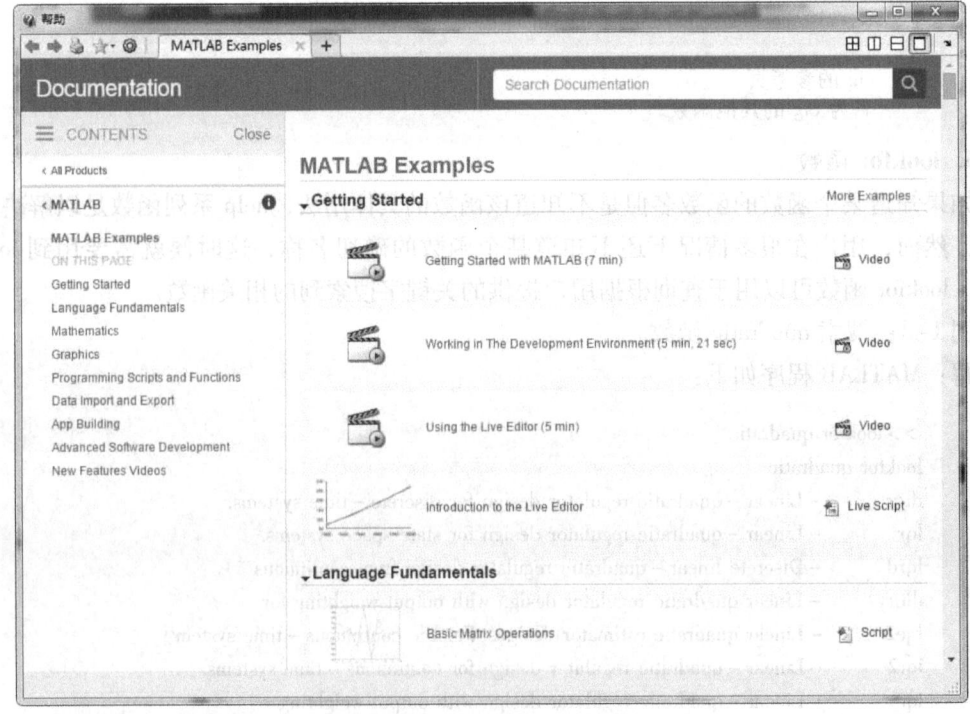

图 1-28　MATLAB 主演示页面

左侧是演示选项，双击某个选项即可进入具体的演示界面，在右侧则显示，如图 1-29 所示。

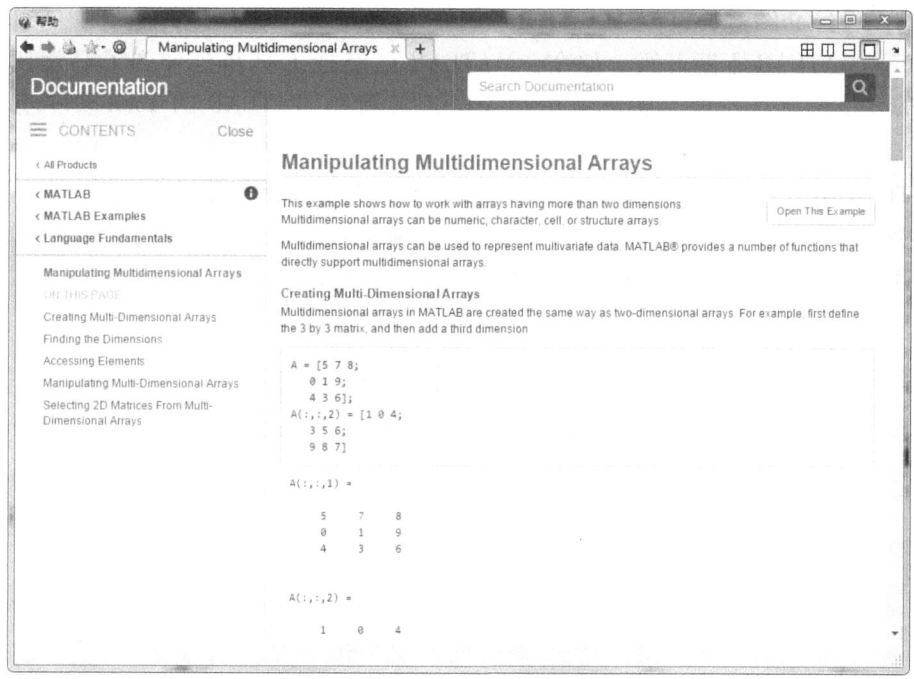

图 1-29　具体演示界面

单击页面上的"Open This Example"按钮，打开该实例，运行该实例可以得到图 1-30 显示的数值结果。

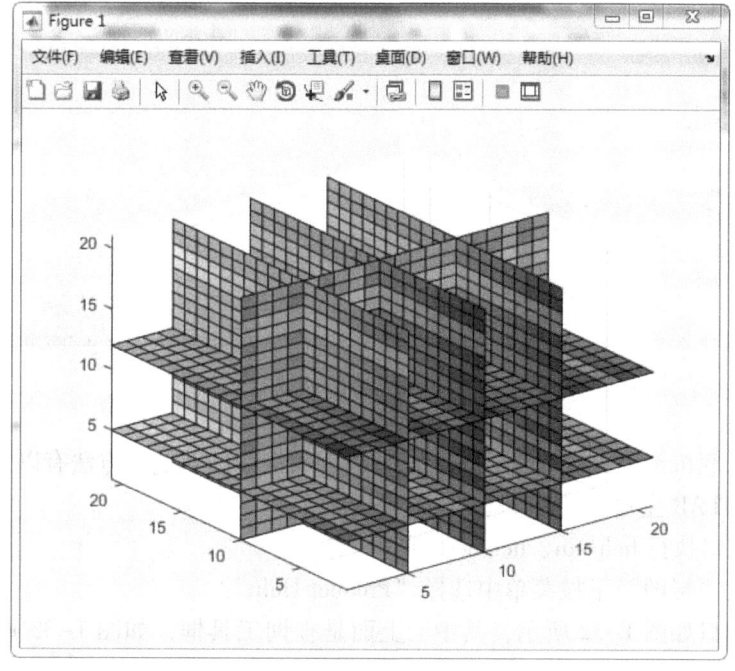

图 1-30　运行结果

1.4.4 网络资源

在前面已经介绍过，开发 MATLAB 软件的初衷是为了方便矩阵运算。随着商业软件的推广，MATLAB 不断升级。如今，MATLAB 已经把工具箱延伸到了科学研究和工程应用的许多领域。各种与实际应用相关的工具箱在 MATLAB 的 Toolbox 中有了一席之地。

MATLAB 2016 主窗口的左下角有一个与计算机操作系统类似的 按钮，单击该按钮，选择下拉列表中的 Parallel preferences 命令，可以打开各种 MATLAB 工具、进行工具演示、查看工具的说明文档，如图 1-31 所示。在这里寻找帮助，比"帮助"窗口中更方便、更简洁明了。

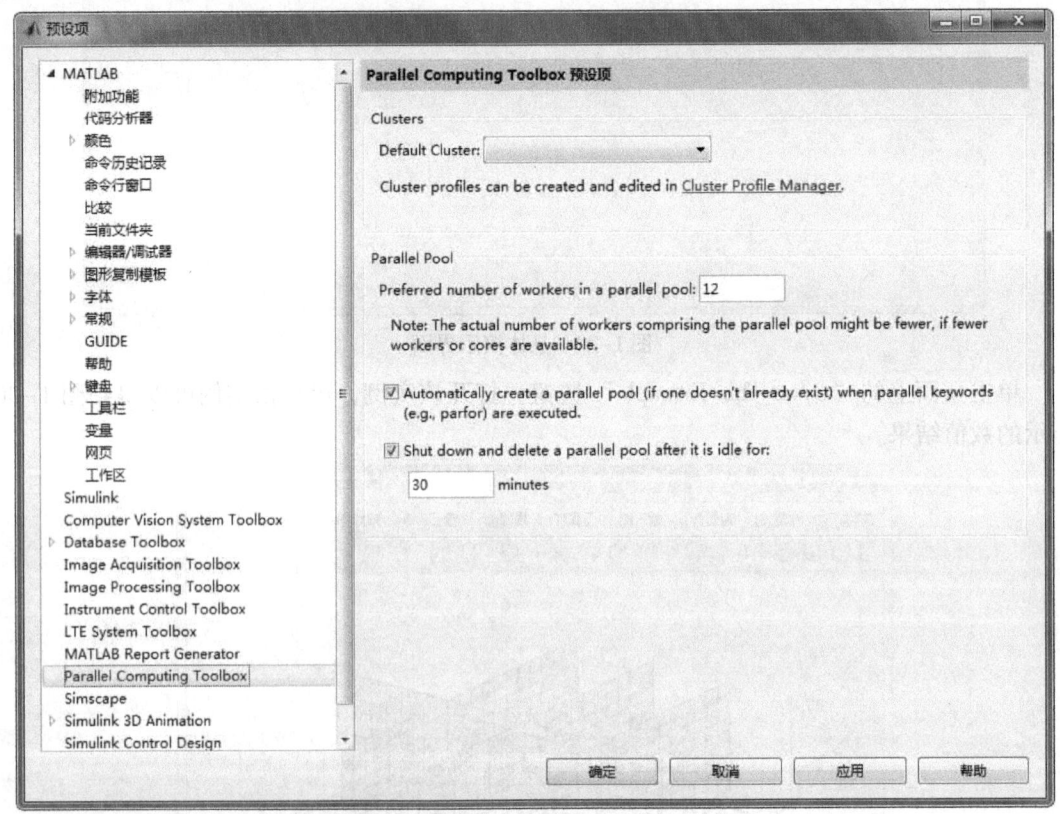

图 1-31　MATLAB 快捷菜单

MATLAB 的联机帮助系统非常系统全面，进入联机帮助系统的方法有以下几种：
◆ 按下 MATLAB 主窗口的 按钮；
◆ 在命令窗口执行 helpwin、helpdesk 或 doc 命令；
◆ 在菜单栏"帮助"下拉菜单中选择"Product Help"。

联机帮助窗口如图 1-32 所示，其中，上面是查询工具框，如图 1-33 所示，下面显示帮助内容。

图 1-32 联机帮助窗口

图 1-33 查询工具框

第 2 章 MATLAB 基础知识

 内容指南

本章简要介绍 MATLAB 的基本功能、基本命令及数据类型，并介绍简单地绘制计算处理功能。正是因为有了这些基本的功能，才使得 MATLAB 可以完成功能各异的函数运算，成为世界上优秀、受用户欢迎的数学软件。

 知识重点

📖 MATLAB 命令的组成
📖 数据类型
📖 运算符
📖 数值运算
📖 M 文件

2.1 MATLAB 命令的组成

MATLAB 语言是基于最为流行的 C++语言基础上的，因此语法特征与 C++语言极为相似，而且更加简单，更加符合科技人员对数学表达式的书写格式。使之更利于非计算机专业的科技人员使用。而且这种语言可移植性好、可拓展性极强。

在图 2-1 中显示不同的命令格式，MATLAB 中不同的数字、字符、符号代表不同的含义，组成丰富的表达式，能满足用户的各种应用。本节将按照命令不同的生成方法简要介绍各种符号的功能。

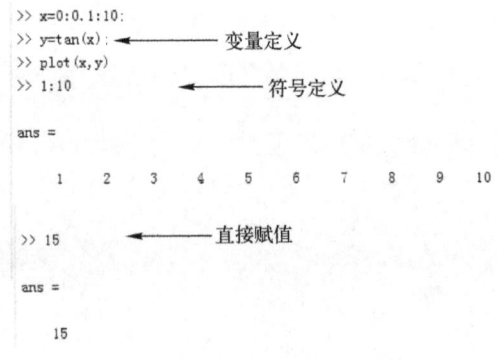

图 2-1 命令表达式

2.1.1 基本符号

指令行"头首"的">>"是"指令输入提示符",它是自动生成的,如图 2-2 所示。为使本书简洁;本书用 MATLAB 的 M – book 写成,而在 M – book 中运行的指令前是没有提示符的。本书在此后的输入指令前将不再带提示符">>"。

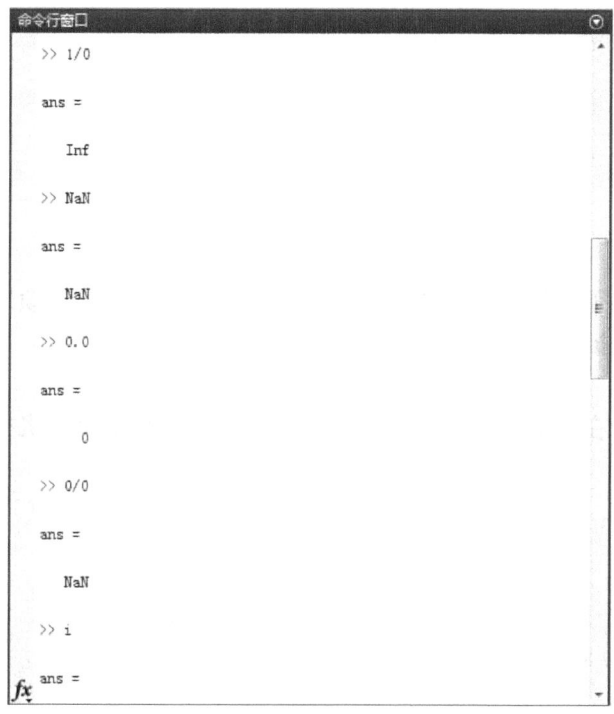

图 2-2 命令行窗口

">>"为运算提示符,表示 MATLAB 处于准备就绪状态。如在提示符后输入一条命令或一段程序后按 Enter 键,MATLAB 将给出相应的结果,并将结果保存在工作空间管理窗口中,然后再次显示一个运算提示符,为下一段程序的输入做准备。

在 MATLAB 命令窗口中输入汉字时,会出现一个输入窗口,在中文状态下输入的括号和标点等不被认为是命令的一部分,所以,在输入命令的时候一定要在英文状态下进行。

下面介绍几种常见的命令输入过程中常见的错误及显示的警告与错误信息。

(1) 输入的括号为中文格式

>>sin( )
sin( )
  ↑
错误:输入的字符不是 MATLAB 语句或表达式中的有效字符。

(2) 函数使用格式错误

>>sin( )
错误使用 sin
输入参数的数目不足。

(3) 缺少步骤,未定义变量

```
>> sin(x)
未定义函数或变量'x'。
```

(4) 正确格式

```
>> x = 1
x =
    1
>> sin(x)
ans =
    0.8415
```

2.1.2 功能符号

除了命令输入必须的符号外,MATLAB 为了解决命令输入过于烦琐、复杂的问题,采取了分号、续行符及插入变量等方法。

1. 分号

在一般情况下,在 MATLAB 中命令窗口中输入命令,则系统随机根据指令给出计算结果。命令显示如下:

```
>> A = [1 2;3 4]
A =
    1    2
    3    4
>> B = [5 6;7 8]
B =
    5    6
    7    8
```

若不想让 MATLAB 每次都显示运算结果,只需在运算式最后加上分号(;),命令显示如下:

```
>> A = [1 2;3 4];
>> B = [5 6;7 8];
>> A,B
A =
    1    2
    3    4
B =
    5    6
    7    8
```

2. 续行号

由于命令太长,或出于某种需要,输入指令行必须多行书写时,需要使用特殊符号"…"来处理,如图 2-3 所示。

MATLAB 用 3 个或 3 个以上的连续黑点表示"续行",即表示下一行是上一行的继续。

3. 插入变量

如果需要解决的问题比较复杂，采用直接输入比较麻烦的情况下，即使添加分号依旧无法解决的情况下，我们可以引入变量，赋予变量名成与数值，最后进行计算。

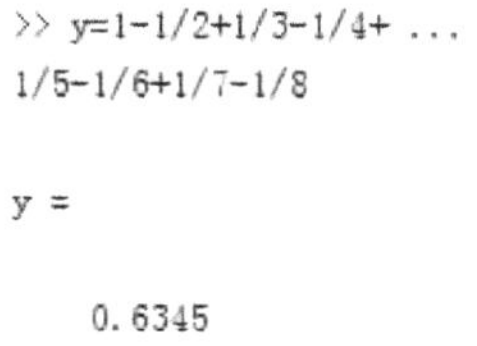

变量定义之后才可以使用，未定义就会出错，显示警告信息，同时警告信息字体为红色。

```
>>x
未定义函数或变量 'x'。
```

```
>> y=1-1/2+1/3-1/4+ ...
1/5-1/6+1/7-1/8
y =
    0.6345
```

图 2-3　多行输入

存储变量可以不必定义，随时需要，随时定义，但是有时候如果变量很多，需要提前声明，同时也可以直接赋予 0 值，并且注释，这样方便以后区分，避免混淆。

```
>>a = 1
a =
1
>>b = 2
b =
2
```

直接输入"x = 4 * 3"，则自动在命令行窗口显示结果。

```
>>x = 4 * 3
x =
    12
```

命令中包含"赋值号"，因此表达式的计算结果被赋给了变量 y。指令执行后，变量 y 被保存在 MATLAB 的工作空间中，以备后用。

若输入"x = 4 * 3;"，则按〈Enter〉键后不显示输出结果，可继续输入指令，完成所有指令输出后，显示运算结果，命令显示如下。

```
>>x = 4 * 3;
>>
```

2.1.3　常用指令

在使用 MATLAB 语言编制程序时，掌握常用的操作命令或技巧，可以起到事半功倍的效果，下面详细介绍用到的命令。

1. cd：显示或改变工作目录

```
>>cd
D:\Program Files\MATLAB\R2016a\bin        %显示工作目录
```

2. clc：清除工作窗

在命令行输入"clc"，按〈Enter〉键，执行该命令，则自动清除命令行中所有程序，如图 2-4 所示。

3. clear：清除内存变量

在命令行输入"clear"，按〈Enter〉键，执行该命令，则自动清除内存中变量的定义。

图 2-4 清除命令

给变量 a 赋值 1，然后清除赋值。

```
>> a = 1
a =
    1
>> clear a
>> a
未定义函数或变量 'a'。
```

MATLAB 2016 语言编制程序时，其余常用命令见表 2-1。

表 2-1 常用的操作命令

命 令	该命令的功能	命 令	该命令的功能
cd	显示或改变工作目录	bold	图形保持命令
clc	清除工作窗	load	加载指定文件的变量
clear	清除内存变量	pack	整理内存碎片
clf	清除图形窗口	path	显示搜索目录
diary	日志文件命令	quit	退出 MATLAB 7.0
dir	显示当前目录下文件	save	保存内存变量指定文件
disp	显示变量或文字内容	type	显示文件内容
echo	工作窗信息显示开关		

在 M 语言中，还包括一些标点符号被赋予特殊的意义，下面介绍常用的几种键盘按键与符号，见表 2-2、表 2-3。

表 2-2 键盘操作技巧表

键盘按键	说 明	键盘按键	说 明
↑	重调前一行	Home	移动到行首
↓	重调下一行	End	移动到行尾
←	向前移一个字符	Esc	清除一行
→	向后移一个字符	Del	删除光标处字符
Ctrl + ←	左移一个字	Backspace	删除光标前的一个字符
Ctrl + →	右移一个字	Alt + Backspace	删除到行尾

表 2-3 标点表

标 点	定 义	标 点	定 义
:	冒号：具有多种功能	.	小数点：小数点及域访问符
;	分号：区分行及取消运行显示等	…	续行符号
,	逗号：区分列及函数参数分隔符等	%	百分号：注释标记
( )	圆括号：指定运算过程中的优先顺序	!	叹号：调用操作系统运算
[ ]	方括号：矩阵定义的标志	=	等号：赋值标记
{ }	大括号：用于构成单元数组	'	单引号：字符串标记符

2.1.4 基本数学函数

MATLAB 常用的基本数学函数及三角函数见表 2-4。

表 2-4 基本数学函数与三角函数

名 称	说 明	名 称	说 明
+-*/	加减乘除基本运算	^	平方运算
$abs(x)$	数量的绝对值或向量的长度	$sign(x)$	符号函数（Signum function）。当 $x<0$ 时，$sign(x)=-1$；当 $x=0$ 时，$sign(x)=0$；当 $x>0$ 时，$sign(x)=1$
$angle(z)$	复数 z 的相角（Phase angle）	$sin(x)$	正弦函数
$sqrt(x)$	开平方	$cos(x)$	余弦函数
$real(z)$	复数 z 的实部	$tan(x)$	正切函数
$imag(z)$	复数 z 的虚部	$asin(x)$	反正弦函数
$conj(z)$	复数 z 的共轭复数	$acos(x)$	反余弦函数
$round(x)$	四舍五入至最近整数	$atan(x)$	反正切函数
$fix(x)$	无论正负，含去小数至最近整数	$atan2(x,y)$	四象限的反正切函数
$floor(x)$	向负无穷大方向取整	$sinh(x)$	超越正弦函数
$ceil(x)$	向正无穷大方向取整	$cosh(x)$	超越余弦函数
$rat(x)$	将实数 x 化为分数表示	$tanh(x)$	超越正切函数
$rats(x)$	将实数 x 化为多项分数展开	$asinh(x)$	反超越正弦函数
rem	求两整数相除的余数	$acosh(x)$	反超越余弦函数
		$atanh(x)$	反超越正切函数

2.2 数据类型

MATLAB 的数据类型主要包括数字、字符串、向量、矩阵、单元型数据及结构型数据。矩阵是 MATLAB 语言中最基本的数据类型，从本质上讲它是数组。向量可以看作只有一行或一列的矩阵（或数组）；数字也可以看作矩阵，即一行一列的矩阵；字符串也可以看作矩阵（或数组），即字符矩阵（或数组）；而单元型数据和结构型数据都可以看作以任意形式的数组为元素的多维数组，只不过结构型数据的元素具有属性名。

本书中，在不需要强调向量的特殊性时，向量和矩阵统称为矩阵（或数组）。

2.2.1 变量与常量

1. 变量

变量是任何程序设计语言的基本元素之一，MATLAB 语言当然也不例外。与常规的程序设计语言不同的是，MATLAB 并不要求事先对所使用的变量进行声明，也不需要指定变量类型，MATLAB 语言会自动依据所赋予变量的值或对变量所进行的操作来识别变量的类型。在赋值过程中，如果赋值变量已存在，则 MATLAB 将使用新值代替旧值，并以新值类型代替旧值类型。在 MATLAB 中变量的命名应遵循如下规则。

- 变量名必须以字母开头，之后可以是任意的字母、数字或下划线。
- 变量名区分字母的大小写。
- 变量名不超过 31 个字符，第 31 个字符以后的字符将被忽略。

与其他的程序设计语言相同，在 MATLAB 语言中也存在变量作用域的问题。在未加特殊说明的情况下，MATLAB 语言将所识别的一切变量视为局部变量，仅在其使用的 M 文件内有效。若要将变量定义为全局变量，则应当对变量进行说明，即在该变量前加关键字 global。一般来说，全局变量均用大写的英文字符表示。

2. 常量

MATLAB 语言本身也具有一些预定义的变量，这些特殊的变量称为常量。表 2-5 给出了 MATLAB 语言中经常使用的一些常量。

例 2-1：显示圆周率 pi 的值。

解：在 MATLAB 命令窗口提示符 ">>" 后输入 pi，然后按〈Enter〉键，出现以下内容：

```
>> pi
ans =
3.1416
```

这里 "ans" 是指当前的计算结果，若计算时用户没有对表达式设定变量，系统就自动将当前结果赋给 "ans" 变量。

在定义变量时应避免与常量名相同，以免改变这些常量的值。如果已经改变了某个常量的值，可以通过 "clear + 常量名" 命令恢复该常量的初始设定值。当然，重新启动 MATLAB 也可以恢复这些常量值。

表 2-5 MATLAB 中的常量

变量名称	变量说明
ans	MATLAB 中默认变量
pi	圆周率
eps	浮点运算的相对精度
inf	无穷大，如 1/0
NaN	不定值，如 0/0、∞/∞、0*∞
i(j)	复数中的虚数单位
realmin	最小正浮点数
realmax	最大正浮点数

例 2-2：给圆周率 pi 赋值 1，然后恢复。

解：MATLAB 程序如下：

```
>> pi = 1
pi =
    1
>> clear pi
>> pi
ans =
    3.1416
```

 小技巧

若不想让 MATLAB 每次都显示运算结果，只需在运算式最后加上分号（;）即可；若要显示变量 a 的值，直接输入 a 即可，例如：>>a。

2.2.2 数值

MATLAB 以矩阵为基本运算单元，而构成矩阵的基本单元是数值。为了更好地学习和掌握矩阵的运算，首先对数值的基本知识做简单介绍。

1. 数值类型包含整型、浮点型和复数 3 种类型

（1）整型

整型数据是不包含小数部分的数值型数据，用字母 I 表示。整型数据只用于表示整数，以二进制形式存储。下面介绍整形数据的分类。

- char：字符型数据，属于整形数据的一种，占用 1 个字节。
- unsigned char：无符号字符型数据，属于整形数据的一种，占用 1 个字节。
- short：短整形数据，属于整形数据的一种，占用 2 个字节。
- unsigned short：无符号短整型数据，属于整形数据的一种，占用 2 个字节。
- int：整形数据，属于整形数据的一种，占用 4 个字节。
- unsigned int：无符号整型数据，属于整形数据的一种，占用 4 个字节。
- long：长整型数据，属于整形数据的一种，占用 4 个字节。
- unsigned long：无符号长整型数据，属于整形数据的一种，占用 4 个字节。

例 2-3：练习十进制数字的显示。

解：MATLAB 程序如下：

```
>> 3.00000
ans =
    3
>> 3
ans =
    3
>> .3
ans =
    0.3000
```

```
>> .06
ans =
    0.0600
```

(2) 浮点型

浮点型数据只采用十进制,有两种形式:十进制数形式和指数形式。

1) 十进制数形式

由数码 0~9 和小数点组成。如:0.0、.25、5.789、0.13、5.0、300.、-267.8230。

2) 指数形式

由十进制数、加阶码标志"e"或"E"以及阶码(只能为整数,可以带符号)组成。其一般形式为:

$$aEn$$

其中,a 为十进制数,n 为十进制整数,表示的值为 $a*10^n$。

2.1E5 等于 $2.1*10$ 的 5 次方,3.7E-2 等于 $3.7*10$ 的 -2 次方,0.5E7 等于 $0.5*10$ 的 7 次方,-2.8E-2 等于 $-2.8*10$ 的 -2 次方。

例 2-4:练习指数数字的显示。

解:MATLAB 程序如下:

```
>> 3E6
ans =
    3000000
>> 3e6
ans =
    3000000
>> 4e0
ans =
    4
>> 0.5e5
ans =
    50000
```

下面介绍常见的不合法的实数。

- 345:无小数点。
- E7:阶码标志 E 之前无数字。
- -5:无阶码标志。
- 53.-E3:负号位置不对。
- 2.7E:无阶码。

浮点型变量还可分为两类:单精度型和双精度型。

- float:单精度说明符,占 4 个字节(32 位)内存空间,其数值范围为 3.4E-38 ~ 3.4E+38,只能提供 7 位有效数字。
- double:双精度说明符,占 8 个字节(64 位)内存空间,其数值范围为 1.7E-308 ~ 1.7E+308,可提供 16 位有效数字。

（3）复数类型

把形如 $a+bi$（a，b 均为实数）的数称为复数，其中 a 称为实部，b 称为虚部，i 称为虚数单位。

当虚部等于零时，这个复数可以视为实数；当 z 的虚部不等于零时，实部等于零时，常称 z 为纯虚数。

复数中的实数 a 称为复数 z 的实部（real part）记作 $Rez=a$，实数 b 称为复数 z 的虚部（imaginary part）记作 $Imz=b$。

当 $a=0$ 且 $b \neq 0$ 时，$z=bi$，将该复数称为纯虚数。

复数的四则运算规定为：

- 加法法则：$(a+bi)+(c+di)=(a+c)+(b+d)i$；
- 减法法则：$(a+bi)-(c+di)=(a-c)+(b-d)i$；
- 乘法法则：$(a+bi) \cdot (c+di)=(ac-bd)+(bc+ad)i$；
- 除法法则：$(a+bi)/(c+di)=[(ac+bd)/(c2+d2)]+[(bc-ad)/(c2+d2)]i$。

例 2-5：练习复数的显示。

解：MATLAB 程序如下：

```
>>1 + 2i
ans =
     1.0000 + 2.0000i
>>2 - 3i
ans =
     2.0000 - 3.0000i
>>5 + 6j
ans =
     5.0000 + 6.0000i
>>2i
ans =
     0.0000 + 2.0000i
>> -3i
ans =
     0.0000 - 3.0000i
```

2. 数值变量的计算

将数字的值赋给变量，那么此变量称为数值变量。在 MATLAB 下进行简单数值运算，只需将运算式直接输入提示号（>>）之后，并按〈Enter〉键即可。例如，要计算 145 与 25 的乘积，可以直接输入：

```
>>15 * 25
ans =
     375
```

用户也可以输入：

```
>>x = 15 * 25
x =
     375
```

此时 MATLAB 就把计算值赋给指定的变量 x 了。

当表达式比较复杂或重复出现的次数太多时，更好的办法是先定义变量，再由变量表达式计算得到结果。

例 2-6：分别计算 $y = \dfrac{1}{\sin x + \cos(x-1)}$ 在 $x = 20$、40、60、80 处的函数值。

解：MATLAB 程序如下：

```
>> x = 20:20:80;
>> y = 1./(sin(x)+cos(x-1))      % 点除运算"./"是对每一个 x 做除法运算
                                 % 点除的具体用法在本章第 2 节中介绍
y =
    0.5259    0.9884   -0.9295   -0.5291
```

3. 数字的显示格式

一般而言，在 MATLAB 中数据的存储与计算都是以双精度进行的，但有多种显示形式。在默认情况下，若数据为整数，就以整数表示；若数据为实数，则以保留小数点后 4 位的精度近似表示。

用户可以改变数字显示格式。控制数字显示格式的命令是 format，其调用格式见表 2-6。

例 2-7：控制数字显示格式示例。

解：MATLAB 程序如下：

```
>> format long, pi
ans =
     3.141592653589793
```

表 2-6 format 调用格式

调用格式	说明
format short	5 位定点表示（默认值）
format long	15 位定点表示
format short e	5 位浮点表示
format long e	15 位浮点表示
format short g	在 5 位定点和 5 位浮点中选择最好的格式表示，MATLAB 自动选择
format long g	在 15 位定点和 15 位浮点中选择最好的格式表示，MATLAB 自动选择
format hex	16 进制格式表示
format +	在矩阵中，用符号 +、- 和空格表示正号、负号和零
format bank	用美元与美分定点表示
format rat	以有理数形式输出结果
format compact	变量之间没有空行
format loose	变量之间有空行

2.2.3 字符串

字符和字符串运算是各种高级语言必不可少的部分。MATLAB 作为一种高级的数字计算语言,字符串运算功能同样是很丰富的,特别是 MATLAB 增加了自己的符号运算工具箱(Symbolic toolbox)之后,字符串函数的功能进一步得到增强。而且此时的字符串已不再是简单的字符串运算,而是 MATLAB 符号运算表达式的基本构成单元。

1. 直接赋值定义

在 MATLAB 中,所有的字符串都应用单引号设定后输入或赋值(yesinput 命令除外)。

```
>>a ='this is a book'
a =
    this is a book
```

2. 由函数 char 来生成字符数组

```
>>a = char('b','o','o','k');
>>a'
ans =
    book
```

对该字符串进行定义后,可对该字符串进行简单的操作。

(1)计算字符大小

在 MATLAB 中,字符串与字符数组基本上是等价的。可以用函数 size 来查看数组的维数。

```
>>size(a)
ans =
    4    1
```

(2)显示字符元素

字符串的每个字符(包括空格)都是字符数组的一个元素。

```
>>a(2)
ans =
    o
```

(3)链接串

使用该函数将几个字符串连接成一个字符串。

```
>>x ='this';
>>y ='is';
>>z = strcat(x,y)
z =
    this is
```

(4)替代串

使用一个字符串替换另一个字符串。

```
>>x ='who are you';
>>y ='how';
>>z = strrep(x,'who',y)
z =
    how are you
```

其余 MATLAB 对字符的串操作见表 2-7。

表 2-7 字符串操作函数表

命 令 名	说 明	命 令 名	说 明
strvcat	垂直链接串	strtok	寻找串中记号
strcmp	比较串	upper	转换串为大写
strncmp	比较串的前 n 个字符	lower	转换串为小写
findstr	在其他串中找此串	blanks	生成空串
strjust	整理字符数组	deblank	移去串内空格
strmatch	查找可能匹配的字符串		

2.2.4 向量

1. 向量的生成

向量的生成有直接输入法、冒号法和利用 MATLAB 函数创建 3 种方法。

(1) 直接输入法

生成向量最直接的方法就是在命令窗口中直接输入。格式上的要求如下：

◆ 向量元素需要用"[ ]"括起来；
◆ 元素之间可以用以空格、逗号或分号分隔。

 说明

用空格和逗号分隔生成行向量，用分号分隔形成列向量。

例 2-8：向量的生成的直接输入法示例。

解：MATLAB 程序如下：

```
>>x = [2 4 6 8]
x =
    2    4    6    8
```

又如

```
、>>x = [1;2;3]
x =
    1
    2
    3
```

(2) 冒号法

基本格式是 x = first:increment:last，表示创建一个从 first 开始，到 last 结束，数据元素的增量为 increment 的向量。若增量为 1，上面创建向量的方式简写为 x = first:last。

例 2-9：创建一个从 0 开始，增量为 2，到 10 结束的向量 x。

解：MATLAB 程序如下：

```
>> x = 0:2:10
x =
     0     2     4     6     8    10
```

(3) 利用函数 linspace 创建向量

linspace 通过直接定义数据元素个数，而不是数据元素直接的增量来创建向量。此函数的调用格式如下：

```
linspace(first_value,last_value,number)
```

该调用格式表示创建一个从 first_value 开始 last_value 结束，包含 number 个元素的向量。

例 2-10：创建一个从 0 开始，到 10 结束，包含 6 个数据元素的向量 x。

解：MATLAB 程序如下：

```
>> x = linspace(0,10,6)
x =
     0     2     4     6     8    10
```

(4) 利用函数 logspace 创建一个对数分隔的向量

与 linspace 一样，logspace 也通过直接定义向量元素个数，而不是数据元素之间的增量来创建数组。logspace 的调用格式如下：

```
logspace(first_value,last_value,number)
```

表示创建一个从 10^{first_value} 开始，到 10^{last_value} 结束，包含 number 个数据元素的向量。

例 2-11：创建一个从 10 开始，到 10^3 结束，包含 3 个数据元素的向量 x。

解：MATLAB 程序如下：

```
>> x = logspace(1,3,3)
x =
    10   100   1000
```

2. 向量元素的引用

向量元素引用的方式见表 2-8。

表 2-8 向量元素引用的方式

格　式	说　明
x(n)	表示向量中的第 n 个元素
x(n1:n2)	表示向量中的第 n1 至 n2 个元素

例 2-12：向量元素的引用示例。

解：MATLAB 程序如下：

```
>> x = [1 2 3 4 5];
>> x(1:3)
ans =
     1     2     3
```

2.2.5 矩阵

MATLAB 即 Matrix Laboratory（矩阵实验室）的缩写，可见该软件在处理矩阵问题上的优势。本节主要介绍如何用 MATLAB 来进行"矩阵实验"，即如何生成矩阵，如何对已知矩阵进行各种变换等。

1. 矩阵的生成

矩阵的生成主要有直接输入法、M 文件生成法和文本文件生成法等。

(1) 直接输入法

在键盘上直接按行方式输入矩阵是最方便、最常用的创建数值矩阵的方法，尤其适合较小的简单矩阵。在用此方法创建矩阵时，应当注意以下几点：

- 输入矩阵时要以"[ ]"为其标识符号，矩阵的所有元素必须都在括号内；
- 矩阵同行元素之间由空格（个数不限）或逗号分隔，行与行之间用分号或〈Enter〉键分隔；
- 矩阵大小不需要预先定义；
- 矩阵元素可以是运算表达式；
- 若"[ ]"中无元素，表示空矩阵；
- 如果不想显示中间结果，可以用";"结束。

例 2-13：创建元素均是 5 的 5×5 矩阵。

解：MATLAB 程序如下：

```
>>a=[5 5 5 5 5;5 5 5 5 5;5 5 5 5 5;5 5 5 5 5;5 5 5 5 5]
a =
    5    5    5    5    5
    5    5    5    5    5
    5    5    5    5    5
    5    5    5    5    5
    5    5    5    5    5
```

① 注意

在输入矩阵时，MATLAB 允许方括号里还有方括号，例如下面的语句是合法的：
>>[[1 2 3];[2 4 6];7 8 9]，其结果是一个3维方阵。

(2) 利用 M 文件创建

当矩阵的规模比较大时，直接输入法就显得笨拙，出差错也不易修改。为了解决这些问题，可以将所要输入的矩阵按格式先写入一文本文件中，并将此文件以 .m 为其扩展名，即 M 文件。

M 文件是一种可以在 MATLAB 环境下运行的文本文件，它可以分为命令式文件和函数式文件两种。在此处主要用到的是命令式 M 文件，用它的简单形式来创建大型矩阵。在 MATLAB 命令窗中输入 M 文件名，所要输入的大型矩阵即可被输入到内存中。

例 2-14：编制一个名为 abc.m 的 M 文件。

解：在 M 文件编辑器中编制一个名为 sample.m 的 M 文件。

首先，用任何一个字处理软件编写以下内容：

```
% sample. m
% 创建一个 M 文件,用以输入大规模矩阵
gmatrix = [378 89 90   83 382 92 29;
3829 32 9283 2938 378 839 29;
388 389 200 923 920 92 7478;
3829 892 66 89 90 56 8980;
7827 67 890 6557 45   123 35]
```

然后,保存为以 sample. m 为文件名的文件。

例 2-15:运行 M 文件。

解:在 MATLAB 命令窗口中输入文件名,得到下面结果:

```
>> sample
gmatrix =
Columns 1 through 5

    378         89          90          83         382
    3829        32        9283        2938         378
    388        389         200         923         920
    3829       892          66          89          90
    7827        67         890        6557          45

Columns 6 through 7

    92          29
    839         29
    92        7478
    56        8980
    123         35
```

在通常的使用中,例 2-15 中的矩阵还不算"大型"矩阵,此处只是借例说明。

① **注意**

M 文件中的变量名与文件名不能相同,否则会造成变量名和函数名的混乱。

(3)利用文本创建

MATLAB 中的矩阵还可以由文本文件创建,即在文件夹(通常为 work 文件夹)中建立 txt 文件,在命令窗口中直接调用此文件名即可。

例 2-16:用文本文件创建矩阵 x,其中

$$x = \begin{matrix} 1 & 1 & 1 \\ 1 & 2 & 3 \\ 1 & 3 & 6 \end{matrix}$$

1)事先在记事本中建立文件:

```
1 2    1
1     2 4
1     3 8
```

2)以 data. txt 保存,在 MATLAB 命令窗口中输入:

```
>> load data.txt
>> data
data =
     1     2     1
     1     2     4
     1     3     8
```

由此创建矩阵 x

```
x =    1     2     1
       1     2     4
       1     3     8
```

(4) 利用函数创建

用户可以直接用函数来生成某些特定的矩阵，常用的函数有：

- eye(n)   创建 $n \times n$ 的单位矩阵；
- eye(m,n)   创建 $m \times n$ 的单位矩阵；
- eye(size(A))   创建与 A 维数相同的单位阵；
- ones(n)   创建 $n \times n$ 全 1 矩阵；
- ones(m,n)   创建 $m \times n$ 全 1 矩阵；
- ones(size(A))   创建与 A 维数相同的全 1 阵；
- zeros(m,n)   创建 $n \times n$ 全 0 矩阵；
- zeros(size(A))   创建与 A 维数相同的全 0 阵；
- rand(n)   在 [0,1] 区间内创建一个 $n \times n$ 均匀分布的随机矩阵；
- rand(m,n)   在 [0,1] 区间内创建一个 $m \times n$ 均匀分布的随机矩阵；
- rand(size(A))   在 [0,1] 区间内创建一个与 A 维数相同的均匀分布的随机矩阵；
- compan(P)   创建系数向量是 P 的多项式的伴随矩阵；
- diag(v)   创建一向量 v 中的元素为对角的对角阵；
- hilb(n)   创建 $n \times n$ 的 Hilbert 矩阵。

例 2-17：特殊矩阵生成示例。

解：在 MATLAB 命令窗口中输入以下命令：

```
>> zeros(3)
ans =
     0     0     0
     0     0     0
     0     0     0
>> zeros(3,2)
ans =
     0     0
     0     0
     0     0
>> ones(3,2)
ans =
     1     1
```

```
            1       1
            1       1
>>ones(3)
ans =
            1       1       1
            1       1       1
            1       1       1
>>rand(3)
ans =
            0.8147  0.9134  0.2785
            0.9058  0.6324  0.5469
            0.1270  0.0975  0.9575
>>rand(3,2)
ans =
            0.9649  0.9572
            0.1576  0.4854
            0.9706  0.8003
>>magic(3)
ans =
            8       1       6
            3       5       7
            4       9       2
>>hilb(3)
ans =
            1.0000  0.5000  0.3333
            0.5000  0.3333  0.2500
            0.3333  0.2500  0.2000
>>invhilb(3)
ans =
            9      -36      30
           -36     192     -180
            30    -180     180
```

2. 矩阵元素的修改

矩阵建立起来之后，还需要对其元素进行修改。表2-9列出了常用的矩阵元素修改命令。

表2-9 矩阵元素修改命令

命 令 名	说 明
D=[A;B C]	A 为原矩阵，B、C 中包含要扩充的元素，D 为扩充后的矩阵
A(m,:)=[ ]	删除 A 的第 m 行
A(:,n)=[ ]	删除 A 的第 n 列
A(m,n)=a; A(m,:)=[a b…]; A(:,n)=[a b…]	对 A 的第 m 行第 n 列的元素赋值；对 A 的第 m 行赋值；对 A 的第 n 列赋值

例2-18：矩阵的修改示例。

解：在MATLAB命令窗口中输入以下命令：

```
>>A=[1 2 3;4 5 6];
>>B=eye(2);
>>C=zeros(2,1);
>>D=[A;B C]
D =
    1    2    3
    4    5    6
    1    0    0
    0    1    0
```

3. 矩阵的变维

矩阵的变维可以用符号":"法和 reshape 函数法。reshape 函数的调用形式如下：
reshape(X,m,n): 将已知矩阵变维成 m 行 n 列的矩阵。

例 2-19: 矩阵的变维示例。

解: 在 MATLAB 命令窗口中输入以下命令：

```
>>A=1:12;
>>B=reshape(A,2,6)
B =
    1    3    5    7    9   11
    2    4    6    8   10   12
>>C=zeros(3,4);        %用":"法必须先设定修改后矩阵的形状
>>C(:)=A(:)
C =
    1    4    7   10
    2    5    8   11
    3    6    9   12
```

4. 矩阵的变向

常用的矩阵变向命令见表 2-10。

表 2-10 矩阵变向命令

命 令 名	说　　明
Rot(90)	将 A 逆时针方向旋转 90°
Rot(90,k)	将 A 逆时针方向旋转 90°*k，k 可为正整数或负整数
Fliplr(X)	将 X 左右翻转
flipud(X)	将 X 上下翻转
flipdim(X,dim)	$dim=1$ 时对行翻转，$dim=2$ 时对列翻转

例 2-20: 矩阵的变向示例。

解: MATLAB 程序如下：

```
>>C=zeros(3,4)
C =
    1    4    7   10
    2    5    8   11
    3    6    9   12
```

```
>>flipdim(C,1)
ans =
     3     6     9    12
     2     5     8    11
     1     4     7    10
>>flipdim(C,2)
ans =
    10     7     4     1
    11     8     5     2
    12     9     6     3
```

5. 矩阵的抽取

对矩阵元素的抽取主要是指对角元素和上（下）三角阵的抽取。对角矩阵和三角矩阵的抽取命令见表 2-11。

表 2-11 对角矩阵和三角矩阵的抽取命令

命 令 名	说 明
diag(X,k)	抽取矩阵 X 的第 k 条对角线上的元素向量。k 为 0 时即抽取主对角线，k 为正整数时抽取上方第 k 条对角线上的元素，k 为负整数时抽取下方第 k 条对角线上的元素
diag(X)	抽取主对角线
diag(v,k)	使得 v 为所得矩阵第 k 条对角线上的元素向量
diag(v)	使得 v 为所得矩阵主对角线上的元素向量
tril(X)	提取矩阵 X 的主下三角部分
tril(X,k)	提取矩阵 X 的第 k 条对角线下面的部分（包括第 k 条对角线）
triu(X)	提取矩阵 X 的主上三角部分
triu(X,k)	提取矩阵 X 的第 k 条对角线上面的部分（包括第 k 条对角线）

例 2-21：矩阵抽取示例。

解：MATLAB 程序如下：

```
>>A = magic(4)
A =
    16     2     3    13
     5    11    10     8
     9     7     6    12
     4    14    15     1
>>v = diag(A,2)
v =
     3
     8
>>tril(A,-1)
ans =
     0     0     0     0
     5     0     0     0
     9     7     0     0
     4    14    15     0
```

```
>> triu(A)
ans =
    16     2     3    13
     0    11    10     8
     0     0     6    12
     0     0     0     1
```

2.2.6 单元型变量

单元型变量是以单元为元素的数组，每个元素称为单元，每个单元可以包含其他类型的数组，如实数矩阵、字符串、复数向量。单元型变量通常由"{ }"创建，其数据通过数组下标来引用。

1. 单元型变量的创建

单元型变量的定义有两种方式，一种是用赋值语句直接定义，另一种是由 cell 函数预先分配存储空间，然后对单元元素逐个赋值。

（1）赋值语句直接定义

在直接赋值过程中，与在矩阵的定义中使用中括号不同，单元型变量的定义需要使用大括号，而元素之间由逗号隔开。

例 2-22：创建一个 2×2 的单元型数组。

解：MATLAB 程序如下：

```
>> A = [1 2;3 4];
>> B = 3 + 2 * i;
>> C = 'efg';
>> D = 2;
>> E = {A,B,C,D}
E =
    [2x2 double]    [3.0000 + 2.0000i]    'efg'    [2]
```

MATLAB 语言会根据显示的需要决定是将单元元素完全显示，还是只显示存储量来代替。

（2）对单元的元素逐个赋值

该方法的操作方式是先预分配单元型变量的存储空间，然后对变量中的元素逐个进行赋值。实现预分配存储空间的函数是 cell。

例 2-22 中的单元型变量 E 还可以由以下方式定义：

```
>> E = cell(1,3);
>> E{1,1} = [1:4];
>> E{1,2} = B;
>> E{1,3} = 2;
>> E
E =
    [1x4 double]    [3.0000 + 2.0000i]    [2]
```

2. 单元型变量的引用

单元型变量的引用应当采用大括号作为下标的标识，而小括号作为下标标识符则只显示该元素的压缩形式。

例 2-23：单元型变量的引用示例。

解：MATLAB 程序如下：

```
>>E{1}
ans =
     1     2     3     4
>>E(1)
ans =
[1x4 double]
```

3. MATLAB 语言中有关单元型变量的函数

MATLAB 语言中有关单元型变量的函数见表 2-12。

表 2-12　MATLAB 语言中有关单元型变量的函数表

函数名	说明
cell	生成单元型变量
cellfun	对单元型变量中的元素作用的函数
celldisp	显示单元型变量的内容
cellplot	用图形显示单元型变量的内容
num2cell	将数值转换成单元型变量
deal	输入输出处理
cell2struct	将单元型变量转换成结构型变量
struct2cell	将结构型变量转换成单元型变量
iscell	判断是否为单元型变量
reshape	改变单元数组的结构

例 2-24：判断例 2-23E 中的元素是否为逻辑变量。

解：MATLAB 程序如下：

```
>>cellfun('islogical',E)
ans =
     0     0     0
>>cellplot(E)
```

结果如图 2-5 所示。

2.2.7　结构型变量

1. 结构型变量的创建和引用

结构型变量是根据属性名（field）组织起来的不同数据类型的集合。结构的任何一个属性可以包含不同的数据类型，如字符串、矩阵等。结构型变量用函数 struct 来创建，其调用格式如表 2-13 所示。

结构型变量数据通过属性名来引用。

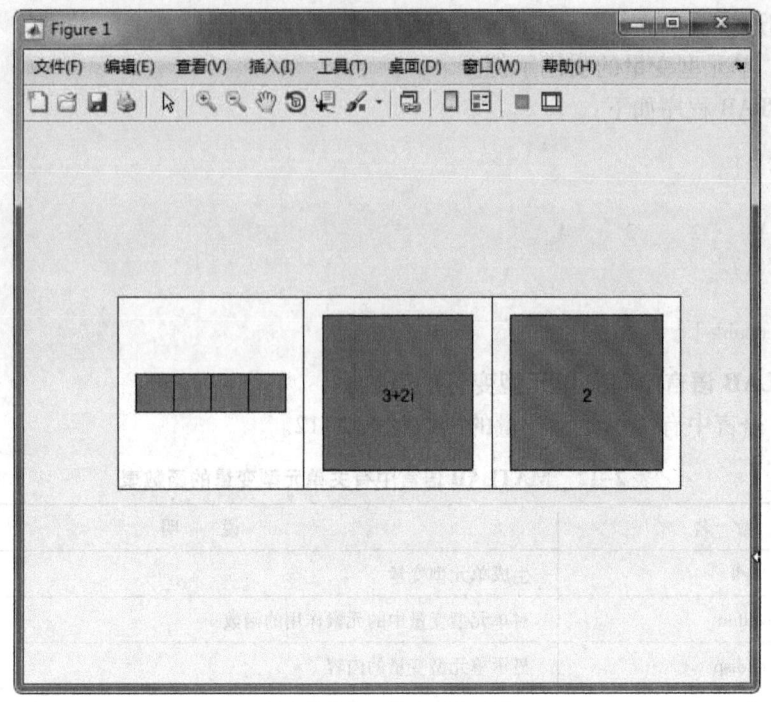

图 2-5　图形单元变量输出

表 2-13　struct 调用格式

调用格式	说　　明
s = struct('field',{},'field2',{},…)	表示建立一个空的结构数组，不含数据
s = struct('field',values1,'field2',values2,…)	表示建立一个具有属性名和数据的结构数组

例 2-25：创建一个结构型变量。

解：MATLAB 程序如下：

```
>> mn = struct('color',{'red','black'},'number',{1,2})
mn =
1x2 struct array with fields:
    color
    number
>> mn(1)            % 结构型变量数据通过属性名来引用
ans =
     color:'red'
     number:1
>> mn(2)
ans =
     color:'black'
     number:2
>> mn(2).color
ans =
black
```

2. 结构型变量的相关函数

MATLAB 语言中有关结构型变量的函数见表 2-14。

表 2-14 MATLAB 语言结构型变量的函数

函 数 名	说 明
struct	创建结构型变量
fieldnames	得到结构型变量的属性名
getfield	得到结构型变量的属性值
setfield	设定结构型变量的属性值
rmfield	删除结构型变量的属性
isfield	判断是否为结构型变量的属性
isstruct	判断是否为结构型变量

2.3 运算符

MATLAB 提供了丰富的运算符，能满足用户的各种应用。这些运算符包括算术运算符、关系运算符和逻辑运算符 3 种。本节将简要介绍各种运算符的功能。

2.3.1 算术运算符

MATLAB 语言的算术运算符见表 2-15。

表 2-15 MATLAB 语言的算术运算符

运 算 符	定 义
+	算术加
-	算术减
*	算术乘
.*	点乘
^	算术乘方
.^	点乘方
\	算术左除
.\	点左除
/	算术右除
./	点右除
'	矩阵转置。当矩阵是复数时，求矩阵的共轭转置
.'	矩阵转置。当矩阵是复数时，不求矩阵的共轭

其中，算术运算符加减乘除及乘方与传统意义上的加减乘除及乘方类似，用法基本相同，而点乘、点乘方等运算有其特殊的一面。点运算是指元素点对点的运算，即矩阵内元素对元素之间的运算。点运算要求参与运算的变量在结构上必须是相似的。

MATLAB 的除法运算较为特殊。对于简单数值而言，算术左除与算术右除也不同。算术右除与传统的除法相同，即 $a/b = a \div b$；而算术左除则与传统的除法相反，即 $a\backslash b = b \div a$。对矩阵而言，算术右除 A/B 相当于求解线性方程 $X*A=B$ 的解；算术左除相当于求解线性方程 $A*X=B$ 的解。点左除与点右除与上面点运算相似，是变量对应于元素进行点除。

2.3.2 关系运算符

关系运算符主要用于对矩阵与数、矩阵与矩阵进行比较，返回表示二者关系的由 0 和 1 组成的矩阵，0 和 1 分别表示不满足和满足指定关系。

MATLAB 语言的关系运算符见表 2-16。

表 2-16 MATLAB 语言的关系运算符

运 算 符	定 义
==	等于
~=	不等于
>	大于
>=	大于等于
<	小于
<=	小于等于

2.3.3 逻辑运算符

MATLAB 语言进行逻辑判断时，所有非零数值均被认为真，而零为假。在逻辑判断结果中，判断为真时输出 1，判断为假时输出 0。

MATLAB 语言的逻辑运算符见表 2-17。

表 2-17 MATLAB 语言的逻辑运算符

运 算 符	定 义
—	逻辑与。两个操作数同时为 1 时，结果为 1，否则为 0
|	逻辑或。两个操作数同时为 0 时，结果为 0，否则为 1
~	逻辑非。当操作数为 0 时，结果为 1，否则为 0
xor	逻辑异或。两个操作数相同时，结果为 0，否则为 1

在算术、关系、逻辑 3 种运算符中，算术运算符优先级最高，关系运算符次之，而逻辑运算符优先级最低。在逻辑运算符中，"非"的优先级最高，"与"和"或"有相同的优先级。

2.4 数值运算

MATLAB 具有强大的数值计算功能，它是 MATLAB 软件的基础。自商用的 MATLAB 软件推出之后，它的数值计算功能日趋完善。

2.4.1 矩阵运算

本小节主要介绍矩阵的一些基本运算，如矩阵的四则运算、求矩阵行列式、求矩阵的秩、求矩阵的逆、求矩阵的迹以及求矩阵的条件数与范数等。下面将分别介绍这些运算。

1. 矩阵的基本运算

矩阵的基本运算包括加、减、乘、数乘、点乘、乘方、左乘、右乘、求逆等。其中加、减、乘与大家所学的线性代数中的定义是一样的，相应的运算符为"+""-""*"，而矩阵的除法运算是 MATLAB 所特有的，分为左除和右除，相应运算符为"\"和"/"。

⚠ **注意**

在一般情况下，$X = A\backslash B$ 是方程 $A*X = B$ 的解，而 $X = B/A$ 是方程 $X*A = B$ 的解。

对于上述的四则运算，需要注意的是：矩阵的加、减、乘运算的维数要求与线性代数中的要求一致，计算左除 $A\backslash B$ 时，A 的行数要与 B 的行数一致，计算右除 A/B 时，A 的列数要与 B 的列数一致。

例 2-26：矩阵的基本运算示例。

解：MATLAB 程序如下：

```
>> A = [3 8 19;10 3 3;27 19 5];
>> B = [8 13 9;2 8 11;3 9 1];
>> A * B
ans =
    97    274    134
    95    181    126
   269    548    457
>> A. * B
ans =
    24    104    171
    20     24     33
    81    171      5
>> A. \B
Warning: Divide by zero.

ans =
    2.6667    1.6250    0.4737
    0.2000    2.6667    3.6667
    0.1111    0.4737    0.2000
>> inv(A)
ans =
   -0.0192    0.1464   -0.0150
    0.0141   -0.2271    0.0825
    0.0497    0.0725   -0.0324
```

另外，常用的运算还有指数函数、对数函数、平方根函数等。用户可查看相应的帮助获得使用方法和相关信息。

2. 基本的矩阵函数

常用的矩阵函数见表 2-18。

矩阵的条件数在数值分析中是一个重要的概念，在工程计算中也是必不可少的，它用于刻画一个矩阵的"病态"程度。

对于非奇异矩阵 A，其条件数的定义为

$$\text{cond}(A)_v = \|A^{-1}\|_v \|A\|_v，\text{其中 } v = 1, 2, \cdots, F。$$

它是一个大于或等于 1 的实数，当 A 的条件数相对较大，即 $\text{cond}(A)_v \gg 1$ 时，矩阵 A 是"病态"的，反之是"良态"的。

表 2-18 MATLAB 常用矩阵函数

函 数 名	说 明	函 数 名	说 明
cond	矩阵的条件数值	diag	对角变换
condest	1-范数矩阵条件数值	exmp	矩阵的指数运算
det	矩阵的行列式值	logm	矩阵的对数运算
eig	矩阵的特征值	sqrtm	矩阵的开方运算
inv	矩阵的逆	cdf2rdf	复数对角矩阵转换成实数块对角矩阵
norm	矩阵的范数值	rref	转换成逐行递减的阶梯矩阵
normest	矩阵的 2-范数值	rsf2csf	实数块对角矩阵转换成复数对角矩阵
rank	矩阵的秩	rot90	矩阵逆时针方向旋转 90°
orth	矩阵的正交化运算	fliplr	左、右翻转矩阵
rcond	矩阵的逆条件数值	flipud	上、下翻转矩阵
trace	矩阵的迹	reshape	改变矩阵的维数
triu	上三角变换	funm	一般的矩阵函数
tril	下三角变换		

范数是数值分析中的一个概念，它是向量或矩阵大小的一种度量，在工程计算中有着重要的作用。对于向量 $x \in R^n$，常用的向量范数有以下几种。

- x 的 ∞-范数：$\|x\|_\infty = \max\limits_{1 \leq i \leq n} |x_i|$

- x 的 1-范数：$\|x\|_1 = \sum\limits_{i=1}^{n} |x_i|$

- x 的 2-范数（欧氏范数）：$\|x\|_2 = (x^T x)^{\frac{1}{2}} = \left(\sum\limits_{i=1}^{n} x_i^2\right)^{\frac{1}{2}}$

- x 的 p-范数：$\|x\|_p = \left(\sum\limits_{i=1}^{n} |x_i|^p\right)^{\frac{1}{p}}$

对于矩阵 $A \in R^{m \times n}$，常用的矩阵范数有以下几种。

- A 的行范数（∞-范数）：$\|A\|_\infty = \max\limits_{1 \leq i \leq m} \sum\limits_{j=1}^{n} |a_{ij}|$

- A 的列范数（1-范数）：$\|A\|_1 = \max\limits_{1 \leq j \leq n} \sum\limits_{i=1}^{m} |a_{ij}|$

- A 的欧氏范数（2-范数）：$\|A\|_\infty = \sqrt{\lambda_{\max}(A^T A)}$，其中 $\lambda_{\max}(A^T A)$ 表示 $A^T A$ 的最大特征值。

◆ A 的 Forbenius 范数 (F - 范数): $\|A\|_F = (\sum_{i=1}^{m}\sum_{j=1}^{n} a_{ij}^2)^{\frac{1}{2}} = \text{trace}(A^T A)^{\frac{1}{2}}$

例 2-27: 常用的矩阵函数示例。

解: MATLAB 程序如下:

```
>>A = [3 8 9;0 3 3;7 9 5];
>>B = [8 3 9;2 8 1;3 9 1];
>>norm(A)
ans =
    17.5341
>>normest(A)
ans =
    17.5341
>>det(A)
ans =
    -57
```

3. 矩阵分解函数

1) 特征值分解, 矩阵的特征值分解也调用函数 eig, 还要在调用时做一些形式上的变化, 函数调用格式如下:

$$[V, D] = \text{eig}(X)$$

这个函数格式的功能是得到矩阵 X 的特征值对角矩阵 D 以及列为相应特征值的特征向量矩阵 V, 于是矩阵的特征值分解为 $X \times V = V \times D$。

例 2-28: 矩阵的特征值分解示例。

解: MATLAB 程序如下:

```
>>[v,d] = eig(A)
v =
    -0.6897    -0.5873     0.5909
    -0.1860    -0.3101    -0.6653
    -0.6998     0.7476     0.4563
d =
    14.2898     0           0
    0          -4.2323      0
    0           0           0.9425
```

2) 奇异值分解, 矩阵的奇异值分解由函数 svd 实现, 调用格式如下:

$$[U, S, V] = \text{svd}(X) \text{ 或者 } [U, S, V] = \text{svd}(X, 0)$$

例 2-29: 矩阵的奇异值分解示例。

解: MATLAB 程序如下:

```
>>A = rand(4)
A =
    0.1869    0.7094    0.6551    0.9597
    0.4898    0.7547    0.1626    0.3404
    0.4456    0.2760    0.1190    0.5853
    0.6463    0.6797    0.4984    0.2238
```

```
>>[U,S,V] = svd(A)
U =
    -0.6442    0.6921   -0.3194    0.0631
    -0.4560   -0.4213    0.1585    0.7677
    -0.3579    0.0968    0.8650   -0.3380
    -0.4989   -0.5780   -0.3530   -0.5407
S =
     4.0088         0         0         0
          0    0.6449         0         0
          0         0    0.3724         0
          0         0         0    0.2447
V =
    -0.4110   -0.6318    0.4705   -0.4587
    -0.6168   -0.2996   -0.2904    0.6674
    -0.3920    0.1680   -0.6886   -0.5864
    -0.5449    0.6948    0.4691    0.0124
```

3）**LU** 分解，**LU** 分解由函数 lu 实现，具体的调用格式为：

$$[L,U] = \mathrm{lu}(A)$$

例 2-30：矩阵的 **LU** 分解示例。

解：MATLAB 程序如下：

```
>>A = rand(4)
A =
    0.1966    0.3517    0.9172    0.3804
    0.2511    0.8308    0.2858    0.5678
    0.6160    0.5853    0.7572    0.0759
    0.4733    0.5497    0.7537    0.0540
>>[L,U] = lu(A)
L =
    0.3191    0.2784    4.0000         0
    0.4076    4.0000         0         0
    4.0000         0         0         0
    0.7683    0.1690    0.2579    4.0000
U =
    0.6160    0.5853    0.7572    0.0759
         0    0.5923   -0.0228    0.5369
         0         0    0.6819    0.2068
         0         0         0   -0.1484
```

4）楚列斯基（Cholesky）分解，**A** 为正定矩阵时可进行楚列斯基分解，由函数 chol 实现，具体的调用格式如下：

$$\mathrm{chol}(A)$$

例 2-31：矩阵的楚列斯基分解示例。

解：MATLAB 程序如下：

```
>>A = [1 1 1 1;1 2 3 4;1 3 6 10;1 4 10 20];
>>R = chol(A)
```

```
        R =
             1    1    1    1
             0    1    2    3
             0    0    1    3
             0    0    0    1
        >>R'*R
        ans =
             1    1    1    1
             1    2    3    4
             1    3    6   10
             1    4   10   20
```

5) **QR** 分解，**QR** 分解由函数 qr 实现，具体的调用格式为：

$$[Q,R] = \mathrm{qr}(A)$$

例 2-32：矩阵的 **QR** 分解示例。

解：MATLAB 程序如下：

```
        >>A = rand(4)
        A =
             0.5308    0.5688    0.1622    0.1656
             0.7792    0.4694    0.7943    0.6020
             0.9340    0.0119    0.3112    0.2630
             0.1299    0.3371    0.5285    0.6541
        >>[Q,R] = qr(A)
        Q =
            -0.3981   -0.5853    0.6997    0.0974
            -0.5843   -0.2532   -0.4579   -0.6203
            -0.7004    0.6093    0.0602    0.3667
            -0.0974   -0.4712   -0.5452    0.6865
        R =
            -4.3335   -0.5419   -0.7982   -0.6656
                 0   -0.6034   -0.3554   -0.3973
                 0        0   -0.5196   -0.5005
                 0        0        0    0.1881
```

6) 舒尔（Schur）分解，舒尔分解由函数 schur 实现。舒尔分解在半定规划、自动化等领域有着重要而广泛的应用，具体的调用格式为：

◆ 函数调用格式 1：

$$T = \mathrm{schur}(A)$$

这个函数格式的功能是产生舒尔矩阵 **T**，即 **T** 是主对角线元素为特征值的三角阵。

◆ 函数调用格式 2：

$$T = \mathrm{schur}(A,\mathrm{flag})$$

这个函数格式的功能是：若 **A** 有复特征根，则 flag ='complex'，否则 flag ='real'。

◆ 函数调用格式 3：

$$[U,T] = \mathrm{schur}(A,\cdots)$$

这个函数格式的功能是返回正交矩阵 **U** 和舒尔矩阵 **T**，满足 $A = U*T*U'$。

例 2-33：矩阵的舒尔分解示例。

解：MATLAB 程序如下：

```
>>A=[1 2 3;2 3 1;1 3 0];
>>[U,T] = schur(A)
U =
    0.5965   -0.8005   -0.0582
    0.6552    0.4438    0.6113
    0.4635    0.4028   -0.7893
T =
    4.5281    4.1062    0.7134
         0   -0.7640    4.0905
         0   -0.4130   -0.7640
>>lambda = eig(A)    %因为矩阵 A 有复特征值,所以对应上面的 T 有一个 2 阶块矩阵
lambda =
    4.5281
   -0.7640 + 0.9292i
   -0.7640 - 0.9292i
```

2.4.2 向量运算

向量可以看成是一种特殊的矩阵,因此矩阵的运算对向量同样适用。除此以外,向量还是矢量运算的基础,所以还有一些特殊的运算,主要包括向量的点积、叉积和混合积。

1. 向量的四则运算

向量的四则运算与一般数值的四则运算相同,相当于将向量中的元素拆开,分别进行加减四则运算,最后将运算结果重新组合成向量。

1) 首先对向量定义、赋值。

```
>>  a = logspace(0,5,6)
a =
  1 至 5 列
         1        10       100      1000     10000
  6 列
    100000
```

2) 进行向量加法运算。

```
>>a + 10
ans =
  1 至 5 列
        11        20       110      1010     10010
  6 列
    100010
```

3) 进行向量减法运算。

```
>>a - 1
ans =
```

```
1 至 5 列
    0        9        99       999      9999
6 列
    99999
```

4）进行乘法运算。

```
>>a*5
ans =
1 至 5 列
    5        50       500      5000     50000
6 列
    500000
```

5）进行除法运算。

```
>>a = [2 4 5 3 1];
>>a/2
ans =
    1.0000   2.0000   2.5000   1.5000   0.5000
```

6）进行简单加减运算。

```
>>a-2+5
ans =
1 至 5 列
    4        13       103      1003     10003
6 列
    100003
```

例2-34：向量的四则运算。

```
>>a = logspace(0,5,6);
>>a+5-(a+1)
ans =
    4    4    4    4    4    4
```

2. 向量的点积运算

在 MATLAB 中，对于向量 **a**、**b**，其点积可以利用 **a'** * **b** 得到，也可以直接用命令 dot 算出，该命令的调用格式见表2-19。

例2-35：向量的点积运算示例。

解：MATLAB 程序如下：

```
>>a = [2 4 5 3 1];
>>b = [3  8 10 12 13];
>>c = dot(a,b)
c =
    137
```

表 2-19　dot 调用格式

调用格式	说　明
dot(a,b)	返回向量 *a* 和 *b* 的点积。需要说明的是，*a* 和 *b* 必须同维。另外，当 *a*、*b* 都是列向量时，dot(*a*,*b*) 等同于 *a*' * *b*
dot(a,b,dim)	返回向量 *a* 和 *b* 在 *dim* 维的点积

3. 向量的叉积运算

我们知道，在空间解析几何学中，两个向量叉乘的结果是一个过两相交向量交点且垂直于两向量所在平面的向量。在 MATLAB 中，向量的叉积运算可由函数 cross 来实现。cross 函数调用格式见表 2-20。

表 2-20　cross 调用格式

调用格式	说　明
cross(a,b)	返回向量 *a* 和 *b* 的叉积。需要说明的是，*a* 和 *b* 必须是三维的向量
cross(a,b,dim)	返回向量 *a* 和 *b* 在 *dim* 维的叉积。需要说明的是，*a* 和 *b* 必须有相同的维数，size(*a*,*dim*) 和 size(*b*,*dim*) 的结果必须为 3

例 2-36：向量的叉积运算示例。

解：MATLAB 程序如下：

```
>>a=[2 3 4]
>>b=[3 4 6];
>>c=cross(a,b)
c =
       2    0   -1
```

4. 向量的混合积运算

在 MATLAB 中，向量的混合积运算可由以上两个函数（dot、cross）共同来实现。

例 2-37：向量的混合积运算示例。

解：MATLAB 程序如下：

```
>>a=[2 3 4]
>>b=[3 4 6];
>>c=[1 4 5];
>>d=dot(a,cross(b,c))
d =
       -3
```

2.5　M 文件

MATLAB 作为一种高级计算机语言，不仅可以像第 1 章介绍的那样，以一种人机交互式的命令行方式工作，还可以像其他计算机高级语言一样进行控制流的程序设计。M 文件是使用 MATLAB 语言编写的程序代码文件。之所以称为 M 文件，是因为这种文件都以".m"作为文件扩展名。用户可以通过任何文本编辑器或字处理器来生成或编辑 M 文件，但是在MATLAB 提供的 M 文件编辑器中生成或编辑 M 文件是最为简单、方便，而且高效。M 文件可以分为两种类型：一种是函数式文件；另一种是命令式文件，也称之为脚本文件，因为它是由英文 Script 翻译而来的。

单击 MATLAB 指令窗工具条上的 New File 图标，就可打开 MATLAB 文件编辑器 MATLAB Editor。用户即可在空白窗口中编写程序。

例 2-38：生成矩阵。

解：输入下面的简单程序：

```
function f = mm
% This file is devoted to demonstrate the use of "for"
% and to create a simple matrix
for i = 1:4
    for j = 1:4
        a(i,j) = 1/(i+j-1);
    end
end
a
```

单击编辑调试器工具条图标，在弹出的 Windows 标准风格的"保存为"对话框中，选择保存文件夹，单动"保存"按钮，就完成了文件保存。

使 mm.m 所在目录成为当前目录，或让该目录处在 MATLAB 的搜索路径上。

然后在 MATLAB 命令窗口中运行以下指令，便可得到图形。

```
>> mm
a =
    1.0000    0.5000    0.3333    0.2500
    0.5000    0.3333    0.2500    0.2000
    0.3333    0.2500    0.2000    0.1667
    0.2500    0.2000    0.1667    0.1429
```

2.5.1 命令式文件

在 MATLAB 中，实现某项功能的一串 MATLAB 语句命令与函数组合成的文件叫作命令式文件。这种 M 文件在 MATLAB 的工作空间内对数据进行操作，能在 MATLAB 环境下直接执行。命令式文件不仅能够对工作空间内已存在的变量进行操作，并能将建立的变量及其执行后的结果保存在 MATLAB 工作空间里，供在以后的计算中使用。除此之外，命令文件执行后的结果既可以显示输出，也能够使用 MATLAB 的绘图函数来产生图形输出结果。

由于命令式文件的运行相当于在命令窗口中逐行输入并运行，所以，用户在编制此类文件时，只需要把要执行的命令按行编辑到指定的文件中，且变量不需预先定义，也不存在文件名的对应问题。

例 2-39：文件的建立与执行。

解：在 MATLAB 命令窗口中输入 edit 调出 M 文件编辑器；然后，在文件编辑器中输入以下内容：

```
% 这是一个演示文件；
% This is a demonstration file.
```

```
x = [0:2*pi/90:2*pi];
y1 = sin(2*x);
y2 = cos(x);
plot(x,y1,x,y2)
```

其中,% 后的内容为注释内容,在函数执行时不起作用,用 help 命令可见。

在 E 盘建立文件夹 matlabfile,以文件名 prac1.m 保存在 X:\matlabfile 文件夹中,然后,把 X:\matlabfile 添加到 MATLAB 的搜索路径中。

在 MATLAB 命令窗口中输入:

```
>> prac1
```

即可得到图 2-6 所示的图形,这就是上述 M 文件的输出结果。

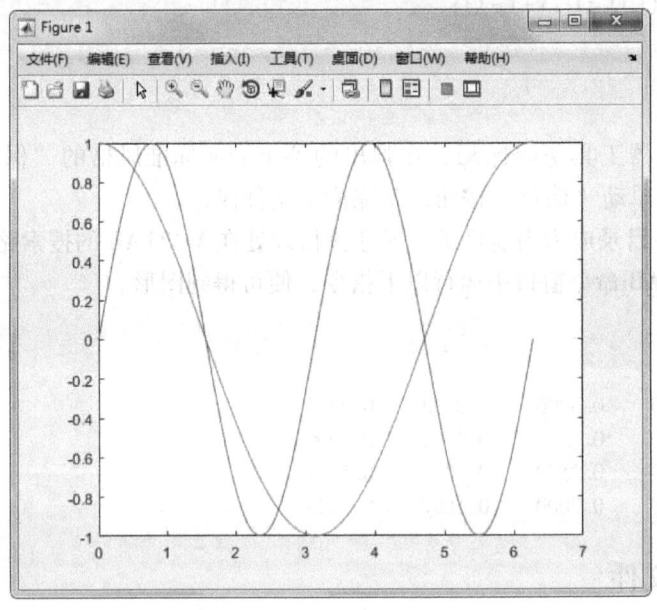

图 2-6 M 文件演示

在 MATLAB 命令窗口中输入:

```
>> help prac1
```

在 MATLAB 命令窗口中显示:

这是一个演示文件;
This is a demonstration file.

这就是文件 prac1.m 的注释行的内容。

例 2-40:执行计算演示。

解:在 MATLAB 命令窗口中输入 edit 调出 M 文件编辑器;然后,在文件编辑器中输入以下内容:

```
%This is the second demonstration file.
% Unlike the first one,this file has no figure to plot
```

```
% The function of this file is to calculate sin(x) + cos(x)
% at the point x = pi/4
x = pi/4;
y = sin(x) + cos(x)
```

以文件名 prac2.m 保存在 X:\matlabfile 文件夹中。

在 MATLAB 命令窗口中输入：prac2，即可得到文件的输出结果。

```
>> prac2
y =
    1.4142
```

① 注意

在运行函数之前，一定要把函数文件所在的目录添加到 MATLAB 的搜索路径中，或者将函数文件所在的目录设置成当前目录。

%后面的内容为注释内容，函数运行时，这部分内容是不起作用的，可以使用 help 命令查询。

文件的扩展名必须是.m。

为保持程序的可读性，应该建立良好的书写风格。

help 命令运行后所显示的是 M 文件的注释语句的第一个连续块。被空行隔离的其他注释语句将被 MATLAB 的 help 帮助系统忽略。

lookfor 命令运行后，显示出函数文件的第一注释行，所以，用户编制程序时，应在第一行尽可能多地包含函数的特征信息。

2.5.2 函数式文件

MATLAB 函数通常是指 MATLAB 系统中以设计好的完成某一种特定的运算或实现某一特定功能的一个子程序。MATLAB 函数或函数文件是 MATLAB 语言中最重要的组成部分，MATLAB 提供的各种各样的工具箱几乎都是以函数形式给出的。MATLAB 的工具箱是内容极为丰富的函数库，可以实现各种各样的功能。这些函数在使用时，是作为命令来对待的，所以，函数有时又称为函数命令。

MATLAB 中的函数即函数文件，是 M 文件的最主要形式。函数是能够接受输入参数并返回输出参数的 M 文件。在 MATLAB 中，函数名和 M 文件名必须相同。

值得注意的是，命令式 M 文件在运行过程中可以调用 MATLAB 工作域内的所有数据，并且，所产生的所有变量均为全局变量。也就是说，这些变量一旦生成，就一直保存在内存空间中，直到用户执行命令 clear 或 quit 时为止。而在函数式文件中的变量除特殊声明外，均为局部变量。

函数式文件的标志为文件内容的第一行为 function 语句。函数式文件可以有返回值，也可以只执行操作而无返回值，大多数函数式文件有返回值。函数式文件在 MATLAB 中应用十分广泛，MATLAB 所提供的绝大多数功能都是由函数式文件实现的，这足以说明函数式文件的重要性。函数式文件执行之后，只保留最后的结果，不保留任何中间过程，所定义的变量也只在函数的内部起作用，并随着调用的结束而被清除。

例 2-41：求两个数或矩阵之和。

解：(1) 创建函数文件

```
function c = sum_ab
% 此函数用来求两个数或矩阵之和
a = input('请输入 a\n');
b = input('请输入 b\n');
[ma,na] = size(a);
[mb,nb] = size(b);
if ma ~ = mb|na ~ = nb
    error('a 与 b 维数不一致！');
else
    c = a + b;
end
```

(2) 调用函数

```
>> c = sum_ab
请输入 a
[4 5;3 4]        %用户输入
请输入 b
[1 2;2 3]        %用户输入
c =
    5    7
    5    7
```

2.6 操作实例——魔方阵函数

在 MATLAB 的库函数中，有魔方阵函数 magic( )，该函数能生成一种特别的 N 阶方阵。这些方阵有一个共同的特性：每一行、每一列或者对角线上的元素的和都相等。这里我们简单设计一个程序，验证魔方矩阵的奇妙特性。

操作步骤如下。

1) 将设计的函数命名为：magverifier. m。

```
function f = magverifier(n)
% This file is dovoted to verify the charactoristics of the magic matrices
% To achieve this goal, we use the magic function in MATLAB
if n > 2
    x = magic(n)
    for j = 1:n
        rowval = 0;
        for i = 1:n
            rowval = rowval + x(j,i);
        end
        rowval
    end
    for i = 1:n
        colval = 0;
        for j = 1:n
```

```
                colval = colval + x(i,j);
            end
            colval
        end
        diagval = sum((diag(x))) 
    else
        break
end
```

2）在命令窗口中输入函数名之后的结果：

```
>> magverifier(4)
x =
    16     2     3    13
     5    11    10     8
     9     7     6    12
     4    14    15     1
colval =
    34
colval =
    34
colval =
    34
colval =
    34
rowval =
    34
rowval =
    34
rowval =
    34
rowval =
    34
diagval =
    34
```

以上结果说明各行元素的和、各列元素的和还有对角线上元素的和全为34。

注意

在文件编辑器中，MATLAB 使用不同的颜色区分程序内容的类别：绿色代表注释部分，程序并不执行这部分内容；黑色代表程序主体部分；红色代表属性值设定或者调试标识部分；蓝色代表流程控制部分，比如后面要介绍的 for、if…else 等语句。

第3章 程序设计基础

 内容指南

MATLAB 提供特有的函数功能可以解决许多科学计算和工程设计问题，但在很多情况下利用函数无法解决复杂问题，或者解决方法过于烦琐，因此需要编写专门的程序。本节以 M 文件为基础，详细介绍程序的基本编写流程。

 知识重点

📖 MATLAB 程序设计
📖 函数句柄
📖 文件调用记录

3.1 MATLAB 程序设计

程序设计是以 M 文件为基础的，要想编好 M 文件就必须要学好 MATLAB 程序设计。本节着重讲 MATLAB 中的程序结构及相应的流程控制。

3.1.1 表达式、表达式语句与赋值语句

在 MATLAB 程序中，广泛使用表达式与赋值语句。

1. 表达式

对于 MATLAB 的数值运算，数字表达式是由常量、数值变量、数值函数或数值矩阵用运算符连接而成的数学关系式。而在 MATLAB 符号运算中，符号表达式是由符号常量、符号变量、符号函数用运算符或专用函数连接而成的符号对象。符号表达式有两类：符号函数与符号方程。在 MATLAB 程序中，既经常使用数值表达式，也大量使用符号表达式。

2. 表达式语句

单个表达式就是表达式语句。一行可以只有一个语句，也可以有多个语句。此时语句之间以英文输入状态下的分号、逗号或回车换行而结束。MATLAB 语言中一个语句可以占多行，由多行构成一个语句时需要使用续行符"……"；以分号结束的语句执行后不显示运行结果。以逗号或回车换行结束的语句执行后显示运行结果（即表达式的值）；表达式语句运行后，其表达式的值暂时保留在固定变量 ans 中。变量 ans 只保留最近一次的结果。

3. 赋值语句

赋值语句将表达式的值赋值给变量构成赋值表达式。

3.1.2 程序结构

对于一般的程序设计语言来说,程序结构大致可分为顺序结构、循环结构与分支结构三种,MATLAB 程序设计语言也不例外。但是,MATLAB 语言要比其他程序设计语言好学得多,因为它的语法不像 C 语言那样复杂,并且具有强大的工具箱,使得它成为科研工作者及学生最易掌握的软件之一。下面将分别上述三种程序结构进行介绍。

1. 顺序结构

顺序结构是最简单、最易学的一种程序结构,它由多个 MATLAB 语句顺序构成,各语句之间用分号";"隔开,若不加分号,则必须分行编写,程序执行时也是由上至下顺序进行的。

- 变量 = 表达式;
- 变量 = 表达式;
- 变量 = 表达式;
- ……
- 变量 = 表达式;

例 3-1:计算矩阵表达式。

解:在 M 文件中输入下面的内容:

```
A = [1 2;3 4];
B = [5 6;7 8];
A,B
C = A * B;
D = A^3 + B^2;
C,D
```

在命令窗口中输入 M 文件名称,运行结果为:

```
A =
    1    2
    3    4
B =
    5    6
    7    8
C =
    19   22
    43   50
D =
    104  132
    172  224
```

例 3-2:计算数学表达式。

解:在 M 文件中输入下面的内容:

```
A = [1 2;3 4];
A
```

```
B = sin(A) + exp(2);
B
```

在命令窗口中输入 M 文件名称,运行结果为:

```
A =
    1    2
    3    4
B =
    8.2305    8.2984
    7.5302    6.6323
```

2. 循环结构

在利用 MATLAB 进行数值实验或工程计算时,用得最多的便是循环结构了。在循环结构中,被重复执行的语句组称为循环体,常用的循环结构有两种:for…end 循环与 while…end 循环。下面分别简要介绍相应的用法。

(1) for…end 循环

在 for…end 循环中,循环次数在一般情况下是已知的,除非用其他语句提前终止循环。这种循环以 for 开头,以 end 结束,其一般形式为:

```
for 变量 = 表达式
    可执行语句 1
    ……
    可执行语句 n
end
```

其中,表达式通常为形如 $m:s:n$ (s 的默认值为 1) 的向量,即变量的取值从 m 开始,以间隔 s 递增一直到 n,变量每取一次值,循环便执行一次。

例 3-3:实现对矩阵 A 的转置操作。

解:在 M 文件中利用 for 循环中输入以下内容:

```
A = [1 2 3;4 5 6];
k = 1;
for i = A
    B(k,:) = i';
    k = k + 1;
end
B
```

在命令窗口中输入 M 文件名称,运行结果为:

```
B =
    1    4
    2    5
    3    6
```

在命令窗口中显示的结果 B 即矩阵 A 的转置矩阵。

(2) while…end 循环

若不知道所需要的循环到底要执行多少次,那么就可以选择 while…end 循环,这种循环

以 while 开头,以 end 结束,其一般形式为:

```
while    表达式
    可执行语句 1
    ……
    可执行语句 n
end
```

其中表达式即循环控制语句,它一般是由逻辑运算或关系运算及一般运算组成的表达式。若表达式的值非零,则执行一次循环,否则停止循环。这种循环方式在编写某一数值算法时用得非常多。一般来说,能用 for…end 循环实现的程序也能用 while…end 循环实现。

例 3-4:用 MATLAB 计算 $1+2+\cdots+100$。

解:编制如下程序:

```
function f = mm2
% This file is devoted to demonstrate the use of 'while'
% The function of this file is to get the sum of 1 to 100
i = 1; sum = 0;
while i <= 100
    sum = sum + i;
        i = i + 1;
end
sum
```

在命令窗口中运行可得:

```
>> mm2
sum =
       5050
```

3. 分支结构

这种程序结构也叫做选择结构,即根据表达式值的情况来选择执行哪些语句。在编写较复杂的算法的时候一般都会用到此结构。MATLAB 编程语言提供了三种分支结构:if…else…end 结构、switch…case…end 结构和 try…catch…end 结构。其中较常用的是前两种。下面我们分别来介绍这三种结构的用法。

(1)if…else…end 结构

这种结构也是复杂结构中最常用的一种分支结构,它有以下三种形式:

1)if   表达式
         语句组
   end

 说明

若表达式的值非零,则执行 if 与 end 之间的语句组,否则直接执行 end 后面的语句。

例 3-5:由小到大排列。

解:编制如下程序:

```
function f = mm3(a,b)
% This file is devoted to demonstrate the use of 'if'
% he function of this file is to convert the value of a and b
if a > b
    t = a;
    a = b;
    b = t;
end
a
b
```

在命令窗口中运行可得：

```
>>mm3(2,3)
a =
    2
b =
    3
>>mm3(7,3)
a =
    3
b =
    7
```

2) if   表达式
        语句组1
  else
        语句组2
  end

📖 说明

若表达式的值非零，则执行语句组1，否则执行语句组2。

3) if   表达式1
        语句组1
  elseif   表达式2
        语句组2
  elseif   表达式3
        语句组3
  ……   ……
  else
        语句组n
  end

📖 说明

程序执行时先判断表达式1的值，若非零则执行语句组1，然后执行end后面的语句，否则判断表达式2的值，若非零则执行语句组2，然后执行end后面的语句，否则继续上面的过程。如果所有的表达式都不成立,则执行 else 与 end 之间的语句组 n。

例 3-6:编写一个求分段函数 $f(x)=\begin{cases}3x+2 & x<1\\ x & -1\leq x\leq 1\\ 2x+3 & x>1\end{cases}$ 的程序,并用它来求 $f(0)$ 的值。

解:1) 创建函数文件。

```
function y = f(x)
% 此函数用来求分段函数 f(x)的值
% 当 x < 1 时,f(x) = 3x + 2;
% 当 -1 <= x <= 1 时,f(x) = x;
% 当 x > 1 时,f(x) = 2x + 3;
    if x < -1
        y = 3 * x + 2;
    elseif -1 <= x <= 1
        y = x;
    else
        y = 2 * x + 3;
    end
```

2) 求 $f(0)$。

```
>> y = f(0)
y =
     0
```

(2) switch…case…end 结构

一般来说,这种分支结构也可以由 if…else…end 结构实现,但会使程序变得更加复杂且不易维护。switch…case…end 分支结构一目了然,而且更便于后期维护,这种结构的形式为:

```
switch      变量或表达式
    case    常量表达式 1
            语句组 1
    case    常量表达式 2
            语句组 2
    ……      ……
    case    常量表达式 n
            语句组 n
    otherwise
            语句组 n + 1
end
```

其中,switch 后面的表达式可以是任何类型的变量或表达式,如变量或表达式的值与其后某个 case 后的常量表达式的值相等,就执行这个 case 和下一个 case 之间的语句组,否则就执行 otherwise 后面的语句组 n + 1,执行完一个语句组程序便退出该分支结构执行 end 后面的语句。

(3) try…catch…end 结构

有些 MATLAB 参考书中没有提到这种结构，因为上述两种分支结构足以处理实际中的各种情况了。但是这种结构在程序调试时很有用，因此在这里简单介绍一下这种分支结构，它的一般形式为：

```
try
    语句组 1
catch
    语句组 2
end
```

在程序不出错的情况下，这种结构只有语句组 1 被执行；若程序出现错误，那么错误信息将被捕获，并存储在 lasterr 变量中，然后执行语句组 2，若在执行语句组的时候，程序又出现错误，那么程序将自动终止，除非相应的错误信息被另一个 try…catch…end 结构所捕获。

知识拓展：

对于自变量 x 的不同取值范围，有着不同的对应法则，这样的函数通常叫作分段函数。虽然分段函数有几个表达式，但它是一个函数，而不是几个函数。

注意

try…catch…end 结构的运行顺序介绍如下：

逐行运行 try 和 catch 之间的语句；

当运行到第 n 行时出现错误，例如变量没有定义，系统将这一错误信息捕获并将其保存到变量 lasterr 中；执行 catch 与 end 之间的程序行。

3.1.3 程序流程控制指令

MATLAB 中还有几个程序流程控制指令，也就是不带输入参数的命令。

1. 中断命令 break

break 指令的作用是中断循环语句的执行。中断的循环语句可以是 for 语句，也可以是 while 语句。当满足在循环体内设置的条件时，可以通过使用的 break 指令使之强行退出循环，而不是达到循环终止条件时再退出循环。在很多情况下，这种判断是十分必要的。显然，循环体内设置的条件必须在 break 指令之前。对于嵌套的循环结构，break 指令只能退出包含它的最内层循环。

例 3-7：计算圆的面积。

解：编制如下程序：

```
function f = mm7
% This file is devoted to demonstrate the use of 'break'
% he function of this file is to get the area before it is larger than 100
for r = 1:10
    area = pi * r * r;
    if area > 100
        break;
    end
```

```
        end
        area
```

在命令窗口中运行可得：

```
>> mm7
area =
    113.0973
```

计算 $r=1$ 到 $r=10$ 时圆的面积，直到面积 area 大于 100 为止。从上面的 for 循环可以看到：当 area > 100 时，执行 break 语句，提前结束循环，即不再继续执行其余的几次循环。

2. return 指令

return 指令的作用是中断函数的运行，返回到上级调用函数。return 指令既可以用在循环体内，也可以用在非循环体内。

3. 等待用户反应命令 pause

pause 指令是暂停指令。运行程序时，到 pause 指令执行后，程序将暂停，等待用户按任意键后而继续执行。pause 指令在程序的调试过程中或者用户需要查看中间结果时是十分有用的。

该指令有如下几种使用格式：

- pause　　　暂停程序等待回应；
- pause(n)　　程序运行过程中，等待 n 秒后继续运行；
- pause on　　显示其后的 pause 指令，并执行 pause 指令；
- pause off　　显示其后的 pause 指令，但不执行该指令。

3.1.4 人机交互语句

用户可以通过交互式指令协调 MATLAB 程序的执行，通过使用不同的交互式指令不同程度地响应程序运行过程中出现的各种提示。

1. echo 命令

在一般情况下，M 文件执行时，文件中的命令不会显示在命令窗口中。echo 命令可以使文件命令在执行时可见。这对程序的调试和演示很有用。对命令式文件和函数式文件，echo 的作用稍微有些不同。

对命令式文件，echo 的使用比较简单，有如下几种格式：

- echo on　　　　打开命令式文件的回应命令；
- echo off　　　　关闭命令式文件的回应命令；
- echo file　　　　文件在执行中的回应显示开关；
- echo file on　　使指定文件的命令在执行中被显示出来；
- echo file off　　关闭指定文件的命令在执行中的回应；
- echo on all　　　显示其后所有执行文件的执行过程；
- echo off all　　　关闭其后所有执行文件的显示。

对函数式文件，当执行 echo 命令时，运行某函数文件，则此文件将不被编译执行，而是被解释执行。这样，文件在执行过程中，每一行都可被看到，但是由于这种解释执行速度慢，效率低，因此，一般情况下只用于调试。

2. input 命令

input 命令是用于提示用户从键盘输入数据、字符串或者表达式，并接收输入值。下面是几种常用的格式。

格式 1：

这种格式的功能是以文本字符串 string 为信息给出用户提示，将用户输入的内容赋值给变量 v。

格式 2：

这种格式的功能是：以文本字符串 string 给出用户提示，将用户输入的内容作为字符串赋值给变量 v。

例 3-8：input 演示。

解：在命令行中输入程序：

```
>> v = input('How much does this pencil cost? ')
How much does this pencil cost? 5
v =
    5
>> v = input('How much does this pencil cost? ','s')
How much does this pencil cost? 50fen
v =
50fen
```

3. keyboard 命令

keyboard 是调用键盘命令。

当 keyboard 命令出现在一个 M 文件中时，执行该命令则程序暂停，控制权落到键盘上。此时用户通过操作键盘可以输入各种合法的 MATLAB 指令。当用户输入 return 并按 Enter 键后，控制权交还给 M 文件。在 M 文件中使用该命令，对程序的调试及在程序运行中修改变量都很方便。

4. menu 命令

此函数的功能为生成一个菜单供用户选择输入。

使用格式：

```
k = menu('mtitle','opt1','opt2',…,'optn')
```

此命令格式的功能是：显示一个菜单，题目为 mtitle，选项为字符串变量 opt1，opt2，…。

例 3-9：menu 演示。

解：MATLAB 程序如下：

```
>> k = menu('Choose a color','Red','Green','Blue')
```

得到图 3-1 所示的形菜单。

单击其中的 Black 按钮,在命令窗口中得到:

```
k =
    4
```

3.1.5 MATLAB 程序的调试命令

MATLAB 程序设计完成后,程序并不是也不可能是完美无缺,没有任何问题的。甚至有些设计的 MATLAB 程序根本不能运行。此时,一方面可以按程序的功能逐一检查其正确性;另一方面,可以用 MATLAB 程序的调试命令对程序进行调试。MATLAB 有多个调试函数命令。

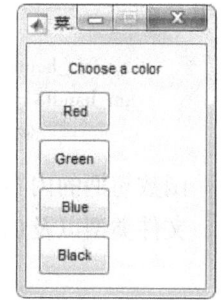

图 3-1 menu 演示

必须注意到,调试命令不能用于非函数文件;在调试模式下程序中断后命令窗口的提示符为 k。

1. dbstop 命令

该命令的功能是设置断点。用于临时中断一个函数文件的执行,给用户提供一个考察函数局部变量的机会。

2. dbcont 命令

该命令的功能是用于恢复对于执行 dbstop 指令而导致中断(中断后的提示符为 k)的程序。用 dbcont 命令恢复程序执行,一直到遇到它已经设置的断点或者出现错误,或者返回基本工作空间。

3. dbstep 命令

该命令用于执行一行或多行代码。在调试模式下,dbstep 允许用户实现逐行跟踪。

4. dbstack 命令

该指令用于列出调用关系。

5. dbstatus 命令

该指令用于列出全部断点。

6. dbtype 命令

该命令用于显示带行号的文件内容,以协助用户设置断点。

7. dbquit 命令

该命令用于退出调试模式。在调试模式下,dbquit 指令立即强制中止调试模式,将控制转向基本工作空间。此时,函数文件的执行没有完成,也没有产生返回值。

3.2 函数句柄

函数句柄是 MATLAB 中用于间接调用函数的一种语言结构,用于在使用函数过程中保存函数的相关信息,尤其是关于函数执行的信息。

3.2.1 函数句柄的创建与显示

函数句柄的创建可以通过特殊符号@引导函数名来实现。函数句柄实际上就是一个结构数组。

```
>> fun_handle = @ new          % 创建了函数 new 的函数句柄
fun_handle =
        @ new
```

函数句柄的内容可以通过函数 functions 来显示，将会返回函数句柄所对应的函数名、类型、文件类型以及加载。函数类型见表 3-1。

表 3-1 函数类型

函数类型	说明
simple	未加载的 MATLAB 内部函数、M 文件，或只在执行过程中才能用 type 函数显示内容的函数
subfunction	MATLAB 子函数
private	MATLAB 局部函数
constructor	MATLAB 类的创建函数
overloaded	加载的 MATLAB 内部函数或 M 文件

函数的文件类型是指该函数句柄的对应函数是否为 MATLAB 的内部函数。

函数的加载方式只有当函数类型为 overloaded 时才存在。

```
>> functions( fun_handle)
ans =
        function: 'new'
        type: 'simple'
        file: 'MATLAB built – in function'
```

3.2.2 函数句柄的调用与操作

函数句柄的操作可以通过 feval 进行，格式如下：

$$[y1, y2, \cdots] = \text{feval}(fhandle, x1, \cdots, xn)$$

其中，fhandle 为函数句柄的名称，x1, …, xn 为参数列表。

这种调用相当于执行以参数列表为输入变量的函数句柄所对应的函数。

3.3 函数变量及其作用域

在 MATLAB 语言的函数中，变量主要有输入变量、输出变量及函数内部变量。

输入变量相当于函数的入口数据，也是一个函数操作的主要对象。在某种程度上讲，函数的作用就是对输入变量进行操作以实现一定的功能。如前所述，函数的输入变量为局部变量，函数对输出变量的一切操作和修改如果不依靠输出变量传出的话，将不会影响工作空间中该变量的值。

在 MATLAB 语言中，函数内部定义的变量除特殊声明外均为局部变量，即不加载到工作空间中。如果需要使用全局变量，则应当使用命令 global 定义，而且在任何时候使用该全局变量的函数中都应该加以定义。在命令窗口中也不例外。

3.4 子函数与私有函数

1. 子函数

与其他的高级程序设计语言类似,MATLAB 中也可以定义子函数,用来扩充函数的功能。在函数文件中题头定义的函数为主函数,而在函数体内定义的其他函数均被视为子函数。子函数只能为主函数或同一主函数下其他的子函数所调用。

2. 私有函数

MATLAB 语言中把放置在目录 private 下的函数称为私有函数,这些函数只有 private 目录的父目录中的函数才能调用,其他目录的函数不能调用。

3. 子函数和私有函数的区别

私有函数与子函数区别如下。

1)私有函数可以被其父目录下的所有函数调用,子函数则只能被其所在的 M 文件的主函数或同一主函数下其他的子函数所调用。所以,私有函数在可用的范围上大于子函数。

2)在函数编辑的结构上,私有函数与一般的函数文件的编辑相同,而子函数则只能在主函数文件中编辑。

3)当在 MATLAB 的 M 文件中调用函数时,将首先检测该函数是否为此文件的子函数,若否,再检测是否为可用的私有函数,仍然否定时,检测该函数是否为 MATLAB 搜索路径上的其他 M 文件。

3.5 程序设计的辅助函数

在 MATLAB 语言的程序设计中有几组辅助函数可以用来支持 M 文件的编辑,包括执行函数、容错函数和时间控制函数等,合理使用这些函数可以丰富函数的功能。

1. 执行函数

在 MATLAB 中提供了一系列的执行函数,这些执行函数分别在不同的领域执行不同的功能。具体见表 3-2。

表 3-2 执行函数及功能

函 数 名	功 能	函 数 名	功 能
eval	字符串调用	evalc	执行 MATLAB 表达式
feval	字符串调用 M 文件	evalin	计算工作空间中的表达式
builtin	外部加载调用内置函数	assignin	工作空间中分配变量
run	运行脚本文件		

2. 容错函数

一个程序设计的好坏在很大程度上取决于其容错能力的强弱。MATLAB 语言中也提供了相应的报错及警告的函数。

函数 error 可以在命令窗口中显示错误信息，以提示用户或输入错误或调用错误等，调用格式为：

> error('MESSAGE')

这种格式的功能为：如果调用 M 文件时触发函数 error，则将中断程序的运行，显示错误信息。其他调用格式和相关函数可以查询 MATLAB 中的联机帮助。

3. 时间控制函数

在程序设计中，尤其是在数值计算的程序设计中，计时函数很多时候起到很大的作用，在比较各种算法的执行效率中也起到决定性的作用。MATLAB 系统提供了一些如下的相关函数。

（1）函数 cputime

以 CPU 时间方式计时。

调用格式为：

> t = cputime;
> your_operation;
> cputime – t

其中，your_operation 为需要计时的程序段。

这种格式的功能是：显示运行程序段 your_operation 所占用的 CPU 时间。

（2）函数 tic、toc

函数 tic 和函数 toc 同时使用来计时。

调用格式为：

> TIC
>   operations
> TOC

这种格式的功能是：显示程序 operations 所用的时间。这种格式显示的时间是以秒为单位的。

另外，MATLAB 还提供了一些其他的时间控制函数，这里以表格形式给出，不再做进一步解释，见表 3-3。

表 3-3　时间控制函数

函 数 名	功　　能	函 数 名	功　　能
etime	计算两个时刻的时间差	date	以字符型显示当前日期
now	以数值型显示当前的时间和日期	clock	以向量形式显示当前的时间及日期
datenum	转换为数值型格式显示日期	calendar	当月的日历表
datetick	指定坐标轴的日期表达形式	datestr	转换为字符型格式显示日期
weekday	当前日期对应的星期表达	eomday	给出指定年月的当月最后一天
datevec	转换为向量形式显示日期		

3.6 程序设计优化

尽管 MATLAB 具有强大的各项功能，但是对于 MATLAB 的程序设计仍然有许多需要注意的地方，特别是程序的运行效率，同时，关注这些方面也是进一步提高 MATLAB 各项功能的方法。

1. 内存的管理

众所周知，对于存储的合理操作和管理会提高程序的运行效率。各种系统都是如此，MATLAB 也不例外。

为此，MATLAB 语言提供了一系列的函数用于管理内存，见表 3-4。

表 3-4 管理内存函数

函 数 名	作 用
load	从磁盘中调出指定变量
pack	重新分配内存
clear	从内存中清除所有变量及函数
save	把指定的变量存储至磁盘
quit	退出 MATLAB 环境，释放所有内存

2. 数据的预定义

虽然在 MATLAB 语言中没有规定使用变量时必须预先定义，但是对于未定义的变量，如果操作过程中出现越界赋值时，系统将不得不对变量进行扩充，这样的操作大大降低了程序的运行效率，所以，对于可能出现变量维数不断扩大的问题，应当预先估计变量可能出现的最大维数，进行预定义。

3.7 文件调用记录

为了分析程序执行过程中各个函数的耗时情况，MATLAB 提供了记录 M 文件调用过程的功能，以此来了解文件执行过程中出现的瓶颈问题。

3.7.1 profile 函数

实现 M 文件调用记录的函数为 profile，具体的调用格式如下。

profile + 控制参数。

其中的控制参数有多种，见表 3-5。

另外，profile 还有其他的调用格式。

调用格式：

$$s = profile('status')$$

这种格式的功能是：显示当前的调用状态。

调用格式：

stats = profile('info')

这种格式的功能是：中断调用并返回记录结果。

表3-5 调用记录函数

参 数	功 能
on	开始记录调用，并清除以前的记录
off	中断调用
report	中断调用，以 html 格式输出记录
plot	中断调用，以条状图格式输出记录
– detail	记录对 M 文件的调用
– history	记录确定序列的函数调用
resume	重新开始记录，并保存原来的记录
clear	清除记录
文件名	中断调用，将记录保存在制定文件内

3.7.2 调用记录结果的显示

本节用一个例子说明调用记录的结果。

编制如下 M 文件：

```
function f = mprof
% This function is devoted to demonstrate the use of 'profile'
profile on
plot(magic(35))
profile viewer
profsave(profile('info'),'profile_results')
profile on  – history
plot(magic(4));
p = profile('info');
for n = 1:size(p.FunctionHistory,2)
    if p.FunctionHistory(1,n) = = 0
        str = 'entering function: ';
    else
        str = 'exiting function: ';
    end
    disp([str p.FunctionTable(p.FunctionHistory(2,n)).FunctionName]);
end
```

在命令窗口中运行后得到：

```
>> mprof
entering function: display
 exiting function: display
```

```
entering function: magic
entering function: meshgrid
 exiting function: meshgrid
 exiting function: magic
entering function: plot
entering function: newplot
entering function: gcf
 exiting function: gcf
entering function: newplot > ObserveFigureNextPlot
 exiting function: newplot > ObserveFigureNextPlot
entering function: gca
 exiting function: gca
entering function: newplot > ObserveAxesNextPlot
entering function: graphics\private\clo
entering function: graphics\private\clo > find_kids
 exiting function: graphics\private\clo > find_kids
entering function: findall
 exiting function: findall
entering function: setdiff
entering function: ismember
 exiting function: ismember
entering function: unique
 exiting function: unique
 exiting function: setdiff
entering function: setdiff
entering function: unique
 exiting function: unique
 exiting function: setdiff
entering function: isappdata
entering function: isfield
 exiting function: isfield
……
 exiting function: graphics\private\clo
 exiting function: newplot > ObserveAxesNextPlot
 exiting function: newplot
 exiting function: plot
entering function: profile
entering function: profile > ParseInputs
 exiting function: profile > ParseInputs
 exiting function: profile
```

并得到图 3-2 所示的页面，本页面包括函数名称（包括内置函数、函数和子函数等）列表、调用次数、总时间、私用时间和总耗时的图形记录。

程序运行结果如图 3-3 所示。

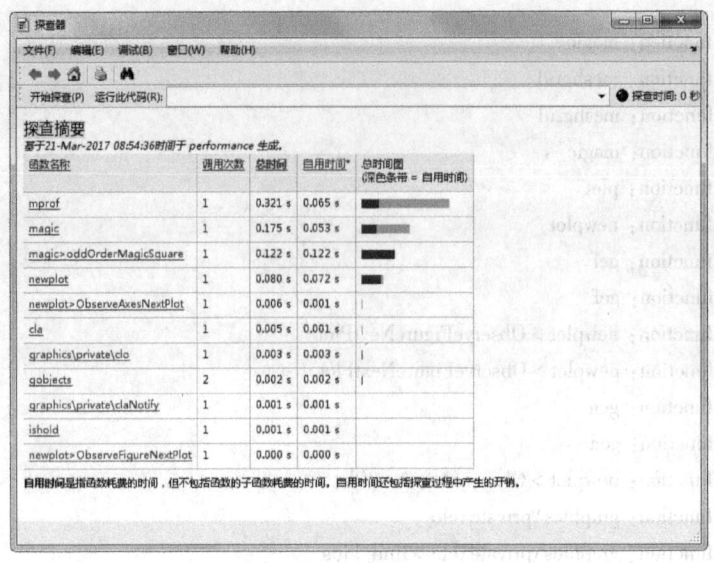

图 3-2　调用、耗时记录

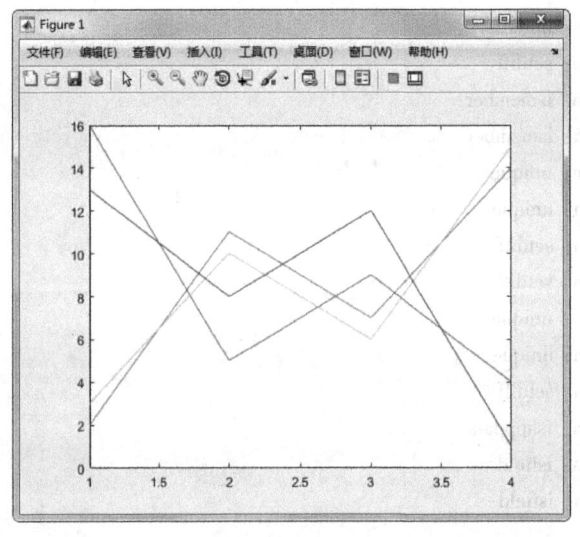

图 3-3　程序结果

下面介绍图 3-2 html 格式的静态复制。

函数名称列表中包含对象函数的形式调用的所有函数。

总时间给出函数列表中每个函数总的调用时间，也就是说，包括函数内部的子函数所耗用的时间。

自用时间给出了每个函数执行过程中在本函数体内的时间，不包括花费在子函数上的时间，但是包括由于调用 profile 函数而花费的时间。

通过对调用记录结果的分析，可以掌握 M 文件在执行过程中的信息，对于进一步优化编程是非常有意义的。

这里仅列出几个有代表性的页面，如图 3-4、图 3-5 和图 3-6 所示。

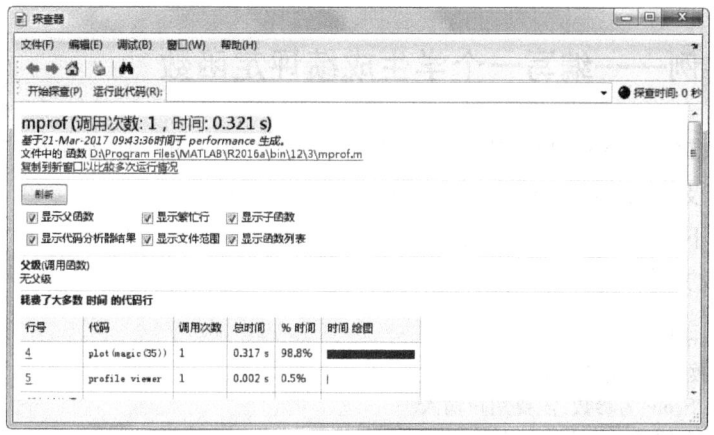

图 3-4　mprof 报告页面

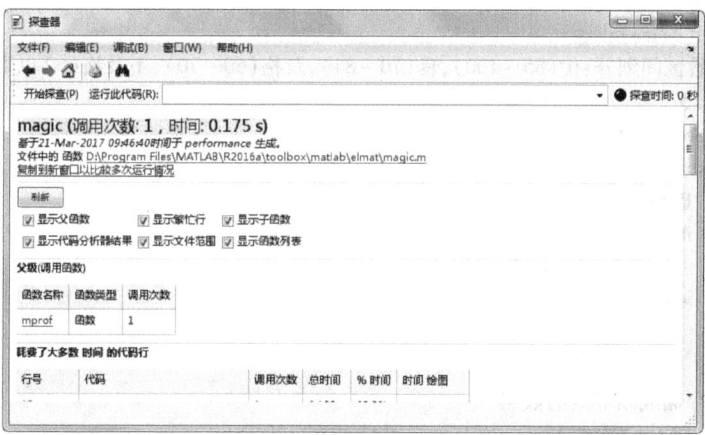

图 3-5　函数 magic 页面

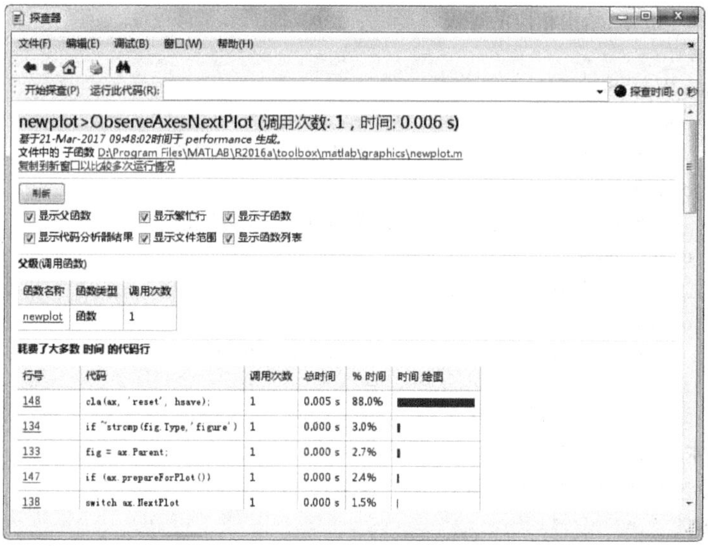

图 3-6　newplot 函数页面

3.8 操作实例——编写一个学生成绩评定函数

若该生考试成绩在 85~100，则评定为"优"；若在 70~84，则评定为"良"；若在 60~69，则评定为"及格"；若在 60 分以下，则评定为"不及格"。

操作步骤如下。

1）创建函数文件。

```
function grade_assess(Name,Score)
% 此函数用来评定学生的成绩
% Name、Score 为参数,需要用户输入
% Name 中的元素为学生姓名
% Score 中元素为学分数
% 统计学生人数
n = length(Name);
% 将分数区间划开:优(85~100),良(70~84),及格(60~70),不及格(60以下)
for i = 0:15
    A_level{i+1} = 85 + i;
    if i <= 14
        B_level{i+1} = 70 + i;
        if i <= 9
            C_level{i+1} = 60 + i;
        end
    end
end
% 创建存储成绩等级的数组
Level = cell(1,n);
% 创建结构体 S
S = struct('Name',Name,'Score',Score,'Level',Level);
% 根据学生成绩,给出相应的等级
for i = 1:n
    switch S(i).Score
        case A_level
            S(i).Level = '优';        %分数在85~100 为"优"
        case B_level
            S(i).Level = '良';        %分数在70~84 为"良"
        case C_level
            S(i).Level = '及格';      %分数在60~69 为"及格"
        otherwise
            S(i).Level = '不及格';    %分数在60以下为"不及格"
    end
end
% 显示所有学生的成绩等级评定
disp(['学生姓名',blanks(4),'得分',blanks(4),'等级']);
for i = 1:n
    disp([S(i).Name,blanks(8),num2str(S(i).Score),blanks(6),S(i).Level]);
end
```

2）构造一个姓名名单以及相应的分数,查看运行结果。

```
>> Name = {'赵一','章二','郑三','孙四','周五','钱六'};
>> Score = {90,48,82,99,65,100};
>> grade_assess(Name,Score)
学生姓名      得分      等级
赵一          90        优
章二          48        不及格
郑三          82        良
孙四          99        优
周五          68        及格
钱六          100       优
```

第 4 章 图形绘制

 内容指南

图形可以更好地帮助人们理解庞大的数字数据，直接转换成直观结果，数值计算与符号计算无论多么正确，都无法直接从大量的数值与符号中感受分析结果的内在本质。MATLAB 提供了大量的绘图函数、命令，可以很好地将各种数据表现出来，供用户解决问题。

本章将介绍 MATLAB 的图形窗口和二维/三维图形的绘制。希望通过本章的学习，读者能够进行 MATLAB 二维/三维绘图以及各种绘图的修饰。

 知识重点

📖 二维曲线的绘制
📖 图形属性设置
📖 三维绘图
📖 三维图形修饰处理

4.1 二维曲线的绘制

二维曲线是将平面上的数据连接起来的平面图形，数据点可以由向量或矩阵来提供。MATLAB 大量数据计算给二维曲线提供了应用平台，这也是 MATLAB 有别于其他科学计算的编程语言，它实现了数据结果的可视化，具有强大的图形功能。

4.1.1 绘制二维图形

MATLAB 提供了各类函数用于绘制二维图形。

1. figure 命令

在 MATLAB 的命令窗口中输入 figure，将打开一个图 4-1 所示的图形窗口。

在 MATLAB 的命令窗口输入绘图命令（如 plot 命令）时，系统会自动建立一个图形窗口。有时，在输入绘图命令之前已经有图形窗口打开，这时绘图命令会自动将图形输出到当前窗口。当前窗口通常是最后一个使用的图形窗口，这个窗口的图形也将被覆盖掉，而用户往往不希望这样。学完本节内容，读者便能轻松解决这个问题。

在 MATLAB 中，使用函数 figure 来建立

图 4-1 新建的图形窗口

图形窗口。该函数主要有下面三种用法。
- figure：创建一个图形窗口。
- figure(n)：创建一个编号为 Figure(n) 的图形窗口，其中 n 是一个正整数，表示图形窗口的句柄。
- figure('PropertyName',PropertyValue,…)：对指定的属性 PropertyName，用指定的属性值 PropertyValue（属性名与属性值成对出现）创建一个新的图形窗口；对于那些没有指定的属性，则用默认值。

figure 命令产生的图形窗口的编号是在原有编号基础上加 1，如果用户想关闭图形窗口，则可以使用命令 close。如果用户不想关闭图形窗口，仅想将该窗口的内容清除，则可以使用函数 clf 来实现。

另外，命令 clf(rest) 除了能够消除当前图形窗口的所有内容以外，还可以将该图形除了位置和单位属性外的所有属性都重新设置为默认状态。当然，也可以通过使用图形窗口中的菜单项来实现相应的功能，这里不再赘述。

2. plot 绘图命令

plot 命令是最基本的绘图命令，也是最常用的一个绘图命令。当执行 plot 命令时，系统会自动创建一个新的图形窗口。若之前已经有图形窗口打开，那么系统会将图形绘制在最近打开过的图形窗口上，原有图形也将被覆盖。事实上，在上面两节中我们已经对这个命令有了一定的了解，本节将详细讲述该命令的各种用法。

plot 命令主要有下面几种使用格式。

（1）plot(x)

这个函数格式的功能如下。
- 当 x 是实向量时，则绘制出以该向量元素的下标（即向量的长度，可用 MATLAB 函数 length( ) 求得）为横坐标，以该向量元素的值为纵坐标的一条连续曲线。
- 当 x 是实矩阵时，按列绘制出每列元素值相对齐下标的曲线，曲线数等于 x 的列数。
- 当 x 是负数矩阵时，按列分别绘制出以元素实部为横坐标，以元素虚部为纵坐标的多条曲线。

例 4-1：随机生成一个行向量 a 以及一个实方阵 b，并用 MATLAB 的 plot 画图命令做出 a、b 的图像。

解：MATLAB 程序如下：

```
>>a = rand(1,10);
>>plot(a)
```

运行后所得的图像如图 4-2 所示。

例 4-2：绘制余弦曲线。

解：MATLAB 程序如下：

```
>>t = (0:pi/50:2*pi)';
>>k = 0.4:0.1:1;
>>Y = cos(t)*k;
>>plot(Y)
>>plot(t,Y)
```

运行后所得的图像为图 4-3。

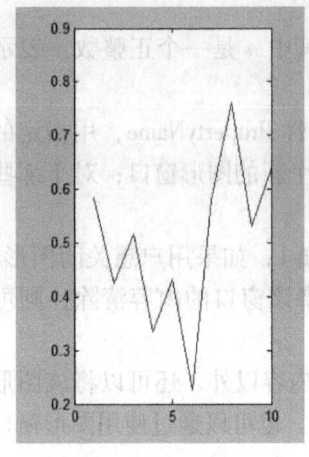

图 4-2 plot 作图

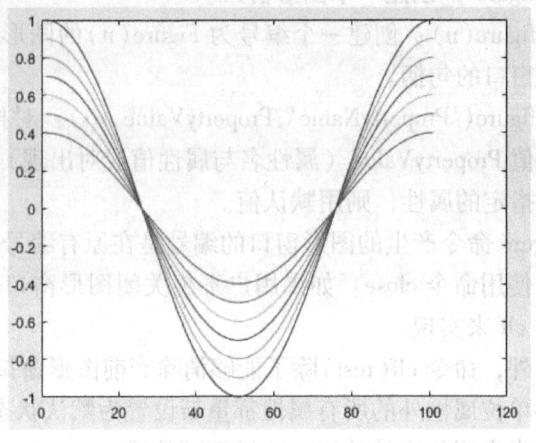

图 4-3 plot 作图

（2）plot(x,y)

这个函数格式的功能如下。

- 当 *x*、*y* 是同维向量时，绘制以 *x* 为横坐标，以 *y* 为纵坐标的曲线。
- 当 *x* 是向量，*y* 是有一维与 *x* 等维的矩阵时，绘制出多根不同颜色的曲线，曲线数等于 *y* 阵的另一维数，*x* 作为这些曲线的横坐标。
- 当 *x* 是矩阵，*y* 是向量时，同上，但以 *y* 为横坐标。
- 当 *x*、*y* 是同维矩阵时，以 *x* 对应的列元素为横坐标，以 *y* 对应的列元素为纵坐标分别绘制曲线，曲线数等于矩阵的列数。

例 4-3：绘制余弦曲线。

解：MATLAB 程序如下：

```
t = (0:pi/50:2*pi)';
k = 0.4:0.1:1;
Y = cos(t)*k;
plot(t,Y)
```

运行后所得的图像如图 4-4 所示。

对比图 4-3 与图 4-4，观察两图有何区别，从而分析是何种原因导致这种结果。

例 4-4：复数向量绘图。

解：MATLAB 程序如下：

```
>> clear
>> x = [0:2*pi/90:2*pi];
>> y = x.*exp(i*x);
>> plot(y)
```

得到的图像如 4-5 所示。

（3）plot(x1,y1,x2,y2,…)

这个函数格式的功能是绘制多条曲线。在这种用法中，(*xi*,*yi*) 必须是成对出现的，上面的命令等价于逐次执行 plot(xi,yi) 命令，其中 $i = 1, 2, \cdots$。

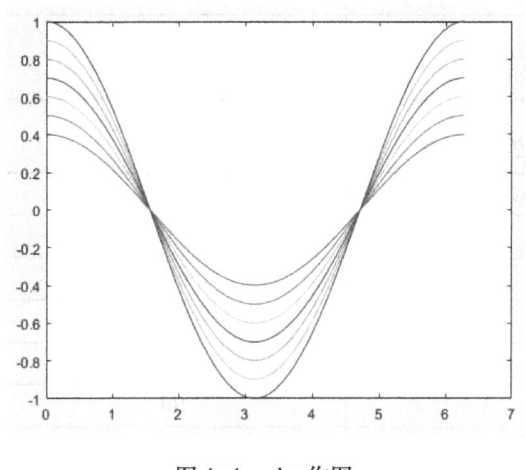

图 4-4 plot 作图

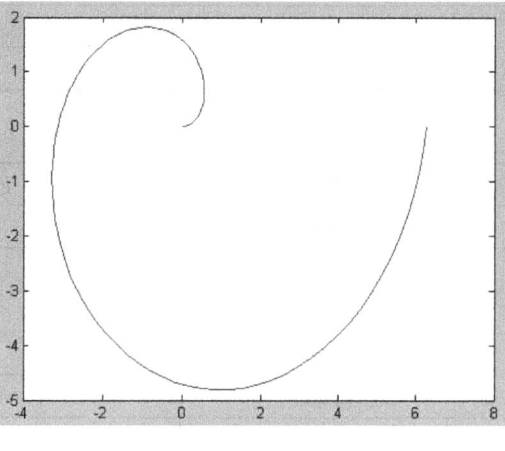

图 4-5 单变量绘图

（4）plot(x,y,s)

其中 *x*、*y* 为向量或矩阵，*s* 为用单引号标记的字符串，用来设置所画数据点的类型、大小、颜色以及数据点之间连线的类型、粗细、颜色等。实际应用中，*s* 是某些字母或符号的组合，这些字母和符号我们会在下一段介绍。*s* 可以省略，此时将由 MATLAB 系统默认设置。

（5）plot(x1,y1,s1,x2,y2,s2,…)

这种格式的用法与用法 3 相似，不同之处的是此格式有参数的控制，运行此命令等价于依次执行 plot(xi,yi,si)，其中 $i = 1, 2, \cdots$。

例 4-5：在同一个图上画出 $y = \log x$、$y = \dfrac{e^{0.1x}}{5000}$ 的图像。

解：MATLAB 程序如下：

```
>> x1 = linspace(1,100);
>> x2 = x1/10;
>> y1 = log(x1);
>> y2 = exp(x2)./5000;
>> plot(x1,y1,x2,y2)
```

运行结果如图 4-6 所示。

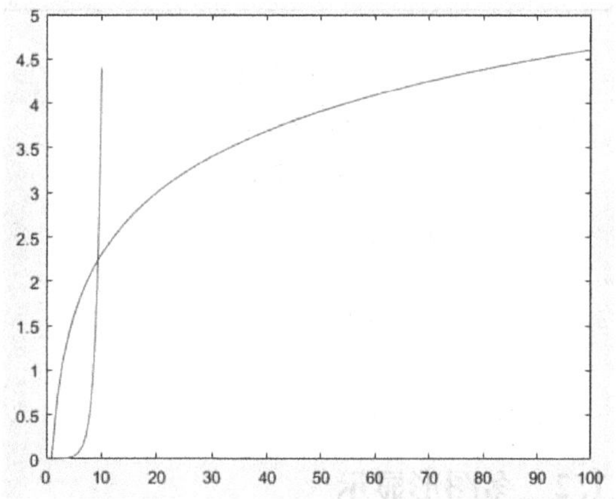

3. 设置曲线样式

曲线一律采用"实线"线型，不同曲线将按表 4-5 所给出的前 7 种颜色（蓝、绿、红、青、品红、黄、黑）顺序着色。

s 的合法设置参见表 4-1、表 4-2 和表 4-3。

图 4-6 plot 作图

表 4-1 线型符号及说明

线型符号	符号含义	线型符号	符号含义
-	实线（默认值）	:	点线
--	虚线	-.	点画线

表 4-2 颜色控制字符表

字　符	色　彩	RGB 值
b(blue)	蓝色	001
g(green)	绿色	010
r(red)	红色	100
c(cyan)	青色	011
m(magenta)	品红	101
y(yellow)	黄色	110
k(black)	黑色	000
w(white)	白色	111

表 4-3 线型控制字符表

字　符	数　据　点	字　符	数　据　点
+	加号	>	向右三角形
o	小圆圈	<	向左三角形
*	星号	s	正方形
.	实点	h	正六角星
x	交叉号	p	正五角星
d	棱形	v	向下三角形
^	向上三角形		

例 4-6：用图形表示离散函数 $y = e^{-x}$ 在 [0,1] 区间十等分点处的值。

解：MATLAB 程序如下：

```
>>x =0:0.1:1;
>>y = exp( -x);
>>plot(x,y,'b*')
>>grid on
```

运行结果如图 4-7 所示。

4.1.2 多图形显示

在实际应用中，为了进行不同数据的比较，有时需要在同一个视窗下来观察不同的图像，就需要不同的操作命令来进行

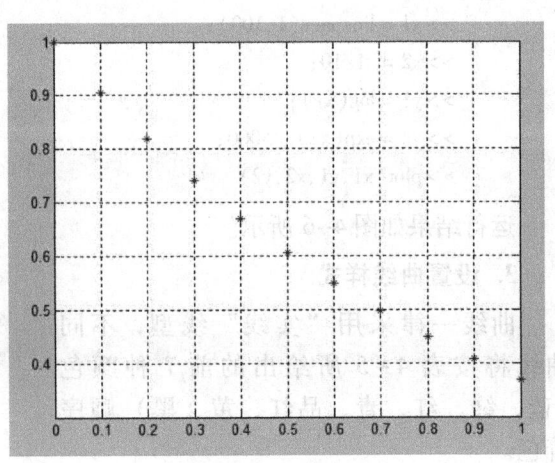

图 4-7 离散函数作图

设置。

1. 图形分割

如果要在同一图形窗口中分割出所需要的几个窗口，可以使用 subplot 命令，它的使用格式如下。

- subplot(m,n,p)将当前窗口分割成 $m \times n$ 个视图区域，并指定第 p 个视图为当前视图。
- subplot('position',[left bottom width height])：产生的新子区域的位置由用户指定，后面的四元组为区域的具体参数控制，宽高的取值范围都是 [0,1]。

需要注意的是，这些子图的编号是按行来排列的，例如第 s 行第 t 个视图区域的编号为 $(s-1) \times n + t$。如果在此命令之前并没有任何图形窗口被打开，那么系统将会自动创建一个图形窗口，并将其割成 $m \times n$ 个视图区域。

在命令行窗口中输入下面的程序：

```
>>subplot(2,1,1)
>>subplot(2,1,2)
```

弹出图 4-8 所示的图形显示窗口，在该窗口中显示两行一列两个图形。

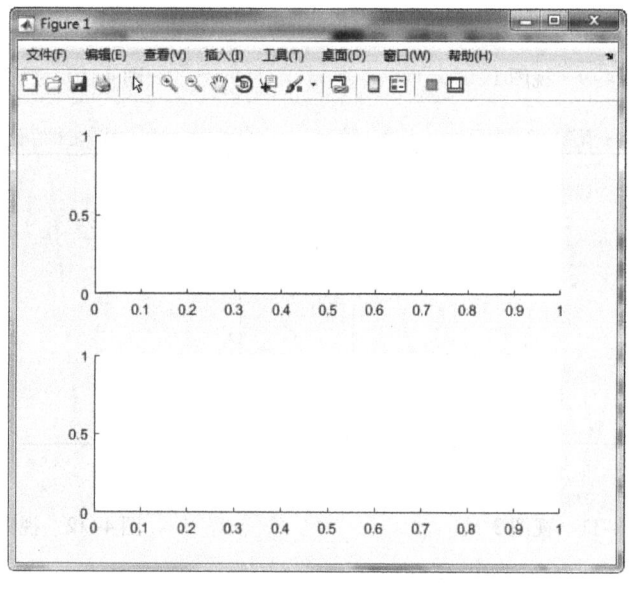

图 4-8 显示图形分割

例 4-7：显示 4×4 图形分割。

解：MATLAB 程序如下：

```
>>t1=(0:11)/11*pi;
>>t2=(0:400)/400*pi;
>>t3=(0:50)/50*pi;
>>y1=sin(t1).*sin(9*t1);
>>y2=sin(t2).*sin(9*t2);
>>y3=sin(t3).*sin(9*t3);
>>subplot(2,2,1),plot(t1,y1,'r.')
```

```
>>axis([0,pi,-1,1]),title('(1)点过少的离散图形')   %显示第一个图形,如图4-9所示
>>subplot(2,2,2),plot(t1,y1,t1,y1,'r.')
>>axis([0,pi,-1,1]),title('(2)点过少的连续图形')   %显示第二个图形,如图4-10所示
>>subplot(2,2,3),plot(t2,y2,'r.')
>>axis([0,pi,-1,1]),title('(3)点密集的离散图形')   %显示第三个图形,如图4-11所示
>>subplot(2,2,4),plot(t3,y3)
>>axis([0,pi,-1,1]),title('(4)点足够的连续图形')   %显示第四个图形,如图4-12所示
```

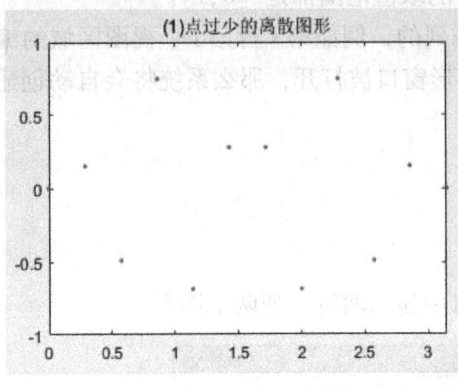

图4-9　视图1　　　　　　　　　　　　　图4-10　视图2

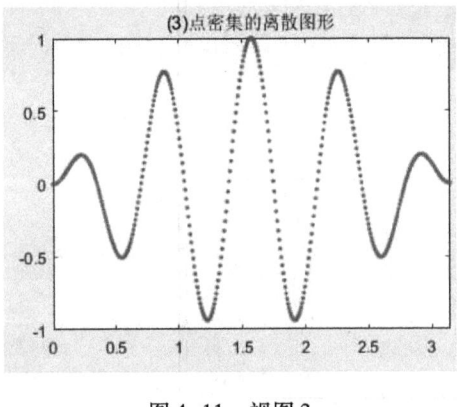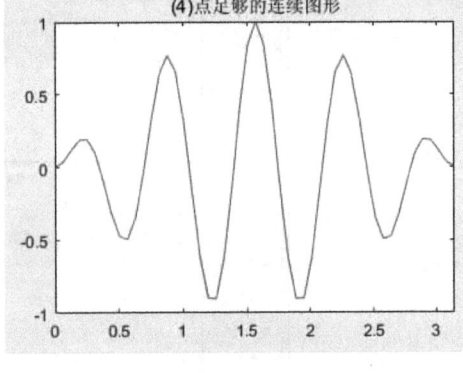

图4-11　视图3　　　　　　　　　　　　　图4-12　视图4

2. 图形叠加

在一般情况下,绘图命令每执行一次就刷新当前图形窗口,图形窗口将不显示旧的图形。但若有特殊需要,在旧的图形上叠加新的图形,可以使用图形保持命令hold。

图形保持命令hold on/off控制原有图形的保持与不保持。

例4-8：保持命令的应用。

解：MATLAB程序如下：

```
>>N=9;
>>  t=0:2*pi/N:2*pi;
>>  x=sin(t);y=cos(t);
>>  tt=reshape(t,2,(N+1)/2);
>>  tt=flipud(tt);
```

```
>>    tt = tt(:);
>>    xx = sin(tt);yy = cos(tt);;
>>plot(x,y)                        % 在图 4-13 中显示图形 1
>>hold on                          % 打开保持命令
>>plot(xx,y)                       % 未输入保持关闭命令,在图 4-14 叠加显示图形 2
>>hold off
>>plot(xx,y)                       % 关闭保持命令,单独显示图形如图 4-15 所示
```

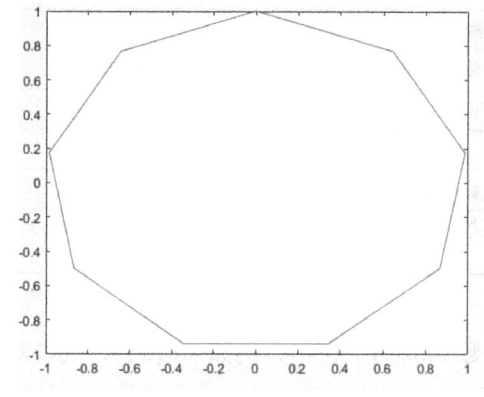
图 4-13 图形 1

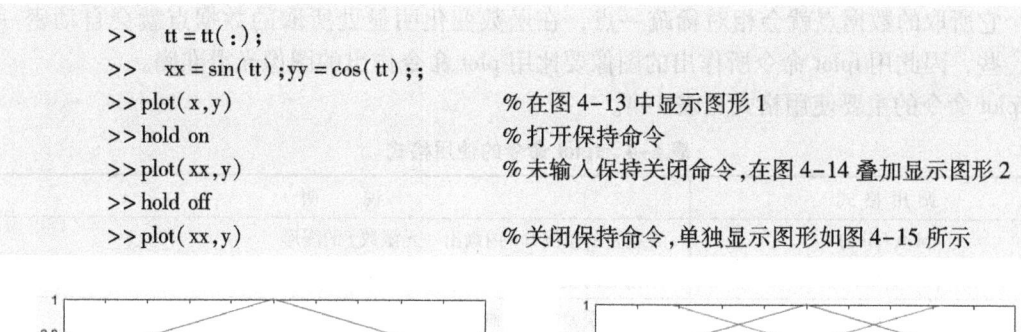
图 4-14 叠加图形 2

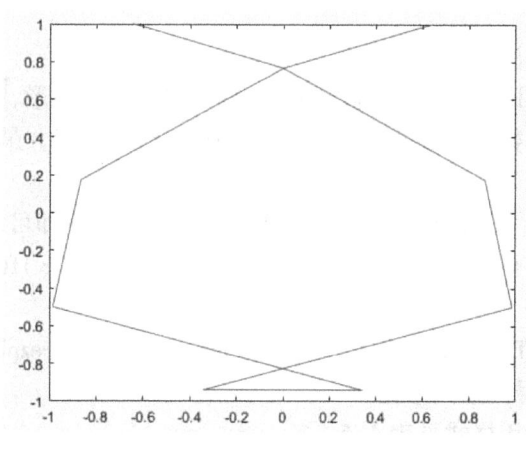
图 4-15 图形 3

4.1.3 函数图形的绘制

1. 一元函数绘图

fplot 命令是一个专门用于画图像的命令。plot 命令也可以画一元函数图像,两个命令的区别如下。

- plot 命令是依据给定的数据点来做图的,而在实际情况中,一般并不清楚函数的具体情况,因此依据所选取的数据点做的图像可能会忽略真实函数的某些重要特性,给科研工作造成不可估计的损失。
- fplot 命令用于指导数据点的选取,通过其内部自适应算法,在函数变化比较平稳处,

它所取的数据点就会相对稀疏一点，在函数变化明显处所取的数据点就会自动密一些，因此用 fplot 命令所作出的图像要比用 plot 命令作出的图像光滑准确。

fplot 命令的主要使用格式见表 4-4。

表 4-4 fplot 命令的使用格式

调用格式	说　明
fplot(f,lim)	在指定的范围 lim 内画出一元函数 f 的图形
fplot(f,lim,s)	用指定的线型 s 画出一元函数 f 的图形
fplot(f,lim,e)	用相对误差值为 e 画出一元函数 f 的图形
fplot(f,lim,e,s)	用指定的相对误差值 e 和指定的线型 s 画出一元函数 f 的图形
fplot(f,lim,n)	画一元函数 f 的图形时，至少描出 n+1 个点
fplot(f,lim,⋯)	允许可选参数 e、n 和 s 以任意组合方式输入
[X,Y] = fplot(f,lim,⋯)	返回横坐标与纵坐标的值给变量 X 和 Y
[⋯] = fplot(f,lim,e,n,s,P1,P2,⋯)	允许用户直接给函数 f 输入参数 P1、P2 等，其中函数 f 的定义形式为 $y=f(x,P1,P2,\cdots)$

对于上面的各种用法有下面几点需要说明：

1) f 为 M 文件函数名或能把变量 x 传递给函数 eval 的字符串，例如'sin(x)'，或者对于变量 x 能返回一个行向量的函数。

2) lim 是一个指定 x 轴范围的向量 [xmin,xmax] 或者是 x 轴和 y 轴范围的向量 [xmin,xmax,ymin,ymax]。

3) 相对误差 e 的默认值为 2×10^{-3}。

4) [X,Y] = fplot(f,lim,⋯) 不会画出图形，如用户想画出图形，可用命令 plot(X,Y)。

5) fplot 命令中的参数 n 至少把范围 limits 分成 n 个小区间，最大步长不超过 (xmax - xmin)/n。

6) 若想用默认的 e、n 或 s 值，只需用空矩阵（[ ]）代替即可。

7) 以后的版本中将会删除 fplot 的字符输入，改为 fplot(@(x)f(x))

2. 符号函数的绘制

对于符号函数，MATLAB 也提供了一个专门的绘图命令——ezplot 命令。利用这个命令可以很容易地将一个符号函数图形化。

ezplot 命令的主要使用格式见表 4-5。

表 4-5 ezplot 命令的使用格式

调用格式	说　明
ezplot(f)	绘制函数 $f(x)$ 在默认区间 $x \in (-2\pi, 2\pi)$ 上的图像，若 f 为隐函数 $f(x,y)$，则在默认区域 $x \in (-2\pi, 2\pi), y \in (-2\pi, 2\pi)$ 上绘制 $f(x,y)=0$ 的图像
ezplot(f,[a,b])	绘制函数 $f(x)$ 在区间 $x \in (a,b)$ 上的图像，若 f 为隐函数 $f(x,y)$，则在区域 $x \in (a,b), y \in (a,b)$ 上绘制 $f(x,y)=0$ 的图像
ezplot(f,[xa,xb,ya,yb])	对于隐函数 $f(x,y)$，在区域 $x \in (xa,xb), y \in (ya,yb)$ 上绘制 $f(x,y)=0$ 的图像
ezplot(x,y)	在默认区间 $x \in (0,2\pi)$ 上绘制参数曲线 $x=x(t), y=y(t)$ 的图像
ezplot(x,y,[a,b])	在区间 $x \in (a,b)$ 上绘制参数曲线 $x=x(t), y=y(t)$ 的图像
ezplot(⋯,figure)	在指定的图形窗口中绘制函数图像

例 4-9：做出函数 $y=\sin x$、$y=\sin^3 x, x\in[1,4]$ 的图像。

解：MATLAB 程序如下：

```
>>subplot(2,1,1),fplot(@(x)sin(x),[1,4]);
>>subplot(2,1,2),fplot(@(x)sin(x).^3,[1,4]);
```

运行结果如图 4-16 所示。

提示：

在命令行窗口中输入

```
subplot(2,1,1),fplot('sin(x)',[1,4]);
```
弹出图 4-16 所示的函数图形，但显示警告
警告：以后的版本中将会删除 fplot 的字符输入。请改用
fplot(@(x)sin(x))。
> In fplot (line 105)

例 4-10：做出函数 $y=\sin\dfrac{1}{x}, x\in[0.01,0.02]$ 的图像。

解：MATLAB 程序如下：

```
>>x = linspace(0.01,0.02,50);
>>y = sin(1./x);
>>subplot(2,1,1),plot(x,y)
>>subplot(2,1,2),fplot(@(x)sin(1./x),[0.01,0.02])
```

运行结果如图 4-17 所示。

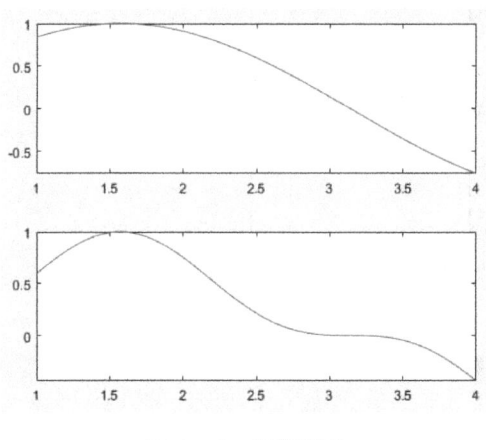

图 4-16 函数图形

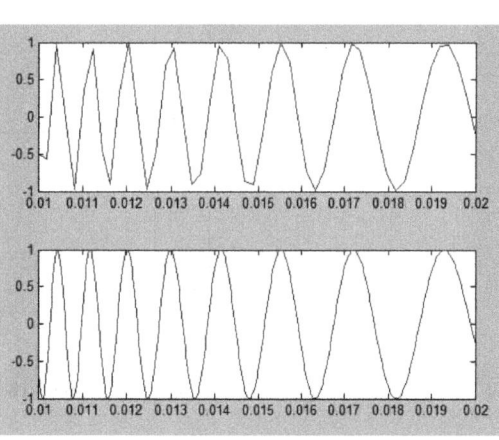

图 4-17 fplot 与 plot 的比较

注意

从图 4-17 可以很明显地看出 fplot 命令所绘制的图要比用 plot 命令所绘制的图光滑精确。这主要是因为分点取的太少了，也就是说对区间的划分还不够细，读者往往会以为对长度为 0.01 的区间做 50 等分的划分已经够细了，事实上这远不能精确地描述原函数。

我们可以用下面的命令查看 fplot 命令使用的数据点的个数：

```
>>[X,Y] = fplot('f_compare',[0.01,0.02]);
>>[n,m] = size(X)
n =
    457
m =
    1
```

对这么小的区间，fplot 命令将其划分为 456 个小区间。如果我们也将上述区间等分为 456 个小区间，那么两者几乎没有任何区别。

例 4-11：绘制隐函数 $f_1(x) = e^{2x}\sin2x, x \in (-\pi,\pi)$ 的图像。

解：MATLAB 程序如下：

```
>>syms x
>>f1 = exp(2*x)*sin(2*x);
>>subplot(2,2,1),ezplot(exp(2*x),[-pi,pi])
>>subplot(2,2,2),ezplot(sin(2*x))
>>subplot(2,2,3),ezplot(exp(2*x)+sin(2*x),[-pi,pi,0,2*pi])
>>subplot(2,2,4),ezplot(f1,[-4*pi,4*pi])
```

运行结果如图 4-18 所示。

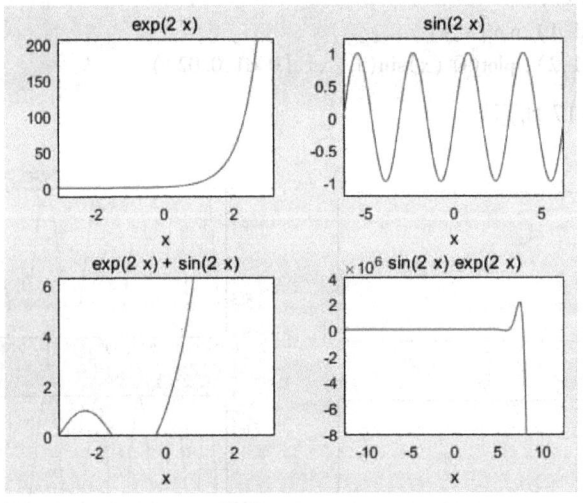

图 4-18　隐函数图形

知识拓展：

若能由函数方程 $F(x,y)=0$ 确定 y 为 x 的函数 $y=f(x)$，即 $F(x,f(x))\equiv 0$，就称 y 是 x 的隐函数。

①注意

ezplot 命令中的函数也可直接用符号表达式写出，对比图 4-18 中的 3 图与 4 图中采用不同的格式绘制函数，表达相同的结果。图 4-18 中的 4 图可直接用下面的命令：ezplot('exp(2*x)*sin(2*x)',[-pi,pi])。

4.2 图形属性设置

本节内容是学习用 MATLAB 绘图最重要的部分,也是学习下面内容的基础。在本节中将会详细介绍一些常用的控制参数。

4.2.1 图形窗口的属性

图形窗口是 MATLAB 数据可视化的平台,这个窗口和命令窗口是相互独立的。如果能熟练掌握图形窗口的各种操作,读者便可以根据自己的需要来获得各种高质量的图形。

工具栏如图 4-19 所示,各个工具的功能说明介绍如下。

图 4-19 图形窗口工具栏

▢:单击此图标将新建一个图形窗口,该窗口不会覆盖当前的图形窗口,编号紧接着当前窗口最后一个。

▢:打开图形窗口文件(扩展名为 .fig)。

▢:将当前的图形以 .fig 文件的形式存到用户所希望的目录下。

▢:打印图形。

▢:单击此图标后,用鼠标双击图形对象,在图形的下面会出现图 4-20 所示的属性编辑窗口可以对图形进行相应的编辑。

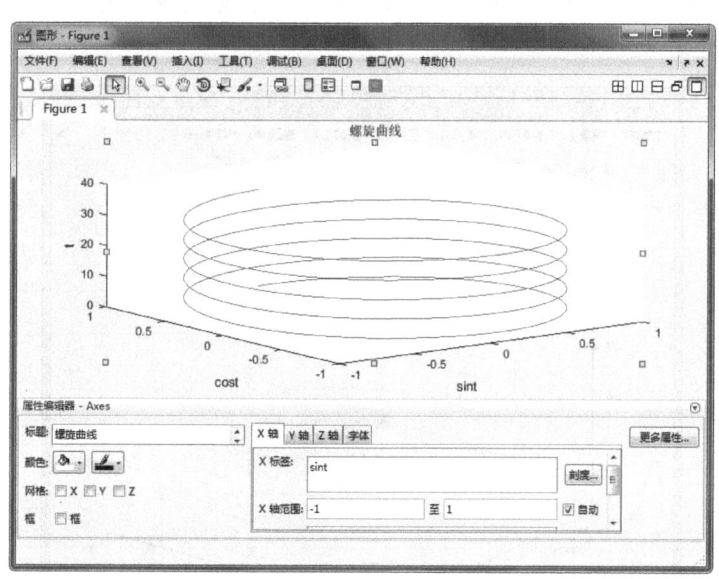

图 4-20 图形属性编辑器

▢:用鼠标单击或框选图形,可以放大图形窗口中的整个图形或图形的一部分。

▢:缩小图形窗口中的图形。

：按住鼠标左键移动图形。

：单击此图标后，按住鼠标左键进行拖动，可以将三维图形进行旋转操作，以便用户找到自己所需要的观察位置。例如在本例中，单击图标后，按住鼠标左键向下移动，到一定位置会出现图 4-21 所示的螺旋线的俯视图。

：单击此图标后，光标会变为十字架形状，将十字架的中心放在图形的某一点上，然后单击鼠标左键会在图上出现该点在所在坐标系中的坐标值，如图 4-22 所示。

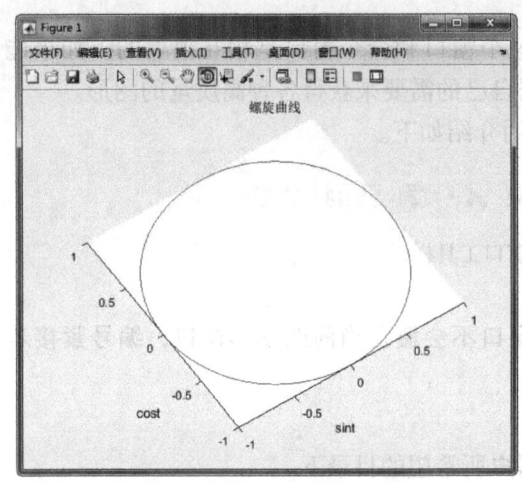

图 4-21　螺旋线的俯视图　　　　　　　　图 4-22　取点

：选中此工具后，在图形上按住鼠标左键拖动，所选区域将以工具图标下方显示的颜色显示，默认为红色，如图 4-23 所示。单击该图标右侧的下三角形，在打开的颜色表中可以选择标记颜色。

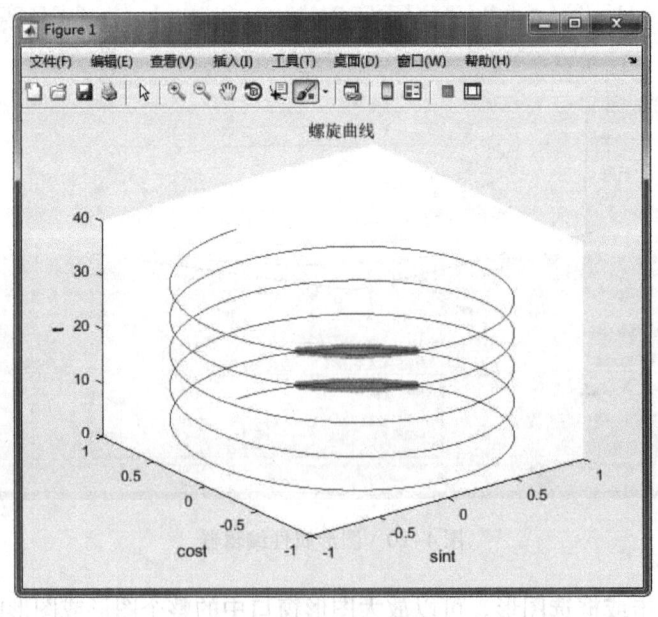

图 4-23　选择数据

:单击该图标,将在图形上方显示链接的变量或表达式,如图 4-24 左图所示。单击右侧的编辑按钮,则弹出一个图 4-24 所示的对话框,用于指定数据源属性。一旦在变量和图形之间建立了实时链接,对变量的修改将即时反映到图形上。

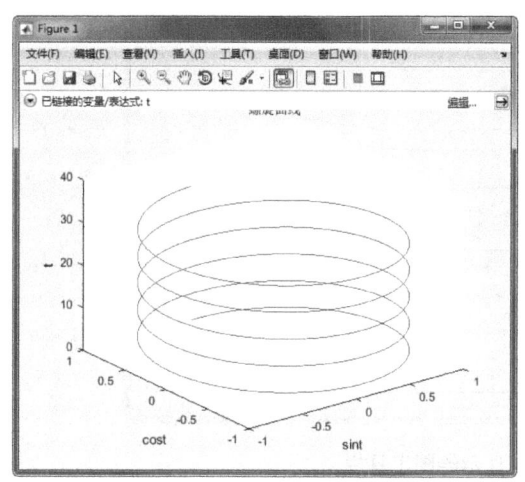
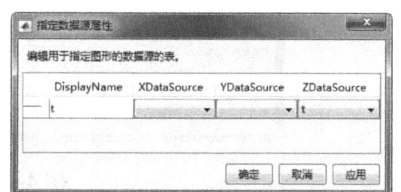

图 4-24　指定数据源

:单击此图标后会在图形的右侧出现一个色轴(如图 4-25 所示),这会给用户在编辑图形色彩时带来很大的方便。

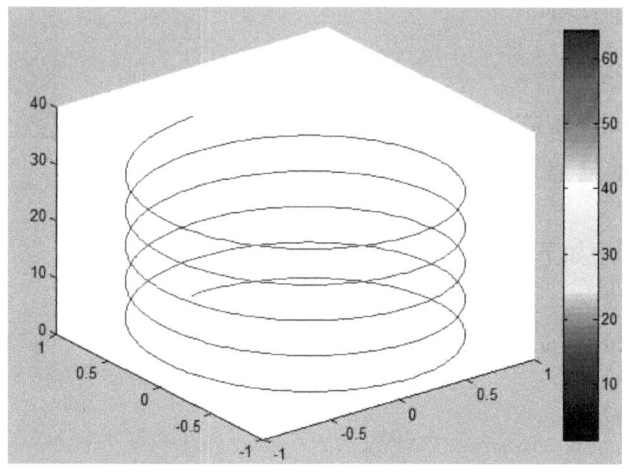

图 4-25　指定色轴

:此图标用于给图形加标注。单击此图标后,会在图形的右上方出现 ,双击框内数据名称所在的区域,可以将 t 改为读者所需要的数据。

:此图标用于隐藏绘图工具栏。

:此图标用于显示绘图工具栏,单击此图标后图形窗口将变为图 4-26 所示的带有绘图工具的窗口。

单击窗口右上角的一组图标,可以指定图形窗口的显示方式,读者可以自行尝试查看效果,不再赘述。

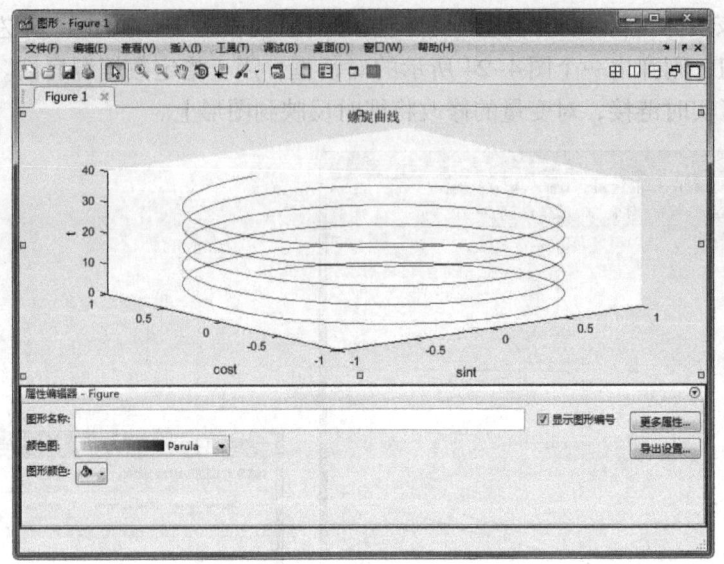

图 4-26　显示绘图工具栏

例 4-12：绘制隐函数 $f_2(x,y) = x^2 - y^4 = 0$ 在 $x \in (-2\pi, 2\pi), y \in (-2\pi, 2\pi)$ 上的图像。

解：MATLAB 程序如下：

```
>> x = -2*pi:2*pi;
>> y = -2*pi:2*pi;
>> y = x.^2 - y.^4;
>> plot(x,y,'mp')
```

运行结果如图 4-27 所示。

例 4-13：任意描点的点样式图。

解：MATLAB 程序如下：

```
>> close all
>> x = 0:pi/10:2*pi;
>> y1 = sin(x);
>> y2 = cos(x);
>> y3 = x;
>> hold on
>> plot(x,y1,'r*')
>> plot(x,y2,'kp')
>> plot(x,y3,'bd')
>> hold off
```

运行结果如图 4-28 所示。

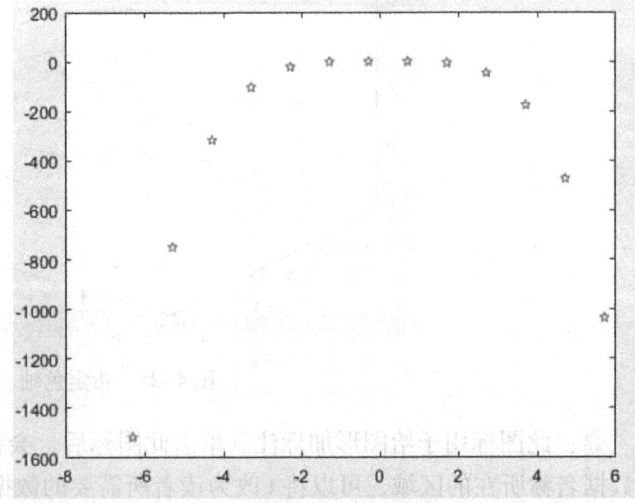

图 4-27　隐函数图形

说明

hold on 命令用于使当前轴及图形保持不变，准备接受此后 plot 所绘制的新的曲线。hold off 使当前轴及图形不再保持上述性质。

例 4-14：曲线属性的设置。

在设置曲线的显示属性

$$y1 = \sin t, y2 = \sin t \sin(9t)$$

解：MATLAB 程序如下：

```
>>t=(0:pi/100:pi)';
>>y1=sin(t)*[1,-1];
>>y2=sin(t).*sin(9*t);
>>t3=pi*(0:9)/9;
>>y3=sin(t3).*sin(9*t3);
>>plot(t,y1,'r:',t,y2,'-bo')
>>hold on
>>plot(t3,y3,'s','MarkerSize',10,'MarkerEdgeColor',[0,1,0],'MarkerFaceColor',[1,0.8,0])
>>axis([0,pi,-1,1])
>>hold off
>>plot(t,y1,'r:',t,y2,'-bo',t3,y3,'s','MarkerSize',10,'MarkerEdgeColor',[0,1,0],'MarkerFaceColor',[1,0.8,0])
```

运行结果如图 4-29 所示。

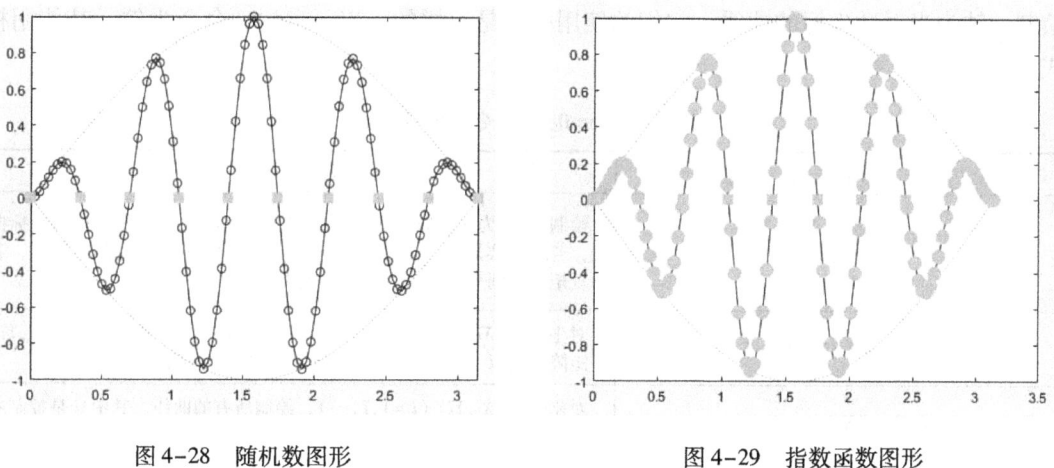

图 4-28　随机数图形　　　　　图 4-29　指数函数图形

4.2.2　坐标系与坐标轴

在工程实际中，往往会涉及不同坐标系或坐标轴下的图像问题，一般情况下绘图命令使用的都是笛卡儿（直角）坐标系，下面简单介绍几个工程计算中常用的其他坐标系下的绘图命令。

1. 坐标系的调整

MATLAB 的绘图函数可根据要绘制的曲线数据的范围自动选择合适的坐标系，使得曲线尽可能清晰地显示出来。所以，在一般情况下用户不必自己选择绘图坐标。但是有些图形，如果用户感觉自动选择的坐标不合适，则可以利用函数 axis( ) 选择新的坐标系。

函数 axis( ) 的调用格式为：

```
axis(xmin,xmax,ymin,ymax,zmin,zmax)
```

这个函数格式的功能是：设置 x、y、z 坐标的最小值和最大值。函数输入参数可以是 4 个，也可以是 6 个，分别对应于二维或三维坐系的最大和最小值。

注意

相应的最小值必须小于最大值。

2. 极坐标系下绘图

在 MATLAB 中，polar 命令用于绘制极坐标系下的函数图像。polar 命令的使用格式见表 4-6。

表 4-6 polar 命令的使用格式

调用格式	说　明
polar(theta,rho)	在极坐标中绘图，theta 的元素代表弧度，rho 代表极坐标矢径
polar(theta,rho,s)	在极坐标中绘图，参数 s 的内容与 plot 命令相似

3. 半对数坐标系下绘图

半对数坐标在工程中也是很常用的，MATLAB 提供的 semilogx 与 semilogy 命令可以很容易实现这种作图方式。semilogx 命令用来绘制 x 轴为半对数坐标的曲线，semilogy 命令用来绘制 y 轴为半对数坐标的曲线，它们的使用格式是一样的。以 semilogx 命令为例，其使用格式见表 4-7。

表 4-7 semilogx 命令的使用格式

调用格式	说　明
semilogx(X)	绘制以 10 为底对数刻度的 x 轴和线性刻度的 y 轴的半对数坐标曲线，若 X 是实矩阵，则按列绘制每列元素值相对其下标的曲线图，若为复矩阵，则等价于 semilogx(real(X),imag(X))命令
semilogx(X1,Y1,…)	对坐标对 (Xi,Yi) $(i=1,2,…)$，绘制所有的曲线，如果 (Xi,Yi) 是矩阵，则以 (Xi,Yi) 对应的行或列元素为横纵坐标绘制曲线
semilogx(X1,Y1,s1,…)	对坐标对 (Xi,Yi) $(i=1,2,…)$，绘制所有的曲线，其中 si 是控制曲线线型、标记以及色彩的参数
semilogx(…,'PropertyName',PropertyValue,…)	对所有用 semilogx 命令生成的图形对象的属性进行设置
h = semilogx(…)	返回 line 图形句柄向量，每条线对应一个句柄

除了上面的半对数坐标绘图外，MATLAB 还提供了双对数坐标系下的绘图命令 loglog，它的使用格式如下：

◆ loglog(Y)
◆ loglog(X1,Y1,…)
◆ loglog(X1,Y1,LineSpec,…)
◆ loglog(…,'PropertyName',PropertyValue,…)
◆ loglog(ax,…)
◆ h = loglog(…)

格式与半对数坐标类似，这里不再赘述。

4. 坐标轴控制

MATLAB 的绘图函数可根据要绘制的曲线数据的范围自动选择合适的坐标系，使得曲线尽可能清晰地显示出来，所以一般情况下用户不必自己选择绘图坐标。但是有些图形，如果用户感觉自动选择的坐标不合适，则可以利用 axis 命令选择新的坐标系。

axis 命令用于控制坐标轴的显示、刻度、长度等特征，它有很多种使用方式，表 4-8 列出了一些常用的使用格式。

表 4-8 axis 命令的使用格式

调 用 格 式	说　　明
axis([xmin xmax ymin ymax])	设置当前坐标轴的 x 轴与 y 轴的范围
axis([xmin xmax ymin ymax zmin zmax])	设置当前坐标轴的 x 轴、y 轴与 z 轴的范围
axis([xmin xmax ymin ymax zmin zmax cmin cmax])	设置当前坐标轴的 x 轴、y 轴与 z 轴的范围以及当前颜色刻度范围
v = axis	返回一包含 x 轴、y 轴与 z 轴的刻度因子的行向量，其中 v 为一个四维或六维向量，这取决于当前坐标为二维还是三维的
axis auto	自动计算当前轴的范围，该命令也可针对某一个具体坐标轴使用，例如： auto x　自动计算 x 轴的范围； auto yz 自动计算 y 轴与 z 轴的范围
axis manual	把坐标固定在当前的范围，这样，若保持状态（hold）为 on，后面的图形仍用相同界限
axis tight	把坐标轴的范围定为数据的范围，即将三个方向上的纵高比设为同一个值
axis fill	该命令用于将坐标轴的取值范围分别设置为绘图所用数据在相应方向上的最大、最小值
axis ij	将二维图形的坐标原点设置在图形窗口的左上角，坐标轴 i 垂直向下，坐标轴 j 水平向右
axis xy	使用笛卡儿坐标系
axis equal	设置坐标轴的纵横比，使在每个方向的数据单位都相同，其中 x 轴、y 轴与 z 轴将根据所给数据在各个方向的数据单位自动调整其纵横比
axis image	效果与命令 axis equal 相同，只是图形区域刚好紧紧包围图像数据
axis square	设置当前图形为正方形（或立方体形），系统将调整 x 轴、y 轴与 z 轴，使它们有相同的长度，同时相应地自动调整数据单位之间的增加量
axis normal	自动调整坐标轴的纵横比，还有用于填充图形区域的、显示于坐标轴上的数据单位的纵横比
axis vis3d	该命令将冻结坐标系此时的状态，以便进行旋转
axis off	关闭所用坐标轴上的标记、格栅和单位标记，但保留由 text 和 gtext 设置的对象
axis on	显示坐标轴上的标记、单位和格栅
[mode,visibility,direction] = axis('state')	返回表明当前坐标轴的设置属性的三个参数 mode、visibility、dirextion，它们的可能取值见表 4-9

表 4-9　参数

参　　数	可 能 取 值
mode	'auto'或'manual'
visibility	'on'或'off'
dirextion	'xy'或'ij'

例 4-15：坐标系与坐标轴转换实例。

解：MATLAB 程序如下：

```
>> t = 0:2 * pi/99:2 * pi;
>> x = 1.15 * cos(t); y = 3.25 * sin(t);
>> subplot(2,3,1), plot(x,y), axis normal, grid on,
>> title('Normal and Grid on')
>> subplot(2,3,2), plot(x,y), axis equal, grid on, title('Equal')
>> subplot(2,3,3), plot(x,y), axis square, grid on, title('Square')
>> subplot(2,3,4), plot(x,y), axis image, box off, title('Image and Box off')
>> subplot(2,3,5), plot(x,y), axis image fill, box off
>> title('Image and Fill')
>> subplot(2,3,6), plot(x,y), axis tight, box off, title('Tight')
```

运行结果如图 4-30 所示。

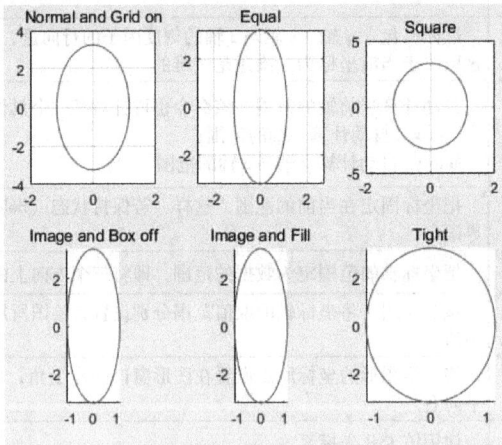

图 4-30　轴控命令

4.2.3　图形注释

MATLAB 中提供了一些常用的图形标注函数，利用这些函数可以为图形添加标题，为图形的坐标轴加标注，为图形加图例，也可以把说明、注释等文本放到图形的任何位置。

1. 注释图形标题及轴名称

在 MATLAB 绘图命令中，title 命令用于给图形对象加标题，它的使用格式也非常简单，见表 4-10。

表 4-10　title 命令的使用格式

调用格式	说　明
title('string')	在当前坐标轴上方正中央放置字符串 string 作为图形标题
title(fname)	先执行能返回字符串的函数 fname，然后在当前轴上方正中央放置返回的字符串作为标题
title('text','PropertyName',PropertyValue,…)	对由命令 title 生成的图形对象的属性进行设置，输入参数 "text" 为要添加的标注文本
h = title(…)	返回作为标题的 text 对象句柄

 **说明**

可以利用 gcf 与 gca 来获取当前图形窗口与当前坐标轴的句柄。

对坐标轴进行标注，相应的命令为 xlabel、ylabel、zlabel，作用分别是对 x 轴、y 轴、z 轴进行标注，它们的调用格式都是一样的，以 xlabel 为例进行说明，见表 4-11。

表 4-11 xlabel 命令的使用格式

调用格式	说明
xlabel('string')	在当前轴对象中的 x 轴上标注说明语句 string
xlabel(fname)	先执行函数 fname，返回一个字符串，然后在 x 轴旁边显示出来
xlabel ('text','PropertyName', PropertyValue,…)	指定轴对象中要控制的属性名和要改变的属性值，参数"text"为要添加的标注名称

例 4-16：绘制"余弦波"图形。

解：MATLAB 程序如下：

```
>> x = linspace(0,10*pi,100);
>> plot(x,cos(x))
>> title('余弦波')
>> xlabel('x 坐标')
>> ylabel('y 坐标')
```

运行结果如图 4-31 所示。

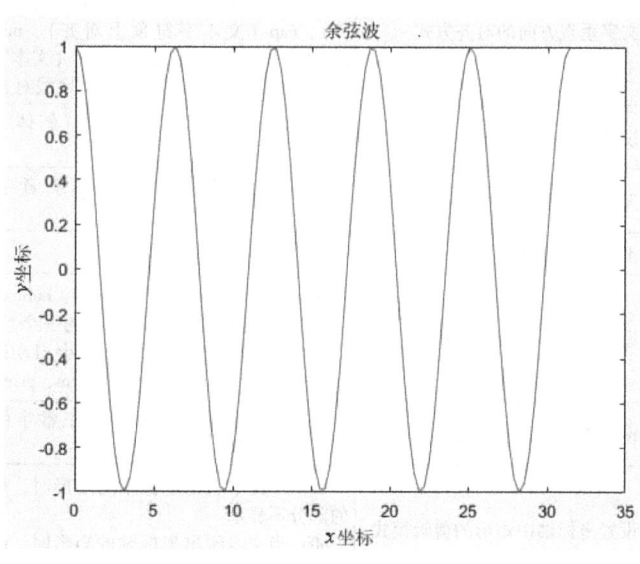

图 4-31 图形标注（一）

2. 图形标注

在给所绘得的图形进行详细的标注时，最常用的两个命令是 text 与 gtext，它们均可以在图形的具体部位进行标注。

3. text 命令

text 命令的使用格式见表 4-12，其属性列表见表 4-13。

表4-12 text命令的使用格式

调用格式	说明
text(x,y,'string')	在图形中指定的位置（x,y）上显示字符串 string
text(x,y,z,'string')	在三维图形空间中的指定位置（x,y,z）上显示字符串 string
text(x,y,z,'string','PropertyName',PropertyValue,…)	在三维图形空间中的指定位置（x,y,z）上显示字符串 string，且对指定的属性进行设置，表4-13 给出了文字属性名、含义及属性值的有效值与默认值

表4-13 text命令属性列表

属性名	含义	有效值	默认值
Editing	能否对文字进行编辑	on、off	off
Interpretation	tex 字符是否可用	tex、none	tex
Extent	text 对象的范围（位置与大小）	[left, bottom, width, height]	随机
HorizontalAlignment	文字水平方向的对齐方式	left、center、right	left
Position	文字范围的位置	[x,y,z]直角坐标系	[ ]（空矩阵）
Rotation	文字对象的方位角度	标量[单位为度（°）]	0
Units	文字范围与位置的单位	pixels（屏幕上的像素点）、normalized（把屏幕看成一个长、宽为1的矩形）、inches、centimeters、points、data	data
VerticalAlignment	文字垂直方向的对齐方式	normal（正常字体）、italic（斜体字）、oblique（斜角字）、top（文本外框顶上对齐）、cap（文本字符顶上对齐）、middle（文本外框中间对齐）、baseline（文本字符底线对齐）、bottom（文本外框底线对齐）	middle
FontAngle	设置斜体文字模式	normal（正常字体）、italic（斜体字）、oblique（斜角字）	normal
FontName	设置文字字体名称	用户系统支持的字体名或者字符串 FixedWidth	Helvetica
FontSize	设置文字字体大小	结合字体单位的数值	10 points
FontUnits	设置属性 FontSize 的单位	points（1 points = 1/72inches）、normalized（把父对象坐标轴作为单位长的一个整体；当改变坐标轴的尺寸时，系统会自动改变字体的大小）、inches、centimeters、pixels	points
FontWeight	设置文字字体的粗细	light（细字体）、normal（正常字体）、demi（黑体字）、bold（黑体字）	normal
Clipping	设置坐标轴中矩形的剪辑模式	on：当文本超出坐标轴的矩形时，超出的部分不显示 off：当文本超出坐标轴的矩形时，超出的部分显示	off
EraseMode	设置显示与擦除文字的模式	normal、none、xor、background	normal
SelectionHighlight	设置选中文字是否突出显示	on、off	on
Visible	设置文字是否可见	on、off	on
Color	设置文字颜色	有效的颜色值：ColorSpec	
HandleVisibility	设置文字对象句柄对其他函数是否可见	on、callback、off	on

(续)

属性名	含义	有效值	默认值
HitTest	设置文字对象能否成为当前对象	on、off	on
Seleted	设置文字是否显示出"选中"状态	on、off	off
Tag	设置用户指定的标签	任何字符串	' '（即空字符串）
Type	设置图形对象的类型	字符串'text'	
UserData	设置用户指定数据	任何矩阵	[ ]（即空矩阵）
BusyAction	设置如何处理对文字回调过程中断的句柄	cancel、queue	queue
ButtonDownFcn	设置当鼠标在文字上单击时，程序作出的反应	字符串	' '（即空字符串）
CreateFcn	设置当文字被创建时，程序做出的反应	字符串	' '（即空字符串）
DeleteFcn	设置当文字被删除（通过关闭或删除操作）时，程序作出的反应	字符串	' '（即空字符串）

表 4-13 中的这些属性及相应的值都可以通过 get 命令来查看以及用 set 命令来修改。

text 命令中的' \ rightarrow '是 TeX 字符串。在 MATLAB 中，TeX 中的一些希腊字母、常用数学符号、二元运算符号、关系符号以及箭头符号都可以直接使用。

例 4-17：绘制积分函数。

解：MATLAB 程序如下：

```
>> syms t q
>> y = 2/3 * exp( - t/2) * cos( sqrt(3)/2 * t)
>> s = subs(int(y,t,0,q),q,t)
>> subplot(2,1,1)
>> ezplot(y,[0,4 * pi]),ylim([ -0.2,0.7])
>> grid on
>> subplot(2,1,2)
>> ezplot(s,[0,4 * pi])
>> grid on
>> title('s = \int y(t)dt')
>> y = (2 * cos((3^(1/2) * t)/2))/(3 * exp(t/2))
>> s = 1/3 - (2 * cos((3^(1/2) * t)/2)/2 - 3^(1/2) * sin((3^(1/2) * t)/2))/2))/(3 * exp(t/2))
```

运行结果如图 4-32 所示。

4. gtext 命令

gtext 命令可以让鼠标在图形的任意位置进行标注。当光标进入图形窗口时，会变成十字形，等待用户的操作。它的使用格式为：

gtext('string','property',propertyvalue,…)

调用这个函数后，图形窗口中的鼠标指针会成为十字光标，通过移动鼠标来进行定位，即光标移到预定位置后按下鼠标左键或键盘上的任意键都会在光标位置显示指定文本

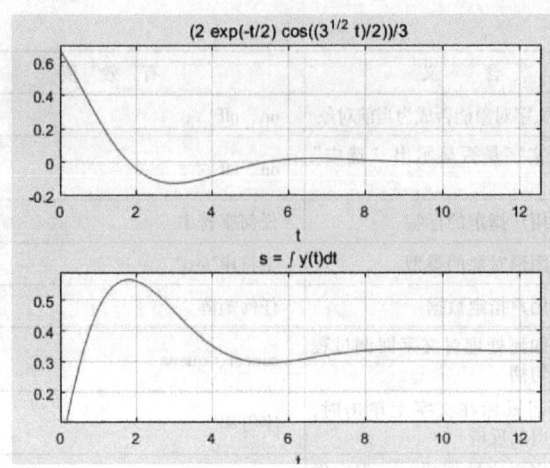

图 4-32　积分函数图形

"string"。由于要用鼠标操作，该函数只能在 MATLAB 命令窗口中进行。

例 4-18：绘制倒数函数 $y = \dfrac{1}{x}$ 在 $[0,2]$ 上，标出 $\dfrac{1}{4}$、$\dfrac{1}{2}$、$\dfrac{5}{4}$、$\dfrac{7}{4}$ 在图像上的位置，并在曲线上标出函数名。

解：MATLAB 程序如下：

```
>>x = 0:0.1:2;
>>plot(x,1./x)
>>title('倒数函数')
>>xlabel('x'),ylabel('1./x')
>>text(0.25,1./0.25,'<---1./0.25')
>>text(0.5,1./0.5,'1./0.5\rightarrow','HorizontalAlignment','right')
>>gtext('y = 1./x')
```

运行结果如图 4-33 所示。

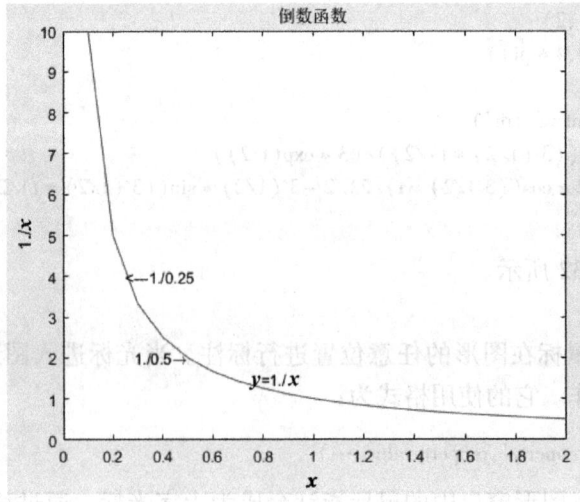

图 4-33　图形标注（二）

5. 图例标注

当在一幅图中出现多种曲线时,用户可以根据自己的需要,利用 legend 命令对不同的图例进行说明。它的使用格式见表 4-14。

表 4-14 legend 命令的使用格式

调用格式	说　　明
legend('string1','string2',…,Pos)	用指定的文字 string1,string2,… 在当前坐标轴中对所给数据的每一部分显示一个图例
legend(h,'string1','string2',…)	用指定的文字 string 在一个包含于句柄向量 h 中的图形中显示图例
legend(string_matrix)	用字符矩阵参量 string_matrix 的每一行字符串作为标签
legend(h,string_matrix)	用字符矩阵参量 string_matrix 的每一行字符串作为标签给包含于句柄向量 h 中的相应的图形对象加标签
legend(axes_handle,…)	给由句柄 axes_handle 指定的坐标轴显示图例
legend_handle = legend	返回当前坐标轴中的图例句柄,若坐标轴中没有图例存在,则返回空向量
legend('off')	从当前的坐标轴中除掉图例
legend	对当前图形中所有的图例进行刷新
legend(legend_handle)	对由句柄 legend_handle 指定的图例进行刷新
legend(…,pos)	在指定的位置 pos 放置图,pos 的取值及相应的图例位置见表 4-15
h = legend(…)	返回图例的句柄向量

表 4-15 pos 取值

pos 取值	图 例 位 置
-1	坐标轴之外的右边
0	自动把图例置于最佳位置,使其与图中曲线的重复最少
1	坐标轴的右上角(默认位置)
2	坐标轴的左上角
3	坐标轴的左下角
4	坐标轴的右下角

例 4-19:添加绘图注释。

解:MATLAB 程序如下:

```
>>t=[0:0.1:5];
>>y1=exp(-0.5*t).*sin(2*t);
>>y=diff(y1);
>>y2=[0.2 y];
>>plot(t,y1,'r-',t,y2,'m:')
>>title('位置与速度曲线');legend('位置','速度');
>>xlabel('时间 t');ylabel('位置 x,速度 dx/dt');
>>grid on
```

在图形窗口中得到,如图 4-34 的效果。

① **注意**

在 MATLAB 中,汉字状态下输入的括号和标点等不被认为是命令的一部分,所以,在输入命令的时候一定要在英文状态下输入完整命令。

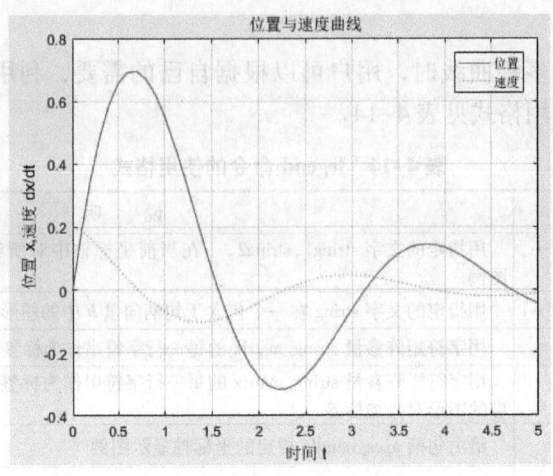

图 4-34 绘图注释函数

6. 分格线控制

为了使图像的可读性更强，我们可以利用 grid 命令给二维或三维图形的坐标面增加分格线，它的使用格式见表 4-16。

表 4-16 grid 命令的使用格式

调用格式	说明
grid on	给当前的坐标轴增加分格线
grid off	从当前的坐标轴中去掉分格线
grid	转换分隔线的显示与否的状态
grid(axes_handle,on|off)	对指定的坐标轴 axes_handle 是否显示分隔线

4.3 三维绘图

MATLAB 三维绘图涉及的问题比二维绘图多，比如：是三维曲线绘图还是三维曲面绘图？三维曲面绘图中，是曲面网线绘图还是曲面色图？绘图坐标数据是如何构造的？什么是三维曲面的观察角度等。用于三维绘图的 MATLAB 高级绘图函数中，对于上述许多问题都设置了默认值，应尽量使用默认值，必要时认真阅读联机帮助。

为了显示三维图形，MATLAB 提供了各种各样的函数。有一些函数可在三维空间中画线，而另一些可以画曲面与线格框架。另外，颜色可以用于代表第四维。当颜色以这种方式使用时，不但它不再具有像照片中那样显示色彩的自然属性。而且也不具有基本数据的内在属性，所以把它称作为彩色。本章主要介绍三维图形的作图方法和效果。

4.3.1 三维曲线绘图命令

1. plot3 命令

plot3 命令是二维绘图 plot 命令的扩展，因此它们的使用格式也基本相同，只是在参数中多加了一个第三维的信息。例如 plot(x,y,s) 与 plot3(x,y,z,s) 的意义是一样的，前者绘的是二维图,后者绘的是三维图,后面的参数 s 也是用于控制曲线的类型、粗细、颜色等。因此,这里我们就不给出它的具体使用格式了,读者可以按照 plot 命令的格式来学习。

例 4-20:二维三维图形绘制。

解:MATLAB 程序如下:

```
>> x = 1:0.1:10;        %定义 x
>> y = sin(x);          %定义 y
>> z = cos(x);          %定义 z
>> plot(y,z)            %绘制二维图形,如图 4-35 所示
>> plot3(x,y,z)         %绘制三维图形,如图 4-36 所示
```

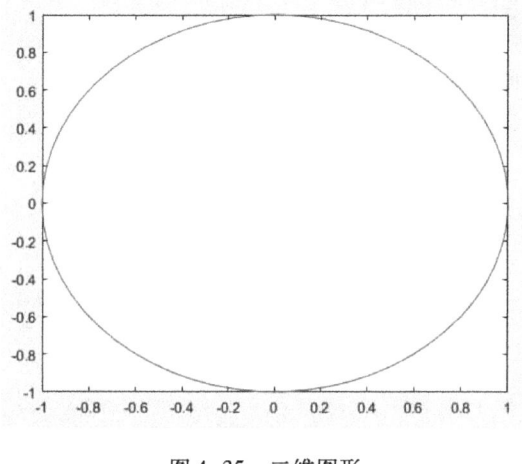
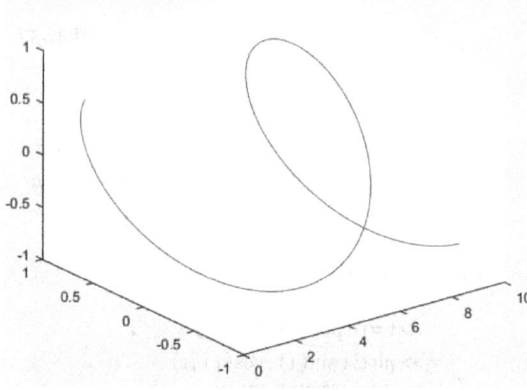

图 4-35 二维图形　　　　　　　　　图 4-36 三维图形

例 4-21:绘制空间线。

解:MATLAB 程序如下:

```
>> t = (0:0.02:2)*pi;
>> x = sin(t);y = cos(t);z = cos(2*t);
>> plot3(x,y,z,'b-',x,y,z,'bd')
x = 0:0.1:10;
>> y = 0:0.2:20;
>> z = 0:pi/100:pi;
>> plot3(x,y,z)
```

运行上述命令后会在图形窗口出现图 4-37 所示的图形。

2. ezplot3 命令

同二维情况一样,三维绘图里也有一个专门绘制符号函数的命令 ezplot3,该命令的使用格式见表 4-17。

表 4-17　ezplot3 命令的使用格式

调用格式	说　　明
ezplot3(x,y,z)	在系统默认的区域 $x \in (-2\pi, 2\pi)$,$y \in (-2\pi, 2\pi)$ 上画出空间曲线 $x = x(t)$,$y = y(t)$,$z = z(t)$ 的图形
zplot3(x,y,z,[a,b])	绘制上述参数曲线在区域 $x \in (a,b)$,$y \in (a,b)$ 上的三维网格图
ezplot3(…,'animate')	产生空间曲线的一个动画轨迹

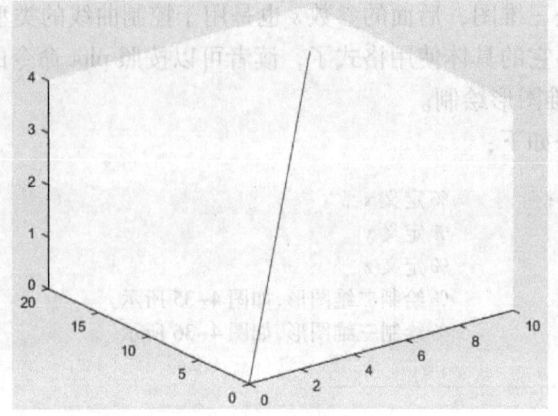

图 4-37 空间直线

例 4-22：弹簧三维图形：

$$\begin{cases} x = \sin\theta \\ y = \cos\theta \\ z = \theta \end{cases} \quad \theta \in [0, 10\pi]$$

解：MATLAB 程序如下：

```
>> t = 0:pi/100:10*pi;
>> plot3(sin(t),cos(t),t)
>> title('螺旋曲线')
>> xlabel('sint'),ylabel('cost'),zlabel('t')
```

运行上述命令后会在图形窗口出现图 4-38 所示的图形。

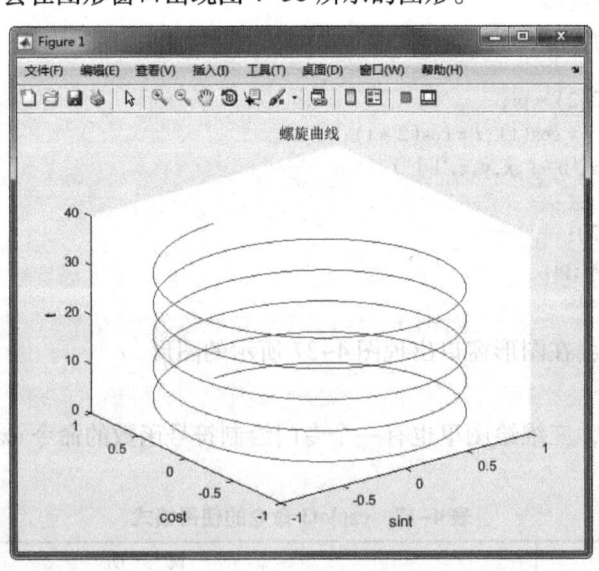

图 4-38 螺旋曲线

例 4-23：绘制多条重叠曲线。

解：MATLAB 程序如下：

```
>> x = linspace(0,3*pi);
>> z1 = sin(x);
>> z2 = sin(2*x);
>> z3 = sin(3*x);
>> y1 = zeros(size(x));
>> y2 = zeros(size(x));
>> y3 = y2/2;
>> plot3(x,y1,z1,x,y2,z2,x,y3,z3);
>> xlabel('x-axis');ylabel('y-axis');zlabel('z-axis');
>> title('sin(x),sin(2x),sin(3x)')
```

得到结果如图 4-39 所示。

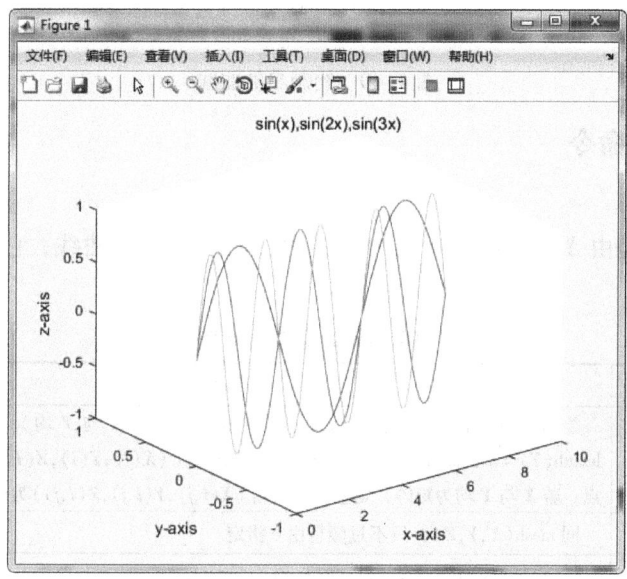

图 4-39 多条曲线

例 4-24：画出下面的圆锥螺线的图像：

$$\begin{cases} x = t\cos t \\ y = t\sin t \\ z = t \end{cases} \quad t \in [0, 20\pi]$$

解：MATLAB 程序如下：

```
>> syms t
>> x = t*cos(t);
>> y = t*sin(t);
>> z = t;
>> ezplot3(x,y,z,[0,20*pi])
>> title('圆锥螺线')
>> label(x,'tcos(t)'),label(y,'tsin(t)'),label(z,'t')
```

运行结果如图 4-40 所示。

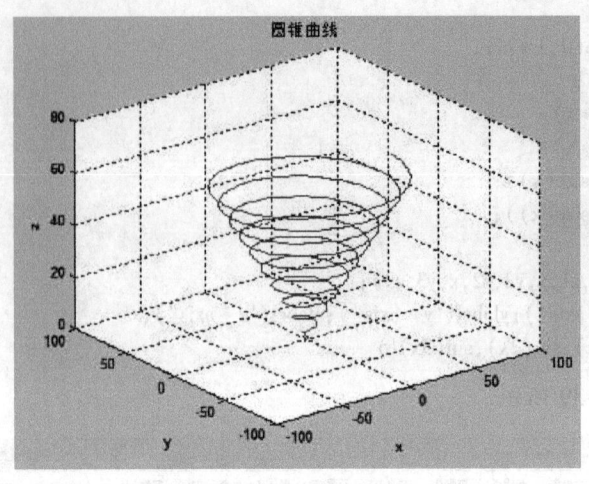

图 4-40　绘制参数曲线

4.3.2　三维网格命令

1. mesh 命令

该命令生成的是由 X、Y 和 Z 指定的网线面，而不是单根曲线，它的主要使用格式见表 4-18。

表 4-18　mesh 命令的使用格式

调用格式	说　　明
mesh(X,Y,Z)	绘制三维网格图，颜色和曲面的高度相匹配。若 X 与 Y 均为向量，且 $\text{length}(X)=n$，$\text{length}(Y)=m$，而 $[m,n]=\text{size}(Z)$，空间中的点 $(X(j),Y(i),Z(I,j))$ 为所画曲面网线的交点；若 X 与 Y 均为矩阵，则空间中的点 $(X(i,j),Y(i,j),Z(i,j))$ 为所画曲面的网线的交点
mesh(X,Y,Z,c)	同 mesh(X,Y,Z)，只不过颜色由 c 指定
mesh(Z)	生成的网格图满足 $X=1:n$ 与 $Y=1:m$，$[n,m]=\text{size}(Z)$，其中 Z 为定义在矩形区域上的单值函数
mesh(…,'PropertyName', PropertyValue,…)	对指定的属性 PropertyName 设置属性值 PropertyValue，可以在同一语句中对多个属性进行设置
h = mesh(…)	返回图形对象句柄

例 4-25：绘制马鞍面 $z = -x^4 + y^4 - x^2 - y^2 - 2xy$。

解：MATLAB 程序如下：

```
>> close all
>> x = -4:0.25:4;
>> y = x;
>> [X,Y] = meshgrid(x,y);
>> Z = -X.^4 + Y.^4 - X.^2 - Y.^2 - 2 * X * Y;
>> mesh(Z)
>> title('马鞍面')
>> xlabel('x'),ylabel('y'),zlabel('z')
```

运行结果如图 4-41 所示。

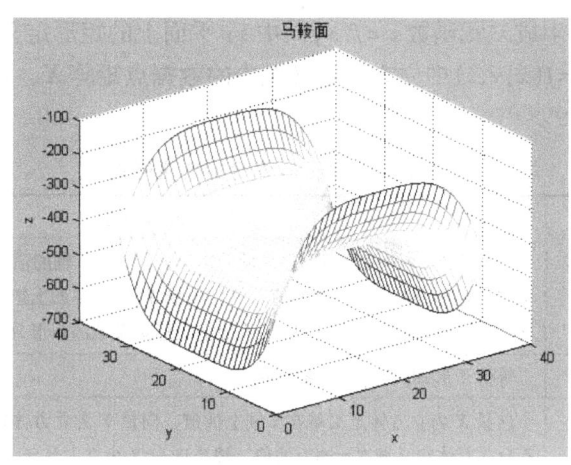

图4-41 马鞍面

例4-26：绘制 $Z = X^2 + Y^2, x \in [-4, 4]$ 曲面的函数。

解：MATLAB 程序如下：

利用该函数绘制两个图，一个不显示其背后的网格，一个显示其背后的网格。

```
>> close all
>> t = -4:0.1:4;
>> [X,Y] = meshgrid(t);
>> Z = X.^2 + Y.^2;
>> subplot(1,2,1)
>> mesh(X,Y,Z),hidden on
>> title('不显示网格')
>> subplot(1,2,2)
>> mesh(X,Y,Z),hidden off
>> title('显示网格')
```

运行结果如图4-42所示。

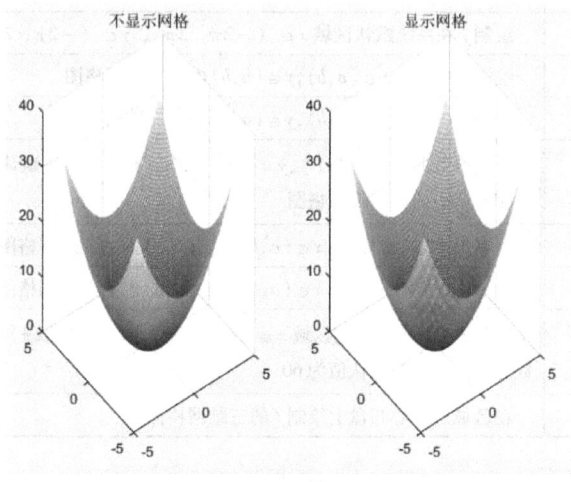

图4-42 曲面图像

Meshgrid 命令用于生成二元函数 $z=f(x,y)$ 中 xy 平面上的矩形定义域中数据点矩阵 **X** 和 **Y**，或者是三元函数 $u=f(x,y,z)$ 中立方体定义域中的数据点矩阵 **X**、**Y** 和 **Z**。它的使用格式也非常简单，见表 4-19。

表 4-19　meshgrid 命令的使用格式

调用格式	说　　明
[X,Y] = meshgrid(x,y)	向量 **X** 为 xy 平面上矩形定义域的矩形分割线在 x 轴的值，向量 **Y** 为 xy 平面上矩形定义域的矩形分割线在 y 轴的值。输出向量 **X** 为 xy 平面上矩形定义域的矩形分割点的横坐标值矩阵，输出向量 **Y** 为 xy 平面上矩形定义域的矩形分割点的纵坐标值矩阵
[X,Y] = meshgrid(x)	等价于形式 [X,Y] = meshgrid(x,x)
[X,Y,Z] = meshgrid(x,y,z)	向量 **X** 为立方体定义域在 x 轴上的值，向量 **Y** 为立方体定义域在 y 轴上的值，向量 **Z** 为立方体定义域在 z 轴上的值。输出向量 **X** 为立方体定义域中分割点的 x 轴坐标值，**Y** 为立方体定义域中分割点的 y 轴坐标值，**Z** 为立方体定义域中分割点的 z 轴坐标值

对于一个三维网格图，有时用户不想显示背后的网格，这时可以利用 hidden 命令来实现这种要求。它的使用格式也非常简单，见表 4-20。

表 4-20　hidden 命令的使用格式

调用格式	说　　明
hidden on	将网格设为不透明状态
hidden off	将网格设为透明状态
hidden	在 on 与 off 之间切换

2. ezmesh 命令

该命令专门用来绘制符号函数 $f(x,y)$（即 f 是关于 x、y 的数学函数的字符串表示）的网格图形，它的使用格式见表 4-21。

表 4-21　ezmesh 命令的使用格式

调用格式	说　　明
ezmesh(f)	绘制 f 在系统默认区域 $x\in(-2\pi,2\pi)$，$y\in(-2\pi,2\pi)$ 内的三维网格图
ezmesh(f,[a,b])	绘制 f 在区域 $x\in(a,b)$，$y\in(a,b)$ 内的三维网格图
ezmesh(f,[a,b,c,d])	绘制 f 在区域 $x\in(a,b)$，$y\in(a,b)$ 内的三维网格图
ezmesh(x,y,z)	绘制参数曲面 $x=x(s,t),y=y(s,t),z=z(s,t)$ 在系统默认的区域 $s\in(-2\pi,2\pi)$，$t\in(-2\pi,2\pi)$ 内的三维网格图
ezmesh(x,y,z,[a,b])	绘制上述参数曲面在 $x\in(a,b)$，$y\in(a,b)$ 内的三维网格图
ezmesh(x,y,z,[a,b,c,d])	绘制上述参数曲面在 $x\in(a,b)$，$y\in(a,b)$ 内的三维网格图
ezmesh(…,n)	绘制 f 在系统默认的区域 $x\in(-2\pi,2\pi)$，$y\in(-2\pi,2\pi)$ 内的三维网格图，其中网格数为 $n\times n$，n 的默认值为 60
ezmesh(…,'circ')	在区域的中心圆盘上绘制 f 的三维网格图

例 4-27：绘制下面函数的三维网格表面图。

$$f(x,y) = e^y \sin x + e^x \cos y \quad (-\pi < x,y < \pi)$$

解：MATLAB 程序如下：

```
>> close all
>> syms x y
>> f = sin(x) * exp(y) + cos(y) * exp(x);
>> ezmesh(f,[ -pi,pi],30)
>> title('带网格线的三维表面图')
```

运行结果如图 4-43 所示。

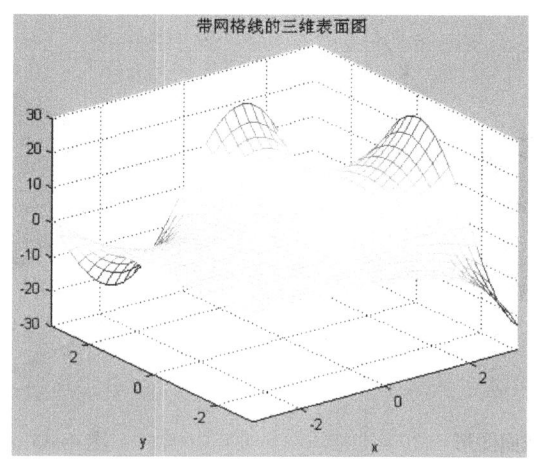

图 4-43　ezmesh 作图

4.3.3　三维曲面命令

曲面图是在网格图的基础上，在小网格之间用颜色填充。它的一些特性正好和网格图相反，它的线条是黑色的，线条之间有颜色；而在网格图里，线条之间是黑色的，而线条有颜色。在曲面图里，不必考虑像网格图一样隐蔽线条，但要考虑用不同的方法对表面添加色彩。

1. surf 命令

surf 命令的使用格式与 mesh 命令完全一样，这里就不再详细说明了，读者可以参考 mesh 命令的使用格式。

例 4-28：画出参数曲面 $Z = X^2 + Y^2, x \in [-4,4]$ 的图像。

解：MATLAB 程序如下：

```
>> x = -4:4;y = x;
>> [X,Y] = meshgrid(x,y);
>> Z = X.^2 + Y.^2;
>> surf(X,Y,Z);
>> colormap(hot)
>> hold on
>> stem3(X,Y,Z,'bo')
>> hold off
>> xlabel('x'),ylabel('y'),zlabel('z')
>> axis([ -5,5, -5,5,0,inf])
>> view([ -84,21])
```

运行结果如图 4-44 所示。

例 4-29：绘制三维陀螺锥面。

解：MATLAB 程序如下：

```
>> t1 = [0:0.1:0.9];t2 = [1:0.1:2];r = [t1, -t2+2];
>> [X,Y,Z] = cylinder(r,30);surf(X,Y,Z)
```

所得结果如图 4-45 所示。

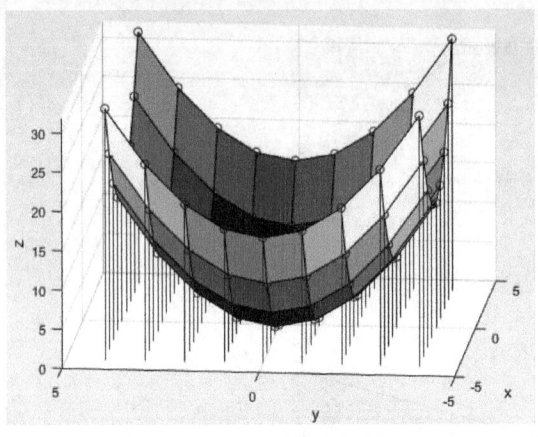
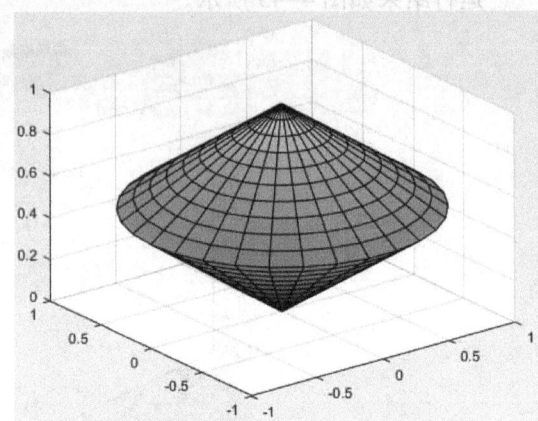

图 4-44　球面图形　　　　　　　　　图 4-45　三维陀螺锥面

2. ezsurf 命令

该命令专门用于绘制符号函数 $f(x,y)$（即 f 是关于 x、y 的数学函数的字符串表示）的表面图形，它的使用格式见表 4-22。

表 4-22　ezsurf 命令的使用格式

调用格式	说　　明
ezsurf(f)	绘制 f 在系统默认区域 $x \in (-2\pi, 2\pi), y \in (-2\pi, 2\pi)$ 内的三维表面图
ezsurf(f,[a,b])	绘制 f 在区域 $x \in (a,b), y \in (a,b)$ 内的三维表面图
ezsurf(f,[a,b,c,d])	绘制 f 在区域 $x \in (a,b), y \in (c,d)$ 内的三维表面图
ezsurf(x,y,z)	绘制参数曲面 $x = x(s,t), y = y(s,t), z = z(s,t)$ 在系统默认的区域 $s \in (-2\pi, 2\pi) y \in (-2\pi, 2\pi)$ 内的三维表面图
ezsurf(x,y,z,[a,b])	绘制上述参数曲面在 $x \in (a,b), y \in (a,b)$ 内的三维表面图
ezsurf(x,y,z,[a,b,c,c])	绘制上述参数曲面在 $x \in (a,b), y \in (c,d)$ 内的三维表面图
ezsurf(…,n)	绘制 f 在系统默认的区域 $x \in (-2\pi, 2\pi), y \in (-2\pi, 2\pi)$ 内的三维表面图，其中网格数为 $n \times n$，n 的默认值为 60
ezsurf(…,'circ')	在区域的中心圆盘上绘制 f 的三维表面图

与上面的 mesh 命令一样，surf 也有两个同类的命令：surfc 与 surfl。surfc 用于画出有基本等值线的曲面图；surfl 用于画出一个有亮度的曲面图。它的用法我们会在后面讲到。

例 4-30：画出下面参数曲面的图像：

$$\begin{cases} x = \sin^2(s+t) \\ y = \cos^2(s+t) \\ z = \sin s \cos t \end{cases} \quad -\pi < s, t < \pi$$

解：MATLAB 程序如下：

```
>> close all
>> syms s t
>> x = sin(s+t).^2;
>> y = cos(s+t).^2;
>> z = sin(s).*cos(t);
>> ezsurf(x,y,z,[-pi,pi],30)
>> title('符号函数曲面图')
```

运行结果如图 4-46 所示。

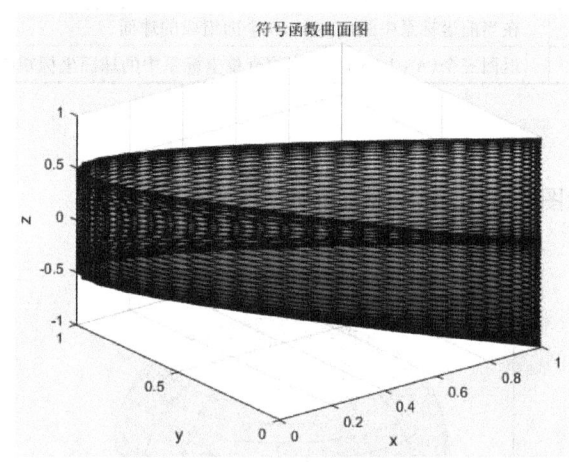

图 4-46　ezsurf 作图

 小技巧

如果想查看曲面背后图形的情况，可以在曲面的相应位置打个洞孔，即将数据设置为 NaN，所有的 MATLAB 作图函数都忽略 NaN 的数据点，在该点出现的地方留下一个洞孔。

4.3.4　柱面与球面

在 MATLAB 中，有专门绘制柱面与球面的命令 cylinder 与 sphere，它们的使用格式也非常简单。首先来看 cylinder 命令，它的使用格式见表 4-23。

表 4-23　cylinder 命令的使用格式

调用格式	说　　明
[X,Y,Z] = cylinder	返回一个半径为 1、高度为 1 的圆柱体的 x 轴、y 轴、z 轴的坐标值，圆柱体的圆周有 20 个距离相同的点
[X,Y,Z] = cylinder(r,n)	返回一个半径为 r、高度为 1 的圆柱体的 x 轴、y 轴、z 轴的坐标值，圆柱体的圆周有指定 n 个距离相同点
[X,Y,Z] = cylinder(r)	与 [X,Y,Z] = cylinder(r,20) 等价
cylinder(…)	没有任何的输出参量，直接画出圆柱体

 小技巧

用 cylinder 可以作棱柱的图像，例如运行 cylinder(2,6) 将绘出底面为正六边形、半径为 2 的棱柱。

sphere 命令用来生成三维直角坐标系中的球面，它的使用格式见表 4-24。

表 4-24　sphere 命令的使用格式

调用格式	说　明
sphere	绘制单位球面，该单位球面由 20×20 个面组成
sphere(n)	在当前坐标系中画出由 n×n 个面组成的球面
[X,Y,Z] = sphere(n)	返回三个 (n+1)×(n+1) 的直角坐标系中的球面坐标矩阵

```
>> sphere
```

在图形窗口中显示图 4-47 所示的单位球面。

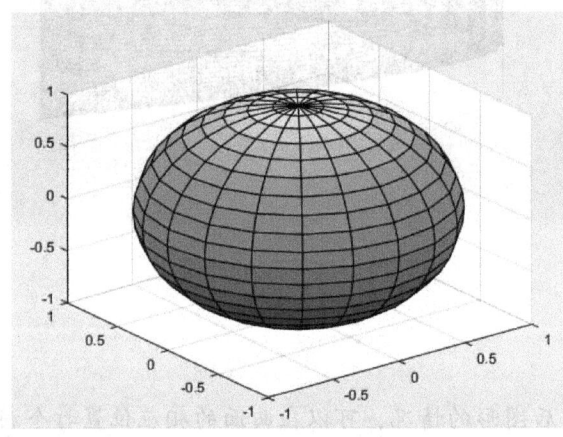

图 4-47　单位球面

例 4-31：绘制有颜色的球体。

解：MATLAB 程序如下：

```
>> close all
>> k = 5;
>> n = 2^k - 1;
>> [x,y,z] = sphere(n);
>> c = hadamard(2^k);
>> figure
>> surf(x,y,z,c);
>> colormap([1 1 0;0 1 1])
>> axis equal
>> xlabel('x - axis'),ylabel('y - axis'),zlabel('z - axis')
```

运行结果如图 4-48 所示。

例 4-32：画出一个变化的柱面。

解：MATLAB 程序如下：

```
>> close all
>> t = 0:pi/10:2*pi;
>> [X,Y,Z] = cylinder(2*cos(t),30);
>> surf(X,Y,Z)
>> axis square
>> xlabel('x-axis'),ylabel('y-axis'),zlabel('z-axis')
```

运行结果如图 4-49 所示。

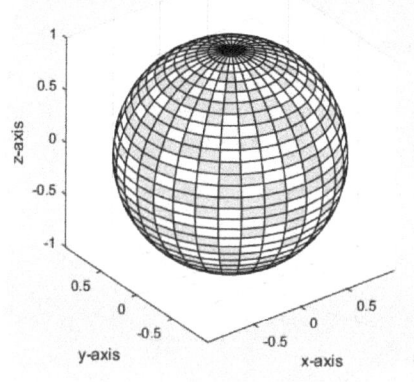

图 4-48 球体图形

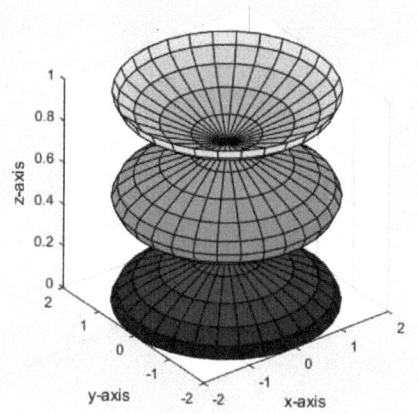

图 4-49 cylinder 作图

4.3.5 三维图形等值线

在军事、地理等学科中经常会用到等值线。在 MATLAB 中有许多绘制等值线的命令，我们主要介绍以下几个。

1. contour3 命令

contour3 是三维绘图中最常用的绘制等值线的命令，该命令生成一个定义在矩形格栅上曲面的三维等值线图，它的使用格式见表 4-25。

表 4-25 contour3 命令的使用格式

调用格式	说 明
contour3(Z)	画出三维空间角度观看矩阵 Z 的等值线图，其中 Z 的元素被认为是距离 xy 平面的高度，矩阵 Z 至少为 2 阶的。等值线的条数与高度是自动选择的。若 [m,n] = size(Z)，则 x 轴的范围为 [1,n]，y 轴的范围为 [1,m]
contour3(Z,n)	画出由矩阵 Z 确定的 n 条等值线的三维图
contour3(Z,v)	在参量 v 指定的高度上画出三维等值线，当然等值线条数与向量 v 的维数相同。若想只画一条高度为 h 的等值线，则输入 contour3(Z,[h,h])
contour3(X,Y,Z) contour3(X,Y,Z,n) contour3(X,Y,Z,v)	用 X 与 Y 定义 x 轴与 y 轴的范围。若 X 为矩阵，则 X(1,:) 定义 x 轴的范围；若 Y 为矩阵，则 Y(:,1) 定义 y 轴的范围；若 X 与 Y 同时为矩阵，则它们必须同型；若 X 或 Y 有不规则的间距，contour3 还是使用规则的间距计算等值线，然后将数据转变给 X 或 Y
contour3(···,s)	用参量 s 指定的线型与颜色画等值线
[C,h] = contour3(···)	画出图形，同时返回与命令 contourc 中相同的等值线矩阵 C，包含所有图形对象的句柄向量 h

例 4-33：绘制山峰函数 peaks 的等值线图。

解：MATLAB 程序如下：

```
>> close all
>> [x,y,z] = peaks(30);
>> contour3(x,y,z);
>> title('山峰函数等值线图');
>> xlabel('x - axis'),ylabel('y - axis'),zlabel('z - axis')
```

运行结果如图 4-50 所示。

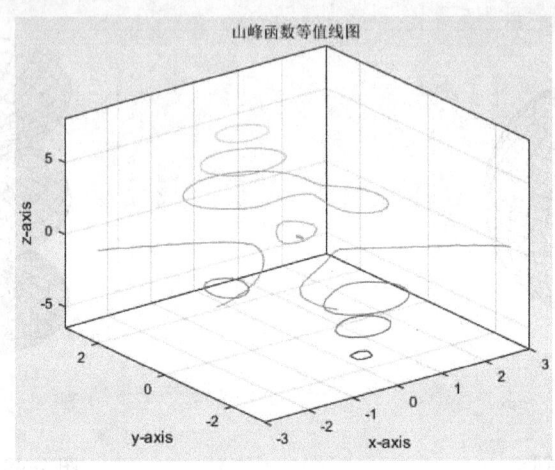

图 4-50　等值线图

2. contour 命令

contour3 用于绘制二维图时就等价于 contour，后者用来绘制二维等值线，可以看作是一个三维曲面向 xy 平面上的投影，它的使用格式见表 4-26。

表 4-26　contour 命令的使用格式

调用格式	说　明
contour(Z)	把矩阵 **Z** 中的值作为一个二维函数的值，等值线是一个平面的曲线，平面的高度 v 是 MATLAB 自动选取的
contour(X,Y,Z)	(**X**,**Y**) 是平面 **Z** = 0 上点的坐标矩阵，**Z** 为相应点的高度值矩阵
contour(Z,n)	画出 n 条等值线
contour(X,Y,Z,n)	画出 n 条等值线
contour(Z,v)	在指定的高度 v 上画出等值线
contour(X,Y,Z,v)	等价于 contour(**Z**,v) 命令
[C,h] = contour(…)	返回等值线矩阵 **C** 和线句柄或块句柄列向量 **h**，每条线对应一个句柄，句柄中的 userdata 属性包含每条等值线的高度值
contour(…,'linespec')	用指定的颜色或者线型画等值线

例 4-34：绘制曲面 $z = x^2 + e^{\sin y}$ 在 $x \in [-2\pi, 2\pi]$ $y \in [-2\pi, 2\pi]$ 的图像及其在 xy 面的等值线图。

解：MATLAB 程序如下：

```
>> close all
>> x = linspace(-2*pi,2*pi,100);
>> y = x;
>> [X,Y] = meshgrid(x,y);
>> Z = X.^2 + exp(sin(Y));
>> subplot(1,2,1);
>> surf(X,Y,Z);
>> title('曲面图像');
>> subplot(1,2,2);
>> contour(X,Y,Z);
>> title('二维等值线图')
```

运行结果如图 4-51 所示。

例 4-35：等高线图及修饰。

解：MATLAB 程序如下：

```
>> subplot(221);contour(peaks(20),6);
>> subplot(222);contour3(peaks(20),10);
>> subplot(223);clabel(contour(peaks(20),4));
>> subplot(224);clabel(contour3(peaks(20),3));
```

得到结果如图 4-52 所示。

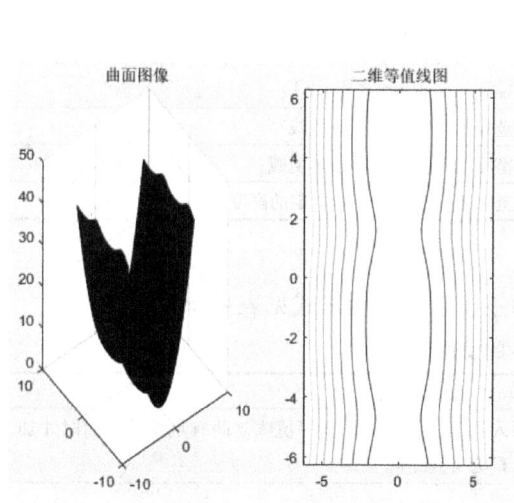

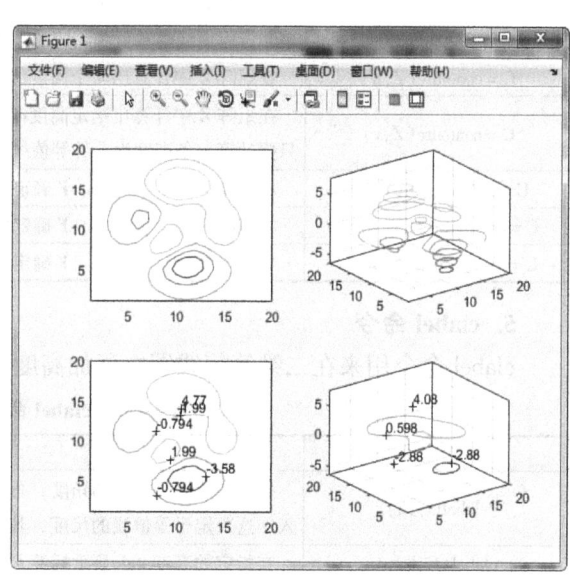

图 4-51 contour 作图　　　　　图 4-52 等高线图及修饰

3. contourf 命令

此命令用于填充二维等值线图，即先画出不同等值线，然后将相邻的等值线之间用同一颜色进行填充，填充用的颜色决定于当前的色图颜色。

contourf 命令的使用格式见表 4-27。

表 4-27 contourf 命令的使用格式

调用格式	说明
contourf(Z)	矩阵 Z 的等值线图,其中 Z 理解成距平面 xy 的高度矩阵。Z 至少为 2 阶的,等值线的条数与高度是自动选择的
contourf(Z,n)	画出矩阵 Z 的 n 条高度不同的等值线
contourf(Z,v)	画出矩阵 Z 的由 v 指定的高度的等值线图
contourf(X,Y,Z)	画出矩阵 Z 的等值线图,其中 X 与 Y 用于指定 x 轴与 y 轴的范围。若 X 与 Y 为矩阵,则必须与 Z 同型;若 X 或 Y 有不规则的间距,contour3 还是使用规则的间距计算等高线,然后将数据转变给 X 或 Y
contourf(X,Y,Z,n)	画出矩阵 Z 的 n 条高度不同的等值线,其中 X、Y 参数同上
contourf(X,Y,Z,v)	画出矩阵 Z 的由 v 指定高度的等值线图,其中 X、Y 参数同上
[C,h,CF] = contourf(…)	画出图形,同时返回与命令 contourc 中相同的等高线矩阵 C,C 也可被命令 clabel 使用,返回包含 patch 图形对象的句柄向量 h,返回一用于填充的矩阵 CF

4. contourc 命令

该命令计算等值线矩阵 C,该矩阵可用于命令 contour、contour3 和 contourf 等。矩阵 Z 中的数值确定平面上的等值线高度值,等值线的计算结果用由矩阵 Z 维数决定的间隔的宽度。

contourc 命令的使用格式见表 4-28。

表 4-28 contourc 命令的使用格式

调用格式	说明
C = contourc(Z)	从矩阵 Z 中计算等值矩阵,其中 Z 的维数至少为 2 阶,等值线为矩阵 Z 中数值相等的单元,等值线的数目和相应的高度值是自动选择的
C = contourc(Z,n)	在矩阵 Z 中计算出 n 个高度的等值线
C = contourc(Z,v)	在矩阵 Z 中计算出给定高度向量 v 上的等值线,向量 v 的维数决定了等值线的数目。若只要计算一条高度为 a 的等值线,输入:contourc(Z,[a,a])
C = contourc(X,Y,Z)	在矩阵 Z 中,参量 X、Y 确定的坐标轴范围内计算等值线
C = contourc(X,Y,Z,n)	在矩阵 Z 中,参量 X、Y 确定的坐标范围内画出 n 条等值线
C = contourc(X,Y,Z,v)	在矩阵 Z 中,参量 X、Y 确定的坐标范围内,画在 v 指定的高度上的等值线

5. clabel 命令

clabel 命令用来在二维等值线图中添加高度标签,它的使用格式见表 4-29。

表 4-29 clabel 命令的使用格式

调用格式	说明
clabel(C,h)	把标签旋转到恰当的角度,再插入到等值线中,只有等值线之间有足够的空间时才加入,这决定于等值线的尺度,其中 C 为等高矩阵
clabel(C,h,v)	在指定的高度 v 上显示标签 h
clabel(C,h,'manual')	手动设置标签。用户用鼠标左键或空格键在最接近指定的位置上放置标签,按键盘上的〈Enter〉键结束该操作
clabel(C)	在从命令 contour 生成的等高矩阵 C 的位置上添加标签。此时标签的放置位置是随机的
clabel(C,v)	在给定的位置 v 上显示标签
clabel(C,'manual')	允许用户通过鼠标来给等高线贴标签

对上面的使用格式,需要说明的一点是,若命令中有 h,则会对标签进行恰当的旋转,否则标签会竖直放置,且在恰当的位置显示一个"+"号。

6. ezcontour 命令

该命令专门用来绘制符号函数 $f(x,y)$（即 f 是关于 x、y 的数学函数的字符串表示）的等值线图，它的使用格式见表 4-30。

表 4-30　ezcontour 命令的使用格式

调用格式	说明
ezcontour(f)	绘制 f 在系统默认的区域 $x\in(-2\pi,2\pi),y\in(-2\pi,2\pi)$ 上的等值线图
ezcontour(f,[a,b])	绘制 f 在区域 $x\in(a,b),y\in(a,b)$ 上的等值线图
ezcontour(f,[a,b,c,d])	绘制 f 在区域 $x\in(a,b),y\in(c,d)$ 上的等值线图
ezcontour(⋯,n)	绘制 f 在系统默认的区域 $x\in(-2\pi,2\pi),y\in(-2\pi,2\pi)$ 上的三等值线图，其中网格数为 $n\times n$，n 的默认值为 60

7. ezsurfc 命令

该命令用来绘制函数 $f(x,y)$ 的带等值线的三维表面图，其中函数 f 是一个以字符串形式给出的二元函数。

ezsurfc 命令的使用格式见表 4-31。

表 4-31　ezsurfc 命令的使用格式

调用格式	说明
ezsurfc(f)	绘制 f 在系统默认的区域 $x\in(-2\pi,2\pi),y\in(-2\pi,2\pi)$ 上带等值线的三维表面图
ezsurfc(f,[a,b])	绘制 f 在区域 $x\in(a,b),y\in(a,b)$ 上带等值线的三维表面图
ezsurfc(f,[a,b,c,d])	绘制 f 在区域 $x\in(a,b),y\in(c,d)$ 上带等值线的三维表面图
ezsurfc(x,y,z)	绘制参数曲面 $x=x(s,t),y=y(s,t),z=z(s,t)$ 在系统默认的区域 $s\in(-2\pi,2\pi),t\in(-2\pi,2\pi)$ 上带等值线的三维表面图
ezsurfc(x,y,z,[a,b])	绘制上述参数曲面在 $x\in(a,b),y\in(a,b)$ 上的带等值线的三维表面图
ezsurfc(x,y,z,[a,b,c,d])	绘制上述参数曲面在 $x\in(a,b),y\in(c,d)$ 上的带等值线的三维表面图
ezsurfc(⋯,n)	绘制 f 在系统默认的区域 $x\in(-2\pi,2\pi),y\in(-2\pi,2\pi)$ 上带等值线的三维表面图，其中网格数为 $n\times n$，n 的默认值为 60
ezsurfc(⋯,'circ')	在区域的中心圆盘上绘制 f 的带等值线的三维表面图

例 4-36：在区域 $x\in[-\pi,\pi],y\in[-\pi,\pi]$ 上绘制下面函数的带等值线的三维表面图。

$$f(x,y)=\frac{e^{\sin(x+y)}}{x^2+y^2}$$

解：MATLAB 程序如下：

```
>> close all
>> syms x y
>> f = exp(sin(x+y))/(x^2+y^2);
>> subplot(1,2,1);
>> ezsurfc(f,[-pi,pi]);
>> title('网格数为 60×60 的表面图');
>> subplot(1,2,2);
>> ezsurfc(f,[-pi,pi],20);
>> title('网格数为 20×20 的表面图')
```

运行结果如图 4-53 所示。

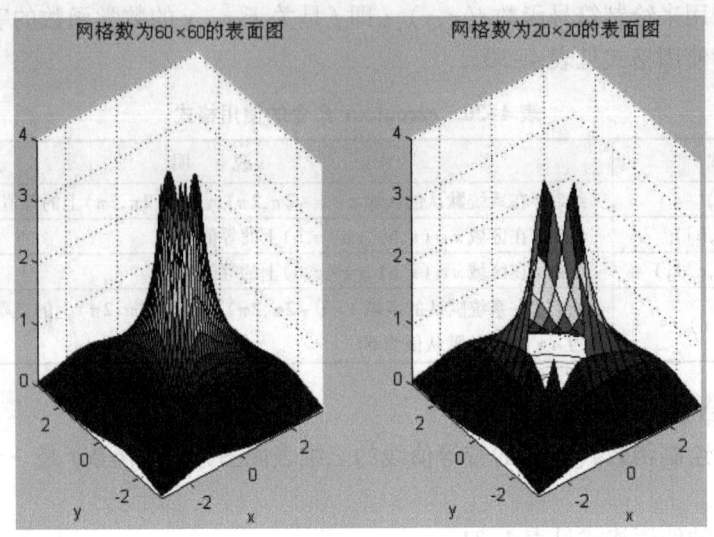

图 4-53　带等值线的三维表面图

4.4　三维图形修饰处理

本节主要讲一些常用的三维图形修饰处理命令，在第 4.2 节里我们已经讲了一些二维图形修饰处理命令，这些命令在三维图形里同样适用。下面来看一下在三维图形里特有的图形修饰处理命令。

4.4.1　视角处理

在现实空间中，从不同角度或位置观察某一事物就会有不同的效果，即会有"横看成岭侧成峰"的感觉。三维图形表现的正是一个空间内的图形，因此在不同视角及位置都会有不同的效果，这在工程实际中也是经常遇到的。MATLAB 提供的 view 命令能够很好地满足这种需要。

view 命令用于控制三维图形的观察点和视角，它的使用格式见表 4-32。

表 4-32　view 命令的使用格式

调用格式	说　明
view(az,el)	给三维空间图形设置观察点的方位角 az 与仰角 el
view([az,el])	同上
view([x,y,z])	将点 (x,y,z) 设置为视点
view(2)	设置默认的二维形式视点，其中 $az=0$, $el=90°$，即从 z 轴上方观看
view(3)	设置默认的三维形式视点，其中 $az=-37.5°$, $el=30°$
[az,el] = view	返回当前的方位角 az 与仰角 el
T = view	返回当前的 4×4 的转换矩阵 **T**

对于这个命令需要说明的是,方位角 az 与仰角 el 为两个旋转角度。做一通过视点和 z 轴平行的平面,与 xy 平面有一交线,该交线与 y 轴的反方向的、按逆时针方向(从 z 轴的方向观察)计算的夹角,就是观察点的方位角 az;若角度为负值,则按顺时针方向计算。在通过视点与 z 轴的平面上,用一直线连接视点与坐标原点,该直线与 xy 平面的夹角就是观察点的仰角 el;若仰角为负值,则观察点转移到曲面下面。

例 4-37:在同一窗口中绘制马鞍面 $z = -x^4 + y^4 - x^2 - y^2 - 2xy$ 函数的各种视图。

解:MATLAB 程序如下:

```
>> [X,Y] = meshgrid(-5:0.25:5);
>> Z = -X.^4 + Y.^4 - X.^2 - Y.^2 - 2*X*Y;
>> subplot(2,2,1)
>> surf(X,Y,Z),title('三维视图')
>> subplot(2,2,2)
>> surf(X,Y,Z),view(90,0)
>> title('侧视图')
>> subplot(2,2,3)
>> surf(X,Y,Z),view(0,0)
>> title('正视图')
>> subplot(2,2,4)
>> surf(X,Y,Z),view(0,90)
>> title('俯视图')
```

运行结果如图 4-54 所示。

例 4-38:在区域 $x \in [-\pi,\pi], y \in [-\pi,\pi]$ 上绘制下面函数的带等值线的三维表面图。

$$f(x,y) = \frac{e^{\sin(x+y)}}{x^2 + y^2}$$

解:MATLAB 程序如下:

```
>> close all
>> [X,Y] = meshgrid(-5:0.25:5);
>> Z = exp(sin(X+Y)).\(X^2+Y^2);
>> subplot(2,2,1)
>> surf(X,Y,Z),title('三维视图')
>> subplot(2,2,2)
>> surf(X,Y,Z),view(90,0)
>> title('侧视图')
>> subplot(2,2,3)
>> surf(X,Y,Z),view(0,0)
>> title('正视图')
>> subplot(2,2,4)
>> surf(X,Y,Z),view(0,90)
>> title('俯视图')
```

运行结果如图 4-55 所示。

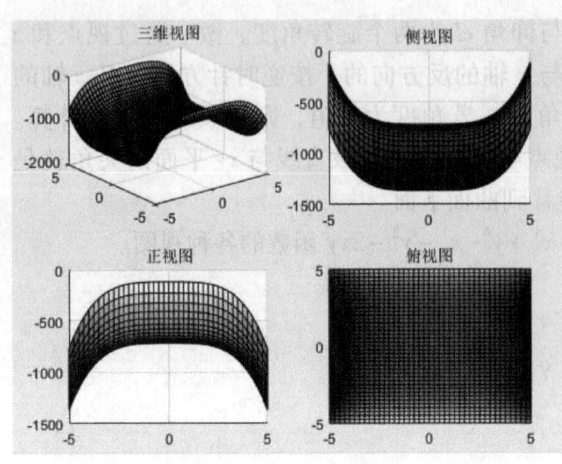

图 4-54　视图转换　　　　　　　　图 4-55　带等值线的三维表面图

4.4.2　颜色处理

前面介绍了 colormap 命令的主要用法，这里针对三维图形再讲几个处理颜色的命令。

1. 色图明暗控制命令

在 MATLAB 中，控制色图明暗的命令是 brighten 命令，它的使用格式见表 4-33。

表 4-33　brighten 命令的使用格式

调用格式	说明
brighten(beta)	增强或减小色图的色彩强度，若 0 < beta < 1，则增强色图强度；若 -1 < beta < 0，则减小色图强度
brighten(h,beta)	增强或减小句柄 h 指向的对象的色彩强度
newmap = brighten(beta)	返回一个比当前色图增强或减弱的新的色图
newmap = brighten(cmap,beta)	该命令没有改变指定色图 cmap 的亮度，而是返回变化后的色图给 newmap

2. 色轴刻度

caxis 命令控制着对应色图的数据值的映射图。它通过将被变址的颜色数据（CData）与颜色数据映射（CDataMapping）设置为 scaled，影响着任何的表面、块、图像；该命令还改变坐标轴图形对象的属性 Clim 与 ClimMode。

caxis 命令的使用格式见表 4-34。

表 4-34　caxis 命令的使用格式

调用格式	说明
caxis([cmin cmax])	将颜色的刻度范围设置为 [cmin cmax]。数据中小于 cmin 或大于 cmax 的，将分别映射于 cmin 与 cmax；处于 cmin 与 cmax 之间的数据将线性地映射于当前色图
caxis auto	让系统自动地计算数据的最大值与最小值对应的颜色范围，这是系统的默认状态。数据中的 Inf 对应于最大颜色值；-Inf 对应于最小颜色值；带颜色值设置为 NaN 的面或边界将不显示
caxis manual	冻结当前颜色坐标轴的刻度范围。这样，当 hold 设置为 on 时，可使后面的图形命令使用相同的颜色范围
caxis(caxis)	同上

(续)

调用格式	说　明
v = caxis	返回一包含当前正在使用的颜色范围的二维向量 $v = [\text{cmin cmax}]$
caxis(axes_handle,…)	使用由参量 axis_handle 指定的坐标轴，而非当前坐标轴

例 4-39：创建一个球面，并映射表里颜色。

解：MATLAB 程序如下：

```
>> close all
>> [X,Y,Z] = sphere;
>> C = cos(X) + sin(Y).^3;
>> subplot(1,2,1);
>> surf(X,Y,Z,C);
>> title('图1');
>> subplot(1,2,2);
>> surf(X,Y,Z,C),caxis([-1 0]);
>> title('图2');
```

运行结果如图 4-56 所示。

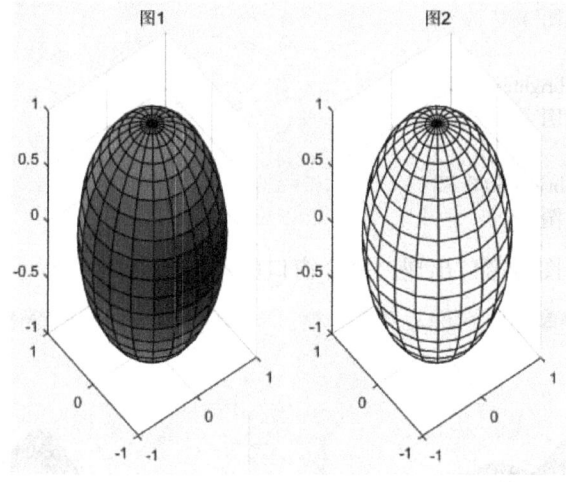

图 4-56　色轴控制图

在 MATLAB 中，还有一个绘制色轴的命令 colorbar，这个命令在图形窗口的工具条中有相应的图标。它在命令窗口的使用格式见表 4-35。

表 4-35　colorbar 命令的使用格式

调用格式	说　明
colorbar	在当前图形窗口中显示当前色轴
colorbar('vert')	增加一个垂直色轴
colorbar('horiz')	增加一个水平色轴
colorbar(h)	在 h 指定的位置放置一个色轴，若图形宽度大于高度，则将色轴水平放置
h = colorbar(…)	返回一个指向色轴的句柄

3. 颜色渲染设置

shading 命令用来控制曲面与补片等的图形对象的颜色渲染，同时设置当前坐标轴中的所有曲面与补片图形对象的属性 EdgeColor 与 FaceColor。

shading 命令的使用格式见表 4-36。

表 4-36 shading 命令的使用格式

调用格式	说 明
shading flat	使网格图上的每一线段与每一小面有相同颜色，该颜色由线段末端的颜色确定；或由小面的、有小型的下标或索引的四个角的颜色确定
shading faceted	用重叠的黑色网格线来达到渲染效果，这是默认的渲染模式
shading interp	在每一线段与曲面上显示不同的颜色，该颜色为通过在每一线段两边或为不同小曲面之间的色图的索引或真颜色进行内插值得到的颜色

例 4-40：观察山峰函数的三种不同色图下的图像。

解：MATLAB 程序如下：

```
>> h1 = figure;
>> surf(peaks);
>> title('当前色图')
>> h2 = figure;
>> surf(peaks),brighten( -0.85)
>> title('减弱色图')
>> h3 = figure;
>> surf(peaks),brighten(0.85)
>> title('增强色图')
```

运行结果会有三个图形窗口出现，每个窗口的图形都如图 4-57 所示。

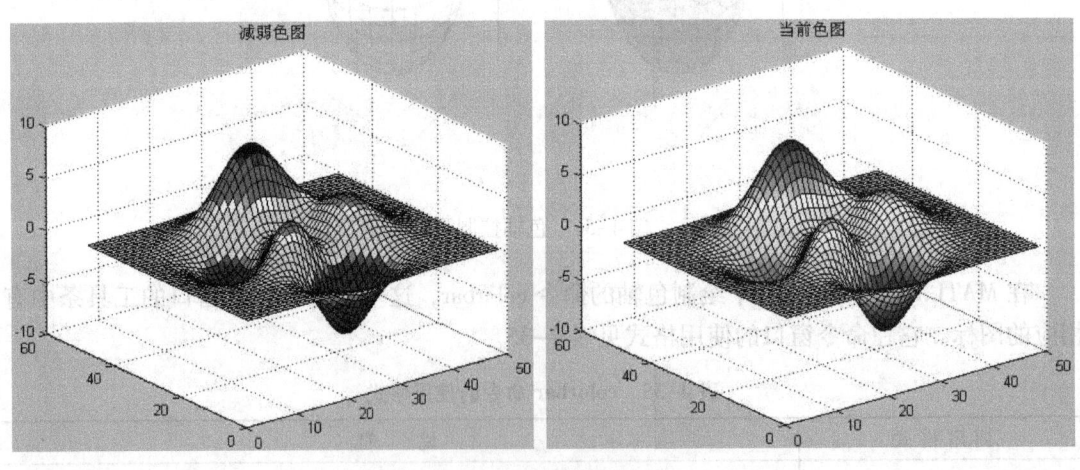

图 4-57 色图强弱对比

例 4-41：针对下面的函数比较上面三种使用格式得出图形的不同。

$$z = x^2 + e^{\sin y} \quad -10 \leqslant x, y \leqslant 10$$

解：MATLAB 程序如下：

```
>> [X,Y] = meshgrid(-10:0.5:10);
>> Z = X.^2 + exp(sin(Y));
>> subplot(2,2,1);
>> surf(X,Y,Z);
>> title('三维视图');
>> subplot(2,2,2),surf(X,Y,Z),shading flat;
>> title('shading flat');
>> subplot(2,2,3),surf(X,Y,Z),shading faceted;
>> title('shading faceted');
>> subplot(2,2,4),surf(X,Y,Z),shading interp;
>> title('shading interp');
```

运行结果如图 4-58 所示。

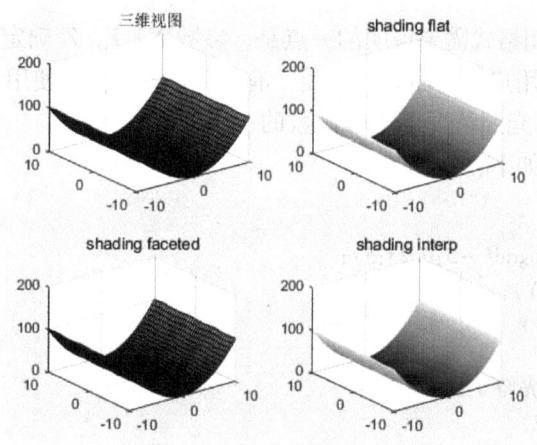

图 4-58　颜色渲染控制图

4.4.3　光照处理

在 MATLAB 中绘制三维图形时，不仅可以画出带光照模式的曲面，还能在绘图时指定光线的来源。

1. 带光照模式的三维曲面

surfl 命令用于画一个带光照模式的三维曲面图，该命令显示一个带阴影的曲面，结合了周围的、散射的和镜面反射的光照模式。想获得较平滑的颜色过渡，则需要使用有线性强度变化的色图（如 gray、copper、bone、pink 命令等）。

surfl 命令的使用格式见表 4-37。

表 4-37　surfl 命令的使用格式

调用格式	说　　明
surfl(Z)	以向量 **Z** 的元素生成一个三维的带阴影的曲面，其中阴影模式中的默认光源方位为从当前视角开始，逆时针转 45°
surfl(X,Y,Z)	以矩阵 **X**，**Y**，**Z** 生成的一个三维的带阴影的曲面，其中阴影模式中的默认光源方位为从当前视角开始，逆时针转 45°

(续)

调用格式	说 明
surfl(…,'light')	用一个 matlab 光照对象（light object）生成一个带颜色、带光照的曲面，这与用默认光照模式产生的效果不同
sur fl(…,'cdata')	改变曲面颜色数据（color data），使曲面成为可反光的曲面
surfl(…,s)	指定光源与曲面之间的方位 s，其中 s 为一个二维向量 [azimuth, elevation]，或者三维向量 [sx, sy, sz]，默认光源方位为从当前视角开始，逆时针转 45°
surfl(X,Y,Z,s,k)	指定反射常数 k，其中 k 为一个定义环境光（ambient light）系数（$0 \leq ka \leq 1$）、漫反射（diffuse reflection）系数（$0 \leq kb \leq 1$）、镜面反射（specular reflection）系数（$0 \leq ks \leq 1$）与镜面反射亮度（以相素为单位）等的四维向量 [ka, kd, ks, shine]，默认值为 $k = [0.55\ 0.6\ 0.4\ 10]$
h = surfl(…)	返回一个曲面图形句柄向量 h

对于这个命令的使用格式需要说明的一点是，参数 X, Y, Z 确定的点定义了参数曲面的"里面"和"外面"，若用户想曲面的"里面"有光照模式，只要使用 surfl(X', Y', Z') 即可。

例 4-42：绘出在有光照情况下山峰函数的三维图形。

解：MATLAB 程序如下：

```
>> close all
>> [X,Y] = meshgrid( -5:0.25:5);
>> Z = peaks(X,Y);
>> subplot(1,2,1)
>> surfl(X,Y,Z)
>> title('外面有光照')
>> subplot(1,2,2)
>> surfl(X',Y',Z')
>> title('里面有光照')
```

运行结果如图 4-59 所示。

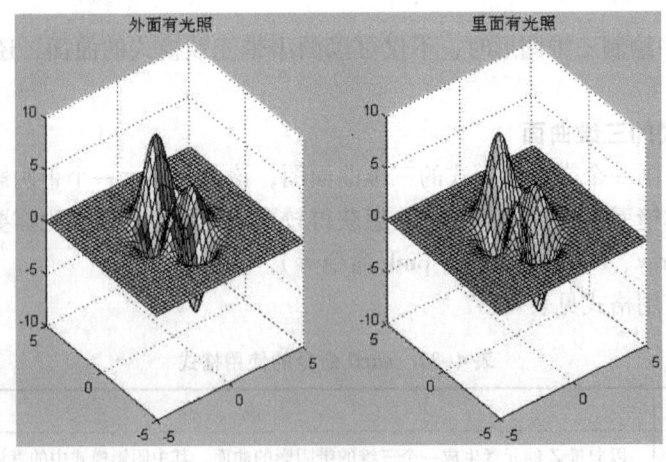

图 4-59 光照控制图比较

2. 光源位置及照明模式

在绘制带光照的三维图像时，可以利用 light 命令与 lightangle 命令来确定光源位置，其中 light 命令使用格式非常简单，即为：

light('color',s1,'style',s2,'position',s3) 其中 'color'、'style' 与 'position' 的位置可以互换，s1、s2、s3 为相应的可选值。例如，light('position',[1 0 0]) 表示光源从无穷远处沿 x 轴向原点照射过来。

lightangle 命令的使用格式见表 4-38。

表 4-38　lightangle 命令的使用格式

调 用 格 式	说　　明
lightangle(az,el)	在由方位角 az 和仰角 el 确定的位置放置光源
light_handle = lightangle(az,el)	创建一个光源位置并在 light_handle 里返回 light 的句柄
lightangle(light_handle,az,el)	设置由 light_handle 确定的光源位置
[az,el] = lightangle(light_handle)	返回由 light_handle 确定的光源位置的方位角和仰角

在确定了光源位置后，用户可能还会用到一些照明模式，这一点可以利用 lighting 命令来实现，它主要用四种使用格式，即有四种照明模式，见表 4-39。

表 4-39　lighting 命令的使用格式

调 用 格 式	说　　明
lighting flat	选择顶光
lighting gouraud	选择 gouraud 照明
lighting phong	选择 phong 照明
lighting none	关闭光源

例 4-43：球体的色彩变换。

解：MATLAB 程序如下：

```
>> close all
>> [x,y,z] = sphere(40);
>> colormap(jet)
>> subplot(1,2,1);
>> surf(x,y,z),shading interp
>> light('position',[2,-2,2],'style','local')
>> lighting phong
>> subplot(1,2,2)
>> surf(x,y,z,-z),shading flat
>> light,lighting flat
>> light('position',[-1 -1 -2],'color','y')
>> light('position',[-1,0.5,1],'style','local','color','w')
```

运行结果如图 4-60 所示。

例 4-44：针对下面的函数比较上面三种使用格式得出图形的不同。

$$z = \frac{\sin\sqrt{x^2+y^2}}{\sqrt{x^2+y^2}} \quad -7.5 \leqslant x,y \leqslant 7.5$$

解：MATLAB 程序如下：

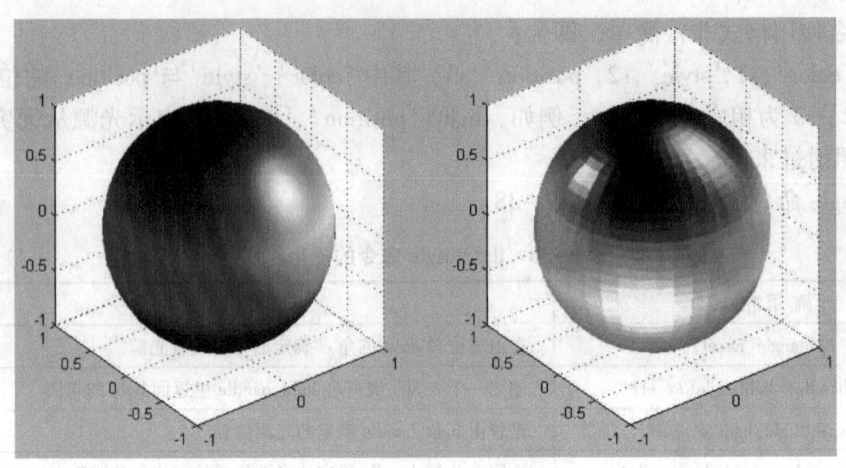

图 4-60 光源控制图比较

```
>> [X,Y] = meshgrid(-7.5:0.5:7.5);
>> Z = sin(sqrt(X.^2 + Y.^2))./sqrt(X.^2 + Y.^2);
>> subplot(1,2,1);
>> surf(X,Y,Z),shading interp
>> light('position',[2,-2,2],'style','local')
>> lighting phong
>> title('三维视图');
>> subplot(1,2,2),surf(X,Y,Z),shading flat
>> light,lighting flat
>> light('position',[-1 -1 -2],'color','y')
>> light('position',[-1,0.5,1],'style','local','color','w')
>> title('shading flat');
```

运行结果如图 4-61 所示。

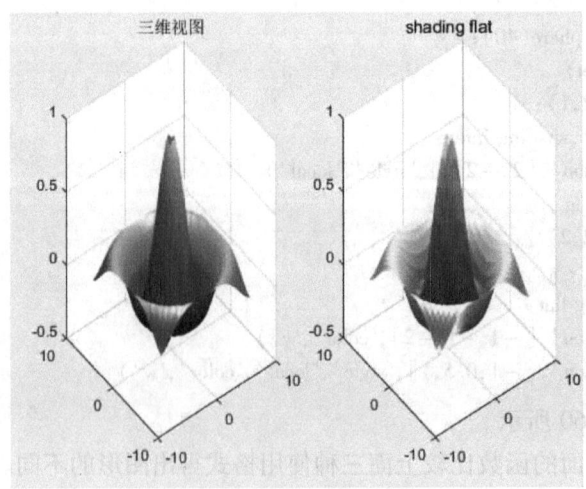

图 4-61 光照控制图

4.5 操作实例——绘制函数的三维视图

函数方程为 $z=\dfrac{\sin(x+y)}{x+y}$，$-4\pi\leqslant x,y\leqslant 4\pi$，绘制该函数方程的三维视图。

操作步骤如下。

1. 绘制三维图形

```
>> [X,Y] = meshgrid(-4*pi:0.1*pi:4*pi);
>> Z = sin(X+Y)./(X+Y);
>> subplot(2,3,1)
>> surf(X,Y,Z),title('主视图')
```

运行结果如图4-62所示。

2. 转换视图

```
>> subplot(2,3,2)
>> surf(X,Y,Z),view(20,15),title('三维视图')
```

运行结果如图4-63所示。

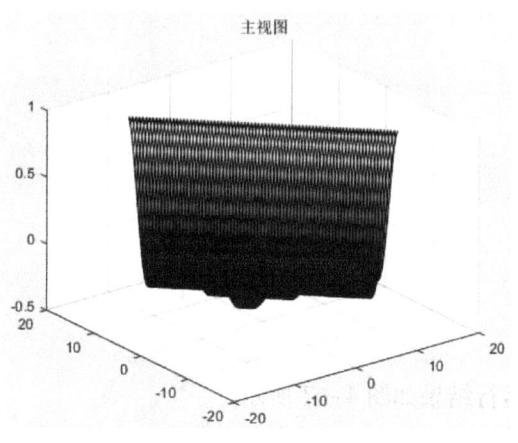
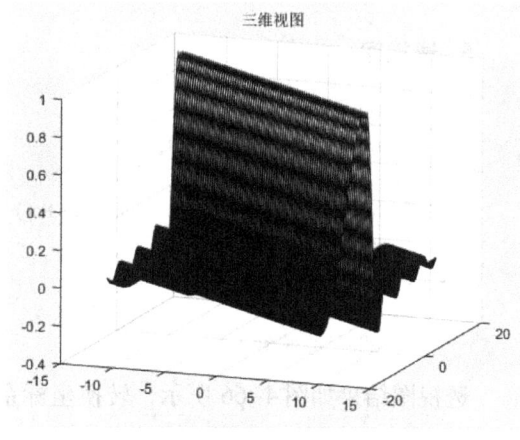

图4-62 主视图　　　　　　　　　　　图4-63 转换视角

3. 填充图形

```
>> subplot(2,3,3)
>> colormap(hot)
>> hold on
>> stem3(X,Y,Z,'bo'),view(20,15),title('填充图')
```

运行结果如图4-64所示。

4. 半透明视图

```
>> subplot(2,3,4)
>> surf(X,Y,Z),view(20,15)
>> shading interp
```

```
>> alpha(0.5)
>> colormap(summer)
>> title('半透明图')
```

运行结果如图 4-65 所示。

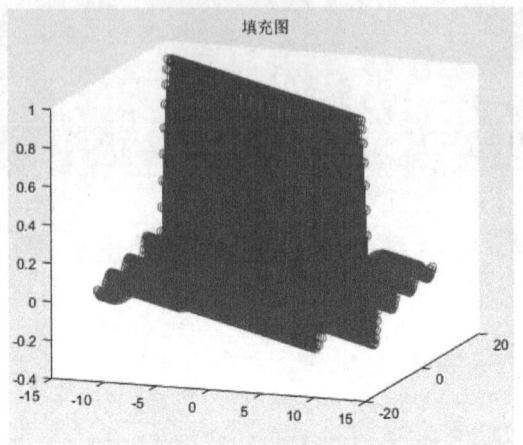
图 4-64 填充结果

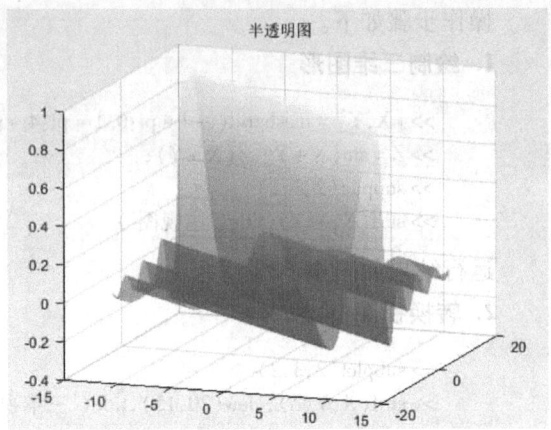
图 4-65 半透明图

5. 透视图

```
>> subplot(2,3,5)
>> surf(X,Y,Z),view(20,15)
>> shading interp
>> hold on,mesh(X,Y,Z),colormap(hot)
>> hold off
>> hidden off
>> axis equal,
>> title('透视图')
```

透视图结果如图 4-66 所示，转换坐标系后运行结果如图 4-67 所示。

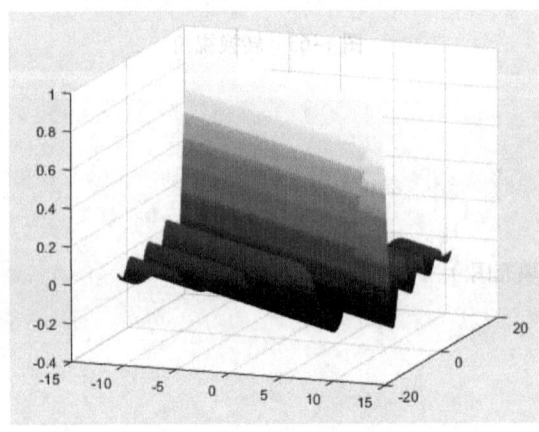
图 4-66 透视图结果

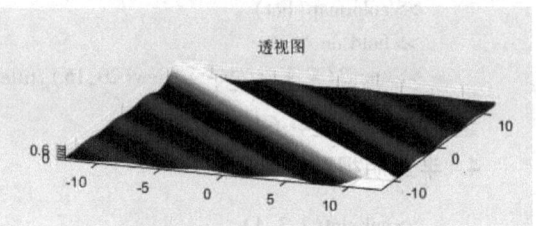
图 4-67 坐标系转换结果

6. 裁剪处理

```
>> subplot(2,3,6)
>> surf(X,Y,Z),view(20,15)
>> ii = find(abs(X) >6|abs(Y) >6);
>> Z(ii) = zeros(size(ii));
>> surf(X,Y,Z),shading interp;colormap(copper)
>> light('position',[0,-15,1]);lighting phong
>> material([0.8,0.8,0.5,10,0.5])
>> title('裁剪图')
```

运行结果如图 4-68 所示。

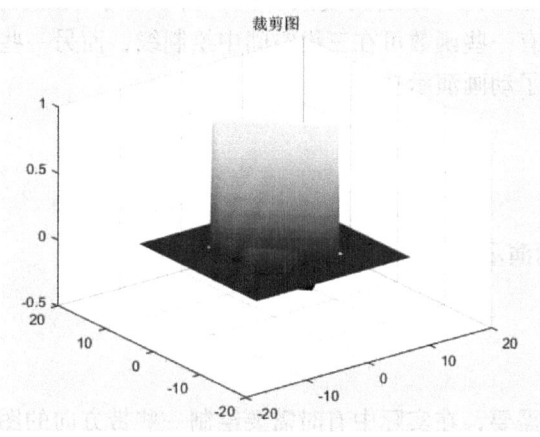

图 4-68　裁剪图

第 5 章　图形与图像的处理

内容指南

为了满足用户对图形输出的各种需求，MATLAB 提供了各种对图形与图像的高级处理方法。MATLAB 的三维绘图比二维绘图复杂一些，为了显示三维图形，MATLAB 提供了各种各样的函数，其中，有一些函数可在三维空间中绘制线，而另一些可以绘制曲面与线格框架，同时，本章还介绍了动画演示功能。

知识重点

📖 向量图形
📖 图像处理及动画演示

5.1　向量图形

由于物理等学科的需要，在实际中有时需要绘制一些带方向的图形，即向量图。对于这种图形的绘制，MATLAB 中也有相关的命令，本节就来学一下几个常用的命令。

1. 罗盘图

罗盘图即起点为坐标原点的二维或三维向量，同时还在坐标系中显示圆形的分隔线。实现这种作图的命令是 compass，它的使用格式见表 5-1。

表 5-1　compass 命令的使用格式

调用格式	说明
compass(X,Y)	参量 X 与 Y 为 n 维向量，显示 n 个箭头，箭头的起点为原点，箭头的位置为 $[X(i),Y(i)]$
compass(Z)	参量 Z 为 n 维复数向量，命令显示 n 个箭头，箭头起点为原点，箭头的位置为 $[real(Z),imag(Z)]$
compass(…,LineSpec)	用参量 LineSpec 指定箭头图的线型、标记符号、颜色等属性
h = compass(…)	返回 line 对象的句柄给 h

2. 羽毛图

羽毛图是在横坐标上等距地显示向量的图形，看起来就像鸟的羽毛一样。它的绘制命令是 feather，该命令的使用格式见表 5-2。

表 5-2　feather 命令的使用格式

调用格式	说明
feather(U,V)	显示由参量向量 U 与 V 确定的向量，其中 U 包含作为相对坐标系中的 x 成分，Y 包含作为相对坐标系中的 y 成分
feather(Z)	显示复数参量向量 Z 确定的向量，等价于 feather(real(Z),imag(Z))
feather(…,LineSpec)	用参量 LineSpec 报指定的线型、标记符号、颜色等属性画出羽毛图

例 5-1：绘制正弦函数的罗盘图与羽毛图。

解：MATLAB 程序如下：

```
>> clear
>> close all
>> x = -pi:pi/10:pi;
>> y = sin(x);
>> subplot(1,2,1)
>> compass(x,y)
>> title('罗盘图')
>> subplot(1,2,2)
>> feather(x,y)
>> title('羽毛图')
```

运行结果如图 5-1 所示。

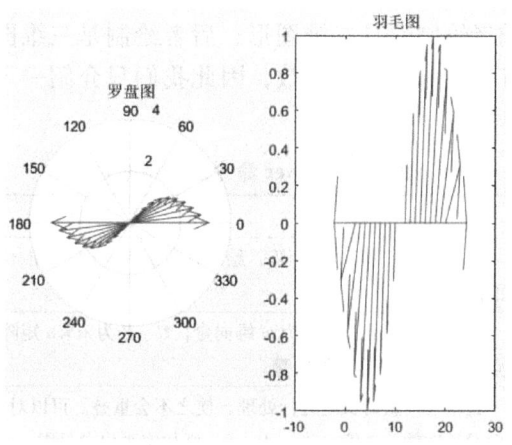

图 5-1 罗盘图与羽毛图

例 5-2：绘制马鞍面 $z = -x^4 + y^4 - x^2 - y^2 - 2xy$ 上的法线方向向量。

解：MATLAB 程序如下：

```
>> close all
>> x = -4:0.25:4;
>> y = x;
>> [X,Y] = meshgrid(x,y);
>> Z = -X.^4 + Y.^4 - X.^2 - Y.^2 - 2*X*Y;
>> surf(X,Y,Z)
>> hold on
>> [U,V,W] = surfnorm(X,Y,Z);
>> quiver3(X,Y,Z,U,V,W,1)
>> title('马鞍面的法向量图')
```

运行结果如图 5-2 所示。

3. 箭头图

上面两个命令绘制的图也可以叫作箭头图，但即将要讲的箭头图比上面两个箭头图更像数学中的向量，即它的箭头方向为向量方向，箭头的长短表示向量的大小。这种图的绘制命

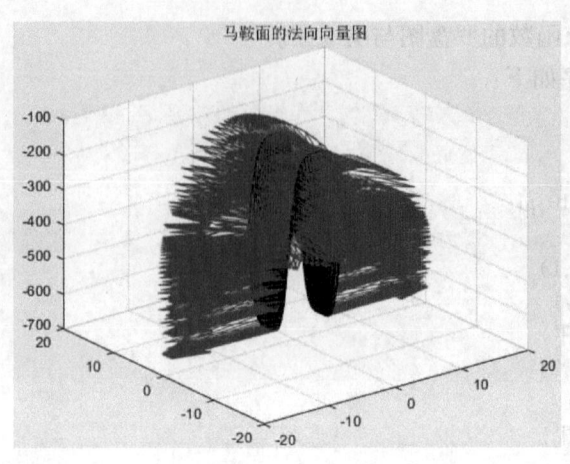

图 5-2 法向量图

令是 quiver 与 quiver3，前者绘制的是二维图形，后者绘制是三维图形。它们的使用格式也十分相似，只是后者比前者多一个坐标参数，因此我们只介绍一下 quiver 的使用格式，见表 5-3。

表 5-3 quiver 命令的使用格式

调用格式	说明
quiver(U,V)	其中 U、V 为 $m \times n$ 矩阵，绘出在范围为 $x=1:n$ 和 $y=1:m$ 的坐标系中由 U 和 V 定义的向量
quiver(X,Y,U,V)	若 X 为 n 维向量，Y 为 m 维向量，U、V 为 $m \times n$ 矩阵，则画出由 X、Y 确定的每一个点处由 U 和 V 定义的向量
quiver(…,scale)	自动对向量的长度进行处理，使之不会重叠。可以对 scale 进行取值，若 scale=2，则向量长度伸长 2 倍，若 scale=0，则如实画出向量图
quiver(…,LineSpec)	用 LineSpec 指定的线型、符号、颜色等画向量图
quiver(…,LineSpec,'filled')	对用 LineSpec 指定的记号进行填充
h = quiver(…)	返回每个向量图的句柄

quiver 与 quiver3 这两个命令经常与其他的绘图命令配合使用。

例 5-3：绘制下面的函数罗盘与羽毛图形的不同。

$$y = \frac{\sin\sqrt{x^2+x^3}}{\sqrt{x^2+x}} \quad -7.5 \leq x, y \leq 7.5$$

解：MATLAB 程序如下：

```
>> [x,y] = meshgrid(-7.5:0.5:7.5);
>> Z = sin(sqrt(x.^2 + x.^3))./sqrt(x.^2 + x);
>> subplot(1,2,1)
>> compass(x,y)
>> title('罗盘图')
>> subplot(1,2,2)
>> feather(x,y)
>> title('羽毛图')
```

运行结果如图 5-3 所示。

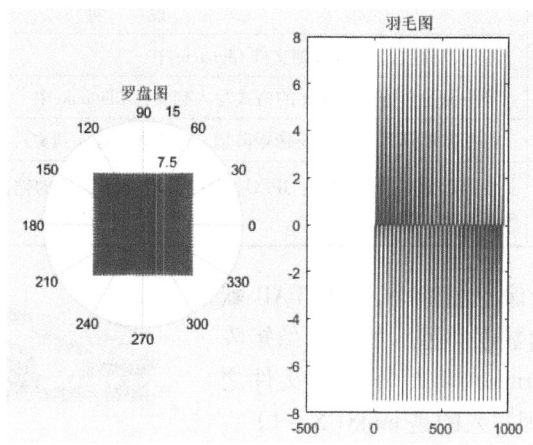

图 5-3　罗盘图与羽毛图

5.2　图像处理及动画演示

MATLAB 还可以进行一些简单的图像处理与动画制作，本节将为读者介绍这些方面的基本操作，关于这些功能的详细介绍，感兴趣的读者可以参考其他相关书籍。

5.2.1　图像的读写

MATLAB 支持的图像格式有 *.bmp、*.cur、*.gif、*.hdf、*.ico、*.jpg、*.pbm、*.pcx、*.pgm、*.png、*.ppm、*.ras、*.tiff 以及 *.xwd。对于这些格式的图像文件，MATLAB 提供了相应的读写命令，下面简单介绍这些命令的基本用法。

1. 图像读入命令

在 MATLAB 中，imread 命令用于读入各种图像文件，它的使用格式见表 5-4。

表 5-4　imread 命令的使用格式

命令格式	说明
A = imread(filename)	读取指定的图像文件文件名，格式的文件从它推断。如果文件名是多图像文件，然后 imread 读取文件中的第一个图像
A = imread(filename,fmt)	其中参数 fmt 用于指定图像的格式，图像格式可以与文件名写在一起，默认的文件目录为当前工作目录
A = imread(⋯,idx)	读取多帧 TIFF 文件中的一帧，idx 为帧号
A = imread(⋯,Name,Value)	指定特定格式选项，使用一个或多个名称/值
[A,map] = imread(⋯)	其中 map 为颜色映像矩阵读取多帧 TIFF 文件中的一帧
[A,map,transparency] = imread(⋯)	传回的图像透明度，仅适用于 png 文件

2. 图像写入命令

在 MATLAB 中，imwrite 命令用于写入各种图像文件，它的使用格式见表 5-5。

表 5-5 imwrite 命令的使用格式

命令格式	说 明
imwrite(A,filename)	将图像的数据 A 写入到文件 filename 中
imwrite(A,filename,fmt)	将图像的数据 A 以 fmt 的格式写入到文件 filename 中
imwrite(X,map,filename,fmt)	将图像矩阵以及颜色映像矩阵以 fmt 的格式写入到文件 filename 中
imwrite(…,Name,Value,…)	可以让用户控制 HDF、JPEG、TIFF 3 种图像文件的输出,其中参数的说明读者可以参考 MATLAB 的帮助文档

当利用 imwrite 命令保存图像时,MATLAB 默认的保存方式为 unit8 的数据类型,如果图像矩阵是 double 型的,则 imwrite 在将矩阵写入文件之前,先对其进行偏置,即写入的是 unit8(X-1)。

图 5-4 图片信息

例 5-4:读取图 5-4 所示的图片信息并保存转换图片格式。

解:MATLAB 程序如下:

```
>> A = imread('car.png');                          % 读取一个 24 位 PNG 图像
>> [X,map] = imread('car.gif',2);                  % 读取图像文件 car.gif 的第 2 帧
>> imwrite(A,'car.bmp','bmp');                     % 将图像.png 保存成.bmp 格式
>> imwrite(A,'car_grayscale.bmp','bmp');           % 将图像转换为灰度图像格式
>> [X,map] = rgb2ind(A,256)                        % 将图像转换为索引图像
```

5.2.2 图像的显示及信息查询

通过 MATLAB 窗口可以将图像显示出来,并可以对图像的一些基本信息进行查询,下面将具体介绍这些命令及相应用法。

1. 图像显示命令

MATLAB 中常用的图像显示命令有 image 命令、imagesc 命令以及 imshow 命令。Image 命令有两种调用格式:一种是通过调用 newplot 命令来确定在什么位置绘制图像,并设置相应轴对象的属性;另一种是不调用任何命令,直接在当前窗口中绘制图像,这种用法的参数列表只能包括属性名称及值对。该命令的使用格式见表 5-6。

表 5-6 image 命令的使用格式

命令格式	说 明
image(C)	将矩阵 C 中的值以图像形式显示出来
image(x,y,C)	其中 x、y 为二维向量,分别定义了 x 轴与 y 轴的范围
image(…,'PropertyName',PropertyValue)	在绘制图像前需要调用 newplot 命令,后面的参数定义了属性名称及相应的值
image('PropertyName',PropertyValue,…)	输入参数只有属性名称及相应的值
handle = image(…)	返回所生成的图像对象的柄

例 5-5:盆景图片的颜色转换。

解：MATLAB 程序如下：

```
>> figure
>> ax(1) = subplot(1,2,1);
>> rgb = imread('E:\tu\flower.jpg');
>> image(rgb);
>> title('RGB image')
>> ax(2) = subplot(1,2,2);
>> im = mean(rgb,3);
>> image(im);
>> title('Intensity Heat Map')
>> colormap(hot(256))
>> linkaxes(ax,'xy')
>> axis(ax,'image')
>> info = imfinfo('E:\tu\flower.jpg')
info =
            Filename:'E:\tu\flower.jpg'
         FileModDate:'03-Jan-2017 17:28:50'
            FileSize:70820
Format:'jpg'
       FormatVersion:''
               Width:530
HEIGHT:260
           BITDEPTH:24
          COLORTYPE:'TRUECOLOR'
   FORMATSIGNATURE:''
     NUMBEROFSAMPLES:3
        CODINGMETHOD:'HUFFMAN'
       CODINGPROCESS:'SEQUENTIAL'
             COMMENT:{}
```

运行结果如图 5-5 所示。

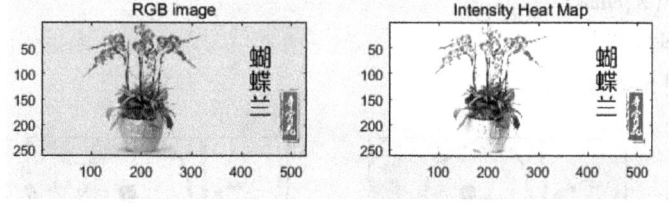

图 5-5　图形颜色变化

① 注意

演示该实例之前将源文件中的 flower.jpg 保存到'E:\tu\'目录下，或直接将图片路径修改为源文件位置，否则图片无法读取。

imagesc 命令与 image 命令非常相似，主要的不同是前者可以自动调整值域范围。它的使用格式见表 5-7。

表 5-7 imagesc 命令的使用格式

命令格式	说 明
imagesc(C)	将矩阵 C 中的值以图像形式显示出来
imagesc(x,y,C)	其中 x、y 为二维向量,分别定义了 x 轴与 y 轴的范围
imagesc(…,clims)	其中 clims 为二维向量,它限制了 C 中元素的取值范围
h = imagesc(…)	返回所生成的图像对象的柄

在实际当中,另一个经常用到的图像显示命令是 imshow 命令,其常用的使用格式见表 5-8。

表 5-8 imshow 命令的使用格式

命令格式	说 明
imshow(I)	显示灰度图像 I
imshow(I,[low high])	显示灰度图像 I,其值域为 [low high]
imshow(RGB)	显示真彩色图像
imshow(BW)	显示二进制图像
imshow(X,map)	显示索引色图像,X 为图像矩阵,map 为调色板
himage = imshow(…)	返回所生成的图像对象的柄
imshow(…,param1,val1,param2,val2,…)	根据参数及相应的值来显示图像,对于其中参数及相应的取值,读者可以参考 MATLAB 的帮助文档

例 5-6:图片的读取与灰度转换。

解:MATLAB 程序如下:

```
>> load clown    % clown 为 MATLAB 预存的一个 mat 文件,里面包含一个矩阵 X 和一个调色板 map
>> subplot(1,2,1)
>> imagesc(X)
>> colormap(gray)
>> subplot(1,2,2)
>> clims = [10 60];
>> imagesc(X,clims)
>> colormap(gray)
```

运行结果如图 5-6 所示。

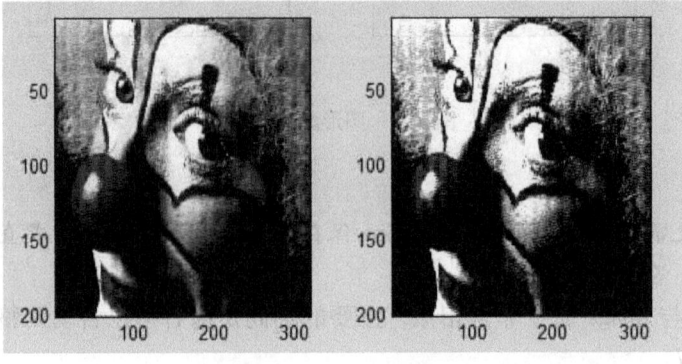

图 5-6 调整图片灰度

2. 图像信息查询

在利用 MATLAB 进行图像处理时，可以利用 imfinfo 命令查询图像文件的相关信息。这些信息包括文件名、文件最后一次修改的时间、文件大小、文件格式、文件格式的版本号、图像的宽度与高度、每个像素的位数以及图像类型等。该命令具体的使用格式见表 5-9。

表 5-9　imfinfo 命令的使用格式

命　令　格　式	说　　　明
info = imfinfo(filename,fmt)	查询图像文件 filename 的信息，fmt 为文件格式
info = imfinfo(filename)	查询图像文件 filename 的信息
info = imfinfo(URL,…)	查询网络上的图像信息

例 5-7：盆景图片的排列。

解：MATLAB 程序如下：

```
>> subplot(1,2,1)
>> I = imread('E:\tu\flower.jpg');
>> imshow(I,[0 80])
>> subplot(1,2,2)
>> imshow('E:\tu\flower.jpg')
```

运行结果如图 5-7 所示。

图 5-7　图片排列

5.2.3　动画演示

MATLAB 还可以进行一些简单的动画演示，实现这种操作的主要命令为 moviein 命令、getframe 命令以及 movie 命令。动画演示的步骤如下。

1）利用 moviein 命令对内存进行初始化，创建一个足够大的矩阵，使其能够容纳基于当前坐标轴大小的一系列指定的图形（帧）；moviein(n)可以创建一个足够大的 n 列矩阵。

2）利用 getframe 命令生成每个帧。

3）利用 movie 命令按照指定的速度和次数运行该动画，movie(M,n)可以播放由矩阵 **M** 所定义的画面 n 次，默认 n 时只播放一次。

例 5-8：演示山峰函数绕 z 轴旋转的动画。

解：MATLAB 程序如下：

```
>> [X,Y,Z] = peaks(30);
>> surf(X,Y,Z)
>> axis([-3,3,-3,3,-10,10])
>> axis off
>> shading interp
```

```
>> colormap(hot)
>> M = moviein(20);              % 建立一个 20 列的大矩阵
>> for i = 1:20
   view( -37.5 + 24 * (i-1),30)  % 改变视点
   M(:,i) = getframe;            % 将图形保存到 M 矩阵
   end
>> movie(M,2)                    % 播放画面 2 次
```

图 5-8 所示为动画的一帧。

例 5-9：循环记录帧的峰函数的振动动画。

解：MATLAB 程序如下：

```
>> figure
>> Z = peaks;
>> surf(Z)
>> axis tight manual
>> ax = gca;
>> ax.NextPlot = 'replaceChildren';
>> loops = 40;
>> F(loops) = struct('cdata',[],'colormap',[]);
>> for j = 1:loops
   X = sin(j*pi/10)*Z;
   surf(X,Z)
drawnow
F(j) = getframe;
end
```

图 5-9 所示为动画的一帧。

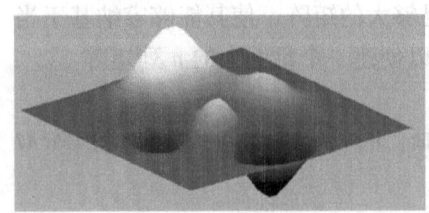

图 5-8 动画演示 1   图 5-9 动画演示 2

例 5-10：演示正弦波的传递动画。

解：MATLAB 程序如下：

```
>> x = linspace(0,2*pi,201);
>> k = linspace(1,20,20);
```

```
>> for idx = 1:length(k)
>> plot(x,sin(k(idx)*x),'r','LineWidth',2);
>> grid on
>> ylim([-1 1]);              %固定x,y范围,这样动画显示坐标轴不变化,只有曲线在变化
>> xlim([0 2*pi]);            %固定x,y范围,这样动画显示坐标轴不变化,只有曲线在变化
>> xlabel('x');               %x轴坐标标签
>> ylabel('sin(kx)');         %y轴坐标标签
>> title(['k = 'num2str(k(idx))]);% 显示出当前的k的值,num2str为数字转成字符串,[]用来连
                              接字符串
>> M(idx) = getframe(gcf);    %保存当前绘制
>> end
>> movie(M,2)                 %播放画面2次
```

图5-10所示为动画的一帧。

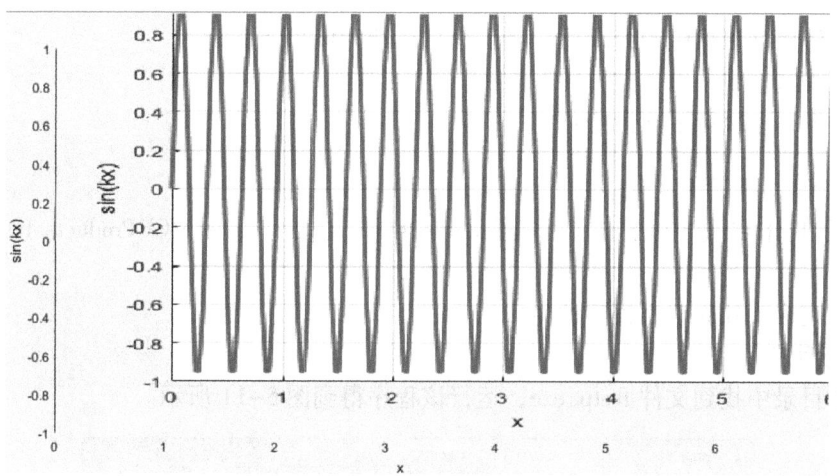

图5-10 动画演示3

5.3 操作实例——曲线的绘制

绘制一条二维曲线,并录制视角转换过程动画。
操作步骤如下。
1. 编辑函数文件
用MATLAB程序编辑器中创建testp.m文件编辑如下绘图程序。

```
function testp( )
% This function is used for demostration
x = [0 1949 2023 2348 3018 4789 5982 6193 7389 8899];
%定义横坐标
y = [0 1.38 2.28 2.37 3.82 4.20 5.28 6.29 7.26 8.01];
%定义纵坐标
plot(x,y,'*',x,y,'k-')
%绘制曲线
```

```
grid on
% 显示网格线
xlabel('横坐标');
ylabel('纵坐标');
title('演示曲线');
axis square;
axis on;
uiwait(msgbox('曲线绘制完毕'));
M = moviein(50);               % 建立一个 50 列的大矩阵
for i = 1:50
    view(-60+30*(i-1),30)      % 改变视点
    M(:,i) = getframe;         % 将图形保存到 M 矩阵
end
movie(M,5)                     % 播放画面 5 次
```

上述文件保存在相应的目录后,将工作目录选为该目录。

2. 进行编译

在命令窗口中执行下面命令:

```
>> mcc -m testp.m
```

相应的工作目录中增加了 mccExcludedFiles.log、requiredMCRProducts.txt、testp.exe 文件。

这样就完成了独立应用程序的生成。

3. 运行程序

在工作目录中找到文件 testp.exe,运行该程序得到图 5-11 所示。

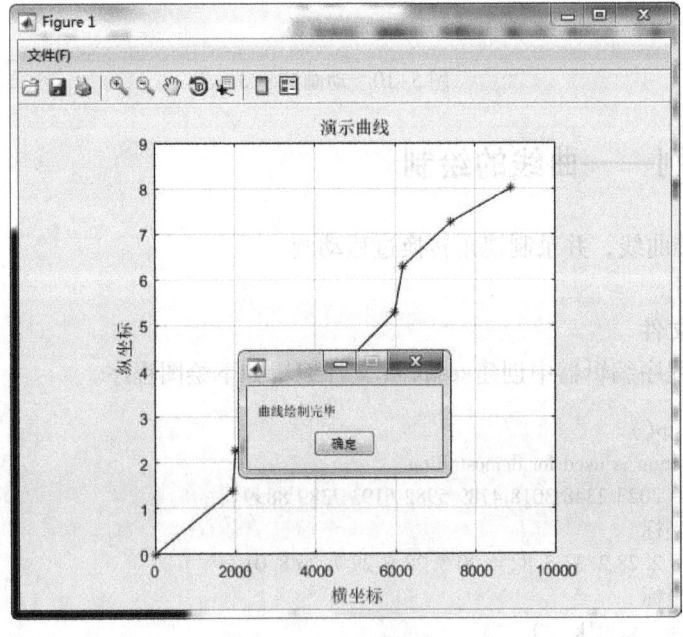

图 5-11　测试结果

单击"确定"按钮后,曲线切换视角旋转显示结果,演示绘制结果,如图 5-12 所示。

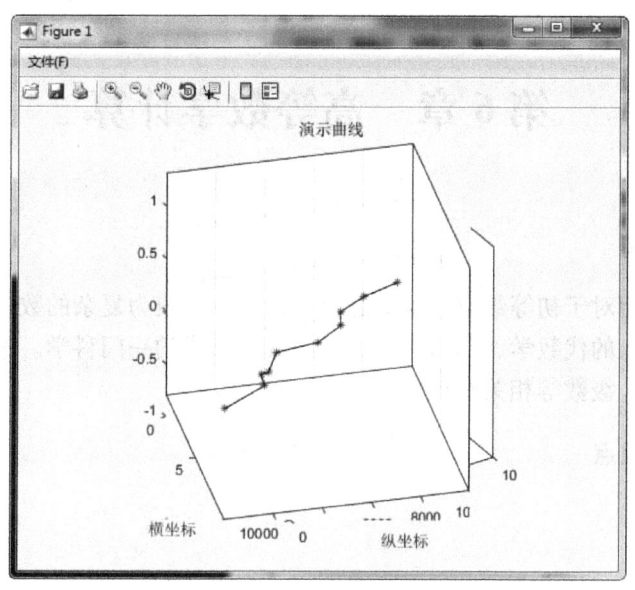

图 5-12　动画演示

第 6 章 高等数学计算

 内容指南

高等数学是指相对于初等数学，数学对象与计算方法较为复杂的数学计算。高等数学是由微积分学、较深入的代数学、几何学及交叉内容所形成的一门科学。本章主要讲解其中的数列、极限、积分、级数等相关知识。

 知识重点

- 数列
- 级数
- 极限、导数
- 积分
- 复杂函数

6.1 数列

数列是指按一定次序排列的一列数，数列的一般形式可以写为 $a_1, a_2, a_3, \cdots, a_n, a_{n+1}, \cdots$ 简记为 $\{a_n\}$，数列中的每一个数都叫作这个数列的项，数列中的项必须是数，它可以是实数，也可以是复数。

注意

$\{a_n\}$ 本身是几何的表示方法，但两者有本质的区别。集合中的元素是无序的，而数列中的项必须按一定顺序排列。

排在第一位的数称为这个数列的第 1 项（通常也叫作首项），记作 a_1，排在第二位的数称为这个数列的第 2 项，记作 a_2，排在第 n 位的数称为这个数列的第 n 项，记作 a_n。

数列是按照一定顺序排列的，通过不同学者的研究，根据不同的排列顺序，数列有很多分类。

1. 根据数列的个数分类

- 项数有限的数列为"有穷数列"；
- 项数无限的数列为"无穷数列"。

2. 根据数列的每一项值符号分类：

- 数列的各项都是正数的为正项数列；
- 数列的各项都是负数的为负项数列。

3. 根据数列的每一项值变化分类

- 各项数值相等的数列叫作常数列（如：1, 1, 1, 1, 1, 1, 1, 1, 1）；

- 从第2项起，每一项都大于它的前一项的数列叫作递增数列；如：1，2，3，4，5，6，7；
- 从第2项起，每一项都小于它的前一项的数列叫作递减数列；如：8，7，6，5，4，3，2，1；
- 从第2项起，有些项大于它的前一项，有些项小于它的前一项的数列叫作摆动数列；
- 各项呈周期性变化的数列叫作周期数列（如三角函数）。

有些数列的变化不能简单地叙述，需要通过一些复杂的公式来表达项值之间的关系，有些则不能。可以表达的通过通项公式来表达具体的规律，不能表达的则通过名称来表示其中的规律。下面介绍几种特殊的数据列。

- 三角形点阵数列：1，3，6，10，15，21，28，36，45，55，66，78，91，……
- 正方形数数列：1，4，9，16，25，36，49，64，81，100，121，144，169，……
- $a_n = 1/n$：1，1/2，1/3，1/4，1/5，1/6，1/7，1/8，……
- $a_n = (-1)^n$：-1，1，-1，1，-1，1，-1，1，……
- $a_n = (10^n) - 1$：9，99，999，9999，99999，……

6.1.1 数列求和

在实际工程问题中，不免需要求解类似一些数据的和，根据其中的规律，将这些数据转换成一个个的数列，再进行计算求解。

对于数列$\{S_n\}$，数列累和S可以表示为$\sum S_i$，其中i为当前项，n为数列中元素的个数，即项数。$\sum S_i = S_1 + S_2 + S_3 + \cdots + S_n$ 对于数列1，2，3，4，5，$S = 1 + 2 + 3 + 4 + 5 = 15$。

在MATLAB中，直接提供了求数列中所有元素和的函数sum，下面根据需要计算的元素不同分为以下4种调用方法。

1. 累和函数sum的调用方法包括下面4种。

（1）S = sum(A)

1）若A是向量，则S返回所有元素的和，是一个数值；

```
>> A = [1:10]
A =
    1  2  3  4  5  6  7  8  9  10
>> S = sum(A)
S =
    55
```

2）若A是矩阵，则S返回每一列所有元素之和，结果组成行向量，数值的个数等于列数；

```
>> A = [1 3 2;9 2 6;5 1 7]
A =
    1  3  2
    9  2  6
    5  1  7
>> S = sum(A)
S =
    15  6  15
```

3) 若 A 是 n 维阵列,相当于 n 个矩阵,则 S 返回 n 个矩阵累和。

```
>> A = ones(4,2,5)
A(:,:,1) =
    1    1
    1    1
    1    1
    1    1
A(:,:,2) =
    1    1
    1    1
    1    1
    1    1
A(:,:,3) =
    1    1
    1    1
    1    1
    1    1
A(:,:,4) =
    1    1
    1    1
    1    1
    1    1
A(:,:,5) =
    1    1
    1    1
    1    1
    1    1
>> S = sum(A)
S(:,:,1) =
    4    4
S(:,:,2) =
    4    4
S(:,:,3) =
    4    4
S(:,:,4) =
    4    4
S(:,:,5) =
    4    4
```

(2) S = sum(A,dim):返回不同情况矩阵和

1) 对于向量的求和运算,只能有两种情况:求和与不求和。这里,若 dim = 1,则不求和,求和结果等于原数列;若 dim = 2,则求和,求和结果等于数列所有元素之和。

```
>> a = [2:6]
a =
    2    3    4    5    6
>> s = sum(a,1)
s =
```

```
    2    3    4    5    6
>> s = sum(a,2)
s =
    20
```

2）对于矩阵的求和运算，也有两种情况：对行求和与对列求和。这里，若 dim = 1，则对列求和，结果组成行向量；若 dim = 2，则对行求和，结果显示为列向量。

```
>> A = [1 3 2;9 2 6;5 1 7]
A =
    1    3    2
    9    2    6
    5    1    7
>> S = sum(A,1)
S =
    15    6    15
>> S = sum(A,2)
S =
    6
    17
    13
```

（3）S = sum(___, outtype)

此格式下可以设置特殊格式的累计和值，输出类型"outtype"包括'default'（设置默认数据精度）、'double'（设置双精度数据格式）和'native'（设置为定义的精度）三种。

（4）S = sum(___, nanflag)

若向量或矩阵中包含 NaN，在此格式下'nanflag'可以设置是否计算 NaN，'nanflag'参数中，'includenan'表示计算，'omitnan'表示忽略。

```
>> A = [2 -0.5 3 -2.95 NaN 34 NaN 10];
   S = sum(A,'omitnan')
S =
    45.5500
>> S = sum(A,'includenan')
S =
NaN
```

2. 忽略 NaN 求累和函数 nansum 的调用格式

（1）S = nansum(A)：累计和中不包括 NaN

```
>> A = [2 -0.5 3 -2.95 NaN 34 NaN 10];
>> y = nansum(A)
y =
    45.5500
```

（2）S = nansum(A, dim)：忽略 NaN 后是否累计和

对于包含 NaN 的数列忽略 NaN 后进行求和运算，只能有两种情况：求和，不求和。这里，若 dim = 1，则显示忽略 NaN 后的数列；若 dim = 2，则显示忽略 NaN 后的数列求和结果。

```
>> A = [2 -0.5 3 -2.95 NaN 34 NaN 10]
A =
  1 至 6 列
    2.0000   -0.5000    3.0000   -2.9500   NaN   34.0000
  7 至 8 列
    NaN   10.0000
>> S = nansum(A,1)
S =
  1 至 6 列
    2.0000   -0.5000    3.0000   -2.9500    0   34.0000
  7 至 8 列
    0   10.0000
>> S = nansum(A,2)
S =
    45.5500
```

> **注意**
>
> Nansum(A)函数与 sum(___,omitnan)函数可以通用，前者步骤更为简洁。

3. 求此元素位置以前的元素和函数 cumsum

一般的求和函数 sum 求解的是当前项及该项之前的元素和，cumsum 函数求解的累计和新的定义，每个位置的新元素值为不包括当前项的元素和。

函数 cumsum 的调用格式如下。

1) B = cumsum(A)：返回不包括当前项的元素和。

2) B = cumsum(A,dim)：返回不同情况的元素和。元素和的求取包括两种情况：求元素和、不求元素和，即当 dim = 1，不求和，结果为原数列；当 dim = 2，求和。

```
>> A = cumsum(1:5,1)
A =
    1   2   3   4   5
>> A = cumsum(1:5,2)
A =
    1   3   6   10   15
```

3) B = cumsum(___,direction)：返回翻转方向后的元素和，翻转的方向包括两种：'forward'(正向)或'reverse'(反向)。

```
>> A = cumsum(1:5,'forward')
A =
    1   3   6   10   15
>> B = cumsum(1:5,'reverse')
B =
    15   14   12   9   5
```

4. 求梯形累计和函数 cumtrapz 包括 3 种调用方法

(1) Z = cumtrapz(Y)

```
>> A = [1:5]
A =
```

```
            1      2      3      4      5
>> Z = cumtrapz(A)
Z =
          0    1.5000    4.0000    7.5000   12.0000
>> Z = cumtrapz(A,B)
Z =
          0   14.5000   27.5000   38.0000   45.0000
```

(2) Z = cumtrapz(X,Y)

```
>> A = int64(1:10)
A =
  1 至 3 列
                      1                  2                  3
  4 至 6 列
                      4                  5                  6
  7 至 9 列
                      7                  8                  9
  10 列
                     10
>> Z = cumtrapz(A,1./A)
Z =
  1 至 3 列
                      0                  2                  3
  4 至 6 列
                      3                  3                  3
  7 至 9 列
                      3                  3                  3
  10 列
                      3
Z = cumtrapz(___,dim)
>> A = magic(4)
A =
    16     2     3    13
     5    11    10     8
     9     7     6    12
     4    14    15     1
>> B = cumtrapz(A,1)
B =
         0         0         0         0
   10.5000    6.5000    6.5000   10.5000
   17.5000   15.5000   14.5000   20.5000
   24.0000   26.0000   25.0000   27.0000
>> B = cumtrapz(A,2)
B =
         0    9.0000   11.5000   19.5000
         0    8.0000   18.5000   27.5000
         0    8.0000   14.5000   23.5000
         0    9.0000   23.5000   31.5000
```

```
>> B = cumtrapz(A,3)
B =
    0    0    0    0
    0    0    0    0
    0    0    0    0
    0    0    0    0
```

例6-1：练习不同情况的求和运算。

解：MATLAB 程序如下：

```
>> A = [1 3 2 5;9 2 6 7;5 1 7 8;2 4 3 5;3 5 7 8]
A =
    1    3    2    5
    9    2    6    7
    5    1    7    8
    2    4    3    5
    3    5    7    8
>> S = sum(A,1)                    %求矩阵列和
S =
   20   15   25   33
>> S = sum(A,2)                    %求矩阵行和
S =
   11
   24
   21
   14
   23
>> S = sum(A,3)                    %不求矩阵和
S =
    1    3    2    5
    9    2    6    7
    5    1    7    8
    2    4    3    5
    3    5    7    8
>> S = sum(A,4)
S =
    1    3    2    5
    9    2    6    7
    5    1    7    8
    2    4    3    5
    3    5    7    8
>> S = sum(A,5)
S =
    1    3    2    5
    9    2    6    7
    5    1    7    8
    2    4    3    5
    3    5    7    8
```

例 6-2：练习矩阵求和的类型转换运算。

解：MATLAB 程序如下：

```
>> A = int32(1:5)
A =
         1         2         3         4         5
>> B = sum(A,'native')
B =
        15
>> S = sum(A,'default')
S =
        15
>> S = sum(A,'double')
S =
        15
```

例 6-3：练习不包括当前项的求和运算。

解：MATLAB 程序如下：

```
>>   A = 1:5
A =
     1     2     3     4     5
>> B = sum(A)
B =
        15
>> C = cumsum(A)
C =
     1     3     6    10    15
>> D = cumsum(A,1)
D =
     1     2     3     4     5
>> D = cumsum(A,2)
D =
     1     3     6    10    15
>> D = cumsum(A,3)
D =
     1     2     3     4     5
>> E = cumsum(A,'reverse')
E =
    15    14    12     9     5
```

6.1.2 数列求积

1. 元素连续相乘函数

1）B = prod(A)；将矩阵 A 不同维的元素的乘积返回到矩阵 B。

① 若 A 为向量，返回的是其所有元素的积。

```
>> prod(1:4)
ans =
    24
```

② 若 A 为矩阵，返回的是按列向量的所有元素的积，然后组成一行向量。

```
>>[1 2 3;4 5 6]
ans =
     1     2     3
     4     5     6
>>   prod([1 2 3;4 5 6])
ans =
     4    10    18
```

2) B = prod(A,dim)：该函数中包括两种情况：求积与不求积。dim = 1，不求元素积，返回输入值；dim = 2，求元素积。

```
>>prod(1:4,1)
ans =
     1     2     3     4
>>prod(1:4,2)
ans =
    24
```

3) B = prod(___,type)：设置输出的积类型，一般包括三种情况：'double','native'和'default'。

```
>>A = single([12 15 16;13 16 19;14 17 20])
A =
    12    15    16
    13    16    19
    14    17    20
>>B = prod(A,2,'double')
B =
    2880
    3952
    4760
```

2. 求累计积函数

求当前元素与所有前面元素的积函数 cumprod 的调用方法如下。

- B = cumprod(A)：结果值中的当前元素的值是前一个元素与当前元素的积，后面的元素依此类推，对于第一个元素，默认与1相乘，对于矩阵，每一行的第一个元素均与1相乘，即保持原值。

- B = cumprod(A,dim)：积函数中包括三种情况：求积、求特殊积与不求积。其中求特殊积是指矩阵中的第一行元素中后一个元素与第一个元素相乘，在默认情况下，第一行中每个元素均乘以1，即保持原值。

- B = cumprod(___,direction)：矩阵的方向包括'forward'或'reverse'。

```
>>B = cumprod(1:5)
B =
     1     2     6    24   120
```

3. 阶乘函数

若数列是递增数列，同时递增量为1，即数列1，2，3，4，5，6，7，…，n则求该特殊数列中元素积的方法称之为阶乘，可以说，阶乘是累计积的特例。

在表达阶乘时，就使用"!"来表示。如 n 的阶乘，就表示为"n!"。例如6的阶乘记作6!，即 $1 \times 2 \times 3 \times 4 \times 5 \times 6 = 720$。

MATLAB 中阶乘函数是 factorial，调用方法介绍如下：

```
f = factorial(n)
>> factorial(6)
ans =
    720
```

阶乘函数不但可以计算整数，还可以计算向量、矩阵等。

```
>> factorial(magic(3))
ans =
    40320         1       720
        6       120      5040
       24    362880         2
>> factorial(1:10)
ans =
  1 至 5 列
        1         2         6        24       120
  6 至 10 列
```

① **注意**

对比相同的向量与矩阵的累计积与阶乘结果，发现向量运算结果相同，矩阵结果不同。

```
      720      5040     40320    362880   3628800
B = cumprod(1:10)
B =
  1 至 5 列
        1         2         6        24       120
  6 至 10 列
      720      5040     40320    362880   3628800
```

4. 伽马函数

伽马函数（gamma 函数），也叫作欧拉第二积分，是阶乘函数在实数与复数上扩展的一类函数。一般定义的阶乘是定义在正整数和零（大于或等于零）范围里的，小数没有阶乘，这里将 gamma 函数定义为非整数的阶乘，即0.5!。

伽马函数（Gamma Function）作为阶乘的延拓，是定义在复数范围内的亚纯函数，通常写成 $\Gamma(x)$。

在实数域上伽马函数定义为：

$$\Gamma(x) = \int_0^{+\infty} t^{x-1} e^{-t} dt$$

在复数域上伽马函数定义为：

$$\Gamma(z) = \int_0^{+\infty} t^{z-1} e^{-t} dt$$

同时，gamma 函数也适用于正整数，即当 x 是正整数 n 的时候，gamma 函数的值是 $n-1$ 的阶乘。即当输入变量 n 为正整数时，存在下面的关系：

```
factorial(n) = n * gamma(n)
>> factorial(6)
ans =
    720
>> gamma(6)
ans =
    120
>> 6 * gamma(6)
ans =
    720
```

① 注意

这里介绍与伽马相似的不完全伽马函数 gammainc，其中：

$$\mathrm{gammainc}(x,a) = \frac{1}{\Gamma(a)} \int_0^x t^{a-1} \mathrm{e}^{-t} \mathrm{d}t$$

具体调用方法读者自行练习，这里不再赘述。

例 6-4：练习魔方矩阵的累计运算。

解：MATLAB 程序如下：

```
>> magic(3)
ans =
    8    1    6
    3    5    7
    4    9    2
>> B = cumprod(magic(3))              %求累计积
B =
    8    1    6
    24   5    42
    96   45   84
>> C = cumprod(magic(3),1)            %第一种情况,求累计积
C =
    8    1    6
    24   5    42
    96   45   84
>> C = cumprod(magic(3),2)            %第二种情况,求每一行的累计积
C =
    8    8    48
    3    15   105
    4    36   72
>> C = cumprod(magic(3),3)            %第三种情况,不求累计积,保持原矩阵
C =
    8    1    6
    3    5    7
    4    9    2
```

例 6-5：练习矩阵的和与积运算。

解：MATLAB 程序如下：

```
>> A = floor(rand(6,7)*100)                            %创建矩阵
A =
    76    70    11    75    54    81    61
    79    75    49    25    13    24    47
    18    27    95    50    14    92    35
    48    67    34    69    25    34    83
    44    65    58    89    84    19    58
    64    16    22    95    25    25    54
>> A(1:4,1)=95； A(5:6,1)=76； A(2:4,2)=7； A(3,3)=73    %替换矩阵元素组成新
                                                        矩阵
A =
    95    70    11    75    54    81    61
    95     7    49    25    13    24    47
    95     7    73    50    14    92    35
    95     7    34    69    25    34    83
    76    65    58    89    84    19    58
    76    16    22    95    25    25    54
>> sum(A)                                              %求矩阵列向和
ans =
   532   172   247   403   215   275   338
>> sum(A,2)
ans =
   447
   260
   366
   347
   449
   313
>> cumtrapz(A)
ans =
         0         0         0         0         0         0         0
   95.0000   38.5000   30.0000   50.0000   33.5000   52.5000   54.0000
  190.0000   45.5000   91.0000   87.5000   47.0000  110.5000   95.0000
  285.0000   52.5000  144.5000  147.0000   66.5000  173.5000  154.0000
  370.5000   88.5000  190.5000  226.0000  121.0000  200.0000  224.5000
  446.5000  129.0000  230.5000  318.0000  175.5000  222.0000  280.5000
>> cumprod(A)
ans =
  1.0e+11 *
  1 至 6 列
    0.0000    0.0000    0.0000    0.0000    0.0000    0.0000
    0.0000    0.0000    0.0000    0.0000    0.0000    0.0000
    0.0000    0.0000    0.0000    0.0000    0.0000    0.0000
    0.0008    0.0000    0.0001    0.0000    0.0000    0.0001
    0.0619    0.0000    0.0010    0.0004    0.0004    0.0005
```

```
           4.7046      0.0000      0.0784      0.0262      0.0363      0.0199
  7 列
     0.0000
     0.0000
          0
          0
          0
          0
```

例 6-6：练习随机矩阵阶乘运算。

解：MATLAB 程序如下：

```
>> A = randn(3,2)
A =
    -0.5336    0.5201
    -2.0026   -0.0200
     0.9642   -0.0348
>> B = gamma(A)
B =
    -3.5585     1.7057
  -189.2414   -50.5279
     1.0220   -29.3723
>> C = gammainc(A,B)
C =
    NaN +    NaNi     0.1536 + 0.0000i
    NaN +    NaNi     NaN +    NaNi
    0.6091 + 0.0000i  NaN +    NaNi
```

6.2 级数

将数列 $\{a_n\}$ 的各项依次以「+」连接起来所组成的式子就成为级数。其中：

$2,8,125,79,-16$ 是数列；

$2+8+125+79+(-16)$ 是级数。

级数是数学分析的重要内容，无论在数学理论本身还是在科学技术的应用中都是一个有力工具。MATLAB 具有强大的级数求和命令，在本节中，将详细介绍如何用它来处理工程计算中遇到的各种级数求和问题。

级数求和根据数列中的项数来分，包括有限项级数求和、无穷级数求和，MATLAB 提供的主要的求级数命令为 symsum，它的主要调用格式见表 6-1。

表 6-1 symsum 调用格式

命令	说明
symsum(s)	计算函数 f 的不定积分
symsum(s,v)	计算函数 f 关于变量 x 的不定积分

(续)

命　　令	说　　明
symsum（s,a,b）	求级数 s 关于系统默认的变量从 a 到 b 的有限项和
symsum（s,v,a,b）	求级数 s 关于变量 v 从 a 到 b 的有限项和

MATLAB 提供的 symsum 命令还可以求无穷级数，这时只需将命令参数中的求和区间端点改成无穷即可。

MATLAB 的 findsym 命令用于返回级数中的变量，其具体的格式为：findsym(s)。

例 6-7：求级数 $S1 = \sum_{k=0}^{10} k^2$。

解：MATLAB 程序如下：

```
>> symsk x
>> S1 = symsum(k^2,k,0,10)
S1 =
385
```

例 6-8：求级数 $s = \cos nx$ 的前 $n-1$ 项（n 从 0 开始）。

解：MATLAB 程序如下：

三角函数列是数学分析中傅里叶级数部分常见的一个级数，在工程中具有重要的地位。

```
>> syms n x
>> s = cos(n*x);
>> symsum(s,n)
ans =
piecewise([in(x/(2*pi),'integer'),n],[~in(x/(2*pi),'integer'),exp(-x*1i)^n/(2*(exp(-x*1i) - 1)) + exp(x*1i)^n/(2*(exp(x*1i) - 1))])
```

例 6-9：求级数 $s = 2^{\sin nx}$ 的前 $n-1$ 项（n 从 0 开始），并求它的前 10 项的和。

解：MATLAB 程序如下：

```
>> syms n
>> s = 2*sin(2*n) + 4*cos(4*n) + 2^n;
>> sum_n = symsum(s)
sum_n =
( -2*sin(n)*cos(n)*cos(1)^3*sin(1) + 2*cos(n)*cos(1)*sin(n)*sin(1) + 2*cos(1)^
2*sin(1)^2*cos(n)^2 + 32*n*cos(1)^3*sin(1) - 8*n*cos(1)*sin(1) - 24*n*cos(1)^3
*sin(1)^3 + 16*n*cos(1)^5*sin(1)^3 + 8*n*cos(1)*sin(1)^3 - 40*n*cos(1)^5*sin(1)
+ 16*n*cos(1)^7*sin(1) + 12*sin(n)*cos(1)^2*cos(n) - 4*sin(n)*cos(n) - 8*cos(1)
^4*sin(n)*cos(n) + 8*sin(1)^2*sin(n)*cos(n)^3 - 16*cos(n)^3*sin(1)^2*cos(1)^2*
sin(n) + 16*cos(1)^3*cos(n)^2*sin(1) - 16*cos(n)^2*sin(1)*cos(1) - 16*cos(n)^4*
sin(1)*cos(1)^3 + 16*cos(n)^4*cos(1)*sin(1) + 2^n*cos(1)^3*sin(1) - 2^n*cos(1)*sin
(1))/cos(1)/sin(1)/(cos(1)^2 - 1)
>> sum10 = symsum(s,0,10)
sum10 =
```

$$2051 + 4*\cos(4) + 2*\sin(4) + 2*\sin(2) + 4*\cos(8) + 2*\sin(6) + 4*\cos(12) + 2*\sin(8) +$$
$$4*\cos(16) + 2*\sin(10) + 4*\cos(20) + 2*\sin(12) + 4*\cos(24) + 2*\sin(14) + 4*\cos(28) +$$
$$2*\sin(16) + 4*\cos(32) + 2*\sin(18) + 4*\cos(36) + 2*\sin(20) + 4*\cos(40)$$

```
>> vpa(sum10)
ans =
2048.27712193127851477162645879399
```

6.3 极限、导数

在工程计算中，经常会研究某一函数随自变量的变化趋势与相应的变化率，也就是要研究函数的极限与导数问题。本节主要讲述如何用 MATLAB 来解决这些问题。

6.3.1 极限

极限思想方法是数学分析乃至全部高等数学必不可少的一种重要方法，也是高等数学分析与初等数学的本质区别之处。采用了极限的思想方法，才解决了许多初等数学无法解决的问题，如求瞬时速度、曲线弧长、曲边形面积、曲面体体积等。

极限是指变量在一定的变化过程中，从总的来说逐渐稳定的这样一种变化趋势以及所趋向的数值，也就是极限值。极限在数学计算中用英文 limit 表示，在 MATLAB 中使用 limit 命令来表示。

若 $\{Xn\}$ 为一无穷实数数列，如果存在实数 a，使得对于任意正数 ε（不论它多么小），总存在正整数 N，使得当 $n > N$ 时，均有不等式 $|Xn - a| < \varepsilon$ 成立，那么就称常数 a 是数列 $\{Xn\}$ 的极限。表示为

$$\lim Xn = a \text{ 或 } Xn \to a(n \to \infty)$$

limit 命令包括 3 种调用格式，见表 6-2。

表 6-2 limit 调用格式

命令	说明
limit (f,x,a) 或 limit (f,a)	求解 $\lim\limits_{x \to a} f(x)$
limit (f)	求解 $\lim\limits_{x \to 0} f(x)$
limit (f,x,a,'right')	求解 $\lim\limits_{x \to a^+} f(x)$
limit (f,x,a,'left')	求解 $\lim\limits_{x \to a^-} f(x)$

例 6-10：计算 $\lim\limits_{x \to 0} \dfrac{1 - \cos x}{3x^2}$。

解：MATLAB 程序如下：

```
>> clear
>> syms x;
```

```
>> f = (1 - cos(x))/(3 * x^2);
>> limit(f)
ans =
    1/6
```

例 6-11：计算 $\lim\limits_{x \to 0} \dfrac{\sin\left(\dfrac{\pi}{2} + x\right) - 1}{x}$。

解：MATLAB 程序如下：

```
>> clear
>> syms x;
>> f = sin((pi/2 + x) - 1)/x;
>> limit(f)
ans =
     1
```

例 6-12：计算 $\lim\limits_{x \to 0} \dfrac{\sqrt{x^2 + 1} - 3x}{x + \sin x}$。

解：MATLAB 程序如下：

```
>> clear
>> syms x
>> limit((sqrt(1 + x^2) - 3 * x)/(x + sin(x)), inf)
ans =
    -2
```

6.3.2 导数

求导，数学中的名词，即对函数进行求导，用 $f'(x)$ 表示。物理学、几何学、经济学等学科中的一些重要概念都可以用导数来表示。在工程应用中用于描述各种各样的变化率。

可以根据导数的定义，利用上一节的 limit 命令来求解已知函数的导数，事实上，MATLAB 提供了专门的函数求导命令 diff。

diff 命令的调用格式见表 6-3。

表 6-3 diff 调用格式

命 令	说 明
diff(f)	求函数 $f(x)$ 的导数
diff(f,n)	求函数 $f(x)$ 的 n 阶导数
diff(f,x,n)	求多元函数 $f(x,y,\cdots)$ 对 x 的 n 阶导数

例 6-13：计算 $y = x^3 - 2x^2 + \sin x$ 的导数。

解：MATLAB 程序如下：

```
>> clear
>> syms x
>> f = x^3 - 2 * x^2 + sin(x);
```

```
>> diff(f)
ans =
cos(x) - 4*x+3*x^2
```

例 6-14：计算 $y=2^x+\sqrt{x}\ln x$ 的导数。

解：MATLAB 程序如下：

```
>> clear
>> syms x
>> f=2^x+x^(1/2)*log(x);
>> diff(f)
ans =
2^x*log(2)+1/2/x^(1/2)*log(x)+1/x^(1/2)
```

例 6-15：计算 $y=x+\sin(2x+3)$ 的 3 阶导数。

解：MATLAB 程序如下：

```
>> clear
>> syms x
>> f=x+sin(2*x+3);
>> diff(f,3)
ans =
-8*cos(2*x+3)
```

6.4 积分

积分与微分不同，它是研究函数整体性态的，因此它在工程中的作用是不言而喻的。理论上可以用牛顿－莱布尼茨公式求解对已知函数的积分，但在工程中这并不可取，因为实际中遇到的大多数函数都不能找到其积分函数，有些函数的表达式非常复杂，用牛顿－莱布尼茨公式求解会相当复杂，因此，在工程中大多数情况下都使用 MATLAB 提供的积分运算函数计算，少数情况也可通过利用 MATLAB 编程实现。

6.4.1 定积分与广义积分

定积分是工程中用得最多的积分运算，利用 MATLAB 提供的 int 命令可以很容易地求已知函数在已知区间的积分值。

int 命令求定积分的调用格式见表 6-4。

表 6-4 int 调用格式

命 令	说 明
int (f,a,b)	计算函数 f 在区间 $[a,b]$ 上的定积分
int (f,x,a,b)	计算函数 f 关于 x 在区间 $[a,b]$ 上的定积分

int 函数还可以求广义积分，方法是只要将相应的积分限改为正（负）无穷即可。

例 6-16：求极限 $\int_0^1 \frac{\sin x}{x}$。

📖 **说明**

本例中的被积函数在$[0,1]$上显然是连续的,因此它在$[0,1]$上肯定是可积的,但要是按数学分析的方法确实无法积分,这就更体现出了MATLAB的实用性。

解:MATLAB程序如下:

```
>> sym x;
>> v = int(sin(x)/x,0,1)
v =
sinint(1)
>> vpa(v)
ans =
.94608307036718301494135331382318
```

例6-17:求$\int_0^1 e^{x^2-2x+y}$分别关于x、y求定积分。

被积函数有很多软件都无法求解,用MATLAB则很容易求解。

解:MATLAB程序如下:

```
>> clear
syms x y;
v = int(exp(x^2 - 2*x + y),x,0,1)
v =
-(pi^(1/2)*erf(1i)*exp(-1)*exp(y)*1i)/2
>> vpa(v)
ans =
0.53807950691276841913638774204 0756*exp(y)
>> clear
syms x y;
v = int(exp(x^2 - 2*x + y),y,0,1)
v =
exp(x^2 - 2*x)*(exp(1) - 1)
>> vpa(v)
ans =
1.718281828459045235360287471 3527*exp(x^2 - 2.0*x)
```

例6-18:求$\int_{-\infty}^{+\infty} \dfrac{1}{x^2+2x+3}$。

解:MATLAB程序如下:

```
>> sym x;
>> f = 1/(x^2+2*x+3);
>> v = int(f,-inf,inf)
v =
1/2*pi*2^(1/2)
>> vpa(v)
ans =
2.2214414690791831235079404950304
```

161

6.4.2 不定积分

在实际的工程计算中,有时也会用到求不定积分的问题。利用 int 命令,同样可以求不定积分,它的使用形式也非常简单。它的调用格式见表 6-5。

表 6-5 int 调用格式

命令	说明
int (f)	计算函数 f 的不定积分
int (f,x)	计算函数 f 关于变量 x 的不定积分

例 6-19:求 $\dfrac{\sin x}{x} + \cos y$ 的不定积分。

解:MATLAB 程序如下:

```
>> syms x y
>> f = sin(x)/x + cos(y);
>> int(f)
ans =
sinint(x) + x * cos(y)
```

例 6-20:求 $\sin(xy + xz + z + 1)$ 的不定积分。

解:MATLAB 程序如下:

```
>> syms x y z
>> f = sin(x*y + x*z + z + 1);
>> int(f)
ans =
-cos(z + x*y + x*z + 1)/(y + z)
```

例 6-21:求 $\sin(xy + xz + z + 1)$ 对 z 的不定积分。

解:MATLAB 程序如下:

```
>> clear
>> syms x y z
>> int(sin(x*y + x*z + z + 1),z)
  ans =
-cos(z + x*y + x*z + 1)/(x + 1)
```

6.4.3 多重积分

多重积分与一重积分在本质上是相通的,但是多重积分的积分区域复杂了。可以利用前面讲过的 int 命令,结合对积分区域的分析进行多重积分计算,也可以利用 MATLAB 自带的专门多重积分命令进行计算。

1. 二重积分

MATLAB 用于进行二重积分数值计算的专门命令是 dblquad。这是一个在矩形范围内计算二重积分的命令。

dblquad 的调用格式见表 6-6。

表 6-6 dblquad 调用格式

命　　令	说　　明
q = dblquad（fun,xmin,xmax,ymin,ymax）	在 $xmin <= x <= xmax$, $ymin <= y <= ymax$ 的矩形内计算 $fun(x,y)$ 的二重积分，此时默认的求解积分的数值方法为 quad，默认的公差为 10^{-6}
q = dblquad（fun,xmin,xmax,ymin,ymax,tol）	在 $xmin <= x <= xmax$, $ymin <= y <= ymax$ 的矩形内计算 $fun(x,y)$ 的二重积分，默认的求解积分的数值方法为 quad，用自定义公差 tol 来代替默认公差
q = dblquad（fun,xmin,xmax, ymin,ymax,tol,method）	在 $xmin <= x <= xmax$, $ymin <= y <= ymax$ 的矩形内计算 $fun(x,y)$ 的二重积分，用 method 进行求解数值积分方法的选择，用自定义公差 tol 来代替默认公差

2. 三重积分

计算三重积分的过程和计算二重积分是一样的，但是由于三重积分的积分区域更加复杂，所以计算三重积分的过程将更加烦琐。

例 6-22：计算 $\int_{0}^{\pi}\int_{\pi}^{2\pi}(y\sin x + x\cos y)\mathrm{d}x\mathrm{d}y$。

解：MATLAB 程序如下：

```
function z = my2int(x,y)
global k;
k = k + 1;        % 定义一个全局变量,计算被积函数调用积分命令的次数
z = y * sin(x) + x * cos(y);
```

然后在命令窗口输入以下命令：

```
>> clear
>> global k;
>> k = 0;
>> dblquad(@my2int,pi,2*pi,0,pi)
ans =
    -9.8696
>> k
k =
    49
```

例 6-23：使用 int 命令计算 $\int_{0}^{\pi}\int_{\pi}^{2\pi}(y\sin x + x\cos y)\mathrm{d}x\mathrm{d}y$。

如果使用 int 命令进行二重积分计算，则需要先确定出积分区域以及积分的上下限，然后再进行积分计算。

解：MATLAB 程序如下：

```
>> syms x y;
f = y * sin(x) + x * cos(y);
>> v = int(f,x,pi,2*pi)      % 对 x 求定积分
v =
(3 * pi^2 * cos(y))/2 - 2 * y
>> v = int(v,y,0,pi)         % 对 y 求定积分
v =
```

163

```
(pi^2*sin(x))/2
>> vpa(v)
ans =
-9.8696044010893586188344909998762
>> digits(6)
>> vpa(v)
ans =
-9.8696
```

例 6-24：计算 $\iint_D x\mathrm{d}x\mathrm{d}y$，其中 D 是由直线 $y=2x$，$y=0.5x$，$y=3-x$ 所围成的平面区域。

解：MATLAB 程序如下：

```
>> clear
>> syms x y
>> f = x;
>> f1 = 2*x;
>> f2 = 0.5*x;
>> f3 = 3-x;
>> ezplot(f1);
>> hold on
>> ezplot(f2);
>> hold on
>> ezplot(f3);
>> hold on
>> ezplot(f3,[-2,3]);
```

积分区域就是图 6-1 中所围成的区域。

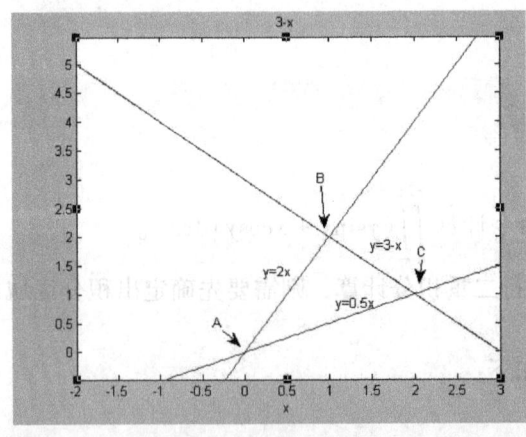

图 6-1 积分区域

下面确定积分限：

```
>>A = fzero('2*x-0.5*x',0)
A =
```

```
            0
>> B = fzero('3 - x - 0.5 * x',8)
B = 
            2
>> C = fzero('2 * x - (3 - x)',4)
C = 
            1
```

即 $A=0$，$B=2$，$C=1$，找到积分限。下面进行积分计算。

根据图可以将积分区域分成两个部分，计算过程如下：

```
>> ff1 = int(f,0.5 * x,2 * x)
ff1 = 
15/8 * x^2
>> ff11 = int(ff1,0,1)
ff11 = 
5/8
>> ff2 = int(f,0.5 * x,3 - x)
ff2 = 
1/2 * (3 - x)^2 - 1/8 * x^2
>> ff22 = int(ff2,1,2)
ff22 = 
7/8
>> ff11 + ff22
ans = 
3/2
```

计算结果就是 3/2。

6.5 积分变换

积分变换是一个非常重要的工程计算手段。它通过参变量积分将一个已知函数变为另一个函数，使函数的求解更为简单。最重要的积分变换有傅里叶（Fourier）变换、拉普拉斯（Laplace）变换等。

6.5.1 傅里叶（Fourier）积分变换

傅里叶变换是将函数表示成一组具有不同幅值的正弦函数的和或者积分，在物理学、数论、信号处理、概率论等领域都有着广泛的应用。MATLAB 提供的傅里叶变换命令是 fourier。

fourier 命令的调用格式见表 6-7。

表 6-7 fourier 调用格式

命　令	说　明
fourier（f）	f 返回对默认自变量 x 的符号傅里叶变换，默认的返回形式是 $f(w)$，即 $f=f(x) \Rightarrow F=F(w)$；如果 $f=f(w)$，则返回 $F=F(t)$。即求 $F(w) = \int_{-\infty}^{\infty} f(x) \mathrm{e}^{-iwx} \mathrm{d}x$

(续)

命 令	说 明
fourier (f,v)	返回的傅里叶变换以 v 为默认变量，即求 $F(v) = \int_{-\infty}^{\infty} f(x) \mathrm{e}^{-ivx} \mathrm{d}x$
fourier (f,u,v)	以 v 代替 x 并对 u 积分，即求 $F(v) = \int_{-\infty}^{\infty} f(u) \mathrm{e}^{-ivu} \mathrm{d}u$

例 6-25：计算 $f(x) = \mathrm{e}^{-x^2}$ 的傅里叶变换。

解：MATLAB 程序如下：

```
>> clear
>> syms x
>> f = exp( -x^2);
>>fourier(f)
ans =
exp( -1/4 * w^2) * pi^(1/2)
```

例 6-26：计算 $f(w) = \mathrm{e}^{-|w|}$ 的傅里叶变换。

解：MATLAB 程序如下：

```
>> clear
>> syms w
>> f = exp( -abs(w));
>>fourier(f)
ans =
2/(1 + t^2)
```

例 6-27：计算 $f(x) = x\mathrm{e}^{-|x|}$ 傅里叶变换。

解：MATLAB 程序如下：

```
>> clear
>> syms x u
>> f = x * exp( -abs(x));
>>fourier(f,u)
ans =
-4 * i/(1 + u^2)^2 * u
```

6.5.2 傅里叶（Fourier）逆变换

MATLAB 提供的傅里叶逆变换命令是 ifourier。

ifourier 命令的调用格式见表 6-8。

表 6-8 ifourier 调用格式

命 令	说 明
ifourier (F)	f 返回对默认自变量 w 的符号傅里叶逆变换，默认的返回形式是 $f(x)$，即 $F = F(w) \Rightarrow f = f(x)$；如果 $F = F(x)$，则返回 $f = f(t)$，即求 $f(w) = \frac{1}{2\pi}\int_{-\infty}^{\infty} F(x) \mathrm{e}^{inx} \mathrm{d}w$
ifourier (F,u)	返回的傅里叶逆变换以 u 为默认变量，即求 $F(v) = \int_{-\infty}^{\infty} f(x) \mathrm{e}^{-ivx} \mathrm{d}x$

(续)

命　令	说　　明
ifourier (F,v,u)	以 v 代替 w 的傅里叶逆变换，即求 $f(v) = \dfrac{1}{2\pi}\displaystyle\int_{-\infty}^{\infty} F(v)e^{ivu}dv$

例 6-28：计算 $f(w) = e^{-\frac{w^2}{4a^2}}$ 的傅里叶逆变换。

解：MATLAB 程序如下：

```
>> clear
>> syms a w real
>> f = exp(-w^2/(4*a^2));
>> F = ifourier(f)
ans =
a*exp(-x^2*a^2)/pi^(1/2)
```

例 6-29：计算 $g(w) = e^{-|x|}$ 的傅里叶逆变换。

解：MATLAB 程序如下：

```
>> clear
>> syms x real
>> g = exp(-abs(x));
>> ifourier(g)
ans =
1/(1+t^2)/pi
```

例 6-30：计算 $f(w) = 2e^{-|w|} - 1$ 的傅里叶逆变换。

解：MATLAB 程序如下：

```
>> clear
>> syms w t real
>> f = 2*exp(-abs(w)) - 1;
>> ifourier(f,t)
ans =
-dirac(t)+2/(1+t^2)/pi
```

6.5.3 快速傅里叶（Fourier）变换

快速 Fourier 变换（FFT）是离散傅里叶变换的快速算法，它是根据离散傅里叶变换的奇、偶、虚、实等特性，对离散傅里叶变换的算法进行改进获得的。

MATLAB 提供了多种快速傅里叶变换的命令，见表 6-9。

表 6-9 快速傅里叶变换

命　令	意　　义	命令调用格式
fft	一维快速傅里叶变换	Y = fft(X)，计算对向量 X 的快速傅里叶变换。如果 X 是矩阵，fft 返回对每一列的快速傅里叶变换
		Y = fft(X,n)，计算向量的 n 点 FFT。当 X 的长度小于 n 时，系统将在 X 的尾部补零，以构成 n 点数据；当 X 的长度大于 n 时，系统进行截尾

(续)

命令	意义	命令调用格式
fft	一维快速傅里叶变换	Y = fft(X,[ ],dim)或 Y = fft(X,n,dim),计算对指定的第 dim 维的快速傅里叶变换
fft2	二维快速傅里叶变换	Y = fft2(X),计算对 X 的二维快速傅里叶变换。结果 Y 与 X 的维数相同
		Y = fft2(X,m,n),计算结果为 m×n 阶,系统将视情对 X 进行截尾或者以 0 来补齐
fftshift	将快速傅里叶变换 (fft、fft2) 的 DC 分量移到谱中央	Y = fftshift(X),将 DC 分量转移至谱中心
		Y = fftshift(X,dim),将 DC 分量转移至 dim 维谱中心,若 dim 为 1,则上下转移,若 dim 为 2,则左右转移
ifft	一维逆快速傅里叶变换	y = ifft(X),计算 X 的逆快速傅里叶变换
		y = ifft(X,n),计算向量 X 的 n 点逆 FFT
ifft	一维逆快速傅里叶变换	y = ifft(X,[ ],dim),计算对 dim 维的逆 FFT
		y = ifft(X,n,dim),计算对 dim 维的逆 FFT
ifft2	二维逆快速傅里叶变换	y = ifft2(X),计算 X 的二维快速傅里叶变换
		y = ifft2(X,m,n),计算向量 X 的 m×n 维逆快速 Fourier 变换
ifftn	多维逆快速傅里叶变换	y = ifftn(X),计算 X 的 n 维逆快速傅里叶变换
		y = ifftn(X,size),系统将视情对 X 进行截尾或者以 0 来补齐
ifftshift	逆 fft 平移	Y = ifftshift(X),同时转移行与列
		Y = ifftshift(X,dim),若 dim 为 1 则行转移,若 dim 为 2 则列转移

例 6-31:傅里叶变换经常被用于计算存在噪声的时域信号的频谱。假设数据采样频率为 1000 Hz,一个信号包含频率为 50 Hz、振幅为 0.7 的正弦波和频率为 120 Hz、振幅为 1 的正弦波,噪声为零平均值的随机噪声。试采用 FFT 方法分析其频谱。

解:MATLAB 程序如下:

```
>> clear
>> Fs = 1000;                    %采样频率
>> T = 1/Fs;                     %采样时间
>> L = 1000;                     %信号长度
>> t = (0:L-1) * T;              %时间向量
>> x = 0.7 * sin(2 * pi * 50 * t) + sin(2 * pi * 120 * t);
>> y = x + 2 * randn(size(t));   %加噪声正弦信号
>> plot(Fs * t(1:50),y(1:50))
>> title('零平均值噪声信号');
>> xlabel('time (milliseconds)')
>> NFFT = 2^nextpow2(L);         %计算 2 的 L 长度次幂
>> Y = fft(y,NFFT)/L;
>> f = Fs/2 * linspace(0,1,NFFT/2);
>> plot(f,2 * abs(Y(1:NFFT/2)))
>> title('y(t)单边振幅频谱)
>> xlabel('Frequency (Hz)')
>> ylabel('|Y(f)|')
```

计算结果的图形如图 6-2 和图 6-3 所示。

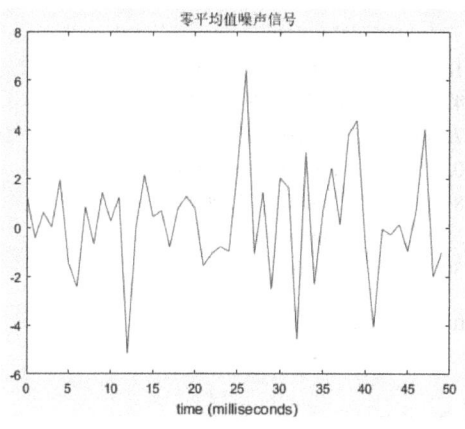
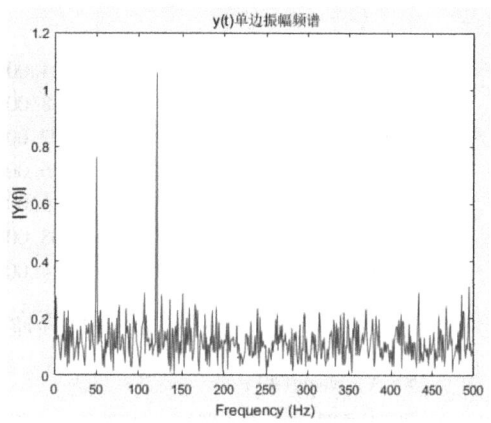

图6-2 加零平均值噪声信号　　　　　图6-3 y(t)单边振幅频谱

例6-32：计算 MATLAB 路径中\toolbox\images\imdemos\ saturn2.png 图像文件（如图6-4所示）的二维傅里叶变换。

解：MATLAB 程序如下：

```
>> clear
>> load imdemos saturn2;
>> imshow(saturn2);
>> b = fftshift(fft2(saturn2));
>> figure,imshow(log(abs(b)),[]);
>> colormap(jet(64));
>> colorbar;
```

变换结果如图6-5所示。

图6-4 saturn2.png　　　　　图6-5 saturn2.png 幅值结果

例6-33：利用快速傅里叶变换实现快速卷积。

解：MATLAB 程序如下：

```
>> clear
>> A = magic(4);           %生成4*4的魔幻矩阵
>> B = ones(3);            %生成3*3的全1矩阵
>> A(6,6) = 0;             %将A用零补全为(4+3-1)*(4+3-1)维
>> B(6,6) = 0;             %将B用零补全为(4+3-1)*(4+3-1)维
>> C = ifft2(fft2(A).*fft2(B));%对A、B进行二维快速傅里叶变换，并将结果相乘,对%乘积
                               进行二维逆快速傅里叶变换,得到卷积
```

```
C =
  16.0000   18.0000   21.0000   34.0000   18.0000   16.0000   13.0000
  21.0000   34.0000   47.0000   68.0000   47.0000   34.0000   21.0000
  30.0000   50.0000   69.0000  102.0000   72.0000   52.0000   33.0000
  34.0000   68.0000  102.0000  136.0000  102.0000   68.0000   34.0000
  18.0000   50.0000   81.0000  102.0000   84.0000   52.0000   21.0000
  13.0000   34.0000   55.0000   68.0000   55.0000   34.0000   13.0000
   4.0000   18.0000   33.0000   34.0000   30.0000   16.0000    1.0000
```

下面是利用 MATLAB 自带的卷积计算命令 conv2 进行的验算。

```
>> A = magic(4);
>> B = ones(3);
>> D = conv2(A,B)
D =
    16   18   21   18   16   13
    21   34   47   47   34   21
    30   50   69   72   52   33
    18   50   81   84   52   21
    13   34   55   55   34   13
     4   18   33   30   16    1
```

6.5.4 拉普拉斯（Laplace）变换

MATLAB 提供的拉普拉斯变换命令是 laplace。

laplace 命令的调用格式见表 6-10。

表 6-10 laplace 调用格式

命 令	说 明
laplace(F)	计算默认自变量 t 的符号拉普拉斯变换，默认的返回形式是 $L(s)$，即 $F=F(t) \Rightarrow L=L(s)$；如果 $F=F(s)$，则返回 $L=L(t)$，即求 $L(s)=\int_0^\infty F(t)\mathrm{e}^{-st}\mathrm{d}t$
laplace(F,t)	计算结果以 t 为默认变量，即求 $L(t)=\int_0^\infty F(x)\mathrm{e}^{-tx}\mathrm{d}x$
laplace(F,w,z)	以 z 代替 s 并对 w 积分，即求 $L(z)=\int_0^\infty F(w)\mathrm{e}^{-zw}\mathrm{d}w$

例 6-34：计算 $f(t)=t^4$ 的拉普拉斯变换。

解：MATLAB 程序如下：

```
>> clear
>> syms t
>> f = t^4;
>> laplace(f)
ans =
24/s^5
```

例 6-35：计算 $g(s) = \dfrac{1}{\sqrt{s}}$ 的拉普拉斯变换。

解：MATLAB 程序如下：

```
>> clear
>> syms s
>> g = 1/sqrt(s);
>> laplace(g)
ans =
pi^(1/2)/t^(1/2)
```

例 6-36：计算 $f(t) = e^{-at}$ 的拉普拉斯变换。

解：MATLAB 程序如下：

```
>> clear
>> syms t a x
>> f = exp(-a*t);
>> laplace(f,x)
ans =
1/(x+a)
```

6.5.5 拉普拉斯（ilaplace）逆变换

MATLAB 提供的拉普拉斯逆变换命令是 ilaplace。

ilaplace 命令的调用格式见表 6-11。

表 6-11　ilaplace 调用格式

命　　令	说　　明
ilaplace (L)	计算对默认自变量 s 的符号拉普拉斯逆变换，默认的返回形式是 $F(t)$，即 $L = L(s) \Rightarrow F = F(t)$；如果 $L = L(t)$，则返回 $F = F(x)$，即求 $f(w) = \int_{c-iw}^{c+iw} L(s)e^{st}ds$
ilaplace (L,y)	计算结果以 y 为默认变量，即求 $F(y) = \int_{c-iw}^{c+iw} L(y)e^{xy}ds$
ilaplace (L,y,x)	以 x 代替 t 的拉普拉斯逆变换，即求 $F(x) = \int_{c-iw}^{c+iw} L(y)e^{xy}dy$

例 6-37：计算 $f(t) = \dfrac{1}{s^2+1}$ 的拉普拉斯逆变换。

解：MATLAB 程序如下：

```
>> clear
>> syms s
>> f = 1/(s^2+1);
>> ilaplace(f)
ans =
sin(t)
```

例 6-38：计算 $g(a) = \dfrac{1}{(t^2+t-a)^2}$ 的拉普拉斯逆变换。

解：MATLAB 程序如下：

```
>> clear
>> syms a t
>> g = 1/(t^2 + t - a)^2;
>> ilaplace(g)
ans =
(2*exp(-x*((4*a+1)^(1/2)/2+1/2)))/(4*a+1)^(3/2) - (2*exp(x*((4*a+1)^(1/2)/2 - 1/2)))/(4*a+1)^(3/2) + (x*exp(x*((4*a+1)^(1/2)/2 - 1/2)))/(4*a+1) + (x*exp(-x*((4*a+1)^(1/2)/2+1/2)))/(4*a+1)
```

例 6-39：计算 $f(u) = \dfrac{1}{u^2-a^2}$ 的拉普拉斯逆变换。

解：MATLAB 程序如下：

```
>> clear
>> syms x u a
>> f = 1/(u^2 - a^2);
>> ilaplace(f,x)
ans =
1/a*sinh(a*x)
```

6.6 复杂函数

用简单函数逼近（近似表示）复杂函数是数学中的一种基本思想方法，也是工程中常常要用到的技术手段。本节主要介绍如何用 MATLAB 来实现泰勒展开的操作。

6.6.1 泰勒（Taylor）展开

1. 泰勒定理

为了更好地说明下面的内容，也为了读者更易理解本节内容，先写出著名的泰勒定理。

若函数 $f(x)$ 在 x_0 处 n 阶可微，则 $f(x) = \sum_{k=0}^{n} \dfrac{f^{(k)}(x)}{k!}(x-x_0)^k + R_n(x)$。其中，$R_n(x)$ 称为 $f(x)$ 的余项，常用的余项公式如下。

- 佩亚诺（Peano）型余项：$R_n(x) = o((x-x_0)^n)$。
- 拉格朗日（Lagrange）型余项：$R_n(x) = \dfrac{f^{(n+1)}(\xi)}{(n+1)!}(x-x_0)^{n+1}$，其中 ξ 介于 x 与 x_0 之间。

特别地，当 $x_0 = 0$ 时的带拉格朗日型余项的泰勒公式：

$$f(x) = f(0) + f'(0)x + \dfrac{f''(0)}{2!}x^2 + \cdots + \dfrac{f^{(n)}(0)}{n!}x^n + \dfrac{f^{(n+1)}(\xi)}{(n+1)!}x^{n+1}, (0 < \xi < x)$$

称为麦克劳林（Maclaurin）公式。

2. 泰勒展开

麦克劳林公式实际上是要将函数 $f(x)$ 表示成 x^n（n 从 0 到无穷大）的和的形式。在 MATLAB 中，可以用 taylor 命令来实现这种泰勒展开。taylor 命令的调用格式见表 6-12。

表 6-12 taylor 调用格式

命　　令	说　　明
taylor(f)	关于系统默认变量 x 求 $\sum_{n=0}^{5} \dfrac{f^{(n)}(0)}{n!} x^n$
taylor(f,m)	关于系统默认变量 x 求 $\sum_{n=0}^{m} \dfrac{f^{(n)}(0)}{n!} x^n$，这里的 m 要求为一个正整数
taylor(f,a)	关于系统默认变量 x 求 $\sum_{n=0}^{5} (x-a)^n \dfrac{f^{(n)}(a)}{n!} x^n$，这里的 a 要求为一个实数
taylor(f,m,a)	关于系统默认变量 x 求 $\sum_{n=0}^{m} (x-a)^n \dfrac{f^{(n)}(a)}{n!} x^n$，这里的 m 要求为一个正整数，a 要求为一个实数
taylor(f,y)	关于函数 $f(x,y)$ 求 $\sum_{n=0}^{5} \dfrac{y^n}{n!} \dfrac{\partial^n}{\partial y^n} f(x, y=0)$
taylor(f,y,m)	关于函数 $f(x,y)$ 求 $\sum_{n=0}^{m} \dfrac{y^n}{n!} \dfrac{\partial^n}{\partial y^n} f(x, y=0)$，这里的 m 要求为一个正整数
taylor(f,y,a)	关于函数 $f(x,y)$ 求 $\sum_{n=0}^{5} \dfrac{(y-a)^n}{n!} \dfrac{\partial^n}{\partial y^n} f(x, y=a)$，这里的 a 要求为一个实数
taylor(f,m,y,a)	关于函数 $f(x,y)$ 求 $\sum_{n=0}^{m} \dfrac{(y-a)^n}{n!} \dfrac{\partial^n}{\partial y^n} f(x, y=a)$，这里的 m 要求为一个正整数，a 要求为一个实数

例 6-40：求 e^{-x} 的 6 阶麦克劳林型近似展开。

解：MATLAB 程序如下：

```
>> syms x
>> f = exp(-x);
>> f6 = taylor(f)
f6 =
1 - x + 1/2 * x^2 - 1/6 * x^3 + 1/24 * x^4 - 1/120 * x^5
```

例 6-41：求 $\sin x + x^2$ 的 6 阶麦克劳林型近似展开。

解：MATLAB 程序如下：

```
>> syms x
>> f = sin(x) + x^2;
>> f6 = taylor(f)
f6 =
x^5/120 - x^3/6 + x^2 + x
```

例 6-42：求 $f(x,y) = x^y$ 关于 y 在 0 处的 4 阶展开，关于 x 在 1.5 处的 4 阶泰勒展开。

解：MATLAB 程序如下：

```
>> syms x y
>> f = x^y;
>> f1 = taylor(f,y,4)
f1 =
1 + log(x) * y + 1/2 * log(x)^2 * y^2 + 1/6 * log(x)^3 * y^3
>> f2 = taylor(f,4,x,1.5)
f2 =
```

$(3/2)^\wedge y + 2/3*(3/2)^\wedge y*y*(x-3/2) + 2/9*(3/2)^\wedge y*y*(y-1)*(x-3/2)^\wedge 2 + 4/81*(3/2)^\wedge y*y*(y-1)*(y-2)*(x-3/2)^\wedge 3$

注意

当 a 为正整数，求函数 $f(x)$ 在 a 处的 6 阶麦克劳林型近似展开时，不要用 taylor(f,a)，否则 MATLAB 得出的结果将是 $f(x)$ 在 0 处的 6 阶麦克劳林型近似展开。

6.6.2 傅里叶（Fourier）展开

在 MATLAB 中不存在现成的傅里叶级数展开命令，我们可以根据傅里叶级数的定义编写一个函数文件来完成这个计算。

傅里叶级数的定义如下。

设函数 $f(x)$ 在区间 $[0,2\pi]$ 上绝对可积，且令

$$\begin{cases} a_n = \dfrac{1}{\pi}\int_0^{2\pi} f(x)\cos nx\,\mathrm{d}x & (n=0,1,2,\cdots) \\ b_n = \dfrac{1}{\pi}\int_0^{2\pi} f(x)\sin nx\,\mathrm{d}x & (n=1,2,\cdots) \end{cases}$$

以 a_n、b_n 为系数作三角级数

$$\frac{a_0}{2} + \sum_{n=1}^{\infty}(a_n\cos nx + b_n\sin nx)$$

它称为 $f(x)$ 的傅里叶级数，a_n、b_n 称为 $f(x)$ 的傅里叶系数。

例 6-43：计算 $f(x)=x^2+x$ 的区间 $[0,2\pi]$ 上的傅里叶系数。

1) 编写计算区间 $[0,2\pi]$ 上傅里叶系数的 Fourierzpi.m 文件如下：

```
function [a0,an,bn] = Fourierzpi(f)
syms x n
a0 = int(f,0,2*pi)/pi;
an = int(f*cos(n*x),0,2*pi)/pi;
bn = int(f*sin(n*x),0,2*pi)/pi;
```

2) 在命令行窗口中输入程序：

```
>> clear
>> syms x
>> f = x^2 + x;
>> [a0,an,bn] = fourierzpi(f)
a0 =
(2*pi*(4*pi+3))/3
an =
-((2*sin(pi*n)^2 - 2*n*pi*sin(2*pi*n))/n^2 + (2*sin(2*pi*n) - 4*n^2*pi^2*sin(2*pi*n) + 4*n*pi*(2*sin(pi*n)^2 - 1))/n^3)/pi
bn =
(2*cos(2*pi*n) - n^2*(2*pi*cos(2*pi*n) + 4*pi^2*cos(2*pi*n)) + n*(sin(2*pi*n) + 4*pi*sin(2*pi*n)) - 2)/(n^3*pi)
```

例6-44：计算$f(x) = x^2 + x$的区间$[-\pi, \pi]$上的傅里叶系数。

1）编写计算区间$[-\pi, \pi]$上傅里叶系数的Fourierpipi1.m文件如下：

```
function [a0,an,bn] = Fourierzpi1(f)
syms x n
a0 = int(f, -pi, pi)/pi;
an = int(f*cos(n*x), -pi, pi)/pi;
bn = int(f*sin(n*x), -pi, pi)/pi;
```

2）在命令行窗口中输入程序：

```
>> clear
>> syms x
>> f = x^2 + x;
>> [a0,an,bn] = Fourierzpi1(f)
a0 =
(2*pi^2)/3
an =
(2*(n^2*pi^2*sin(pi*n) - 2*sin(pi*n) + 2*n*pi*cos(pi*n)))/(n^3*pi)
bn =
(2*(sin(pi*n) - n*pi*cos(pi*n)))/(n^2*pi)
```

例6-45：计算$f(x) = x^2 - x$的区间$[0, 2\pi]$上的傅里叶系数。

1）编写计算区间$[-\pi, \pi]$上傅里叶系数的Fourierpipi.m文件如下：

```
function [a0,an,bn] = Fourierzpi(f)
syms x n
a0 = int(f,0,2*pi)/pi;
an = int(f*cos(n*x),0,2*pi)/pi;
bn = int(f*sin(n*x),0,2*pi)/pi;
```

2）在命令行窗口中输入程序：

```
>> clear
>> syms x
>> f = x.^ - x;
>> [a0,an,bn] = Fourierzpi(f)
a0 =
int(1/x^x,x,0,2*pi)/pi
an =
int(cos(n*x)/x^x,x,0,2*pi)/pi
bn =
int(sin(n*x)/x^x,x,0,2*pi)/pi
```

6.7 操作实例——高斯脉冲时域与频域转换

傅里叶变换经常被用于计算存在噪声的时域信号的频谱。假设数据采样频率为1000 Hz，一个信号包含频率为50 Hz、振幅为0.7的正弦波和频率为120 Hz、振幅为1的正弦波，噪声为零平均值的随机噪声。试采用FFT方法分析其频谱。

操作步骤如下。

1. 定义信号参数

```
>> clear
>> Fs = 100;                    % 采样频率
>> T = 1/Fs;                    % 采样时间
>> t = -1:T:1;                  % 时间向量
>> L = length(t);;              % 信号长度
>> X = 1/(4*sqrt(2*pi*0.01))*(exp(-t.^2/(2*0.01)));
```

2. 绘制时域

```
>> subplot(1,2,1),plot(t,X)
>> title('高斯脉冲时域信号');
>> xlabel('时间(t)')
>> ylabel('时域 X(f)')
```

在图形窗口中显示生成的时域图形，如图 6-6 所示。

3. 使用傅里叶转换频域

使用 FFT 函数将信号转换到频域，首先需要确定一个新的输入长度是从原始信号长度 2 以下功率。这将信号 x 尾随零为了提高 FFT 性能。

```
>> n = 2^nextpow2(L); % Next power of 2 from length of y
>> Y = fft(X,n);
```

4. 定义频域

```
>> f = Fs*(0:(n/2))/n;
>> P = abs(Y/n);
```

5. 绘制频域

```
>> subplot(1,2,2),plot(f,P(1:n/2+1))
>> title('高斯脉冲频域信号')
>> xlabel('频率(f)')
>> ylabel('频域|P(f)|')
```

在图形窗口中显示生成的频域图形，如图 6-7 所示。

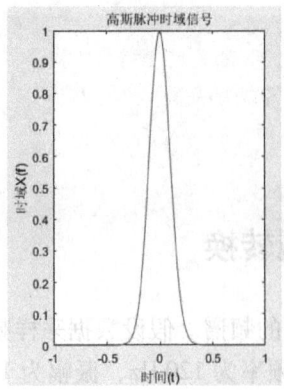

图 6-6　时域图形

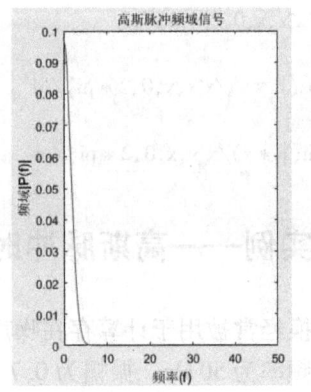

图 6-7　频域图形

第7章 方 程 组

 内容指南

MATLAB 提供了一些处理多项式与方程组的函数，用户使用这些函数可以很方便地求解多项式的根，进行四则运算，对方程组进行求解。

 知识重点

- 方程的运算
- 线性方程组求解
- 四元一次方程组求解
- 非线性方程（组）的求解
- 常微分方程的数值解法
- 偏微分方程

7.1 方程的运算

方程是表示两个数学式（如两个数、函数、量、运算）之间相等关系的一种等式，通常在两者之间有一等号"＝"。同时，方程是含有未知数的等式。多项式的一侧添加等号则转化为方程，如 $x-2=5$，$x+8=y-3$。

不定元只有一个的方程式称为一元方程式；不定元不止一个的方程式称为多元方程式。类似 $f(x)=a_0x^n+a_1x^{n-1}+\cdots+a_{n-1}x+a_n$ 的函数中，若 $f(x)=0$，即可转化为 $a_0x^n+a_1x^{n-1}+\cdots+a_{n-1}x+a_n=0$ 称之为一元 n 次方程，$x_1-2x_2+3x_3-x_4=0$ 是多元方程。

7.1.1 方程组的介绍

1. 一元方程

1）对于一元一次方程 $Ax+b=c$ 直接使用四则运算进行计算 $x=\dfrac{c-b}{A}$。

2）设一元二次方程 $ax^2+bx+c=0(a,b,c\in R, a\neq 0)$ 中，两根 x_1、x_2 有如下关系

$$x_1+x_2=-\frac{b}{a}$$

$$x_1x_2=\frac{c}{a}$$

由一元二次方程求根公式知：$x_{1,2}=\dfrac{-b\pm\sqrt{b^2-4ac}}{2a}$

3）一元三次方程的解法只能用归纳思维得到，即根据一元一次方程、一元二次方程及特殊的高次方程的求根公式的形式归纳出一元三次方程的求根公式的形式。

归纳出来的形如 $x^3 + px + q = 0$ 的一元三次方程的求根公式的形式应该为 $x = \sqrt[3]{A} + \sqrt[3]{B}$ 型，即为两个开立方之和。归纳出了一元三次方程求根公式的形式。

2. 二元一次方程

将方程组中一个方程的某个未知数用含有另一个未知数的代数式表示出来，代入另一个方程中，消去一个未知数，得到一个一元一次方程，最后求得方程组的解，这种解方程组的方法叫作代入消元法。

具体步骤如下：

- 选取一个系数较简单的二元一次方程变形，用含有一个未知数的代数式表示另一个未知数；
- 将变形后的方程代入另一个方程中，消去一个未知数，得到一个一元一次方程（在代入时，要注意不能代入原方程，只能代入另一个没有变形的方程中，以达到消元的目的）；
- 解这个一元一次方程，求出未知数的值；
- 将求得的未知数的值代入 $a_0 x^n + a_1 x^{n-1} + \cdots + a_{n-1} x + a_n = 0$ 中变形后的方程中，求出另一个未知数的值；
- 用"{"联立两个未知数的值，就是方程组的解；
- 最后检验求得的结果是否正确（代入原方程组中进行检验，方程是否满足左边 = 右边）。

7.1.2 方程式的解

方程的解是指所有未知数的总称，方程的根是指一元方程的解，两者通常可以通用。

对于一元方程展开后的形式 $x^n + a_1 x^{n-1} + \cdots + a_{n-1} x + a_n = 0$，$a_1$、$a_2$ 等叫作方程的系数；若方程有解，则可以转化为因式形式 $(x-b_0)(x-b_1)(x-b_2)\cdots(b-a_n) = 0$。其中，$a_0$、$a_1$ 等叫作方程的解，也叫作方程的根。

在 MATLAB 中，使用 poly 和 roots 函数求解系数与方程根，调用格式见表 7-1。

表 7-1　方程求函数

调用格式	说　明
poly（r）	r 是向量或矩阵，是方程的解多项式，返回方程的系数向量
roots（p）	p 为向量，求方程的根

再调用 poly2sym 函数可以生成多项式。

例 7-1：通过构造多项式创建方程。

解：MATLAB 程序如下：

```
>> p1=[2 -1 0 4 0 4];
>> poly2sym(p1)
ans =
2*x^5 - x^4 + 4*x^2 + 4
```

例 7-2：对方程求解。

解：MATLAB 程序如下：

```
>> p1 = [2 -1 0 4 0 4];
>> r = roots(p1)
r =
    -1.3172 + 0.0000i
     1.0000 + 1.0000i
     1.0000 - 1.0000i
    -0.0914 + 0.8665i
    -0.0914 - 0.8665i
```

例 7-3：根据方程的根求解方程。

解：MATLAB 程序如下：

```
>> p2 = poly(roots(p1));
>> poly2sym(p2)
ans =
x^5 - x^4/2 + (9*x^3)/9007199254740992 + 2*x^2 - (43*x)/36028797018963968 + 2
```

7.1.3 线性方程有解

线性方程是指一次方程，类似 $2x_1 - x_2 - x_3 + 1 = 0$，在方程等式两边乘以任何相同的非零函数，方程的本质不变。在本小节中，我们给出一个判断线性方程组 $Ax = b$ 解的存在性的函数 isexist.m 如下：

```
function y = isexist(A,b)
% 该函数用来判断线性方程组 Ax = b 的解的存在性
% 若方程组无解则返回 0,若有唯一解则返回 1,若有无穷多解则返回 Inf
[m,n] = size(A);
[mb,nb] = size(b);
if m ~= mb
    error('输入有误!');
    return;
end
r = rank(A);
s = rank([A,b]);
if r == s && r == n
    y = 1;
elseif r == s && r < n
    y = Inf;
else
    y = 0;
end
```

7.2 线性方程组求解

在线性代数中，求解线性方程组是一个基本内容，在实际中，许多工程问题都可以化为线性方程组的求解问题。本节首先简单介绍一下线性方程组的基础知识，最后讲述如何用

MATLAB 来解各种线性方程组。

7.2.1 线性方程组定义

多个一次方程组成的组合叫作线性方程组，对于线性方程组

$$\begin{cases} a_{11}x_1 + a_{12}x_2 + \cdots + a_{1n}x_n = b_1 \\ a_{21}x_1 + a_{22}x_2 + \cdots + a_{2n}x_n = b_2 \\ \cdots \\ a_{n1}x_1 + a_{n2}x_2 + \cdots + a_{nn}x_n = b_n \end{cases} \text{中} \boldsymbol{A} = \begin{pmatrix} a_{11} & a_{12} & \cdots & a_{1n} \\ a_{21} & a_{22} & \cdots & a_{2n} \\ \cdots & \cdots & \cdots & \cdots \\ a_{m1} & a_{m2} & \cdots & a_{mn} \end{pmatrix}, b = \begin{pmatrix} b_1 \\ b_2 \\ \cdots \\ b_m \end{pmatrix}$$

则有 $\boldsymbol{A}x = b$，其中 $\boldsymbol{A} \in \boldsymbol{R}^{m \times n}, b \in \boldsymbol{R}^m$。

若 $m = n$，我们称之为恰定方程组；若 $m > n$，我们称之为超定方程组；若 $m < n$，我们称之为欠定方程组。

若常数 $b_1, b_2, \cdots, b_n$ 全为 0，即 $b = 0$，则相应的方程组称为齐次线性方程组，否则称为非齐次线性方程组。

对于齐次线性方程组解的个数有下面的定理。

定理 1：设方程组系数矩阵 $\boldsymbol{A}$ 的秩为 r，则

1）若 $r = n$，则齐次线性方程组有唯一解；

2）若 $r < n$，则齐次线性方程组有无穷解。

对于非齐次线性方程组解的存在性有下面的定理。

定理 2：设方程组系数矩阵 $\boldsymbol{A}$ 的秩为 r，增广矩阵 $[\boldsymbol{A}\ b]$ 的秩为 s，则

1）若 $r = s = n$，则非齐次线性方程组有唯一解；

2）若 $r = s < n$，则非齐次线性方程组有无穷解；

3）若 $r \neq s$，则非齐次线性方程组无解。

关于齐次线性方程组与非齐次线性方程组之间的关系有下面的定理。

定理 3：非齐次线性方程组的通解等于其一个特解与对应齐次方程组的通解之和。

若线性方程组有无穷多解，我们希望找到一个基础解系 $\eta_1, \eta_2, \cdots, \eta_r$，以此来表示相应齐次方程组的通解：$k_1\eta_1 + k_2\eta_2 + \cdots + k_r\eta_y (k_i \in R)$。

7.2.2 利用矩阵的基本运算

1. 利用除法运算

对于线性方程组 $\boldsymbol{A}x = b$，系数矩阵 $\boldsymbol{A}$ 非奇异，最简单的求解方法是利用矩阵的左除 "\" 来求解方程组的解，即 $x = \boldsymbol{A} \backslash b$，这种方法采用高斯（Gauss）消去法，可以提高计算精度且能够节省计算时间。

2. 利用矩阵的逆（伪逆）求解

对于线性方程组 $\boldsymbol{A}x = b$，若其为恰定方程组且 $\boldsymbol{A}$ 是非奇异的，则求 x 的最明显的方法便是利用矩阵的逆，即 $x = \boldsymbol{A}^{-1}b$，使用 inv 函数求解；若不是恰定方程组，则可利用伪逆函数 pinv 函数来求其一个特解，即 $x = \text{pinv}(\boldsymbol{A}) * b$。

pinv 命令的使用格式见表 7-2。

表 7-2　pinv 命令的使用格式

调 用 格 式	说　　明
Z = pinv（A）	返回矩阵 **A** 伪逆矩阵 **Z**
Z = pinv（A,tol）	**Z** 是矩阵 **A** 伪逆矩阵，tol 是公差值

其中除法求解与伪逆求解关系如下：

◆ $A \backslash B = \mathrm{pinv}(A) * B$

◆ $A/B = A * \mathrm{pinv}(B)$

这两种方法与上面的方法都采用高斯（Gauss）消去法，比较上面两种方法求解线性方程组在时间与精度上的区别。

编写 M 文件 compare.m 文件如下：

```
% 该 M 文件用来演示求逆法与除法求解线性方程组在时间与精度上的区别
A = 1000 * rand(1000,1000);        % 随机生成一个1000维的系数矩阵
x = ones(1000,1);
b = A * x;
disp('利用矩阵的逆求解所用时间及误差为:');
tic
y = inv(A) * b;
t1 = toc
error1 = norm(y - x)               % 利用2-范数来刻画结果与精确解的误差
disp('利用除法求解所用时间及误差为:')
tic
y = A\b;
t2 = toc
error2 = norm(y - x)
```

该 M 文件的运行结果为：

```
>> compare
利用矩阵的逆求解所用时间及误差为:
t1 =
    1.5140
error1 =
    3.1653e - 010
利用除法求解所用时间及误差为:
t2 =
    0.5650
error2 =
    8.4552e - 011
```

可以看出，利用除法来解线性方程组所用时间仅为求逆法的约 1/3，其精度也要比求逆法高出一个数量级左右，因此在实际中应尽量不要使用求逆法。

1. 核空间矩阵求解

对于基础解系，我们可以通过求矩阵 **A** 的核空间矩阵得到，在 MATLAB 中，可以用 null 命令得到 **A** 的核空间矩阵。

null 命令的使用格式见表 7-3。

表 7-3 null 命令的使用格式

调用格式	说明
Z = null(A)	返回矩阵 A 核空间矩阵 Z，即其列向量为方程组 $Ax=0$ 的一个基础解系，Z 还满足 $Z'Z=I$
Z = null(A, 'r')	Z 的列向量是方程 $Ax=0$ 的有理基，与上面的命令不同的是 Z 不满足 $Z^TZ=I$

2. 行阶梯形求解

这种方法只适用于恰定方程组，且系数矩阵非奇异，否则这种方法只能简化方程组的形式，若想将其解出还需进一步编程实现，因此本小节内容都假设系数矩阵非奇异。

将一个矩阵化为行阶梯形的命令是 rref，具体点用格式前面已经讲解，这里不再赘述。

当系数矩阵非奇异时，可以利用这个命令将增广矩阵 $[A\ b]$ 化为行阶梯形，那么 R 的最后一列即为方程组的解。

7.2.3 利用矩阵分解法求解

利用矩阵分解来求解线性方程组，可以节省内存，节省计算时间，因此它也是在工程计算中最常用的技术。本小节将讲述如何利用 LU 分解、QR 分解与楚列斯基（Cholesky）分解来求解线性方程组。

1. LU 分解法

这种方法的思路是先将系数矩阵 A 进行 LU 分解，得到 $LU=PA$，然后解 $Ly=Pb$，最后再解 $Ux=y$ 得到原方程组的解。因为矩阵 L、U 的特殊结构，使得上面两个方程组可以很容易地求出来。下面我们给出一个利用 LU 分解法求解线性方程组 $Ax=b$ 的函数 solvebyLU.m：

```
function x = solvebyLU(A,b)
% 该函数利用 LU 分解法求线性方程组 Ax = b 的解
flag = isexist(A,b);        % 调用第一小节中的 isexist 函数判断方程组解的情况
if flag == 0
    disp('该方程组无解！');
    x = [];
    return;
else
    r = rank(A);
    [m,n] = size(A);
    [L,U,P] = lu(A);
    b = P * b;
    % 解 Ly = b
    y(1) = b(1);
    if m > 1
        for i = 2:m
            y(i) = b(i) - L(i,1:i-1) * y(1:i-1)';
        end
    end
    y = y';
    % 解 Ux = y 得原方程组的一个特解
```

```
            x0(r) = y(r)/U(r,r);
            if r > 1
                for i = r-1:-1:1
                    x0(i) = (y(i) - U(i,i+1:r) * x0(i+1:r)')/U(i,i);
                end
            end
            x0 = x0';
            if flag == 1                        %若方程组有唯一解
                x = x0;
                return;
            else                                %若方程组有无穷多解
                format rat;
                Z = null(A,'r');                %求出对应齐次方程组的基础解系
                [mZ,nZ] = size(Z);
                x0(r+1:n) = 0;
                for i = 1:nZ
                    t = sym(char([107 48+i]));
                    k(i) = t;                   %取 k = [k1,k2,…];
                end
                x = x0;
                for i = 1:nZ
                    x = x + k(i) * Z(:,i);      %将方程组的通解表示为特解加对应齐次通解形式
                end
            end
        end
```

例 7-4: 利用 LU 分解法求方程组 $\begin{cases} 2x_1 - 3x_2 - 5x_3 - x_4 = 1 \\ 3x_1 - 5x_2 + 3x_3 + 4x_4 = 4 \\ x_1 - 2x_2 - 4x_3 - 8x_4 = 0 \\ 5x_1 + 6x_2 + 7x_4 = 0 \end{cases}$ 的唯一解。

解: MATLAB 程序如下:

```
>> clear
>> A = [2 -3 -5 -1;3 -5 -3 4;1 -2 -4 -8;5 6 0 7];
>> b = [1 4 0 0]';
>> x = solvebyLU(A,b)
x =
    0.7330
   -0.6285
    0.4673
    0.0151
```

提示:

进行 LU 分解时用到 M 函数文件 isexist.m、solvebyLU.m,需要将该文件保存到目录文件夹下,否则程序运行错误。

```
>> x = solvebyLU(A,b)
```

未定义函数或变量'solvebyLU'。

2. QR 分解法

利用 QR 分解法解方程组的思路与上面的 LU 分解法是一样的，也是先将系数矩阵 A 进行 QR 分解：$A = QR$，然后解 $Qy = b$，最后解 $Rx = y$ 得到原方程组的解。对于这种方法，需要注意 Q 是正交矩阵，因此 $Qy = b$ 的解即 $y = Q'b$。下面给出一个利用 QR 分解法求解线性方程组 $Ax = b$ 的函数 solvebyQR.m：

```
function x = solvebyQR(A,b)
                                    % 该函数利用 QR 分解法求线性方程组 Ax = b 的解
    flag = isexist(A,b);
                                    % 调用第一小节中的 isexist 函数判断方程组解的情况
    if flag == 0
        disp('该方程组无解！');
        x = [];
        return;
    else
        r = rank(A);
        [m,n] = size(A);
        [Q,R] = qr(A);
        b = Q' * b;
                                    % 解 Rx = b 得原方程组的一个特解
        x0(r) = b(r)/R(r,r);
        if r > 1
            for i = r-1:-1:1
                x0(i) = (b(i) - R(i,i+1:r) * x0(i+1:r)')/R(i,i);
            end
        end
        x0 = x0';
        if flag == 1                % 若方程组有唯一解
            x = x0;
            return;
        else                        % 若方程组有无穷多解
            format rat;
            Z = null(A,'r');        % 求出对应齐次方程组的基础解系
            [mZ,nZ] = size(Z);
            x0(r+1:n) = 0;
            for i = 1:nZ
                t = sym(char([107 48+i]));
                k(i) = t;           % 取 k = [k1,…,kr];
            end
            x = x0;
            for i = 1:nZ
                x = x + k(i) * Z(:,i);   % 将方程组的通解表示为特解加对应齐次通解形式
            end
        end
    end
end
```

例7-5：利用 QR 分解法求方程组 $\begin{cases} x_1 - 8x_2 + 6x_3 + 4x_4 = 0 \\ 3x_1 - 5x_2 - 2x_3 - 3x_4 = 5 \\ 5x_1 + 3x_2 + 2x_3 - 5x_4 = 3 \end{cases}$ 的通解。

解：MATLAB 程序如下：

```
>> clear
>> A=[1 -8 6 4;3 -5 -2 -3;5 3 2 -5];
>> b=[4 -3 3]';
>> x=solvebyQR(A,b)
x =
        (87*k1)/82+5/82
        (10*k1)/41+10/41
        161/164 - (85*k1)/164
                k1
```

3. 楚列斯基分解法

与上面两种矩阵分解法不同的是，楚列斯基分解法只适用于系数矩阵 **A** 是对称正定的情况。

它的解方程思路是先将矩阵 **A** 进行楚列斯基分解：**A = R'R**，然后解 **R'y = b**，最后再解 **Rx = y** 得到原方程组的解。下面我们给出一个利用楚列斯基分解法求解线性方程组 **Ax = b** 的函数 solvebyCHOL.m：

```
function x = solvebyCHOL(A,b)
% 该函数利用楚列斯基分解法求线性方程组 Ax = b 的解
lambda = eig(A);
if lambda > eps&isequal(A,A')
    [n,n] = size(A);
    R = chol(A);
    % 解 R'y = b
    y(1) = b(1)/R(1,1);
    if n > 1
        for i = 2:n
            y(i) = (b(i) - R(1:i-1,i)'*y(1:i-1)')/R(i,i);
        end
    end
    % 解 Rx = y
    x(n) = y(n)/R(n,n);
    if n > 1
        for i = n-1:-1:1
            x(i) = (y(i) - R(i,i+1:n)*x(i+1:n)')/R(i,i);
        end
    end
    x = x';
else
    x = [];
    disp('该方法只适用于对称正定的系数矩阵！');
end
```

在本小节的最后,再给出一个函数 solvelineq.m。对于这个函数,读者可以通过输入参数来选择用上面的哪种矩阵分解法求解线性方程组。

```
function x = solvelineq(A,b,flag)
% 该函数是矩阵分解法汇总,通过 flag 的取值来调用不同的矩阵分解
% 若 flag ='LU',则调用 LU 分解法;
% 若 flag ='QR',则调用 QR 分解法;
% 若 flag ='CHOL',则调用 CHOL 分解法;
if strcmp(flag,'LU')
    x = solvebyLU(A,b);
elseif strcmp(flag,'QR')
    x = solvebyQR(A,b);
elseif strcmp(flag,'CHOL')
    x = solvebyCHOL(A,b);
else
    error('flag 的值只能为 LU,QR,CHOL!');
end
```

例 7-6:利用楚列斯基分解法求 $\begin{cases} 3x_1 + 3x_2 - 3x_3 = 1 \\ 3x_1 + 5x_2 - 2x_3 = 2 \\ -3x_1 - 2x_2 + 5x_3 = 3 \end{cases}$ 的解。

解:MATLAB 程序如下:

```
>> clear
>> A = [3 3 -3;3 5 -2;-3 -2 5];
>> b = [1 2 3]';
>> x = solvebyCHOL(A,b)
x =
    3.3333
   -0.6667
    2.3333
>> A*x        % 验证解的正确性
ans =
    1.0000
    2.0000
    3.0000
```

知识拓展:

在所有使用到 M 函数文件的情况下,均需要将 M 文件赋值到目录文件夹下,或者切换目录到 M 文件所在文件夹。

7.2.4 非负最小二乘解

在实际问题中,用户往往会要求线性方程组的解是非负的,若此时方程组没有精确解,则希望找到一个能够尽量满足方程的非负解。对于这种情况,可以利用 MATLAB 中求非负最小二乘解的命令 lsqnonneg 来实现。

$$\min \| Ax - b \|_2$$

$$\text{s. t.} \quad x_i \geq 0, i = 1, 2, \cdots, n$$

以此来得到线性方程组 $Ax = b$ 的非负最小二乘解。

lsqnonneg 命令常用的使用格式见表 7-4。

表 7-4　lsqnonneg 命令的使用格式

调用格式	说　　明
x = lsqnonneg(A,b)	利用高斯消去法得到矩阵 **A** 的行阶梯形 **R**
x = lsqnonneg(A,b,x0)	返回矩阵 **A** 的行阶梯形 **R** 以及向量 ***jb***

例 7-7：求方程组 $\begin{cases} x_1 + x_2 - x_3 = 1 \\ 4x_2 - 3x_3 + 2x_4 = 1 \\ x_1 - x_3 + x_4 = 1 \\ 2x_1 + 8x_2 + x_3 + 7x_4 = 1 \end{cases}$ 的最小二乘解。

解：MATLAB 程序如下：

```
>> clear
>> A = [1 2 -1 0;0 4 -3 2;1 0 -1 1;2 8 1 7];
>> b = [1 1 1 1]';
>> x = lsqnonneg(A,b)
x =
        7/15
        1/15
          0
          0
>> A * x      % 验证解的正确性
ans =
        3/5
        4/15
        7/15
        22/15
```

例 7-8：求方程组 $\begin{cases} x_1 + 2x_2 + 2x_3 + x_4 = 0 \\ 2x_1 + x_2 - 2x_3 - 2x_4 = 0 \\ x_1 - x_2 - 4x_3 - 3x_4 = 0 \end{cases}$ 的通解。

解：MATLAB 程序如下：

```
>> clear
>> A = [1 2 2 1;2 1 -2 -2;1 -1 -4 -3];   % 输入系数矩阵 A
>> format rat                             % 指定以有理形式输出
>> Z = null(A,'r')
Z =
        2         5/3
       -2        -4/3
        1         0
        0         1
```

所以该方程组的通解为

$$x = k_1 \begin{pmatrix} 2 \\ -2 \\ 1 \\ 0 \end{pmatrix} + k_2 \begin{pmatrix} 5/3 \\ -4/3 \\ 0 \\ 1 \end{pmatrix}$$

例 7-9：求方程组 $\begin{cases} 2x_1 + 6x_2 & = 1 \\ 3x_1 + 8x_2 + 6x_3 & = 1 \\ x_2 + 2x_3 + 6x_4 & = 0 \\ x_3 - 6x_4 + 6x_5 & = 1 \\ x_4 + 3x_5 & = 0 \end{cases}$ 的解。

解：MATLAB 程序如下：

```
>> clear
>> A = [2 6 0 0 0;3 8 6 0 0;0 1 2 6 0;0 0 1 -6 6;0 0 0 1 3];
>> b = [1 1 0 1 0]';
>> r = rank(A)     %求 A 的秩看其是否非奇异
r =
    5
>> B = [A,b];      %B 为增广矩阵
>> R = rref(B)     %将增广矩阵化为阶梯形
R =
  1 至 3 列
    1    0    0
    0    1    0
    0    0    1
    0    0    0
    0    0    0
  4 至 6 列
    0    0    -53/35
    0    0    47/70
    0    0    1/35
    1    0    -17/140
    0    1    17/420
>> x = R(:,6)      %R 的最后一列即为解
x =
    -53/35
    47/70
    1/35
    -17/140
    17/420
>> A*x             %验证解的正确性
ans =
    1
    1
    0
    1
    1/72057594037927936
```

7.3 四元一次方程组求解

对于四元一次线性方程组 $\begin{cases} 2x_1 + x_2 - 5x_3 + x_4 = 8 \\ x_1 - 3x_2 - 6x_4 = 9 \\ 2x_2 - x_3 + 2x_4 = -5 \\ x_1 + 4x_2 - 7x_3 + 6x_4 = 0 \end{cases}$ ，利用 MATLAB 中求解多元方程组的不同方法进行求解。

上面的方程符合 $Ax = b$，首先需要确定方程组解的信息。

1）首先需要创建方程组系数矩阵 A，b。

```
>> A = [2 1 -5 1;1 -3 0 -6;0 2 -1 2;1 4 -7 6]
A =
     2    1   -5    1
     1   -3    0   -6
     0    2   -1    2
     1    4   -7    6
>> b = [8 9 -5 0]'
b =
     8
     9
    -5
     0
```

2）判断方程是否有解，方法包括两种：

方法一：

① 编写函数 isexist.m 如下：

```
function y = isexist(A,b)
% 该函数用来判断线性方程组 Ax = b 的解的存在性
% 若方程组无解则返回0,若有唯一解则返回1,若有无穷多解则返回Inf
[m,n] = size(A);
[mb,nb] = size(b);
if m ~ = mb
    error('输入有误!');
    return;
end
r = rank(A);
s = rank([A,b]);
if r == s && r == n
    y = 1;
elseif r == s && r < n
    y = Inf;
else
    y = 0;
end
```

② 调用函数。

```
>> y = isexist(A,b)
y =
    1
```
方程返回1,则确定有唯一解

方法二：
① 求方程组的秩。

```
>> r = rank(A)
r =
    4                      %秩 r = n = 4,A 为非奇异矩阵
```

② 创建增广矩阵 [A b]。

```
>> B = [A,b]
B =
    2    1   -5    1
    1   -3    0   -6
    0    2   -1    2
    1    4   -7    6
>> s = rank(B)             %求增广矩阵的秩
s =
    4
```
这里 r = s = n = 4,则该非齐次线性方程组有唯一解

7.3.1 利用矩阵的逆

若方程符合 $Ax = b$，则 $x = A'b$，因此求解方程组的解首先需要求解方程组系数矩阵的逆矩阵。

```
>> x0 = pinv(A) * b        %利用矩阵的逆求解
x0 =
    3.0000
   -4.0000
   -1.0000
    1.0000
>> b0 = A * x0             %验证解的正确性
b0 =
    8.0000
    9.0000
   -5.0000
    0.0000
```

得出的结果 b0 与矩阵 b 相同,求解正确。

7.3.2 利用行阶梯形求解

这种方法只适用于恰定方程组,且系数矩阵非奇异。上面得出系数矩阵 A 为非奇异矩阵,我们可以利用这个命令将增广矩阵 [A b] 化为行阶梯形,那么 R 的最后一列即为方程

组的解。

```
>> R = rref(B)        % 将增广矩阵化为阶梯形
R =
    1    0    0    0    3
    0    1    0    0   -4
    0    0    1    0   -1
    0    0    0    1    1
>> x1 = R(:,5)        % R 的最后一列即为解
X1 =
    3
   -4
   -1
    1
>> b1 = A * x1        % 验证解的正确性
ans =
    8
    9
   -5
    0
```

得出的结果 *b*1 与矩阵 *b* 相同，求解正确。

7.3.3 利用矩阵分解求解

利用矩阵分解来求解线性方程组，是在工程计算中最常用的技术。下面分别利用不同的分解法来求解四元一次方程。

1. LU 分解法

LU 分解法是先将系数矩阵 ***A*** 进行 LU 分解，得到 ***LU = PA***，然后解 ***Ly = Pb***，最后再解 ***Ux = y*** 得到原方程组的解。

（1）编写利用 LU 分解法求解线性方程组 ***Ax = b*** 的函数 solvebyLU.m

```
function x = solvebyLU(A,b)
% 该函数利用 LU 分解法求线性方程组 Ax = b 的解
flag = isexist(A,b);              % 调用第一小节中的 isexist 函数判断方程组解的情况
if flag == 0
    disp('该方程组无解！');
    x = [ ];
    return;
else
    r = rank(A);
    [m,n] = size(A);
    [L,U,P] = lu(A);
    b = P * b;
    % 解 Ly = b
    y(1) = b(1);
    if m > 1
        for i = 2:m
```

```
            y(i) = b(i) - L(i,1:i-1) * y(1:i-1)';
        end
    end
    y = y';
    % 解 Ux = y 得原方程组的一个特解
    x0(r) = y(r)/U(r,r);
    if r > 1
        for i = r-1: -1:1
            x0(i) = (y(i) - U(i,i+1:r) * x0(i+1:r)')/U(i,i);
        end
    end
    x0 = x0';
    if flag == 1                    %若方程组有唯一解
        x = x0;
        return;
    else                            %若方程组有无穷多解
        format rat;
        Z = null(A,'r');            %求出对应齐次方程组的基础解系
        [mZ,nZ] = size(Z);
        x0(r+1:n) = 0;
        for i = 1:nZ
            t = sym(char([107 48+i]));
            k(i) = t;               %取 k = [k1,k2,…];
        end
        x = x0;
        for i = 1:nZ
            x = x + k(i) * Z(:,i);  %将方程组的通解表示为特解加对应齐次通解形式
        end
    end
end
```

(2) 调用函数

```
>> x2 = solvebyLU(A,b)
x2 =
    3.0000
   -4.0000
   -1.0000
    1.0000
>> b2 = A*x2         %验证解的正确性
b2 =
    8.0000
    9.0000
   -5.0000
    0.0000
```

得出的结果 $b2$ 与矩阵 b 相同,求解正确。

2. QR 分解法

利用 QR 分解法:先将系数矩阵 A 进行 QR 分解:$A = QR$,然后解 $Qy = b$,最后解 $Rx =$

y 得到原方程组的解。

（1）编写求解线性方程组 $Ax=b$ 的函数 solvebyQR.m

```
function x = solvebyQR(A,b)
% 该函数利用 QR 分解法求线性方程组 Ax = b 的解
flag = isexist(A,b);          % 调用第一小节中的 isexist 函数判断方程组解的情况
if flag == 0
    disp('该方程组无解！');
    x = [];
    return;
else
    r = rank(A);
    [m,n] = size(A);
    [Q,R] = qr(A);
    b = Q' * b;
    % 解 Rx = b 得原方程组的一个特解
    x0(r) = b(r)/R(r,r);
    if r > 1
        for i = r-1:-1:1
            x0(i) = (b(i) - R(i,i+1:r) * x0(i+1:r)')/R(i,i);
        end
    end
    x0 = x0';
    if flag == 1                % 若方程组有唯一解
        x = x0;
        return;
    else                         % 若方程组有无穷多解
        format rat;
        Z = null(A,'r');         % 求出对应齐次方程组的基础解系
        [mZ,nZ] = size(Z);
        x0(r+1:n) = 0;
        for i = 1:nZ
            t = sym(char([107 48+i]));
            k(i) = t;            % 取 k = [k1,…,kr];
        end
        x = x0;
        for i = 1:nZ
            x = x + k(i) * Z(:,i);   % 将方程组的通解表示为特解加对应齐次通解形式
        end
    end
end
```

（2）调用函数

```
>> x3 = solvebyQR(A,b)
x3 =
    3.0000
   -4.0000
   -1.0000
    1.0000
```

```
>> b3 = A * x3          % 验证解的正确性
b3 =
    8.0000
    9.0000
   -5.0000
    0.0000
```
得出的结果 b3 与矩阵 b 相同，求解正确。

知识拓展：

楚列斯基分解法只适用于系数矩阵 A 是对称正定的情况，本节中的四元一次方程组系数 A 不是对称正定，运行结果显示如下：

```
>> x4 = solvebyCHOL(A,b)
该方法只适用于对称正定的系数矩阵!
x4 =
   []
```

3. 选择分解法

本节介绍通过输入参数来选择用哪种矩阵分解法求解线性方程组。

（1）编写函数 solvelineq.m

```
function x = solvelineq(A,b,flag)
% 该函数是矩阵分解法汇总,通过 flag 的取值来调用不同的矩阵分解
% 若 flag ='LU',则调用 LU 分解法;
% 若 flag ='QR',则调用 QR 分解法;
% 若 flag ='CHOL',则调用 CHOL 分解法;
if strcmp(flag,'LU')
    x = solvebyLU(A,b);
elseif strcmp(flag,'QR')
    x = solvebyQR(A,b);
elseif strcmp(flag,'CHOL')
    x = solvebyCHOL(A,b);
else
    error('flag 的值只能为 LU,QR,CHOL! ');
end
```

（2）调用函数

```
>>  solvelineq(A,b,'LU')
ans =
    3.0000
   -4.0000
   -1.0000
    1.0000
>>  solvelineq(A,b,'QR')
ans =
    3.0000
   -4.0000
   -1.0000
```

```
        1.0000
>> solvelineq(A,b,'CHOL')
该方法只适用于对称正定的系数矩阵!
ans =
        [ ]
```

7.4 非线性方程（组）的求解

MATLAB 的优化工具箱中，还提供了用于求解非线性方程及非线性方程组的命令。下面分别来看一下这两种问题的求解。

7.4.1 非线性方程的求解

非线性方程是实际中经常遇见的。在 MATLAB 的优化工具箱中，用于求解非线性方程的命令是 fzero，它的调用格式见表 7-5。

例 7-10：求 $x^5 + 2x^3 - 5x + 3 = 0$ 在 -1 附近的根。

解：首先编写函数的 M 文件如下：

```
function y = example8_17(x)
y = x^5 + 2 * x^3 - 5 * x + 3;
```

然后在命令窗口输入如下命令求解：

表 7-5 fzero 命令的调用格式及说明

调用格式	说明
x = fzero (f,x0)	求非线性方程 $f(x) = 0$ 在 $x0$ 点附近的解，若 $x0$ 是一个 2 维向量，则 fzero 假设 $x0$ 是一个区间，且 $x0(1)$ 与 $x0(2)$ 异号，否则会报错
x = fzero (f,x0,options)	options 为优化参数，见表 7-6
[x,fval] = fzero(…)	除输出最优解 x 外，还输出相应函数值 fval，即 $fval = f(x)$
[x,fval,exitflag] = fzero(…)	在上述命令功能的基础上，输出终止迭代的条件信息 exitflag，它的值及相应说明见表 7-7
[x,fval,exitflag,output] = fzero(…)	在上面命令功能的基础上，输出关于算法的信息变量 output

表 7-6 fzero 命令优化参数及说明

优化参数	说明
Display	设置为：'off' 不显示输出；'iter' 显示每一次的迭代输出；'final' 只显示最终结果；'notify'（默认值）只有当函数不收敛时才显示输出
TolX	x 的终止容忍度

表 7-7 exitflag 的值及相应说明

exitflag 的值	说明
1	函数找到了一个零点 x
-1	算法被输出函数终止
-3	算法在搜索过程中遇到函数值为 NaN 或 Inf 的情况

(续)

exitflag 的值	说明
-4	算法在搜索过程中遇到函数值为复数的情况
-5	函数可能已经收敛到一个奇异点

```
>> x0 = -1;
>> [x,fval,exitflag,output] = fzero(@example8_17,x0)
x =
    -1.3650
fval =
    -8.8818e-016
exitflag =
    1                                          % 说明函数收敛到解
output =
    intervaliterations:9                       % 寻找区间的迭代次数
           iterations:8                        % 算法迭代次数
            funcCount:27                       % 函数评价次数
            algorithm:'bisection,interpolation' % 所使用的算法
              message:'Zero found in the interval [-0.547452, -1.45255]'   % 零点所在区间
```

7.4.2 非线性方程组的求解

非线性方程组的求解在数值上比较困难，幸好在 MATLAB 的优化工具箱中，有用于求解非线性方程组的命令，即 fsolve 命令。其调用格式见表 7-8。

例 7-11：求下面非线性方程组的解：

$$\begin{cases} \cos x_1 + \sin x_2 = 1 \\ e^{x_1+x_2} - e^{2x_1-x_2} = 5 \end{cases}$$

表 7-8　fsolve 命令的调用格式及说明

调用格式	说明
x = fsolve(F,x0)	求解非线性方程组，其中函数 F 为方程组的向量表示，且有 $F(x)=0$，x0 为初始点
x = fsolve(F,x0,options)	options 为优化参数，见表 7-9
[x,fval] = fsolve(…)	除输出最优解 x 外，还输出相应方程组的值向量 fval
[x,fval,exitflag] = fsolve(…)	在上述命令功能的基础上，输出终止迭代的条件信息 exitflag，它的值及相应说明见表 7-10
[x,fval,exitflag,output] = fsolve(…)	在上面命令功能的基础上，输出关于算法的信息变量 output
[x,fval,exitflag,output,J] = fsolve(…)	在上面命令功能的基础上，输出解 x 处的雅可比矩阵 J

表 7-9　exitflag 的值及相应说明

exitflag 的值	说明
1	函数收敛到解 x
2	x 的改变小于预先给定的容忍度
3	残差的改变小于预先给定的容忍度

(续)

exitflag 的值	说　　明
4	搜索方向级的改变小于预先给定的容忍度
0	迭代次数超过 options.MaxIter 或函数的评价次数超过 options
−1	算法被输出函数终止
−2	算法趋于收敛的点不是方程组的根
−3	依赖域的半径变得太小
−4	沿着当前的搜索方向，线搜索策略不能使残差充分下降

解：首先将上面的非线性方程组化为 MATLAB 所要求的形式：

$$\begin{cases} \cos x_1 + \sin x_2 - 1 = 0 \\ e^{x_1+x_2} - e^{2x_1-x_2} - 5 = 0 \end{cases}$$

然后编写非线性方程组的 M 文件如下：

```
function F = example8_18(x)
F(1) = cos(x(1)) + sin(x(2)) - 1;
F(2) = exp(x(1) + x(2)) - exp(2*x(1) - x(2)) - 5;
```

最后在 MATLAB 的命令窗口输入下面命令求解该非线性方程组：

```
>> x0 = [0 0]';
>> [x,fval,exitflag,output,J] = fsolve(@example8_18,x0)
Optimization terminated:first - order optimality is less than options.TolFun.
x =             % 非线性方程组的解
    1.4129
    1.0024
fval =          % 在解 x 处方程组的值向量 fval
  1.0e - 010 *
   -0.0026   -0.2208
exitflag =      % 说明函数收敛到解
    1
output =        % 关于算法的一些信息
       iterations:16
        funcCount:41
        algorithm:'trust - region dogleg'
    firstorderopt:3.8399e - 010
          message:'Optimization terminated:first - order optimality is less than options.TolFun.'
J =             % 解 x 处的 Jacobian 矩阵 J
   -0.9876    0.5383
   -1.1930   17.3859
```

7.5　常微分方程的数值解法

常微分方程的常用数值解法主要是欧拉（Euler）方法和龙格‑库塔（Runge‑Kutta）方法等。

7.5.1 欧拉（Euler）方法

从积分曲线的几何解释出发，推导出了欧拉公式 $y_{n+1} = y_n + hf(x_n, y_n)$。MATLAB 没有专门的使用欧拉方法进行常微分方程求解的函数，下面是根据欧拉公式编写的 M 函数文件：

```
function [x,y] = euler(f,x0,y0,xf,h)
n = fix((xf - x0)/h);
y(1) = y0;
x(1) = x0;
for i = 1:n
    x(i+1) = x0 + i*h;
    y(i+1) = y(i) + h*feval(f,x(i),y(i));
end
```

例 7-12：求解初值问题 $\begin{cases} y' = y - \dfrac{2x}{y} \\ y(0) = 1 \end{cases}$ $(0 < x < 1)$。

解：首先，将方程建立一个 M 文件：

```
function f = f(x,y)
f = y - 2*x/y;
```

在命令窗口中，输入以下命令：

```
>> [x,y] = euler('f',0,1,1,0.1)
x =
         0    0.1000    0.2000    0.3000    0.4000    0.5000    0.6000    0.7000
    0.8000    0.9000    1.0000
y =
    1.0000    1.1000    1.1918    1.2774    1.3582    1.4351    1.5090    1.5803
    1.6498    1.7178    1.7848
```

为了验证该方法的精度，求出该方程的解析解为 $y = \sqrt{1 + 2x}$，在 MATLAB 中求解为：

```
>> y1 = (1 + 2*x).^0.5
y1 =
    1.0000    1.0954    1.1832    1.2649    1.3416    1.4142    1.4832    1.5492
    1.6125    1.6733    1.7321
```

通过图像来显示精度：

```
>> plot(x,y,x,y1,'- -')
```

图像如图 7-1 所示。

从图 7-1 可以看出，欧拉方法的精度还不够高。

为了提高精度，人们建立了一个预测 – 校正系统，也就是所谓的改进的欧拉公式，如下所示：

$$y_p = y_n + hf(x_n, y_n)$$
$$y_c = y_n + hf(x_{n+1}, y_n)$$

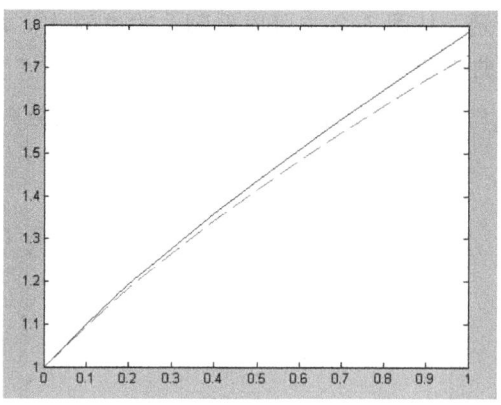

图 7-1 Euler 法显示精度

$$y_{n+1} = \frac{1}{2}(y_p + y_c)$$

利用改进的欧拉公式,可以编写以下的 M 函数文件:

```
function [x,y] = adeuler(f,x0,y0,xf,h)
n = fix((xf-x0)/h);
x(1) = x0;
y(1) = y0;
for i = 1:n
    x(i+1) = x0 + h * i;
    yp = y(i) + h * feval(f,x(i),y(i));
    yc = y(i) + h * feval(f,x(i+1),yp);
    y(i+1) = (yp + yc)/2;
end
```

例 7-13:求解初值问题 $\begin{cases} y' = y - \dfrac{2x}{y} \\ y(0) = 1 \end{cases}$ $(0 < x < 1)$。

解:MATLAB 程序如下:

```
>> [x,y] = adeuler('f',0,1,1,0.1)
x =
         0    0.1000    0.2000    0.3000    0.4000    0.5000    0.6000    0.7000
    0.8000    0.9000    1.0000
y =
    1.0000    1.0959    1.1841    1.2662    1.3434    1.4164    1.4860    1.5525
    1.6165    1.6782    1.7379
>> y1 = (1 + 2 * x).^0.5
y1 =
    1.0000    1.0954    1.1832    1.2649    1.3416    1.4142    1.4832    1.5492
    1.6125    1.6733    1.7321
```

通过图像来显示精度:

```
>> plot(x,y,x,y1,'--')
```

结果图像如图 7-2 所示。从图 7-2 中可以看到，改进的欧拉方法比初始欧拉方法要优秀，数值解曲线和解析解曲线基本能够重合。

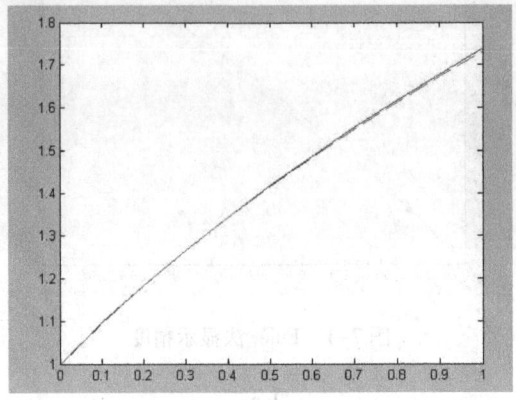

图 7-2 采用改进的 Euler 方法显示精度

7.5.2 龙格-库塔（Runge Kutta）方法

龙格-库塔方法是求解常微分方程的经典方法，MATLAB 提供了多个实现该方法的函数命令，如表 7-10 所示。

表 7-10 RungeKutta 命令

命 令	说 明
ode23	二阶、三阶 R-K 函数，求解非刚性微分方程的低阶方法
ode45	四阶、五阶 R-K 函数，求解非刚性微分方程的中阶方法
ode113	求解更高阶或大的标量计算
ode15s	采用多步法求解刚性方程，精度较低
ode23s	采用单步法求解刚性方程，速度比较快
ode23t	用于解决难度适中的问题
ode23tb	用于解决难度较大的问题，对于系统中存在常量矩阵的情况很有用

以上各种函数命令的调用方式主要如下所示：
- [T,Y] = solver(odefun,tspan,y0)；
- [T,Y] = solver(odefun,tspan,y0,options)；
- [T,Y,TE,YE,IE] = solver(odefun,tspan,y0,options) options 中的事件属性要设为 on；
- sol = solver(odefun,[t0,tf],y0…)其中，odefun 定义了微分方程的形式，tspan = [t0 tfinal]定义微分方程的积分限，y0 是初始条件。

options 参数的设置要使用 odeset 函数命令，其调用格式见表 7-11。

表 7-11 options 参数

调用格式	说 明
options = odeset('name1',value1,'name2',value2,…)	创建一个参数结构，对指定的参数名进行设置，未设置的参数将使用默认值

(续)

调用格式	说 明
options = odeset(oldopts,'name1',value1,…)	对已有的参数结构 oldopts 进行修改
options = odeset(oldopts,newopts)	将已有参数结构 oldopts 完整转换为 newopts
odeset	显示所有参数的可能值与默认值

options 具体的设置参数见表 7-12。

表 7-12 设置参数

参 数	说 明
RelTol	求解方程允许的相对误差
AbsTol	求解方程允许的绝对误差
Refine	与输入点相乘的因子
OutputFcn	一个带有输入函数名的字符串,将在求解函数的每一步被调用:odephas2(二维相位图)、odephas3(三维相位图)、odeplot(解图形)、odeprint(中间结果)
OutputSel	整型变量,定义应传递的元素,尤其是传递给 OutputFcn 的元素
Stats	若为"on",统计并显示计算过程中的资源消耗
Jacobian	若要编写 ODE 文件返回 dF/dy,设置为"on"
Jconstant	若 df/dy 为常量,设置为"on"
Jpattern	若要编写 ODE 文件返回带零的稀疏矩阵并输出 dF/dy,设置为"on"
Vectorized	若要编写 ODE 文件返回[F(t,y1) F(t,y2)…],设置为"on"
Events	若 ODE 文件中带有参数"events",设置为"on"
Mass	若要编写 ODE 文件返回 M 和 M(t),设置为"on"
MassConstant	若矩阵 M(t)为常量,设置为"on"
MaxStep	定义算法使用的区间长度上限
InitialStep	定义初始步长,若给定区间太大,算法就使用一个较小的步长
MaxOrder	定义 ode15s 的最高阶数,应为 1~5 的整数
BDF	若要倒推微分公式,设置为"on",仅供 ode15s
NormControl	若要根据 norm(e) <= max(Reltol * norm(y),Abstol)来控制误差,设置为"on"

例 7-14:某厂房容积为 45 m × 15 m × 6 m。经测定,空气中含有 0.2% 的二氧化碳。开动通风设备,以 360 m³/s 的速度输入含有 0.05% 二氧化碳的新鲜空气,同时又排出同等数量的室内空气。问 30 min 后室内含有二氧化碳的百分比。

解:设在时刻 t 车间内二氧化碳的百分比为 $x(t)\%$,时间经过 dt 之后,室内二氧化碳浓度改变量为 $45 \times 15 \times 6 \times dx\% = 360 \times 0.05\% \times dt - 360 \times x\% \times dt$,得到

$$\begin{cases} dx = \dfrac{4}{45}(0.05 - x)dx \\ x(0) = 0.2 \end{cases}$$

首先创建 M 文件:

```
function co2 = co2(t,x)
co2 = 4 * (0.05 - x)/45;
```

在命令窗口中输入以下命令：

```
>> [t,x] = ode45('co2',[0,1800],0.2)
>> plot(t,x)
t =
  1.0e+003 *
        0
   0.0008
   0.0015
   0.0023
   0.0030
   0.0054
   ……
   1.7793
   1.7897
   1.8000
x =
   0.2000
   0.1903
   0.1812
   0.1727
   0.1647
   0.1424
   ……
   0.0500
   0.0500
   0.0500
```

可以得到，在 30 min 也就是 1800 s 之后，车间内二氧化碳浓度为 0.05%。二氧化碳的浓度变化如图 7-3 所示。

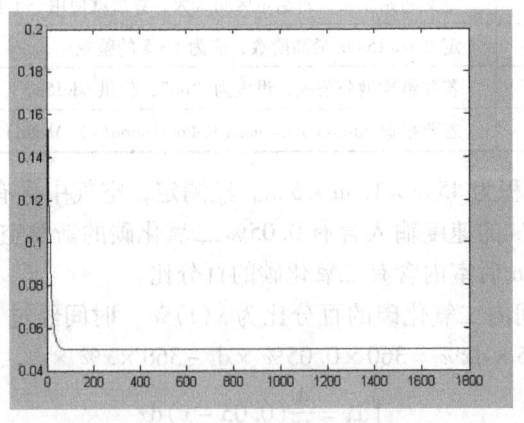

图 7-3　二氧化碳浓度变化

例 7-15：利用 R - K 方法对例 7-13 中的方程进行求解。

解：MATLAB 程序如下：

```
>> [t,x] = ode45('f',[0,1],1)
t =
         0
    0.0250
    0.0500
    ......
    0.9500
    0.9750
    1.0000
x =
    1.0000
    1.0247
    1.0488
    ......
    1.7029
    1.7176
    1.7321
```

计算解析得：

```
>> y1 = (1 + 2*t).^0.5
y1 =
    1.0000
    1.0247
    1.0488
    ......
    1.7029
    1.7176
    1.7321
```

画图观察其计算精度：

```
>> plot(t,x,t,y1,'o')
```

从结果和图 7-4 中可以看到，R-K 方法的计算精度很优秀，数值解和解析解的曲线完全重合。

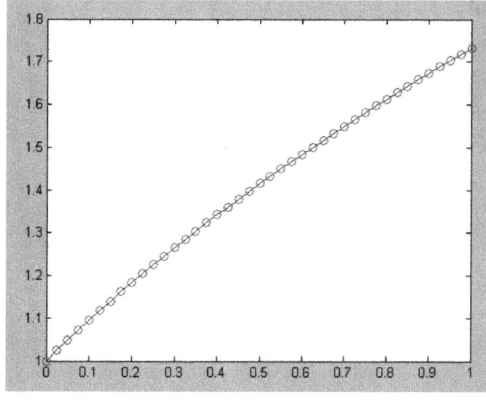

图 7-4　R-K 方法精度

例7-16：在 [0, 12] 内求解下列方程：

$$\begin{cases} y_1' = y_2 y_3 & y_1(0) = 0 \\ y_2' = -y_1 y_3 & y_2(0) = 1 \\ y_3' = -y_1 y_2 & y_3(0) = 1 \end{cases}$$

解：首先，创建要求解的方程的 M 文件：

```
function dy = rigid(t,y)
dy = zeros(3,1);
dy(1) = y(2) * y(3);
dy(2) = -y(1) * y(3);
dy(3) = -0.51 * y(1) * y(2);
```

对计算用的误差限进行设置，然后进行方程解算：

```
>> options = odeset('RelTol',1e-4,'AbsTol',[1e-4 1e-4 1e-5])
options =
              AbsTol: [1.0000e-004 1.0000e-004 1.0000e-005]
                 BDF: [ ]
              Events: [ ]
         InitialStep: [ ]
            Jacobian: [ ]
           JConstant: [ ]
            JPattern: [ ]
                Mass: [ ]
        MassConstant: [ ]
        MassSingular: [ ]
            MaxOrder: [ ]
             MaxStep: [ ]
         NonNegative: [ ]
         NormControl: [ ]
           OutputFcn: [ ]
           OutputSel: [ ]
              Refine: [ ]
              RelTol: 1.0000e-004
               Stats: [ ]
          Vectorized: [ ]
    MStateDependence: [ ]
           MvPattern: [ ]
        InitialSlope: [ ]
>> [T,Y] = ode45('rigid',[0 12],[0 1 1],options)
T =
         0
    0.0317
    0.0634
    0.0951
    ......
   11.7710
   11.8473
```

```
            11.9237
            12.0000
Y =
         0        1.0000     1.0000
    0.0317        0.9995     0.9997
    0.0633        0.9980     0.9990
    0.0949        0.9955     0.9977
    ......
   -0.5472       -0.8373     0.9207
   -0.6041       -0.7972     0.9024
   -0.6570       -0.7542     0.8833
   -0.7058       -0.7087     0.8639
>> plot(T,Y(:,1),'-',T,Y(:,2),'-.',T,Y(:,3),'.')
```

结果图像如图 7-5 所示。

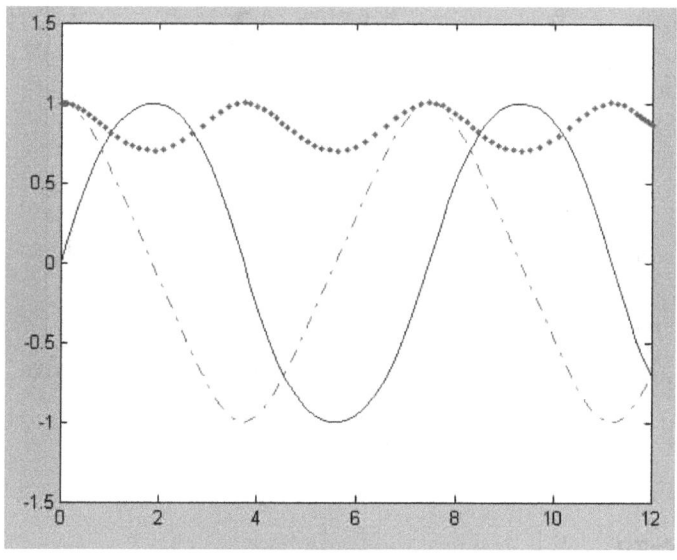

图 7-5　R-K方法解方程组

7.5.3　用龙格-库塔（Runge-Kutta）方法解刚性问题

在求解常微分方程组的时候，经常出现解的分量数量级别差别很大的情形，给数值求解带来很大的困难。这种问题称为刚性问题，常见于化学反应、自动控制等领域中。下面介绍如何对刚性问题进行求解。

例 7-17：求解方程 $y'' + 1000(y^2-1)y' + y = 0$，初值为 $y(0)=0, y'(0)=1$。

解：这是一个处在松弛振荡的范德波尔（Van Der Pol）方程。首先要将该方程进行标准化处理，令 $y_1 = y, y_2 = y'$，有：

$$\begin{cases} y_1' = y_2 & y_1(0) = 0 \\ y_2' = 1000(1-y_1^2)y_2 - y_1 & y_2(0) = 1 \end{cases}$$

然后建立该方程组的 M 文件：

```
function dy = vdp1000(t,y)
dy = zeros(2,1);
dy(1) = y(2);
dy(2) = 1000*(1-y(1)^2)*y(2)-y(1);
```

使用 ode15s 函数进行求解：

```
>> [T,Y] = ode15s(@vdp1000,[0 3000],[2 0]);
>> plot(T,Y(:,1),'-o')
```

方程的解如图 7-6 所示。

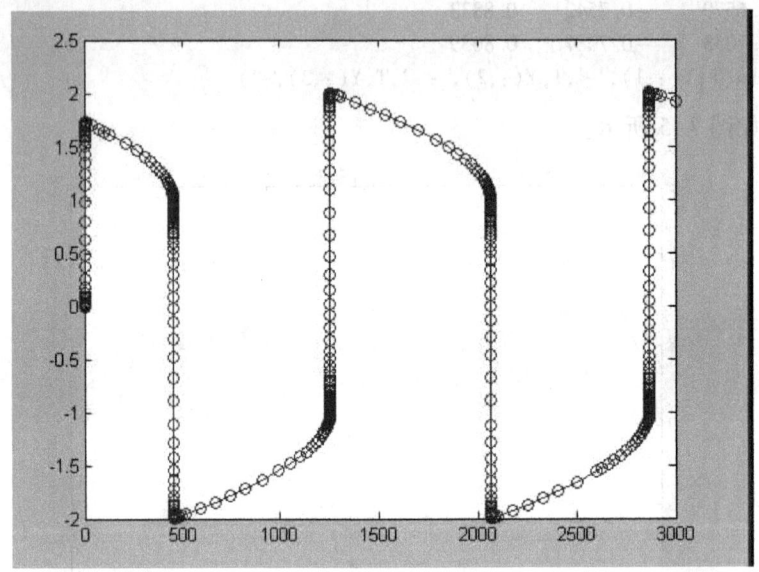

图 7-6 刚性方程解

7.6 偏微分方程

偏微分方程（PDE）在 19 世纪得到迅速发展，那时的许多数学家都对数学物理问题的解决做出了贡献。到现在，偏微分方程已经是工程及理论研究不可或缺的数学工具（尤其是在物理学中），因此解偏微分方程也成了工程计算中的一部分。本节主要讲述如何利用 MATLAB 来求解一些常用的偏微分方程问题。

7.6.1 偏微分方程简介

为了更加清楚地讲述下面几节，我们先对偏微分方程做一个简单的介绍。MATLAB 可以求解的偏微分方程类型如下。

1) 椭圆型：
$$-\nabla \cdot (c \nabla u) + au = f \tag{7-1}$$

其中，$u = u(x,y), (x,y) \in \Omega$，$\Omega$ 是平面上的有界区域；c、a、f 是标量复函数形式的系数。

2) 抛物型：
$$d\frac{\partial u}{\partial t} - \nabla \cdot (c \nabla u) + au = f \tag{7-2}$$

其中，$u=u(x,y),(x,y)\in\Omega$，Ω 是平面上的有界区域；c、a、f、d 是标量复函数形式的系数。

3）双曲型：
$$d\frac{\partial^2 u}{\partial t^2}-\nabla\cdot(c\nabla u)+au=f \tag{7-3}$$

其中，$u=u(x,y),(x,y)\in\Omega$，Ω 是平面上的有界区域；c、a、f、d 是标量复函数形式的系数。

4）特征值方程：
$$-\nabla\cdot(c\nabla u)+au=\lambda du \tag{7-4}$$

其中，$u=u(x,y),(x,y)\in\Omega$，Ω 是平面上的有界区域；λ 是待求特征值；c、a、f、d 是标量复函数形式的系数。

5）非线性椭圆型：
$$-\nabla\cdot(c(u)\nabla u)+a(u)u=f(u) \tag{7-5}$$

其中，$u=u(x,y),(x,y)\in\Omega$，Ω 是平面上的有界区域；c、a、f 是关于 u 的函数。

此外，MATLAB 还可以求解下面形式的偏微分方程组：
$$\begin{cases}-\nabla\cdot(c_{11}\nabla u_1)-\nabla\cdot(c_{12}\nabla u_2)+a_{11}u_1+a_{12}u_2=f_1\\-\nabla\cdot(c_{21}\nabla u_1)-\nabla\cdot(c_{22}\nabla u_2)+a_{21}u_1+a_{22}u_2=f_2\end{cases} \tag{7-6}$$

边界条件是解偏微分方程所不可缺少的，常用的边界条件以下几种：

1）狄利克雷（Dirichlet）边界条件：$hu=r$

2）诺依曼（Neumann）边界条件：$n\cdot(c\nabla u)+qu=g$

其中，n 为边界 $(\partial\Omega)$ 外法向单位向量；g、q、h、r 是在边界 $(\partial\Omega)$ 上定义的函数。

在有的偏微分参考书中，狄利克雷边界条件也称为第一类边界条件，诺依曼边界条件也称为第三类边界条件，如果 $q=0$，则称为第二类边界条件。对于特征值问题仅限于齐次条件：$g=0,r=0$；对于非线性情况，系数 g、q、h、r 可以与 u 有关；对于抛物型与双曲型偏微分方程，系数可以是关于 t 的函数。

对于偏微分方程组，狄利克雷边界条件为：
$$\begin{cases}h_{11}u_1+h_{12}u_2=r_1\\h_{21}u_1+h_{22}u_2=r_2\end{cases}$$

诺依曼边界条件为：
$$\begin{cases}n\cdot(c_{11}\nabla u_1)+n\cdot(c_{12}\nabla u_2)+q_{11}u_1+q_{12}u_2=g_1\\n\cdot(c_{21}\nabla u_1)+n\cdot(c_{22}\nabla u_2)+q_{21}u_1+q_{22}u_2=g_2\end{cases}$$

混合边界条件为：
$$\begin{cases}n\cdot(c_{11}\nabla u_1)+n\cdot(c_{12}\nabla u_2)+q_{11}u_1+q_{12}u_2=g_1+h_{11}\mu\\n\cdot(c_{21}\nabla u_1)+n\cdot(c_{22}\nabla u_2)+q_{21}u_1+q_{22}u_2=g_2+h_{21}\mu\end{cases}$$

其中，μ 的计算要使得狄利克雷条件满足。

7.6.2 区域设置及网格化

在利用 MATLAB 求解偏微分方程时，可以利用 M 文件来创建偏微分方程定义的区域，如果该 M 文件名为 pdegeom，则它的编写要满足下面的法则。

1）该 M 文件必须能用下面的三种调用格式：
- ne = pdegeom
- d = pdegeom(bs)

- [x,y] = pdegeom（bs,s）

2）输入变量 bs 是指定的边界线段，s 是相应线段弧长的近似值。
3）输出变量 ne 表示几何区域边界的线段数。
4）输出变量 d 是一个区域边界数据的矩阵。
5）d 的第 1 行是每条线段起始点的值；第 2 行是每条线段结束点的值；第 3 行是沿线段方向左边区域的标识值，如果标识值为 1，则表示选定左边区域，如果标识值为 0，则表示不选左边区域；第 4 行是沿线段方向右边区域的值，其规则同上。
6）输出变量 [x, y] 是每条线段的起点和终点所对应的坐标。

例 7-18：画一个心形线所围区域的 M 文件，心形线的函数表达式为

$$r = 2(1 + \cos\varphi)$$

解：将这条心形线分为 4 段：第一段的起点为 $\phi = 0$，终点为 $\phi = \pi/2$；第 2 段的起点为 $\phi = \pi/2$，终点为 $\phi = \pi$；第 3 段的起点为 $\phi = \pi$，终点为 $\phi = 3\pi/2$；第 4 段起点为 $\phi = 3\pi/2$，终点为 $\phi = 2\pi$。

下面是完整的 M 文件源程序：

```
function [x,y] = cardg(bs,s)
% 此函数用来编写心形线所围成的区域

nbs = 4;
if nargin == 0                    % 如果没有输入参数
    x = nbs;
    return
end

dl = [ 0      pi/2    pi      3*pi/2
       pi/2   pi      3*pi/2  2*pi;
       1      1       1       1
       0      0       0       0];

if nargin == 1                    % 如果只有一个输入参数
    x = dl(:,bs);
    return
end

x = zeros(size(s));
y = zeros(size(s));
[m,n] = size(bs);
if m == 1 & n == 1,
    bs = bs * ones(size(s));       % 扩展 bs
elseif m ~= size(s,1) | n ~= size(s,2),
    error('bs must be scalar or of same size as s');
end

nth = 400;
th = linspace(0,2*pi,nth);
r = 2*(1 + cos(th));
```

```
xt = r.*cos(th);
yt = r.*sin(th);
th = pdearcl(th,[xt;yt],s,0,2*pi);
r = 2*(1+cos(th));
x(:) = r.*cos(th);
y(:) = r.*sin(th);
```

为了验证所编 M 文件的正确性，可在 MATLAB 的命令窗口输入以下命令：

```
>> nd = cardg
nd =
     4
>> d = cardg([1 2 3 4])
d =
     0      1.5708    3.1416    4.7124
   1.5708   3.1416    4.7124    6.2832
   1.0000   1.0000    1.0000    1.0000
     0        0          0         0
>> [x,y] = cardg([1 2 3 4],[2 1 1 2])
x =
   0.4506    2.8663    2.8663    0.4506
y =
   2.3358    2.1694    2.1694    2.3358
```

有了区域的 M 文件，接下来要做的就是网格化，创建网格数据。这可以通过 initmesh 命令来实现。

initmesh 命令的使用格式见表 7-13。

表 7-13　initmesh 调用格式

调用格式	含　　义
[p,e,t] = initmesh(g)	返回一个三角形网格数据，其中 g 可以是一个分解几何矩阵，还可以是 M 文件
[p,e,t] = initmesh(g,'PropertyName','PropertyValue',…)	在上面命令功能的基础上加上属性设置，表 7-14 给出了属性名及相应的属性值

表 7-14　initmesh 属性

属 性 名	属 性 值	默 认 值	说　　明
Hmax	数值	估计值	边界的最大尺寸
Hgrad	数值	1.3	网格增长比率
Box	on | off	off	保护边界框
Init	on | off	off	三角形边界
Jiggle	off | mean | min	mean	调用 jigglemesh
JiggleIter	数值	10	最大迭代次数

我们需要对这个函数的输出参数加以说明，p、e、t 是网格数据。p 为节点矩阵，其第 1 行和第 2 行分别是网格节点的 x 坐标和 y 坐标；e 为边界矩阵，其第 1 行和第 2 行是起点和终点的索引，第 3 行和第 4 行是起点和终点参数值，第 5 行是边界线段的顺序数，第 6 行和

第 7 行分别是子区域左边和右边的标识；t 为三解形矩阵，其前三行按逆时针方向给出三角形顶点的次序，最后一行给出子区域的标识。

在创建好初始网格数据后，还可以对其进行优化与加密。对其进行优化的命令是 jigglemesh，对其进行加密的命令是 refinemesh。

jigglemesh 命令的调用格式见表 7-15。

表 7-15 jigglemesh 调用格式

调 用 格 式	含 义
p1 = jigglemesh(p,e,t)	通过调整节点位置来优化三角形网格，以提高网格质量，返回调整后的节点矩阵 $p1$
p1 = jigglemesh(p,e,t,'PropertyName','PropertyValue',…)	在上面命令功能的基础上加上属性设置，表 7-16 给出了属性名及相应的属性值

表 7-16 jigglemesh 属性

属 性 名	属 性 值			默 认 值	说 明
opt	off	mean	min	mean	优化方法
iter	数值			1 或 20	最大迭代次数

refinemesh 命令的调用格式见表 7-17。

在得到网格数据后，可以利用 pdemesh 命令来绘制三角形网格图。

pdemesh 命令的调用格式见表 7-18。

表 7-17 refinemesh 调用格式

调 用 格 式	含 义
[p1,e1,t1] = refinemesh(g,p,e,t)	返回一个被几何区域 g、节点矩阵 p、边界矩阵 e 和三角形矩阵 t 指定的经过加密的三角形网格矩阵
[p1,e1,t1] = refinemesh(g,p,e,t,'regular')	使用规则加密法进行加密，即所有指定的三角形单元都被分为 4 个形状相同的三角形单元
[p1,e1,t1] = refinemesh(g,p,e,t,'longest')	使用最长边加密法，即把指定的每个三角形单元的最长边二等分
[p1,e1,t1] = refinemesh(g,p,e,t,it)	若 it 为行向量，则为要加密的子区域的表；若 it 为列向量，则为一个要加密的三角形表格
[p1,e1,t1] = refinemesh(g,p,e,t,it,'regular')	使用规则加密法进行加密
[p1,e1,t1] = refinemesh(g,p,e,t,it,'longest')	使用最长边加密法加密
[p1,e1,t1,u1] = refinemesh(g,p,e,t,u)	不仅加密网格，而且还用线性插值的方法将 u 扩展到新的网格上。u 的行数与 p 的列数对应，$u1$ 的行数与 $p1$ 元素一样多，u 的每一列分别被进行内插值
[p1,e1,t1,u1] = refinemesh(g,p,e,t,u,'regular')	使用规则加密法进行加密
[p1,e1,t1,u1] = refinemesh(g,p,e,t,u,'longest')	使用最长边加密法加密
[p1,e1,t1,u1] = refinemesh(g,p,e,t,u,it)	若 it 为行向量，则为要加密的子区域的表；若 it 为列向量，则为一个要加密的三角形表格
[p1,e1,t1] = refinemesh(g,p,e,t,it,'regular')	使用规则加密法进行加密
[p1,e1,t1,u1] = refinemesh(g,p,e,t,u,it,'longest')	使用最长边加密法加密

表 7-18 pdemesh 调用格式

调用格式	含 义
pdemesh(p,e,t)	绘制由网格数据 p, e, t 指定的网格图
pdemesh(p,e,t,u)	用网格图绘制节点或三角形数据 u。若 u 是列向量，则组装节点数据；若 u 是行向量，则组装三角形数据
h = pdemesh(p,e,t)	绘制由网格数据 p, e, t 指定的网格图，并返回一个轴对象句柄
h = pdemesh(p,e,t,u)	用网格图绘制节点或三角形数据 u，并返回一个轴对象句柄

例 7-19：对于例 7-17 中的区域，观察优化和加密后与原网格的区别。

解：在命令窗口输入下面的命令：

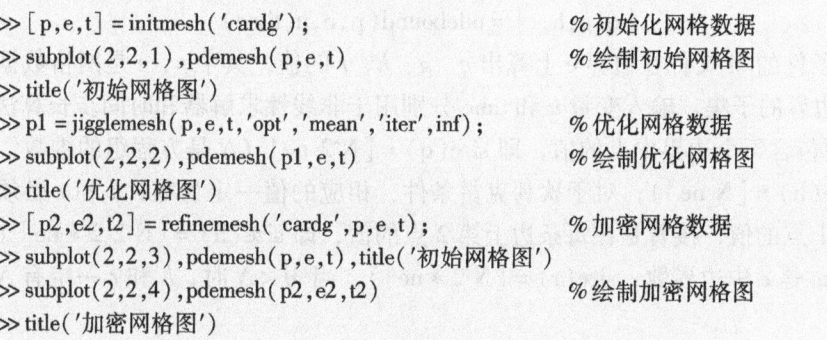

```
>> [p,e,t] = initmesh('cardg');                          % 初始化网格数据
>> subplot(2,2,1),pdemesh(p,e,t)                         % 绘制初始网格图
>> title('初始网格图')
>> p1 = jigglemesh(p,e,t,'opt','mean','iter',inf);       % 优化网格数据
>> subplot(2,2,2),pdemesh(p1,e,t)                        % 绘制优化网格图
>> title('优化网格图')
>> [p2,e2,t2] = refinemesh('cardg',p,e,t);               % 加密网格数据
>> subplot(2,2,3),pdemesh(p,e,t),title('初始网格图')
>> subplot(2,2,4),pdemesh(p2,e2,t2)                      % 绘制加密网格图
>> title('加密网格图')
```

运行结果如图 7-7 所示。

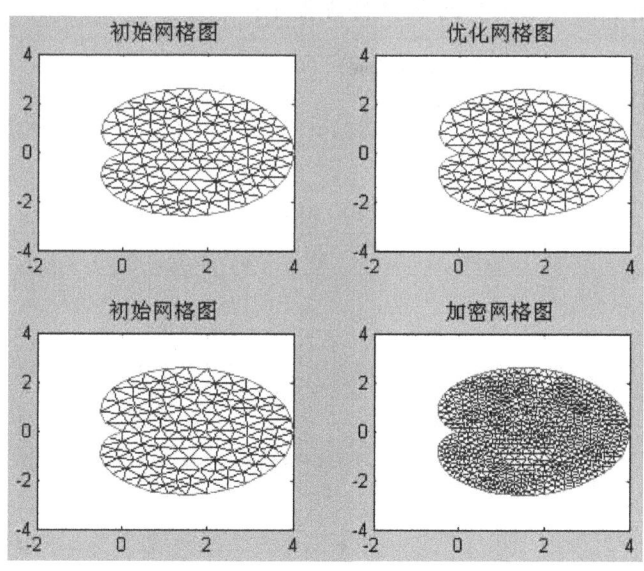

图 7-7 优化与加密网格图

7.6.3 边界条件设置

上一小节讲了区域的 M 文件编写及网格化，本节讲一下边界条件的设置。边界条件的一般形式为：

$$hu = r,$$
$$n \cdot (c \otimes \nabla u) + qu = g + h'\mu.$$

其中符号 $n \cdot (c \otimes \nabla u)$ 表示 $N \times 1$ 矩阵，其第 i 行元素为：

$$\sum_{j=1}^{n}\left(\cos(\alpha)c_{i,j,1,1}\frac{\partial}{\partial x} + \cos(\alpha)c_{i,j,1,2}\frac{\partial}{\partial y} + \sin(\alpha)c_{i,j,2,1}\frac{\partial}{\partial x} + \sin(\alpha)c_{i,j,2,2}\frac{\partial}{\partial y}\right)u_j,$$

$n = (\cos\alpha, \sin\alpha)$ 是外法线方向。有 M 个狄利克雷（Dirichlet）条件，且矩阵 h 是 $M \times N$ 型（$M \geq 0$）。广义的诺依曼（Neumann）条件包含一个要计算的拉格朗日（Lagrange）乘子 μ。若 $M = 0$，即为诺依曼条件；若 $M = N$，即为诺依曼条件；若 $M < N$，即为混合边界条件。

边界条件也可以通过 M 文件的编写来实现，如果边界条件的 M 文件名为 pdebound，那么它的编写必需满足调用格式为：

$$[q, g, h, r] = \text{pdebound}(p, e, u, \text{time})$$

该边界条件的 M 文件在边界 e 上算出 q、g、h、r 的值，其中 p、e 是网格数据，且仅需要 e 是网格边界的子集；输入变量 u 和 time 分别用于非线性求解器和时间步长算法；输出变量 q、g 必须包含每个边界中点的值，即 $\text{size}(q) = [N^2 \text{ ne}]$（$N$ 是方程组的维数，ne 是 e 中边界数，$\text{size}(h) = [N \text{ ne}]$）；对于狄利克雷条件，相应的值一定为零；$h$ 和 r 必须包含在每条边上的第 1 点的值，接着是在每条边上第 2 点的值，即 $\text{size}(h) = [N^2 \, 2*\text{ne}]$（$N$ 是方程组的维数，ne 是 e 中边界数，$\text{size}(r) = [N \, 2*\text{ne}]$），当 $M < N$ 时，h 和 r 一定有 $N - M$ 行元素是零。

下面是 MATLAB 的偏微分方程工具箱，自带的一个区域为单位正方形，其左右边界为 $u = 0$、上下边界 u 的法向导数为 0 的 M 文件源程序：

```
function [q,g,h,r] = squareb3(p,e,u,time)
% SQUAREB3    Boundary condition data

bl = [
1 1 1 1
0 1 0 1
1 1 1 1
1 1 1 1
48 1 48 1
48 1 48 1
48 48 42 48
48 48 120 48
49 49 49 49
48 48 48 48
];

if any(size(u))
   [q,g,h,r] = pdeexpd(p,e,u,time,bl);
else
   [q,g,h,r] = pdeexpd(p,e,time,bl);
end
```

该 M 文件中的 pdeexpd 函数为一个估计表达式在边界上值的函数。

7.6.4 解椭圆型方程

对于椭圆型偏微分方程或相应方程组，可以利用 adaptmesh 命令（自适应网格法）与 assempde 命令进行求解。

adaptmesh 命令的调用格式见表 7-19。

表 7-19 adaptmesh 调用格式

调用格式	含 义
[u,p,e,t] = adaptmesh(g,b,c,a,f)	求解椭圆型偏微分方程，其中 g 为几何区域，b 为边界条件，输出变量 u 为解向量，p、e、t 为网格数据
[u,p,e,t] = adaptmesh(g,b,c,a,f,'PropertyName','PropertyValue')	在上面命令功能的基础上加上属性设置，表 7-20 给出了属性名及相应的属性值。

表 7-20 adaptmesh 属性

属 性 名	属 性 值	默 认 值	说 明
Maxt	正整数	inf	生成新三角的最大个数
Ngen	正整数	10	生成三角形网格的最大次数
Mesh	p1, e1, t1	initmesh	初始网格
Tripick	MATLAB 函数	pdeadworst	三角形选择方法
Par	数值	0.5	函数的参数
Rmethod	longest | regular	longest	三角形网格的加密方法
Nonlin	on | off	off	使用非线性求解器
Toln	数值	1E-4	非线性允许误差
Init	u0	0	非线性初始值
Jac	fixed | lumped | full	fixed	非线性雅可比矩阵的计算
Norm	numeric | inf | energy	inf	非线性残差范数

assempde 命令的调用格式见表 7-21。

表 7-21 assempde 调用格式

调用格式	含 义
u = assempde(b,p,e,t,c,a,f)	根据从线性方程组中消去狄利克雷边界条件（约束处理）的边界点来组装和求解椭圆型偏微分方程
u = assempde(b,p,e,t,c,a,f,u0)	u0 为初始条件，用于非线性解
u = assempde(b,p,e,t,c,a,f,u0,time)	u0 为初始条件，用于非线性解，time 用于时间步长算法
u = assempde(b,p,e,t,c,a,f,time)	time 用于时间步长算法
[K,F] = assempde(b,p,e,t,c,a,f)	用刚度弹性逼近狄利克雷边界条件来组装偏微分方程，K、F 分别是刚度矩阵和方程右边的函数矩阵，它的有限元法解为 $u = K \backslash F$
[K,F] = assempde(b,p,e,t,c,a,f,u0)	u0 为初始条件，用于非线性解
[K,F] = assempde(b,p,e,t,c,a,f,u0,time)	u0 为初始条件，用于非线性解，time 用于时间步长算法
[K,F] = assempde(b,p,e,t,c,a,f,u0,time,sdl)	sdl 为子区域标识选项表，其作用是依表中所标识的子区域来限制组装过程

(续)

调用格式	含义
[K,F] = assempde(b,p,e,t,c,a,f,time)	time 用于时间步长算法
[K,F] = assempde(b,p,e,t,c,a,f,time,sdl)	time 用于时间步长算法
[K,F,B,ud] = assempde(b,p,e,t,c,a,f)	从线性方程组中删去狄利克雷边界条件的边界点来组装偏微分方程问题，在非狄利克雷条件点上的解为：$u1 = K \backslash F$，而完整的解为：$u = B*u1 + ud$
[K,F,B,ud] = assempde(b,p,e,t,c,a,f,u0)	u0 为初始条件，用于非线性解
[K,F,B,ud] = assempde(b,p,e,t,c,a,f,u0,time)	u0 为初始条件，用于非线性解，time 用于时间步长算法
[K,F,B,ud] = assempde(b,p,e,t,c,a,f,time)	time 用于时间步长算法
[K,M,F,Q,G,H,R] = assempde(b,p,e,t,c,a,f)	偏微分方程问题的分解表达式
[K,M,F,Q,G,H,R] = assempde(b,p,e,t,c,a,f,u0)	u0 为初始条件，用于非线性解
[K,M,F,Q,G,H,R] = assempde(b,p,e,t,c,a,f,u0,time)	u0 为初始条件，用于非线性解，time 用于时间步长算法
[K,M,F,Q,G,H,R] = assempde(b,p,e,t,c,a,f,u0,time,sdl)	u0 为初始条件，用于非线性解，time 用于时间步长算法；sdl 为子区域标识选项表，其作用是依表中所标识的子区域来限制组装过程
[K,M,F,Q,G,H,R] = assempde(b,p,e,t,c,a,f,time)	time 用于时间步长算法
[K,M,F,Q,G,H,R] = assempde(b,p,e,t,c,a,f,time,sdl)	time 用于时间步长算法；sdl 为子区域标识选项表，其作用是依表中所标识的子区域来限制组装过程
u = assempde(K,M,F,Q,G,H,R)	将分解表达式分解成单个的矩阵或向量的形式，然后从方程组中删去狄利克雷边界条件的边界点，再解偏微分方程问题
[K1,F1] = assempde(K,M,F,Q,G,H,R)	根据带有弹性系数的固定狄利克雷边界条件来分解表达式成单个的矩阵或向量
[K1,F1,B,ud] = assempde(K,M,F,Q,G,H,R)	从线性方程组中删去狄利克雷边界条件的边界点来分解表达式成单个的矩阵或向量形式

例 7-20：分别利用 adaptmesh 命令与 assempde 命令求解扇形区域上的拉普拉斯方程，其在弧上满足狄利克雷条件 $u = \cos\frac{2}{3} * atan2(y,x)$，在直线上满足 $u = 0$，并与精确解进行比较。

解：MATLAB 程序如下：

```
>> [u,p,e,t] = adaptmesh('cirsg','cirsb',1,0,0);    % 这里的区域函数 cirsg 与边界条件
cirsb 都是 MATLAB 的偏微分方程工具箱自带的
Number of triangles:197
Number of triangles:201
Number of triangles:216
Number of triangles:233
Number of triangles:254
Number of triangles:265
Number of triangles:313
Number of triangles:344
Number of triangles:417
Number of triangles:475
Number of triangles:629

Maximum number of refinement passes obtained.
```

```
>> x = p(1,:);
>> y = p(2,:);
>> exact = ((x.^2 + y.^2).^(1/3).*cos(2/3*atan2(y,x)))';    % 精确解
>> error1 = max(abs(u - exact))                              % 求最大误差

error1 =

    0.0028

>> pdemesh(p,e,t)                                            % 画出网格图
>> axis equal
```

用 pdemesh 命令求解的最大绝对误差为 0.0028，具有 629 个三角形，如图 7-8 所示。
下面利用 assempde 命令进行求解：

```
>> clear
>> [p,e,t] = initmesh('cirsg');                              % 初始化网格
>> [p,e,t] = refinemesh('cirsg',p,e,t);                      % 加密一次
>> [p,e,t] = refinemesh('cirsg',p,e,t);                      % 再加密一次
>> u = assempde('cirsb',p,e,t,1,0,0);                        % 求解
>> x = p(1,:);
>> y = p(2,:);
>> exact = ((x.^2 + y.^2).^(1/3).*cos(2/3*atan2(y,x)))';    % 精确解
>> error2 = max(abs(u - exact))                              % 求最大误差

error2 =
    0.0078
>> size(t,2)
ans =
        3152
>> pdemesh(p,e,t)
>> axis equal
```

利用 assempde 命令求解，加密两次后最大绝对误差为 0.0078，三角形网格数为 3152 个，如图 7-9 所示，若想再提高解的精度，可再进行加密。

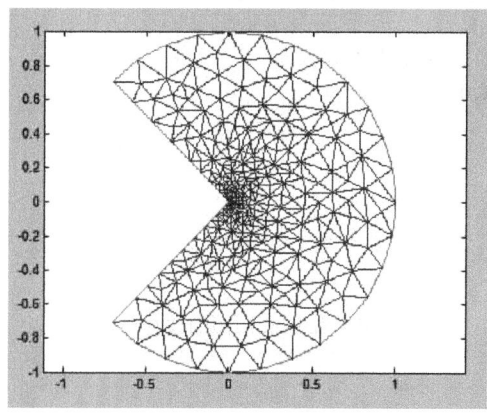

图 7-8 用 pdemesh 命令求解

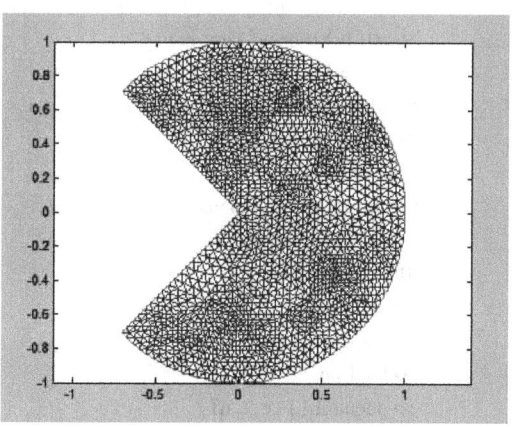

图 7-9 用 assempde 命令进行求解

7.6.5 解抛物型方程

在 MATLAB 中,用于求解抛物型偏微分方程或相应方程组的命令是 parabolic,它的使用格式见表 7-22。

表 7-22 parabolic 调用格式

调用格式	含 义
u1 = parabolic(u0,tlist,b,p,e,t,c,a,f,d)	用有限元法求解在区域 Ω 上,具有网格数据 p、e、t,并带有边界条件 b 和初始值 $u0$ 的抛物型偏微分方程(见 7.5.1 节)或相应的偏微分方程组。其中 tlist 为时间列表;$u1$ 中的每一列都是 tlist 中所对应的解;b 为边界条件,可以依赖于时间 t;p、e、t 为网格数据,c、a、f、d 为方程的系数
u1 = parabolic(u0,tlist,b,p,e,t,c,a,f,d,rtol)	rtol 为通过了偏微分方程求解器的相对误差
u1 = parabolic(u0,tlist,b,p,e,t,c,a,f,d,rtol,atol)	$u0$ 为初始条件,用于非线性解,list 用于时间步长算法
u1 = parabolic(u0,tlist,K,F,B,ud,M)	求下面带有初始条件 $u0$ 的常微分方程的解: $$B'MB\frac{du_i}{dt} + K u_t = F, \quad u = Bu_i + u_d$$
u1 = parabolic(u0,tlist,K,F,B,ud,M,rtol)	rtol 为通过了偏微分方程求解器的相对误差
u1 = parabolic(u0,tlist,K,F,B,ud,M,rtol,atol)	atol 为通过了偏微分方程求解器的绝对误差

例 7-21:在几何区域 $-1 \leq x, y \leq 1$ 上,当 $x^2 + y^2 < 0.4^2$ 时,$u(0) = 1$,其他区域上 $u(0) = 0$,且满足 Dirichlet 边界条件 $u = 0$,求在时刻 0,0.005,0.01,…,0.1 处热传导方程 $\frac{\partial u}{\partial t} = \Delta u$ 的解。

解:MATLAB 程序如下:

```
>> clear
>> c = 1;a = 0;f = 1;d = 1;                  %方程的系数
>> [p,e,t] = initmesh('squareg');            %初始化网格,其中 squareg 为 MATLAB 偏微
                                              分方程工具箱中自带的正方形区域 M
                                              文件
>> [p,e,t] = refinemesh('squareg',p,e,t);    %加密网格
>> u0 = zeros(size(p,2),1);
>> ix = find(sqrt(p(1,:).^2 + p(2,:).^2) < 0.4);  %找出区域内部的点
>> u0(ix) = ones(size(ix));
>> tlist = linspace(0,0.1,20);               %时间列表
>> u1 = parabolic(u0,tlist,'squareb1',p,e,t,c,a,f,d);
96 successful steps
0 failed attempts
194 function evaluations
1 partial derivatives
20 LU decompositions
193 solutions of linear systems
>> pdesurf(p,t,u1)                           %pdesurf 为绘制表面图的速写命令
>> hold on
>> pdemesh(p,e,t,u1)
>> title('解的网格表面图')
```

所得图形如图7-10所示。

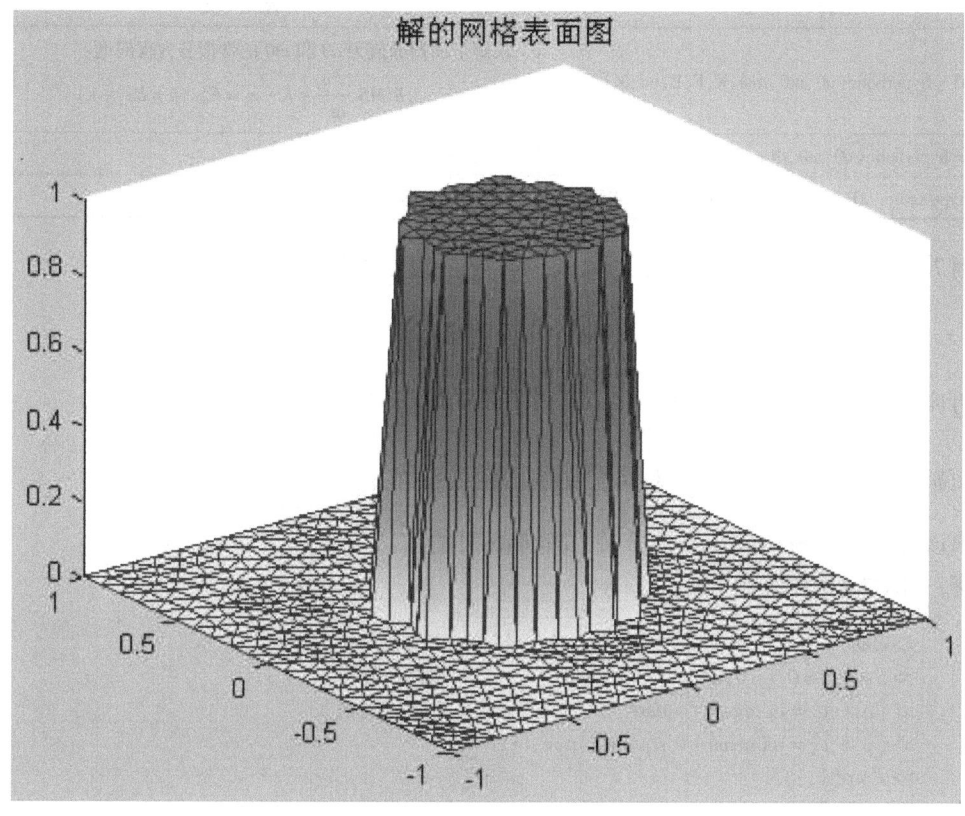

图7-10 解的网格表面图

注意

在边界条件的表达式和偏微分方程的系数中,符号 t 用来表示时间;变量 t 通常用来存储网格的三角矩阵。事实上,可以用任何变量来存储三角矩阵,但在偏微分方程工具箱的表达式中,t 总是表示时间。

7.6.6 解双曲型方程

求解双曲型偏微分方程(见式7-3)或相应方程组的命令是 hyperbolic,它的使用格式见表7-23。

表7-23 hyperbolic 调用格式

调用格式	含 义
u1 = hyperbolic(u0,ut0,tlist,b,p,e,t,c,a,f,d)	求解满足初始值 u0 和初始导数 ut0,边界条件为 b 的双曲型偏微分方程或相应方程组,解矩阵 u1 中的每一行对应于 p 的列所给出的坐标处的解,u1 中的每一列对应着 tlist 中的时刻的解。p、e、t 为网格数据,c、a、f、d 为方程的系数
u1 = hyperbolic(u0,ut0,tlist,b,p,e,t,c,a,f,d,rtol)	rtol 为相对误差
u1 = hyperbolic(u0,ut0,tlist,b,p,e,t,c,a,f,d,rtol,atol)	atol 为绝对误差

(续)

调用格式	含义
u1 = hyperbolic(u0,ut0,tlist,K,F,B,ud,M)	求解下面初始值为 u0 和 ut0 的常微分方程问题：$B'MB\dfrac{d^2 u_i}{dt^2} + K \cdot u_i = F$, $u = Bu_i + u_d$
u1 = hyperbolic(u0,ut0,tlist,K,F,B,ud,M,rtol)	rtol 为相对误差
u1 = hyperbolic(u0,ut0,tlist,K,F,B,ud,M,rtol,atol)	atol 为绝对误差

例 7-22：已知在正方形区域 $-1 \leq x,y \leq 1$ 上的波动方程：

$$\frac{\partial^2 u}{\partial t^2} = \Delta u$$

边界条件为：当 $x = \pm 1$ 时，$u = 0$；当 $y = \pm 1$ 时，$\dfrac{\partial u}{\partial n} = 0$。

初始条件为：$u(0) = \arctan\left(\cos\dfrac{\pi}{2}x\right)$，$\dfrac{du(0)}{dt} = 3\sin\pi x e^{\cos\pi y}$。

求该方程在时间 $t = 0, 1/6, 1/3, \cdots, 29/6, 5$ 时的值。

解：MATLAB 程序如下：

```
>> clear
>> c = 1;a = 0;f = 0;d = 1;              %方程系数
>> [p,e,t] = initmesh('squareg');        %初始化网格
>> [p,e,t] = refinemesh('squareg',p,e,t);
>> x = p(1,:)';
>> y = p(2,:)';
>> u0 = atan(cos(pi/2*x));
>> ut0 = 3*sin(pi*x).*exp(cos(pi*y));
>> tlist = linspace(0,5,31);
>> u1 = hyperbolic(u0,ut0,tlist,'squareb3',p,e,t,c,a,f,d);
                    %求解,squareb3 为 MATLAB 偏微分方程工具箱中自带的边界条件 M 文件
544 successful steps
68 failed attempts
1226 function evaluations
1 partial derivatives
169 LU decompositions
1225 solutions of linear systems

>> pdesurf(p,t,u1)                       %绘制表面图
>> hold on
>> pdemesh(p,e,t,u1)
>> title('解的网格表面图')
```

所得图形如图 7-11 所示。

7.6.7 解特征值方程

对于特征值偏微分方程（见式 7-4）或相应方程组，可以利用 pdeeig 命令求解，该命令的使用格式见表 7-24。

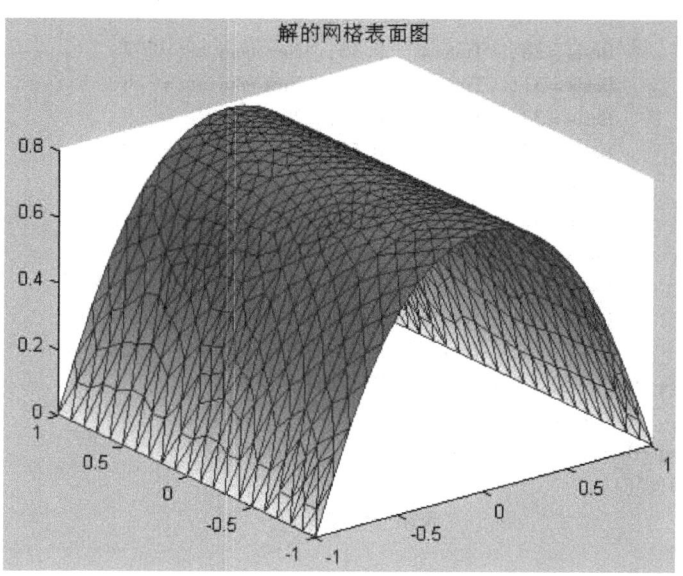

图 7-11 解的网格表面图

表 7-24 pdeeig 调用格式

调用格式	含 义
[v,l] = pdeeig(b,p,e,t,c,a,d,r)	用有限元法求定义在 Ω 上的特征值偏微分方程的解。其中 b 为边界条件；p、e、t 为区域的网格数据；c、a、d 为方程的系数；r 为实轴上的一个区间端点构成的向量；输出变量 l 为实部在区间 r 上的特征值所组成的向量；v 为特征向量矩阵，v 的每一列都是 p 所对应的节点处的解值的特征向量
[v,l] = pdeeig(K,B,M,r)	产生下面稀疏矩阵特征值问题的解：$Ku_i = \lambda B'MBu_i$, $u = Bu_i$ 其中 λ 的实部在区间 r 中

例 7-23：在 L 型区域上，计算 $-\Delta u = \lambda u$ 小于 100 的特征值及其对应的特征模态，并显示第一和第十六个特征模态。

解：MATLAB 程序如下：

```
>> clear
>> c = 1;a = 0;d = 1;                           % 方程系数
>> r = [ - inf 100];                            % 区间矩阵
>> [p,e,t] = initmesh('lshapeg');               % 初始化网格,其中 lshapeg 为 MATLAB 偏微分方
程工具箱中自带的 L 形区域 M 文件
>> [p,e,t] = refinemesh('lshapeg',p,e,t);
>> [p,e,t] = refinemesh('lshapeg',p,e,t);
>> [v,l] = pdeeig('lshapeb',p,e,t,c,a,d,r);   % 求解,lshapeb 为 MATLAB 偏微分方程 工具箱中
自带的 L 型区域边界条件 M 文件
Basis = 10,   Time =    0.16,   New conv eig =   2
    Basis = 13,   Time =    0.17,   New conv eig =   2
    Basis = 16,   Time =    0.22,   New conv eig =   3
    Basis = 19,   Time =    0.27,   New conv eig =   4
    Basis = 22,   Time =    0.30,   New conv eig =   5
    Basis = 25,   Time =    0.31,   New conv eig =   6
```

```
              Basis = 28,   Time =    0.36,    New conv eig =    7
              Basis = 31,   Time =    0.41,    New conv eig =    8
              Basis = 34,   Time =    0.45,    New conv eig =    9
              Basis = 37,   Time =    0.51,    New conv eig =    9
              Basis = 40,   Time =    0.55,    New conv eig =    11
              Basis = 43,   Time =    0.58,    New conv eig =    12
              Basis = 46,   Time =    0.61,    New conv eig =    17
              Basis = 49,   Time =    0.66,    New conv eig =    17
              Basis = 52,   Time =    0.72,    New conv eig =    19
              Basis = 55,   Time =    0.78,    New conv eig =    27
End of sweep:Basis = 55,   Time =    0.78,    New conv eig = 27
              Basis = 37,   Time =    0.87,    New conv eig =    0
End of sweep:Basis = 37,   Time =    0.87,    New conv eig =    0
>> lambda1 = l(1)
lambda1 =                       %第一个特征值
    9.6703
>> pdesurf(p,t,v(:,1))          %绘制第一个特征模态图
>> title('第一特征模态图')
```

结果如图 7-12 所示。

```
>> lambda16 = l(16)
lambda16 =
    93.3239
>> figure
>> pdesurf(p,t,v(:,16))
>> title('第十六特征模态图')
```

结果如图 7-13 所示。

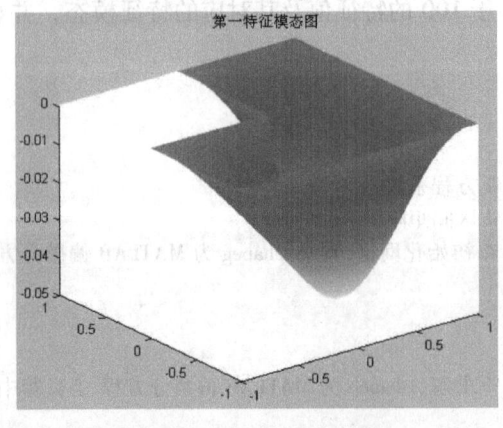

图 7-12　第一特征模态图

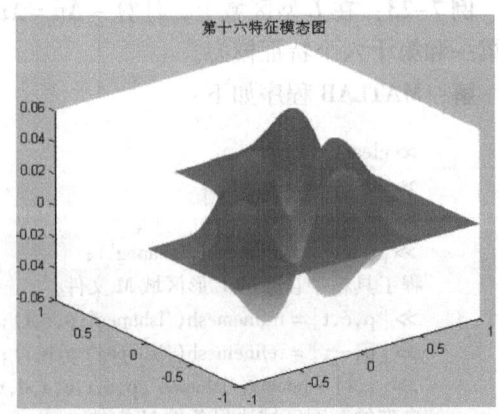

图 7-13　第十六特征模态图

7.6.8　解非线性椭圆型方程

对于非线性椭圆型偏微分方程（见式 7-5）及相应的方程组，可以利用 pdenonlin 命令求解，该命令的使用格式见表 7-25。

表7-25 pdenonlin 调用格式

调用格式	含 义
[u, res] = pdenonlin(b, p, e, t, c, a, f)	求定义在 Ω 上的特征值偏微分方程的解。其中 b 为边界条件；p、e、t 为区域的网格数据；c、a、f 为方程的系数；u 为解向量；res 为牛顿步残差向量的范数
[u, res] = pdenonlin(b,p,e,t,c,a,f,'PropertyName','PropertyValue',...)	在上面命令功能的基础上，加上属性设置，表7-26 给出了属性名及相关的说明

表7-26 pdenonlin 属性

属 性 名	属 性 值	默 认 值	说 明
Jacobian	fixed | lumped | full	fixed	雅可比逼近
u0	字符串或数字	0	估计的初始解
Tol	正数	1E-4	残差值
MaxIter	正整数	25	高斯-牛顿迭代的最大次数
MinStep	正数	1/2^16	搜索方向的最小阻尼
Report	on | off	off	是否输出收敛信息
Norm	字符串或数字	inf	残差范数

7.7 操作实例——带雅可比矩阵的非线性方程组求解

本节介绍带有稀疏雅可比矩阵的非线性方程组的求解。下面的例子中的维数为1000。目标是求 x 满足 $F(x)=0$。

设 $n=1000$，求下列非线性不等式组的解：

$$F(x) = 3x_1 - 2x_1^2 - 2x_2 + 1$$
$$F(i) = 3x_i - 2x_i^2 - x_{i-1} - 2x_{i+1} + 1$$
$$F(n) = 3x_n - 2x_n^2 - x_{n-1} + 1$$

操作步骤如下。

为了求解大型方程组 $F(x)=0$，可以使用函数 fsolve。

1. 建立目标函数和雅可比矩阵文件

```
function [F,J] = nlsf1(x);
% This is a function for demonstration
% This file includes the function and its Jacobian
% Evaluate the vector function
n = length(x);
F = zeros(n,1);
i = 2:(n-1);
F(i) = (3-2*x(i)).*x(i)-x(i-1)-2*x(i+1)+1;
F(n) = (3-2*x(n)).*x(n)-x(n-1)+1;
F(1) = (3-2*x(1)).*x(1)-2*x(2)+1;
% Evaluate the Jacobian if nargout > 1
```

```
if nargout > 1
    d = -4*x+3*ones(n,1); D = sparse(1:n,1:n,d,n,n);
    c = -2*ones(n-1,1); C = sparse(1:n-1,2:n,c,n,n);
    e = -ones(n-1,1); E = sparse(2:n,1:n-1,e,n,n);
    J = C + D + E;
end
```

保存在 MATLAB 的搜索路径下。

2. 在命令窗口中初始化各输入参数

```
>> xstart = -ones(1000,1);
>> fun = @nlsf1;
>> options = optimset('Display','iter','LargeScale','on','Jacobian','on');
```

3. 调用函数求解问题

```
>> [x,fval,exitflag,output] = fsolve(fun,xstart,options);
```

Iteration	Func-count	f(x)	Norm of step	First-order optimality	CG-iterations
0	1	1011		19	
1	2	16.1942	7.91898	2.35	3
2	3	0.0228027	1.33142	0.291	3
3	4	0.000103359	0.0433329	0.0201	4
4	5	7.3792e-007	0.0022606	0.000946	4
5	6	4.02299e-010	0.000268381	4.12e-005	5

Optimization terminated:relative function value
 changing by less than OPTIONS.TolFun.
x =
   -0.5708
   -0.6819
   -0.7025
   ……
   -0.6658
   -0.5960
   -0.4164
fval =
  1.0e-005 *
    0.1031
    0.1790
    0.2285
    ……
    0.2478
 0.3358
exitflag =
    3

```
output =
    firstorderopt: 4.1226e-005
       iterations: 5
       funcCount: 6
     cgiterations: 19
        algorithm: 'large-scale: trust-region reflectiveNewton'
          message: [1 × 87 char]
```

第 8 章 符 号 运 算

内容指南

在数学、物理学及力学等各种学科和工程应用中经常遇到符号运算的问题。符号运算是 MATLAB 数值计算的扩展,在运算过程中以符号表达式或符号矩阵为运算对象,实现了符号计算和数值计算的相互结合,使应用更灵活。

知识重点

📖 符号与数值
📖 符号矩阵
📖 多元函数分析

8.1 符号与数值

在 MATLAB 中,符号运算是为了得到更高精度的数值解,使数值的运算更容易让读者理解,因此在特定的情况下,应分别使用符号或数值表达式,进行不同的运算。

8.1.1 符号与数值间的转换

符号表达式转换成数值表达式的转换主要通过函数 eva 和函数 sym 来实现。

eval 函数将符号表达式转换成数值表达式。函数 sym 将数值表达式转换成符号表达式,调用格式见表 8-1。

表 8-1 符号与数值间的转换函数

eval(expression) [output1, …, outputN] = eval(expression)	Expression 是指含有有效的 MATLAB 表达式的字符串,如果需要在表达式中包含数值,则需要使用函数 int2str、num2str 或者 sprintf 进行转换。output1, …, outputN 是表达式的输出
Sym(p)	p 是指数值表达式
Subs(S,old,new)	将 old 变量替换 new 变量,直接计算符号表达式与数值表达式的结果

例 8-1:用 eval 函数来生成四阶的希尔伯特(Hilbert)矩阵。

解:MATLAB 程序如下:

```
>> n = 4;
>> t = '1/(i+j-1)'
>> a = zero(n);
>> for i = 1:n
```

```
>> for j = 1:n
>> a(i,j) = eval(t);              % 将字符换成数值结果
>> end
>> end
>> a
a =
   1.0000    0.5000    0.3333    0.2500
   0.5000    0.3333    0.2500    0.2000
   0.3333    0.2500    0.2000    0.1667
   0.2500    0.2000    0.1667    0.1429
```

例 8-2：数值表达式与符号表达式的相互转换。

解：MATLAB 程序如下：

```
>> p = 3.4;
>> q = sym(p)
q =
17/5
>> m = eval(q)
m =
3.4000
```

8.1.2 符号与数值间的精度设置

符号表达式与数值表达式分别使用函数 digit 和函数 vpa 来进行精度设置。函数调用格式见表 8-2。

表 8-2 精度设置函数

Digits(D)	函数设置有效数字个数为 D 的近似解精度
vpa(S)	符号表达式 S 在 digits 函数设置下的精度的数值解
vpa(S,D)	符号表达式 S 在 digits 函数精度的数值解

例 8-3：魔方矩阵的数值解。

解：MATLAB 程序如下：

```
>> a = rand(4)
a =
   0.8147    0.6324    0.9575    0.9572
   0.9058    0.0975    0.9649    0.4854
   0.1270    0.2785    0.1576    0.8003
   0.9134    0.5469    0.9706    0.1419
>> b = vpa(a)
b =
[ 0.81472368639317893634910205946653, 0.63235924622540951034466161218006, 0.95750683543429759847498417002498, 0.95716694824294556998012240001117]
[ 0.90579193707561922455084868488484, 0.09754040499940952457791354390792 5, 0.96488853519927653135113132520928, 0.48537564872284124241918817926489 3]
```

[0.1269868162935060551532728823076 5, 0.2784982188670483971293378999689 6, 0.157613081 6775482834657395869726 3, 0.800280468888800111670889236847 87]
[0.913375856139019393076239339279 71, 0.546881519204983845838796696625 65, 0.970592 781760615697095317955245 26, 0.141886338627215335961295750166 76]

8.2 符号矩阵

符号矩阵和符号向量中的元素都是符号表达式，符号表达式是由符号变量与数值组成的。

8.2.1 符号矩阵的创建

符号矩阵中的元素是任何不带等号的符号表达式，各符号表达式的长度可以不同。符号矩阵中以空格或逗号分隔的元素指定的是不同列的元素，而以分号分隔的元素指定的是不同行的元素。

生成符号矩阵有以下三种方法。

（1）直接输入

直接输入符号矩阵时，符号矩阵的每一行都要用方括号括起来，而且要保证同一列的各行元素字符串的长度相同，因此，在较短的字符串中要插入空格来补齐长度，否则程序将会报错。

（2）用 sym 函数创建符号矩阵

用这种方法创建符号矩阵，矩阵元素可以是任何不带等号的符号表达式，各矩阵元素之间用逗号或空格分隔，各行之间用分号分隔，各元素字符串的长度可以不相等。常用的调用格式见表 8-3。

表 8-3 sym 命令乘用格式

sym('x')	创建变量符号 x
sym('a',[n1…nM])	创建一个 $n1-by-\cdots-by-nM$ 符号数组，充满自动生成的元素
sym('A'n)	创建一个 $n \times n$ 符号矩阵满自动生成的元素
sym('a',n)	创建一个 n 个自动生成的元素符号数组
sym(___,set)	通过 set 设置符号表达式的格式

例 8-4：创建符号矩阵。

解：MATLAB 程序如下：

```
>> x = sym('x');            % 创建变量 x、y
>> y = sym('y');
>> a = [x+y,x;y,y+5]        % 创建符号矩阵
a =
[ x+y,    x]
[   y, y+5]
>> a = sym('a',[1 4])       % 用自动生成的元素创建符号向量
```

```
a =
[a1,a2,a3,a4]
>> a = sym('x_%d',[1 4])        %用自动生成的元素创建符号向量,格式的元素的名称使用格式
                                 字符串作为第一个参数
a =
[x_1,x_2,x_3,x_4]
>> a(1)                          %使用标准访问元素的索引方法
>> a(2:3)
ans =
x_1
ans =
[x_2,x_3]
```

创建符号表达式,首先创建符号变量,然后进行操作。在表8-4中显示符号表达式的常见格式与易错写法。

表8-4 符号表达式的常见格式与易错写法

正确格式	错误格式
syms x; x + 1	sym('x + 1')
exp(sym(pi))	sym('exp(pi)')
syms f(var1,…,varN)	f(var1,…,varN) = sym('f(var1,…,varN)')

例8-5：计算不同精度的 π 值。

解：MATLAB 程序如下：

```
>> pi
ans =
    3.1416
>> vpa(pi)
ans =
3.1415926535897932384626433832795
>> digits(10)
>> vpa(pi)
ans =
3.141592654
>> r = sym(pi)
>> f = sym(pi,'f')
>> d = sym(pi,'d')
>> e = sym(pi,'e')
r =
pi
f =
884279719003555/281474976710656
d =
3.1415926535897931159979634685442
e =
pi - (198*eps)/359
```

例 8-6：创建符号矩阵。

解：MATLAB 程序如下：

```
>> sm = ['[1/(a+b),x^3   ,cos(x)]';'[log(y) ,abs(x),c      ]']
sm =
[1/(a+b),x^3   ,cos(x)]
[log(y) ,abs(x),c     ]
>> a = ['[   sin(x),       cos(x)]';'[exp(x^2),log(tanh(y))]']
 a =
[      sin(x),       cos(x) ]
[   exp(x^2), log(tanh(y)) ]
>> A = [sin(pi/3),cos(pi/4);log(3),tanh(6)]
A =
0.8660    0.7071
1.0986    1.0000
>> B = sym(A)
B =
[                           3^(1/2)/2,                          2^(1/2)/2]
[ 2473854946935173/2251799813685248, 2251772142782799/2251799813685248]
```

(3) 数值矩阵转化为符号矩阵

在 MATLAB 中，数值矩阵不能直接参与符号运算，所以必须先转化为符号矩阵。

例 8-7：符号矩阵的赋值。

解：MATLAB 程序如下：

```
>> syms x
>> f = x + sin(x)
f =
 x + sin(x)
>> subs(f,x,6)
ans =
sin(6) + 6
```

8.2.2 符号矩阵的其他运算

符号矩阵与数值矩阵具有相同的属性，比如转置、求逆等运算，但符号矩阵的函数与数值矩阵的函数不同，本节一一进行介绍。

1. 符号矩阵的转置运算

符号矩阵的转置运算可以通过符号"'"或函数 transpose 来实现，其调用格式如下：

```
B = A.'
B = transpose(A)
```

例 8-8：求符号矩阵的转置。

解：MATLAB 程序如下：

```
>> A = sym('A',[3 4])
A =
```

```
[ A1_1,A1_2,A1_3,A1_4]
[ A2_1,A2_2,A2_3,A2_4]
[ A3_1,A3_2,A3_3,A3_4]
>> A.'
ans =
[ A1_1,A2_1,A3_1]
[ A1_2,A2_2,A3_2]
[ A1_3,A2_3,A3_3]
[ A1_4,A2_4,A3_4]
>> transpose(A)
ans =
[ A1_1,A2_1,A3_1]
[ A1_2,A2_2,A3_2]
[ A1_3,A2_3,A3_3]
[ A1_4,A2_4,A3_4]
```

2. 符号矩阵的行列式运算

符号矩阵的行列式运算可以通过函数 determ 或 det 来实现，其中矩阵必须使用方阵，调用格式如下：

$$d = \det(A)$$

例 8-9：求符号矩阵的行列式运算。

解：MATLAB 程序如下：

```
>> B = sym('x_%d_%d',4)
B =
[ x_1_1,x_1_2,x_1_3,x_1_4]
[ x_2_1,x_2_2,x_2_3,x_2_4]
[ x_3_1,x_3_2,x_3_3,x_3_4]
[ x_4_1,x_4_2,x_4_3,x_4_4]
    >> det(B)
    ans =
x_1_1*x_2_2*x_3_3*x_4_4-x_1_1*x_2_2*x_3_4*x_4_3-x_1_1*x_2_3*x_3_2*x_4_4+
x_1_1*x_2_3*x_3_4*x_4_2+x_1_1*x_2_4*x_3_2*x_4_3-x_1_1*x_2_4*x_3_3*x_4_2-
x_1_2*x_2_1*x_3_3*x_4_4+x_1_2*x_2_1*x_3_4*x_4_3+x_1_2*x_2_3*x_3_1*x_4_4-
x_1_2*x_2_3*x_3_4*x_4_1-x_1_2*x_2_4*x_3_1*x_4_3+x_1_2*x_2_4*x_3_3*x_4_1+
x_1_3*x_2_1*x_3_2*x_4_4-x_1_3*x_2_1*x_3_4*x_4_2-x_1_3*x_2_2*x_3_1*x_4_4+
x_1_3*x_2_2*x_3_4*x_4_1+x_1_3*x_2_4*x_3_1*x_4_2-x_1_3*x_2_4*x_3_2*x_4_1-
x_1_4*x_2_1*x_3_2*x_4_3+x_1_4*x_2_1*x_3_3*x_4_2+x_1_4*x_2_2*x_3_1*x_4_3-
x_1_4*x_2_2*x_3_3*x_4_1-x_1_4*x_2_3*x_3_1*x_4_2+x_1_4*x_2_3*x_3_2*x_4_1
>> syms a b c d
>> det([a b;c d])
ans =
a*d-b*c
```

3. 符号矩阵的逆运算

符号矩阵的逆运算可以通过函数 inv 来实现，其中矩阵必须使用方阵，调用格式如下：

$$\mathrm{inv}(A)$$

例 8-10：符号矩阵的逆运算。

解：MATLAB 程序如下：

```
>> inv(B)
ans =
[  (x_2_2*x_3_3*x_4_4-x_2_2*x_3_4*x_4_3-x_2_3*x_3_2*x_4_4+x_2_3*x_3_4*x_4_2+x_2_4*x_3_2*x_4_3-x_2_4*x_3_3*x_4_2)/(x_1_1*x_2_2*x_3_3*x_4_4-x_1_1*x_2_2*x_3_4*x_4_3-x_1_1*x_2_3*x_3_2*x_4_4+x_1_1*x_2_3*x_3_4*x_4_2+x_1_1*x_2_4*x_3_2*x_4_3-x_1_1*x_2_4*x_3_3*x_4_2-x_1_2*x_2_1*x_3_3*x_4_4+x_1_2*x_2_1*x_3_4*x_4_3+x_1_2*x_2_3*x_3_1*x_4_4-x_1_2*x_2_3*x_3_4*x_4_1-x_1_2*x_2_4*x_3_1*x_4_3+x_1_2*x_2_4*x_3_3*x_4_1+x_1_3*x_2_1*x_3_2*x_4_4-x_1_3*x_2_1*x_3_4*x_4_2-x_1_3*x_2_2*x_3_1*x_4_4+x_1_3*x_2_2*x_3_4*x_4_1+x_1_3*x_2_4*x_3_1*x_4_2-x_1_3*x_2_4*x_3_2*x_4_1-x_1_4*x_2_1*x_3_2*x_4_3+x_1_4*x_2_1*x_3_3*x_4_2+x_1_4*x_2_2*x_3_1*x_4_3-x_1_4*x_2_2*x_3_3*x_4_1-x_1_4*x_2_3*x_3_1*x_4_2+x_1_4*x_2_3*x_3_2*x_4_1), -(x_1_2*x_3_3*x_4_4-x_1_2*x_3_4*x_4_3-x_1_3*x_3_2*x_4_4+x_1_3*x_3_4*x_4_2+x_1_4*x_3_2*x_4_3-x_1_4*x_3_3*x_4_2)/(x_1_1*x_2_2*x_3_3*x_4_4-x_1_1*x_2_2*x_3_4*x_4_3-x_1_1*x_2_3*x_3_2*x_4_4+x_1_1*x_2_3*x_3_4*x_4_2+x_1_1*x_2_4*x_3_2*x_4_3-x_1_1*x_2_4*x_3_3*x_4_2-x_1_2*x_2_1*x_3_3*x_4_4+x_1_2*x_2_1*x_3_4*x_4_3+x_1_2*x_2_3*x_3_1*x_4_4-x_1_2*x_2_3*x_3_4*x_4_1-x_1_2*x_2_4*x_3_1*x_4_3+x_1_2*x_2_4*x_3_3*x_4_1+x_1_3*x_2_1*x_3_2*x_4_4-x_1_3*x_2_1*x_3_4*x_4_2-x_1_3*x_2_2*x_3_1*x_4_4+x_1_3*x_2_2*x_3_4*x_4_1+x_1_3*x_2_4*x_3_1*x_4_2-x_1_3*x_2_4*x_3_2*x_4_1-x_1_4*x_2_1*x_3_2*x_4_3+x_1_4*x_2_1*x_3_3*x_4_2+x_1_4*x_2_2*x_3_1*x_4_3-x_1_4*x_2_2*x_3_3*x_4_1-x_1_4*x_2_3*x_3_1*x_4_2+x_1_4*x_2_3*x_3_2*x_4_1),(x_1_2*x_2_3*x_4_4-x_1_2*x_2_4*x_4_3-x_1_3*x_2_2*x_4_4+x_1_3*x_2_4*x_4_2+x_1_4*x_2_2*x_4_3-x_1_4*x_2_3*x_4_2)/(x_1_1*x_2_2*x_3_3*x_4_4-x_1_1*x_2_2*x_3_4*x_4_3-x_1_1*x_2_3*x_3_2*x_4_4+x_1_1*x_2_3*x_3_4*x_4_2+x_1_1*x_2_4*x_3_2*x_4_3-x_1_1*x_2_4*x_3_3*x_4_2-x_1_2*x_2_1*x_3_3*x_4_4+x_1_2*x_2_1*x_3_4*x_4_3+x_1_2*x_2_3*x_3_1*x_4_4-x_1_2*x_2_3*x_3_4*x_4_1-x_1_2*x_2_4*x_3_1*x_4_3+x_1_2*x_2_4*x_3_3*x_4_1+x_1_3*x_2_1*x_3_2*x_4_4-x_1_3*x_2_1*x_3_4*x_4_2-x_1_3*x_2_2*x_3_1*x_4_4+x_1_3*x_2_2*x_3_4*x_4_1+x_1_3*x_2_4*x_3_1*x_4_2-x_1_3*x_2_4*x_3_2*x_4_1-x_1_4*x_2_1*x_3_2*x_4_3+x_1_4*x_2_1*x_3_3*x_4_2+x_1_4*x_2_2*x_3_1*x_4_3-x_1_4*x_2_2*x_3_3*x_4_1-x_1_4*x_2_3*x_3_1*x_4_2+x_1_4*x_2_3*x_3_2*x_4_1), -(x_1_2*x_2_3*x_3_4-x_1_2*x_2_4*x_3_3-x_1_3*x_2_2*x_3_4+x_1_3*x_2_4*x_3_2+x_1_4*x_2_2*x_3_3-x_1_4*x_2_3*x_3_2)/(x_1_1*x_2_2*x_3_3*x_4_4-x_1_1*x_2_2*x_3_4*x_4_3-x_1_1*x_2_3*x_3_2*x_4_4+x_1_1*x_2_3*x_3_4*x_4_2+x_1_1*x_2_4*x_3_2*x_4_3-x_1_1*x_2_4*x_3_3*x_4_2-x_1_2*x_2_1*x_3_3*x_4_4+x_1_2*x_2_1*x_3_4*x_4_3+x_1_2*x_2_3*x_3_1*x_4_4-x_1_2*x_2_3*x_3_4*x_4_1-x_1_2*x_2_4*x_3_1*x_4_3+x_1_2*x_2_4*x_3_3*x_4_1+x_1_3*x_2_1*x_3_2*x_4_4-x_1_3*x_2_1*x_3_4*x_4_2-x_1_3*x_2_2*x_3_1*x_4_4+x_1_3*x_2_2*x_3_4*x_4_1+x_1_3*x_2_4*x_3_1*x_4_2-x_1_3*x_2_4*x_3_2*x_4_1-x_1_4*x_2_1*x_3_2*x_4_3+x_1_4*x_2_1*x_3_3*x_4_2+x_1_4*x_2_2*x_3_1*x_4_3-x_1_4*x_2_2*x_3_3*x_4_1-x_1_4*x_2_3*x_3_1*x_4_2+x_1_4*x_2_3*x_3_2*x_4_1)]
[ -(x_2_1*x_3_3*x_4_4-x_2_1*x_3_4*x_4_3-x_2_3*x_3_1*x_4_4+x_2_3*x_3_4*x_4_1+x_2_4*x_3_1*x_4_3-x_2_4*x_3_3*x_4_1)/(x_1_1*x_2_2*x_3_3*x_4_4-x_1_1*x_2_2*x_3_4*x_4_3-x_1_1*x_2_3*x_3_2*x_4_4+x_1_1*x_2_3*x_3_4*x_4_2+x_1_1*x_2_4*x_3_2*x_4_3-x_1_1*x_2_4*x_3_3*x_4_2-x_1_2*x_2_1*x_3_3*x_4_4+x_1_2*x_
```

$$\begin{aligned}
&2\_1 * x\_3\_4 * x\_4\_3 + x\_1\_2 * x\_2\_3 * x\_3\_1 * x\_4\_4 - x\_1\_2 * x\_2\_3 * x\_3\_4 * x\_4\_1 - x\_1\_2 * x\_2\_4 * x\_3\_1 * x\_4\_3 + x\_1\_2 * x\_2\_4 * x\_3\_3 * x\_4\_1 + x\_1\_3 * x\_2\_1 * x\_3\_2 * x\_4\_4 - x\_1\_3 * x\_2\_1 * x\_3\_4 * x\_4\_2 - x\_1\_3 * x\_2\_2 * x\_3\_1 * x\_4\_4 + x\_1\_3 * x\_2\_2 * x\_3\_4 * x\_4\_1 + x\_1\_3 * x\_2\_4 * x\_3\_1 * x\_4\_2 - x\_1\_3 * x\_2\_4 * x\_3\_2 * x\_4\_1 - x\_1\_4 * x\_2\_1 * x\_3\_2 * x\_4\_3 + x\_1\_4 * x\_2\_1 * x\_3\_3 * x\_4\_2 + x\_1\_4 * x\_2\_2 * x\_3\_1 * x\_4\_3 - x\_1\_4 * x\_2\_2 * x\_3\_3 * x\_4\_1 - x\_1\_4 * x\_2\_3 * x\_3\_1 * x\_4\_2 + x\_1\_4 * x\_2\_3 * x\_3\_2 * x\_4\_1), (x\_1\_1 * x\_3\_3 * x\_4\_4 - x\_1\_1 * x\_3\_4 * x\_4\_3 - x\_1\_3 * x\_3\_1 * x\_4\_4 + x\_1\_3 * x\_3\_4 * x\_4\_1 + x\_1\_4 * x\_3\_1 * x\_4\_3 - x\_1\_4 * x\_3\_3 * x\_4\_1) / (x\_1\_1 * x\_2\_2 * x\_3\_3 * x\_4\_4 - x\_1\_1 * x\_2\_2 * x\_3\_4 * x\_4\_3 - x\_1\_1 * x\_2\_3 * x\_3\_2 * x\_4\_4 + x\_1\_1 * x\_2\_3 * x\_3\_4 * x\_4\_2 + x\_1\_1 * x\_2\_4 * x\_3\_2 * x\_4\_3 - x\_1\_1 * x\_2\_4 * x\_3\_3 * x\_4\_2 - x\_1\_2 * x\_2\_1 * x\_3\_3 * x\_4\_4 + x\_1\_2 * x\_2\_1 * x\_3\_4 * x\_4\_3 + x\_1\_2 * x\_2\_3 * x\_3\_1 * x\_4\_4 - x\_1\_2 * x\_2\_3 * x\_3\_4 * x\_4\_1 - x\_1\_2 * x\_2\_4 * x\_3\_1 * x\_4\_3 + x\_1\_2 * x\_2\_4 * x\_3\_3 * x\_4\_1 + x\_1\_3 * x\_2\_1 * x\_3\_2 * x\_4\_4 - x\_1\_3 * x\_2\_1 * x\_3\_4 * x\_4\_2 - x\_1\_3 * x\_2\_2 * x\_3\_1 * x\_4\_4 + x\_1\_3 * x\_2\_2 * x\_3\_4 * x\_4\_1 + x\_1\_3 * x\_2\_4 * x\_3\_1 * x\_4\_2 - x\_1\_3 * x\_2\_4 * x\_3\_2 * x\_4\_1 - x\_1\_4 * x\_2\_1 * x\_3\_2 * x\_4\_3 + x\_1\_4 * x\_2\_1 * x\_3\_3 * x\_4\_2 + x\_1\_4 * x\_2\_2 * x\_3\_1 * x\_4\_3 - x\_1\_4 * x\_2\_2 * x\_3\_3 * x\_4\_1 - x\_1\_4 * x\_2\_3 * x\_3\_1 * x\_4\_2 + x\_1\_4 * x\_2\_3 * x\_3\_2 * x\_4\_1), -(x\_1\_1 * x\_2\_3 * x\_4\_4 - x\_1\_1 * x\_2\_4 * x\_4\_3 - x\_1\_3 * x\_2\_1 * x\_4\_4 + x\_1\_3 * x\_2\_4 * x\_4\_1 + x\_1\_4 * x\_2\_1 * x\_4\_3 - x\_1\_4 * x\_2\_3 * x\_4\_1) / (x\_1\_1 * x\_2\_2 * x\_3\_3 * x\_4\_4 - x\_1\_1 * x\_2\_2 * x\_3\_4 * x\_4\_3 - x\_1\_1 * x\_2\_3 * x\_3\_2 * x\_4\_4 + x\_1\_1 * x\_2\_3 * x\_3\_4 * x\_4\_2 + x\_1\_1 * x\_2\_4 * x\_3\_2 * x\_4\_3 - x\_1\_1 * x\_2\_4 * x\_3\_3 * x\_4\_2 - x\_1\_2 * x\_2\_1 * x\_3\_3 * x\_4\_4 + x\_1\_2 * x\_2\_1 * x\_3\_4 * x\_4\_3 + x\_1\_2 * x\_2\_3 * x\_3\_1 * x\_4\_4 - x\_1\_2 * x\_2\_3 * x\_3\_4 * x\_4\_1 - x\_1\_2 * x\_2\_4 * x\_3\_1 * x\_4\_3 + x\_1\_2 * x\_2\_4 * x\_3\_3 * x\_4\_1 + x\_1\_3 * x\_2\_1 * x\_3\_2 * x\_4\_4 - x\_1\_3 * x\_2\_1 * x\_3\_4 * x\_4\_2 - x\_1\_3 * x\_2\_2 * x\_3\_1 * x\_4\_4 + x\_1\_3 * x\_2\_2 * x\_3\_4 * x\_4\_1 + x\_1\_3 * x\_2\_4 * x\_3\_1 * x\_4\_2 - x\_1\_3 * x\_2\_4 * x\_3\_2 * x\_4\_1 - x\_1\_4 * x\_2\_1 * x\_3\_2 * x\_4\_3 + x\_1\_4 * x\_2\_1 * x\_3\_3 * x\_4\_2 + x\_1\_4 * x\_2\_2 * x\_3\_1 * x\_4\_3 - x\_1\_4 * x\_2\_2 * x\_3\_3 * x\_4\_1 - x\_1\_4 * x\_2\_3 * x\_3\_1 * x\_4\_2 + x\_1\_4 * x\_2\_3 * x\_3\_2 * x\_4\_1), (x\_1\_1 * x\_2\_3 * x\_3\_4 - x\_1\_1 * x\_2\_4 * x\_3\_3 - x\_1\_3 * x\_2\_1 * x\_3\_4 + x\_1\_3 * x\_2\_4 * x\_3\_1 + x\_1\_4 * x\_2\_1 * x\_3\_3 - x\_1\_4 * x\_2\_3 * x\_3\_1) / (x\_1\_1 * x\_2\_2 * x\_3\_3 * x\_4\_4 - x\_1\_1 * x\_2\_2 * x\_3\_4 * x\_4\_3 - x\_1\_1 * x\_2\_3 * x\_3\_2 * x\_4\_4 + x\_1\_1 * x\_2\_3 * x\_3\_4 * x\_4\_2 + x\_1\_1 * x\_2\_4 * x\_3\_2 * x\_4\_3 - x\_1\_1 * x\_2\_4 * x\_3\_3 * x\_4\_2 - x\_1\_2 * x\_2\_1 * x\_3\_3 * x\_4\_4 + x\_1\_2 * x\_2\_1 * x\_3\_4 * x\_4\_3 + x\_1\_2 * x\_2\_3 * x\_3\_1 * x\_4\_4 - x\_1\_2 * x\_2\_3 * x\_3\_4 * x\_4\_1 - x\_1\_2 * x\_2\_4 * x\_3\_1 * x\_4\_3 + x\_1\_2 * x\_2\_4 * x\_3\_3 * x\_4\_1 + x\_1\_3 * x\_2\_1 * x\_3\_2 * x\_4\_4 - x\_1\_3 * x\_2\_1 * x\_3\_4 * x\_4\_2 - x\_1\_3 * x\_2\_2 * x\_3\_1 * x\_4\_4 + x\_1\_3 * x\_2\_2 * x\_3\_4 * x\_4\_1 + x\_1\_3 * x\_2\_4 * x\_3\_1 * x\_4\_2 - x\_1\_3 * x\_2\_4 * x\_3\_2 * x\_4\_1 - x\_1\_4 * x\_2\_1 * x\_3\_2 * x\_4\_3 + x\_1\_4 * x\_2\_1 * x\_3\_3 * x\_4\_2 + x\_1\_4 * x\_2\_2 * x\_3\_1 * x\_4\_3 - x\_1\_4 * x\_2\_2 * x\_3\_3 * x\_4\_1 - x\_1\_4 * x\_2\_3 * x\_3\_1 * x\_4\_2 + x\_1\_4 * x\_2\_3 * x\_3\_2 * x\_4\_1)]
\end{aligned}$$

$$\begin{aligned}
&[(x\_2\_1 * x\_3\_2 * x\_4\_4 - x\_2\_1 * x\_3\_4 * x\_4\_2 - x\_2\_2 * x\_3\_1 * x\_4\_4 + x\_2\_2 * x\_3\_4 * x\_4\_1 + x\_2\_4 * x\_3\_1 * x\_4\_2 - x\_2\_4 * x\_3\_2 * x\_4\_1) / (x\_1\_1 * x\_2\_2 * x\_3\_3 * x\_4\_4 - x\_1\_1 * x\_2\_2 * x\_3\_4 * x\_4\_3 - x\_1\_1 * x\_2\_3 * x\_3\_2 * x\_4\_4 + x\_1\_1 * x\_2\_3 * x\_3\_4 * x\_4\_2 + x\_1\_1 * x\_2\_4 * x\_3\_2 * x\_4\_3 - x\_1\_1 * x\_2\_4 * x\_3\_3 * x\_4\_2 - x\_1\_2 * x\_2\_1 * x\_3\_3 * x\_4\_4 + x\_1\_2 * x\_2\_1 * x\_3\_4 * x\_4\_3 + x\_1\_2 * x\_2\_3 * x\_3\_1 * x\_4\_4 - x\_1\_2 * x\_2\_3 * x\_3\_4 * x\_4\_1 - x\_1\_2 * x\_2\_4 * x\_3\_1 * x\_4\_3 + x\_1\_2 * x\_2\_4 * x\_3\_3 * x\_4\_1 + x\_1\_3 * x\_2\_1 * x\_3\_2 * x\_4\_4 - x\_1\_3 * x\_2\_1 * x\_3\_4 * x\_4\_2 - x\_1\_3 * x\_2\_2 * x\_3\_1 * x\_4\_4 + x\_1\_3 * x\_2\_2 * x\_3\_4 * x\_4\_1 + x\_1\_3 * x\_2\_4 * x\_3\_1 * x\_4\_2 - x\_1\_3 * x\_2\_4 * x\_3\_2 * x\_4\_1 - x\_1\_4 * x\_2\_1 * x\_3\_2 * x\_4\_3 + x\_1\_4 * x\_2\_1 * x\_3\_3 * x\_4\_2 + x\_1\_4 * x\_2\_2 * x\_3\_1 * x\_4\_3 - x\_1\_4 * x\_2\_2 * x\_3\_3 * x\_4\_1 - x\_1\_4 * x\_2\_3 * x\_3\_1 * x\_4\_2 + x\_1\_4 * x\_2\_3 * x\_3\_2 * x\_4\_1), -(x\_1\_1 * x\_3\_2 * x\_4\_4 - x\_1\_1 * x\_3\_4 * x\_4\_2 - x\_1\_2 * x\_3\_1 * x\_4\_4 + x\_1\_2 * x\_3\_4 * x\_4\_1 + x\_1\_4 * x\_3\_1 * x\_4\_2 - x\_1\_4 * x\_3\_2 * x\_4\_1) / (x\_1\_1 * x\_2\_2 * x\_3\_3 * x\_4\_4 - x\_1\_1 * x\_2\_2 * x\_3\_4 * x\_4\_3 - x\_1\_1 * x\_2\_3 * x\_3\_2 * x\_4\_4 + x\_1\_1 * x\_2\_3 * x\_3\_4 * x\_4\_2 + x\_1\_1 * x\_2\_4 * x\_3\_2 * x\_4\_3 - x\_1\_1 * x\_2\_4 * x\_3\_3 *
\end{aligned}$$

$x\_4\_2 - x\_1\_2 * x\_2\_1 * x\_3\_3 * x\_4\_4 + x\_1\_2 * x\_2\_1 * x\_3\_4 * x\_4\_3 + x\_1\_2 * x\_2\_3 * x\_3\_1 * x\_4\_4 - x\_1\_2 * x\_2\_3 * x\_3\_4 * x\_4\_1 - x\_1\_2 * x\_2\_4 * x\_3\_1 * x\_4\_3 + x\_1\_2 * x\_2\_4 * x\_3\_3 * x\_4\_1 + x\_1\_3 * x\_2\_1 * x\_3\_2 * x\_4\_4 - x\_1\_3 * x\_2\_1 * x\_3\_4 * x\_4\_2 - x\_1\_3 * x\_2\_2 * x\_3\_1 * x\_4\_4 + x\_1\_3 * x\_2\_2 * x\_3\_4 * x\_4\_1 + x\_1\_3 * x\_2\_4 * x\_3\_1 * x\_4\_2 - x\_1\_3 * x\_2\_4 * x\_3\_2 * x\_4\_1 - x\_1\_4 * x\_2\_1 * x\_3\_2 * x\_4\_3 + x\_1\_4 * x\_2\_1 * x\_3\_3 * x\_4\_2 + x\_1\_4 * x\_2\_2 * x\_3\_1 * x\_4\_3 - x\_1\_4 * x\_2\_2 * x\_3\_3 * x\_4\_1 - x\_1\_4 * x\_2\_3 * x\_3\_1 * x\_4\_2 + x\_1\_4 * x\_2\_3 * x\_3\_2 * x\_4\_1), (x\_1\_1 * x\_2\_2 * x\_4\_4 - x\_1\_1 * x\_2\_4 * x\_4\_2 - x\_1\_2 * x\_2\_1 * x\_4\_4 + x\_1\_2 * x\_2\_4 * x\_4\_1 + x\_1\_4 * x\_2\_1 * x\_4\_2 - x\_1\_4 * x\_2\_2 * x\_4\_1) / (x\_1\_1 * x\_2\_2 * x\_3\_3 * x\_4\_4 - x\_1\_1 * x\_2\_2 * x\_3\_4 * x\_4\_3 - x\_1\_1 * x\_2\_3 * x\_3\_2 * x\_4\_4 + x\_1\_1 * x\_2\_3 * x\_3\_4 * x\_4\_2 + x\_1\_1 * x\_2\_4 * x\_3\_2 * x\_4\_3 - x\_1\_1 * x\_2\_4 * x\_3\_3 * x\_4\_2 - x\_1\_2 * x\_2\_1 * x\_3\_3 * x\_4\_4 + x\_1\_2 * x\_2\_1 * x\_3\_4 * x\_4\_3 + x\_1\_2 * x\_2\_3 * x\_3\_1 * x\_4\_4 - x\_1\_2 * x\_2\_3 * x\_3\_4 * x\_4\_1 - x\_1\_2 * x\_2\_4 * x\_3\_1 * x\_4\_3 + x\_1\_2 * x\_2\_4 * x\_3\_3 * x\_4\_1 + x\_1\_3 * x\_2\_1 * x\_3\_2 * x\_4\_4 - x\_1\_3 * x\_2\_1 * x\_3\_4 * x\_4\_2 - x\_1\_3 * x\_2\_2 * x\_3\_1 * x\_4\_4 + x\_1\_3 * x\_2\_2 * x\_3\_4 * x\_4\_1 + x\_1\_3 * x\_2\_4 * x\_3\_1 * x\_4\_2 - x\_1\_3 * x\_2\_4 * x\_3\_2 * x\_4\_1 - x\_1\_4 * x\_2\_1 * x\_3\_2 * x\_4\_3 + x\_1\_4 * x\_2\_1 * x\_3\_3 * x\_4\_2 + x\_1\_4 * x\_2\_2 * x\_3\_1 * x\_4\_3 - x\_1\_4 * x\_2\_2 * x\_3\_3 * x\_4\_1 - x\_1\_4 * x\_2\_3 * x\_3\_1 * x\_4\_2 + x\_1\_4 * x\_2\_3 * x\_3\_2 * x\_4\_1), -(x\_1\_1 * x\_2\_2 * x\_3\_4 - x\_1\_1 * x\_2\_4 * x\_3\_2 - x\_1\_2 * x\_2\_1 * x\_3\_4 + x\_1\_2 * x\_2\_4 * x\_3\_1 + x\_1\_4 * x\_2\_1 * x\_3\_2 - x\_1\_4 * x\_2\_2 * x\_3\_1) / (x\_1\_1 * x\_2\_2 * x\_3\_3 * x\_4\_4 - x\_1\_1 * x\_2\_2 * x\_3\_4 * x\_4\_3 - x\_1\_1 * x\_2\_3 * x\_3\_2 * x\_4\_4 + x\_1\_1 * x\_2\_3 * x\_3\_4 * x\_4\_2 + x\_1\_1 * x\_2\_4 * x\_3\_2 * x\_4\_3 - x\_1\_1 * x\_2\_4 * x\_3\_3 * x\_4\_2 - x\_1\_2 * x\_2\_1 * x\_3\_3 * x\_4\_4 + x\_1\_2 * x\_2\_1 * x\_3\_4 * x\_4\_3 + x\_1\_2 * x\_2\_3 * x\_3\_1 * x\_4\_4 - x\_1\_2 * x\_2\_3 * x\_3\_4 * x\_4\_1 - x\_1\_2 * x\_2\_4 * x\_3\_1 * x\_4\_3 + x\_1\_2 * x\_2\_4 * x\_3\_3 * x\_4\_1 + x\_1\_3 * x\_2\_1 * x\_3\_2 * x\_4\_4 - x\_1\_3 * x\_2\_1 * x\_3\_4 * x\_4\_2 - x\_1\_3 * x\_2\_2 * x\_3\_1 * x\_4\_4 + x\_1\_3 * x\_2\_2 * x\_3\_4 * x\_4\_1 + x\_1\_3 * x\_2\_4 * x\_3\_1 * x\_4\_2 - x\_1\_3 * x\_2\_4 * x\_3\_2 * x\_4\_1 - x\_1\_4 * x\_2\_1 * x\_3\_2 * x\_4\_3 + x\_1\_4 * x\_2\_1 * x\_3\_3 * x\_4\_2 + x\_1\_4 * x\_2\_2 * x\_3\_1 * x\_4\_3 - x\_1\_4 * x\_2\_2 * x\_3\_3 * x\_4\_1 - x\_1\_4 * x\_2\_3 * x\_3\_1 * x\_4\_2 + x\_1\_4 * x\_2\_3 * x\_3\_2 * x\_4\_1)]$

$[-(x\_2\_1 * x\_3\_2 * x\_4\_3 - x\_2\_1 * x\_3\_3 * x\_4\_2 - x\_2\_2 * x\_3\_1 * x\_4\_3 + x\_2\_2 * x\_3\_3 * x\_4\_1 + x\_2\_3 * x\_3\_1 * x\_4\_2 - x\_2\_3 * x\_3\_2 * x\_4\_1) / (x\_1\_1 * x\_2\_2 * x\_3\_3 * x\_4\_4 - x\_1\_1 * x\_2\_2 * x\_3\_4 * x\_4\_3 - x\_1\_1 * x\_2\_3 * x\_3\_2 * x\_4\_4 + x\_1\_1 * x\_2\_3 * x\_3\_4 * x\_4\_2 + x\_1\_1 * x\_2\_4 * x\_3\_2 * x\_4\_3 - x\_1\_1 * x\_2\_4 * x\_3\_3 * x\_4\_2 - x\_1\_2 * x\_2\_1 * x\_3\_3 * x\_4\_4 + x\_1\_2 * x\_2\_1 * x\_3\_4 * x\_4\_3 + x\_1\_2 * x\_2\_3 * x\_3\_1 * x\_4\_4 - x\_1\_2 * x\_2\_3 * x\_3\_4 * x\_4\_1 - x\_1\_2 * x\_2\_4 * x\_3\_1 * x\_4\_3 + x\_1\_2 * x\_2\_4 * x\_3\_3 * x\_4\_1 + x\_1\_3 * x\_2\_1 * x\_3\_2 * x\_4\_4 - x\_1\_3 * x\_2\_1 * x\_3\_4 * x\_4\_2 - x\_1\_3 * x\_2\_2 * x\_3\_1 * x\_4\_4 + x\_1\_3 * x\_2\_2 * x\_3\_4 * x\_4\_1 + x\_1\_3 * x\_2\_4 * x\_3\_1 * x\_4\_2 - x\_1\_3 * x\_2\_4 * x\_3\_2 * x\_4\_1 - x\_1\_4 * x\_2\_1 * x\_3\_2 * x\_4\_3 + x\_1\_4 * x\_2\_1 * x\_3\_3 * x\_4\_2 + x\_1\_4 * x\_2\_2 * x\_3\_1 * x\_4\_3 - x\_1\_4 * x\_2\_2 * x\_3\_3 * x\_4\_1 - x\_1\_4 * x\_2\_3 * x\_3\_1 * x\_4\_2 + x\_1\_4 * x\_2\_3 * x\_3\_2 * x\_4\_1), (x\_1\_1 * x\_3\_2 * x\_4\_3 - x\_1\_1 * x\_3\_3 * x\_4\_2 - x\_1\_2 * x\_3\_1 * x\_4\_3 + x\_1\_2 * x\_3\_3 * x\_4\_1 + x\_1\_3 * x\_3\_1 * x\_4\_2 - x\_1\_3 * x\_3\_2 * x\_4\_1) / (x\_1\_1 * x\_2\_2 * x\_3\_3 * x\_4\_4 - x\_1\_1 * x\_2\_2 * x\_3\_4 * x\_4\_3 - x\_1\_1 * x\_2\_3 * x\_3\_2 * x\_4\_4 + x\_1\_1 * x\_2\_3 * x\_3\_4 * x\_4\_2 + x\_1\_1 * x\_2\_4 * x\_3\_2 * x\_4\_3 - x\_1\_1 * x\_2\_4 * x\_3\_3 * x\_4\_2 - x\_1\_2 * x\_2\_1 * x\_3\_3 * x\_4\_4 + x\_1\_2 * x\_2\_1 * x\_3\_4 * x\_4\_3 + x\_1\_2 * x\_2\_3 * x\_3\_1 * x\_4\_4 - x\_1\_2 * x\_2\_3 * x\_3\_4 * x\_4\_1 - x\_1\_2 * x\_2\_4 * x\_3\_1 * x\_4\_3 + x\_1\_2 * x\_2\_4 * x\_3\_3 * x\_4\_1 + x\_1\_3 * x\_2\_1 * x\_3\_2 * x\_4\_4 - x\_1\_3 * x\_2\_1 * x\_3\_4 * x\_4\_2 - x\_1\_3 * x\_2\_2 * x\_3\_1 * x\_4\_4 + x\_1\_3 * x\_2\_2 * x\_3\_4 * x\_4\_1 + x\_1\_3 * x\_2\_4 * x\_3\_1 * x\_4\_2 - x\_1\_3 * x\_2\_4 * x\_3\_2 * x\_4\_1 - x\_1\_4 * x\_2\_1 * x\_3\_2 * x\_4\_3 + x\_1\_4 * x\_2\_1 * x\_3\_3 * x\_4\_2 + x\_1\_4 * x\_2\_2 * x\_3\_1 * x\_4\_3 - x\_1\_4 * x\_2\_2 * x\_3\_3 * x\_4\_1 - x\_1\_4 * x\_2\_3 * x\_3\_1 * x\_4\_2 + x\_1\_4 * x\_2\_3 * x\_3\_2 * x\_4\_1), -(x\_1\_1 * x\_2\_2 * x\_4\_3 - x\_1\_1 * x\_2\_3 * x\_4\_2 - x\_1\_2 * x\_2\_1 * x\_4\_3 + x\_1\_2 * x\_2\_3 * x\_4\_1 + x\_1\_3 * x\_2\_1 * x\_4\_2 - x\_1\_3 * x\_2\_2 * x\_4\_1) / (x\_1\_1 * x\_2\_2 * x\_3\_3 * x\_4\_4 - x\_1\_1 * x\_2\_2 * x\_3\_4 * x\_4\_3 - x\_1\_1 * x\_2\_3 * x\_3\_2 * x\_4\_4 + x\_1\_1 * x\_2\_3 * x\_3\_4 * x\_4\_2 + x\_1$

```
_1*x_2_4*x_3_2*x_4_3-x_1_1*x_2_4*x_3_3*x_4_2-x_1_2*x_2_1*x_3_3*x_4_4+x_1
_2*x_2_1*x_3_4*x_4_3+x_1_2*x_2_3*x_3_1*x_4_4-x_1_2*x_2_3*x_3_4*x_4_1-x_1
_2*x_2_4*x_3_1*x_4_3+x_1_2*x_2_4*x_3_3*x_4_1+x_1_3*x_2_1*x_3_2*x_4_4-x_1
_3*x_2_1*x_3_4*x_4_2-x_1_3*x_2_2*x_3_1*x_4_4+x_1_3*x_2_2*x_3_4*x_4_1+x_1
_3*x_2_4*x_3_1*x_4_2-x_1_3*x_2_4*x_3_2*x_4_1-x_1_4*x_2_1*x_3_2*x_4_3+x_1
_4*x_2_1*x_3_3*x_4_2+x_1_4*x_2_2*x_3_1*x_4_3-x_1_4*x_2_2*x_3_3*x_4_1-x_1
_4*x_2_3*x_3_1*x_4_2+x_1_4*x_2_3*x_3_2*x_4_1),(x_1_1*x_2_2*x_3_3-x_1_1*x_
2_3*x_3_2-x_1_2*x_2_1*x_3_3+x_1_2*x_2_3*x_3_1+x_1_3*x_2_1*x_3_2-x_1_3*x_
2_2*x_3_1)/(x_1_1*x_2_2*x_3_3*x_4_4-x_1_1*x_2_2*x_3_4*x_4_3-x_1_1*x_2_3*x_
3_2*x_4_4+x_1_1*x_2_3*x_3_4*x_4_2+x_1_1*x_2_4*x_3_2*x_4_3-x_1_1*x_2_4*x_
3_3*x_4_2-x_1_2*x_2_1*x_3_3*x_4_4+x_1_2*x_2_1*x_3_4*x_4_3+x_1_2*x_2_3*x
_3_1*x_4_4-x_1_2*x_2_3*x_3_4*x_4_1-x_1_2*x_2_4*x_3_1*x_4_3+x_1_2*x_2_4*x
_3_3*x_4_1+x_1_3*x_2_1*x_3_2*x_4_4-x_1_3*x_2_1*x_3_4*x_4_2-x_1_3*x_2_2*x
_3_1*x_4_4+x_1_3*x_2_2*x_3_4*x_4_1+x_1_3*x_2_4*x_3_1*x_4_2-x_1_3*x_2_4*x
_3_2*x_4_1-x_1_4*x_2_1*x_3_2*x_4_3+x_1_4*x_2_1*x_3_3*x_4_2+x_1_4*x_2_2*x
_3_1*x_4_3-x_1_4*x_2_2*x_3_3*x_4_1-x_1_4*x_2_3*x_3_1*x_4_2+x_1_4*x_2_3*x
_3_2*x_4_1)]
```

4. 符号矩阵的求秩运算

符号矩阵的求秩运算可以通过函数 rank 来实现，调用格式如下：

$$\text{rank}(A)$$

例 8-11：符号矩阵的求秩运算。

解：MATLAB 程序如下：

```
>> A = sym('A',[4 4])
A =
[ A1_1, A1_2, A1_3, A1_4]
[ A2_1, A2_2, A2_3, A2_4]
[ A3_1, A3_2, A3_3, A3_4]
[ A4_1, A4_2, A4_3, A4_4]
>> rank(A)
ans =
    4
```

5. 符号矩阵的常用函数运算

（1）符号矩阵的特征值、特征向量运算

在 MATLAB 中符号矩阵的特征值、特征向量运算可以通过函数 eig、eigensys 来实现。

（2）符号矩阵的奇异值运算

符号矩阵的奇异值运算可以通过函数 svd、singavals 来实现。

（3）符号矩阵的若尔当（Jordan）标准型运算

符号矩阵的若尔当标准型运算可以通过函数 jordan 来实现。

8.2.3 符号多项式的简化

符号工具箱中还提供了符号矩阵因式分解、展开、合并、简化及通分等符号操作等函数。

（1）因式分解

符号矩阵因式分解通过函数 factor 来实现，其调用格式如下：

$$\text{factor}(S)$$

输入变量 S 为一符号矩阵，此函数将因式分解此矩阵的各个元素。

例 8-12：因式分解实例。

解：MATLAB 程序如下：

```
>> syms x
>> factor(x^9-1)
ans =
(x-1)*(1+x^2+x)*(x^6+x^3+1)
```

如果 S 包含的所有元素为整数，则计算最佳因式分解式。为了分解大于 2^{25} 的整数，可使用 factor(sym('N'))函数。

```
>> factor(sym('12345678901234567890'))
ans =
(2)*(3)^2*(5)*(101)*(3803)*(3607)*(27961)*(3541)
```

（2）符号矩阵的展开

符号多项式的展开可以通过函数 expand 来实现，其调用格式如下：

$$\text{expand}(S)$$

对符号矩阵的各元素的符号表达式进行展开。此函数经常用在多项式的表达式中，也常用在三角函数、指数函数、对数函数中展开。

例 8-13：幂函数多项式的展开。

解：MATLAB 程序如下：

```
>> syms x y
>> expand((x+3)^4)
ans =
 x^4+12*x^3+54*x^2+108*x+81
>> expand(cos(x+y))
ans =
cos(x)*cos(y)-sin(x)*sin(y)
```

（3）符号简化

符号简化可以通过函数 simple 和 simplify 来实现，见表 8-5。

表 8-5 符号简化

调用格式	说明
simple(S)	对表达式 S 尝试多种不同算法简化，以显示 S 表达式的长度最短的简化形式；若 S 为一矩阵，则结果是全矩阵的最短型，而非每个元素的最短型
[r how] = simple(S)	返回的 r 为简化型，how 为简化过程中使用的方法
simplify	简化符号矩阵的每一个元素

```
>> simplify(sin(x)^2+cos(x)^2)
ans =
1
```

（4）分式通分

求解符号表达式的分子和分母可以通过函数 numden 来实现,其调用格式如下:
$$[n,d] = numden(A)$$
把 A 的各元素转换为分子和分母都是整系数的最佳多项式型。

例 8-14:求解符号表达式的分子和分母。

解:MATLAB 程序如下:

```
>> [n,d] = numden(x/y - y/x)
n =
    x^2 - y^2
d =
    y*x
```

(5)符号表达式的"秦九韶型"重写

符号表达式的"秦九韶型"重写可以通过函数 horner(P) 来实现,其调用格式如下:
$$horner(P)$$
将符号多项式转换成嵌入套形式表达式。

例 8-15:符号表达式的"秦九韶型"。

解:MATLAB 程序如下:

```
>> horner(x^4 - 3*x^2 + 1)
ans =
1 + (-3 + x^2)*x^2
```

8.3 多元函数分析

本节主要对 MATLAB 求解多元函数偏导问题以及求解多元函数最值的命令进行介绍。

8.3.1 雅可比矩阵

雅可比矩阵是一阶偏导数以一定方式排列成的矩阵,MATLAB 中可以用于求解偏导数的命令是 jacobian。实数矩阵求梯度。

jacobian 命令的调用格式见表 8-6。

表 8-6　jacobian 调用格式

命　　令	说　　明
jacobian(f,v)	计算数量或向量 f 对向量 v 的雅可比(Jacobi)矩阵。当 f 是数量的时候,实际上计算的是 f 的梯度;当 v 是数量的时候,实际上计算的是 f 的偏导数

根据方向导数的定义,多元函数沿方向 v 的方向导数可表示为该多元函数的梯度点乘单位向量 v,即方向导数可以用 jacobian * v 来计算。

例 8-16:计算 $f(x,y,z) = \begin{pmatrix} xyz \\ y \\ x+z \end{pmatrix}$ 的雅可比矩阵。

解:MATLAB 程序如下:

```
>> clear
>> syms x y z
>> f = [x*y*z;y;x+z];
>> v = [x,y,z];
>> jacobian(f,v)
ans =
[ y*z, x*z, x*y]
[   0,   1,   0]
[   1,   0,   1]
```

例 8-17：计算 $f(x,y,z) = x^2 + 2y^2 + 3z^2 + xy$ 在点 $(0,0,0)$ 与 $(1,3,4)$ 的梯度大小。

解：MATLAB 程序如下：

```
>> clear
>> syms x y z
>> f = x^2 + 2*y^2 + 3*z^2 + x*y;
>> v = [x,y,z];
>> j = jacobian(f,v);
>> j1 = subs(subs(subs(j,x,0),y,0),z,0);
>> j2 = subs(subs(subs(j,x,1),y,3),z,4);
j1 =
     0    0    0
j2 =
     5   13   24
```

8.3.2 实数矩阵的梯度

其实，MATLAB 也有专门的求解梯度的命令 gradient。它专门对实数矩阵求梯度。gradient 的调用格式见表 8-7。

表 8-7 gradient 调用格式

命令	说明
FX = gradient(F)	计算对水平方向的梯度
[FX,FY] = gradient(F)	计算矩阵 **F** 的数值梯度，其中 **FX** 为水平方向梯度，**FY** 为垂直方向梯度，各个方向的间隔默认为 1
[FX,FY] = gradient(F,h)	计算矩阵 **F** 的数值梯度，与第二个格式的区别是将 **h** 作为各个方向的间隔
[FX,FY] = gradient(F,hx,hy)	计算二维矩阵 **F** 的数值梯度，使用 hx、hy 定义点距离，hx、hy 可以是数量或者向量，但是如果是向量的话，维数必须与 **F** 的维数相一致
[FX,FY,FZ] = gradient(F)	计算三维梯度，并可以扩展到更高的维数
[FX,FY,FZ] = gradient(F,hx,hy,hz)	计算三维梯度，使用 hx、hy、hz 定义间距，并可扩展到更高的维数

小技巧

第 3、4、6 种调用格式定义了各个方向的求导间距，可以更精确地表现矩阵在各个位置的梯度值，因此使用更为广泛。

例 8-18：计算 $f(x,y,z) = x^2 + 2y^2 + 3z^2 + xy$ 沿 $v = (1,2,3)$ 的方向导数。

解：MATLAB 程序如下：

```
>> clear
>> syms x y z
>> f = x^2 + 2*y^2 + 3*z^2 + x*y;
>> v = [x,y,z];
>> j = jacobian(f,v);
>> v1 = [1,2,3];
>> j.*v1
 ans =
 [   2*x+y, 8*y+2*x,    18*z]
```

例 8-19：计算 $z = x\sin(y^2 + x^2 + 5)$ 的数值梯度。

解：MATLAB 程序如下：

```
clear
v = -10:0.5:10;
[x,y] = meshgrid(v);
z = x.*sin(y.^2 - x.^2 + 5);
[px,py] = gradient(z,0.2,0.2);
contour(v,v,z),hold on,quiver(v,v,px,py),hold off
```

计算结果如图 8-1 所示。

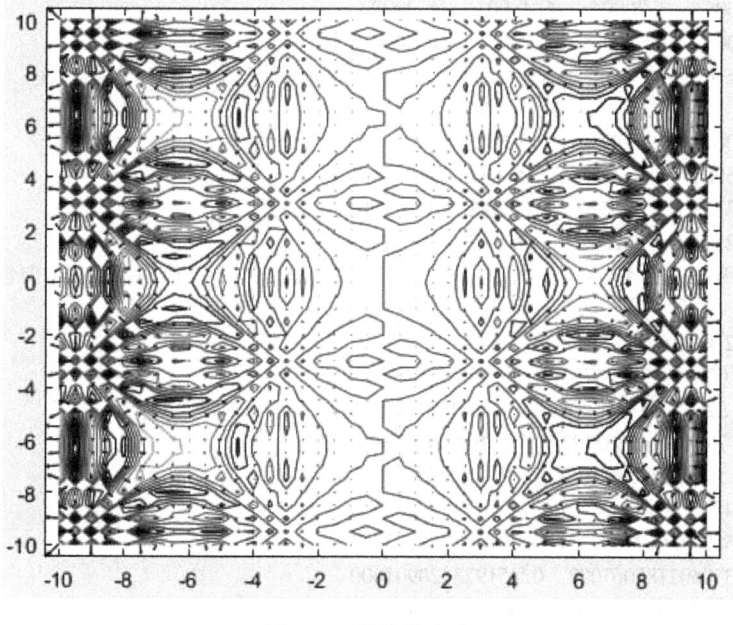

图 8-1 数值梯度表

8.4 操作实例——希尔伯特矩阵

本节以希尔伯矩阵为例，练习实数矩阵与符号矩阵的转换，复习符号矩阵的运算。操作步骤如下。

1. 数值希尔伯矩阵运算
(1) 创建希尔伯矩阵

```
>> A = hilb(4)
A =
    1.0000    0.5000    0.3333    0.2500
    0.5000    0.3333    0.2500    0.2000
    0.3333    0.2500    0.2000    0.1667
    0.2500    0.2000    0.1667    0.1429
```

(2) 矩阵运算

```
>> B1 = invhilb(4)                              %求逆运算
B1 =
        16      -120       240      -140
      -120      1200     -2700      1680
       240     -2700      6480     -4200
      -140      1680     -4200      2800
>> B2 = inv(A)
B2 =
    1.0e + 03 *
    0.0160   -0.1200    0.2400   -0.1400
   -0.1200    1.2000   -2.7000    1.6800
    0.2400   -2.7000    6.4800   -4.2000
   -0.1400    1.6800   -4.2000    2.8000
>> B3 = A'                                       %转置运算
B3 =
    1.0000    0.5000    0.3333    0.2500
    0.5000    0.3333    0.2500    0.2000
    0.3333    0.2500    0.2000    0.1667
    0.2500    0.2000    0.1667    0.1429
>> [V,D] = eig(A)                                %求广义特征值和广义特征向量
V =
  1 至 2 列
     0.029193323164783     0.179186290535455
    -0.328712055763171    -0.741917790628461
     0.791411145833123     0.100228136947212
    -0.514552749997169     0.638282528193603
  3 至 4 列
    -0.582075699497237     0.792608291163764
     0.370502185067093     0.451923120901600
     0.509578634501800     0.322416398581825
     0.514048272222163     0.252161169688242
D =
  1 至 2 列
     0.000096702304023                     0
                     0     0.006738273605761
                     0                     0
                     0                     0
```

3 至 4 列
                    0   0
                    0   0
   0.169141220221450   0
                    0   1.500214280059243

```
>> B4 = rank(A)              %求秩运算
B4 =
     4
>> B5 = eig(A)               %特征值、特征向量运算
B5 =
   0.000096702304023
   0.006738273605761
   0.169141220221450
   1.500214280059243
>> B6 = svd(A)               %奇异值运算
B6 =
   1.500214280059243
   0.169141220221450
   0.006738273605761
   0.000096702304023
>> B7 = jordan(A)            %若尔当(Jordan)标准型运算
B7 =
1 列
   0.000096702304023 - 0.000000000000000i
   0.000000000000000 + 0.000000000000000i
   0.000000000000000 + 0.000000000000000i
   0.000000000000000 + 0.000000000000000i
2 列
   0.000000000000000 + 0.000000000000000i
   0.006738273605761 + 0.000000000000000i
   0.000000000000000 + 0.000000000000000i
   0.000000000000000 + 0.000000000000000i
3 列
   0.000000000000000 + 0.000000000000000i
   0.000000000000000 + 0.000000000000000i
   0.169141220221450 - 0.000000000000000i
   0.000000000000000 + 0.000000000000000i
4 列
   0.000000000000000 + 0.000000000000000i
   0.000000000000000 + 0.000000000000000i
   0.000000000000000 + 0.000000000000000i
   1.500214280059243 + 0.000000000000000i
```

2. 符号希尔伯矩阵运算

（1）创建符号矩阵

```
>>   y = @(x)(x*A)
y =
```

```
                @(x)(x*A)
        >> a = sym(y)
        a =
        [   x,x/2,x/3,x/4]
        [ x/2,x/3,x/4,x/5]
        [ x/3,x/4,x/5,x/6]
        [ x/4,x/5,x/6,x/7]
```

(2) 提取符号矩阵的分子与分母

```
        >> [n,d] = numden(a)
        n =
        [ x,x,x,x]
        [ x,x,x,x]
        [ x,x,x,x]
        [ x,x,x,x]
        d =
        [ 1,2,3,4]
        [ 2,3,4,5]
        [ 3,4,5,6]
        [ 4,5,6,7]
```

(3) 计算符号矩阵值

```
        >> a0 = subs(y,x,5)
        a0 =
        [   x,x/2,x/3,x/4]
        [ x/2,x/3,x/4,x/5]
        [ x/3,x/4,x/5,x/6]
        [ x/4,x/5,x/6,x/7]
```

3. 符号矩阵的一般运算

(1) 计算符号矩阵的转置

```
        >> b1 = transpose(a)
        b1 =
        [   x,x/2,x/3,x/4]
        [ x/2,x/3,x/4,x/5]
        [ x/3,x/4,x/5,x/6]
        [ x/4,x/5,x/6,x/7]
```

(2) 计算符号矩阵的行列式

```
        >> b2 = det(a)
        b2 =
        x^4/6048000
```

(3) 计算符号矩阵的逆运算

```
        >> b3 = inv(a)
        b3 =
        [   16/x,   -120/x,    240/x,   -140/x]
```

```
[ -120/x,   1200/x, -2700/x,  1680/x]
[  240/x,  -2700/x,  6480/x, -4200/x]
[ -140/x,   1680/x, -4200/x,  2800/x]
```

(4) 计算符号矩阵的秩

```
>> b4 = rank(a)
b4 =
     4
```

(5) 符号矩阵的特征值、特征向量运算

```
>> b5 = eig(a)
b5 =
(44 * x)/105 - ((69541 * x^2 * ((3^(1/2) * ( - (4621318097 * x^12)/15630875552250000)^(1/
2))/18 + (3805076179 * x^6)/6751269000000)^(1/3)/14700 + (349183 * x^4)/5670000 + 9 *
((3^(1/2) * ( - (4621318097 * x^12)/15630875552250000)^(1/2))/18 + (3805076179 * x^6)/
6751269000000)^(2/3))^(1/2)/(6 * ((3^(1/2) * ( - (4621318097 * x^12)/15630875552250000)
^(1/2))/18 + (3805076179 * x^6)/6751269000000)^(1/6)) - ((69541 * x^2 * ((3^(1/2) * ( -
(4621318097 * x^12)/15630875552250000)^(1/2))/18 + (3805076179 * x^6)/6751269000000)^
(1/3) * ((69541 * x^2 * ((3^(1/2) * ( - (4621318097 * x^12)/15630875552250000)^(1/2))/18
+ (3805076179 * x^6)/6751269000000)^(1/3))/14700 + (349183 * x^4)/5670000 + 9 * ((3^(1/
2) * ( - (4621318097 * x^12)/15630875552250000)^(1/2))/18 + (3805076179 * x^6)/
6751269000000)^(2/3))^(1/2))/7350 - 9 * ((3^(1/2) * ( - (4621318097 * x^12)/
15630875552250000)^(1/2))/18 + (3805076179 * x^6)/6751269000000)^(2/3) * ((69541 * x^2
 * ((3^(1/2) * ( - (4621318097 * x^12)/15630875552250000)^(1/2))/18 + (3805076179 * x^6)/
6751269000000)^(1/3))/14700 + (349183 * x^4)/5670000 + 9 * ((3^(1/2) * ( - (4621318097 * x
^12)/15630875552250000)^(1/2))/18 + (3805076179 * x^6)/6751269000000)^(2/3))^(1/2) -
(349183 * x^4 * ((69541 * x^2 * ((3^(1/2) * ( - (4621318097 * x^12)/15630875552250000)^(1/
2))/18 + (3805076179 * x^6)/6751269000000)^(1/3))/14700 + (349183 * x^4)/5670000 + 9 *
((3^(1/2) * ( - (4621318097 * x^12)/15630875552250000)^(1/2))/18 + (3805076179 * x^6)/
6751269000000)^(2/3))^(1/2)/5670000 - (426224 * 6^(1/2) * x^3 * (3 * 3^(1/2) * ( -
(4621318097 * x^12)/15630875552250000)^(1/2) + (3805076179 * x^6)/125023500000)^(1/2)/
385875)^(1/2)/(6 * ((3^(1/2) * ( - (4621318097 * x^12)/15630875552250000)^(1/2))/18 +
(3805076179 * x^6)/6751269000000)^(1/6)) * ((69541 * x^2 * ((3^(1/2) * ( - (4621318097 * x^
12)/15630875552250000)^(1/2))/18 + (3805076179 * x^6)/6751269000000)^(1/3))/14700 +
(349183 * x^4)/5670000 + 9 * ((3^(1/2) * ( - (4621318097 * x^12)/15630875552250000)^(1/
2))/18 + (3805076179 * x^6)/6751269000000)^(2/3))^(1/4))
(44 * x)/105 - ((69541 * x^2 * ((3^(1/2) * ( - (4621318097 * x^12)/15630875552250000)^(1/
2))/18 + (3805076179 * x^6)/6751269000000)^(1/3))/14700 + (349183 * x^4)/5670000 + 9 *
((3^(1/2) * ( - (4621318097 * x^12)/15630875552250000)^(1/2))/18 + (3805076179 * x^6)/
6751269000000)^(2/3))^(1/2)/(6 * ((3^(1/2) * ( - (4621318097 * x^12)/15630875552250000)
^(1/2))/18 + (3805076179 * x^6)/6751269000000)^(1/6)) + ((69541 * x^2 * ((3^(1/2) * ( -
(4621318097 * x^12)/15630875552250000)^(1/2))/18 + (3805076179 * x^6)/6751269000000)^
(1/3) * ((69541 * x^2 * ((3^(1/2) * ( - (4621318097 * x^12)/15630875552250000)^(1/2))/18
+ (3805076179 * x^6)/6751269000000)^(1/3))/14700 + (349183 * x^4)/5670000 + 9 * ((3^(1/
2) * ( - (4621318097 * x^12)/15630875552250000)^(1/2))/18 + (3805076179 * x^6)/
6751269000000)^(2/3))^(1/2))/7350 - 9 * ((3^(1/2) * ( - (4621318097 * x^12)/
15630875552250000)^(1/2))/18 + (3805076179 * x^6)/6751269000000)^(2/3) * ((69541 * x^2
```

$*((3^{\wedge}(1/2)*(-(4621318097*x^{\wedge}12)/15630875552250000)^{\wedge}(1/2))/18+(3805076179*x^{\wedge}6)/6751269000000)^{\wedge}(1/3))/14700+(349183*x^{\wedge}4)/5670000+9*((3^{\wedge}(1/2)*(-(4621318097*x^{\wedge}12)/15630875552250000)^{\wedge}(1/2))/18+(3805076179*x^{\wedge}6)/6751269000000)^{\wedge}(2/3))^{\wedge}(1/2)-(349183*x^{\wedge}4*((69541*x^{\wedge}2*((3^{\wedge}(1/2)*(-(4621318097*x^{\wedge}12)/15630875552250000)^{\wedge}(1/2))/18+(3805076179*x^{\wedge}6)/6751269000000)^{\wedge}(1/3))/14700+(349183*x^{\wedge}4)/5670000+9*((3^{\wedge}(1/2)*(-(4621318097*x^{\wedge}12)/15630875552250000)^{\wedge}(1/2))/18+(3805076179*x^{\wedge}6)/6751269000000)^{\wedge}(2/3))^{\wedge}(1/2))/5670000-(426224*6^{\wedge}(1/2)*x^{\wedge}3*(3*3^{\wedge}(1/2)*(-(4621318097*x^{\wedge}12)/15630875552250000)^{\wedge}(1/2)+(3805076179*x^{\wedge}6)/125023500000)^{\wedge}(1/2))/385875)^{\wedge}(1/2)/(6*((3^{\wedge}(1/2)*(-(4621318097*x^{\wedge}12)/15630875552250000)^{\wedge}(1/2))/18+(3805076179*x^{\wedge}6)/6751269000000)^{\wedge}(1/6)*((69541*x^{\wedge}2*((3^{\wedge}(1/2)*(-(4621318097*x^{\wedge}12)/15630875552250000)^{\wedge}(1/2))/18+(3805076179*x^{\wedge}6)/6751269000000)^{\wedge}(1/3))/14700+(349183*x^{\wedge}4)/5670000+9*((3^{\wedge}(1/2)*(-(4621318097*x^{\wedge}12)/15630875552250000)^{\wedge}(1/2))/18+(3805076179*x^{\wedge}6)/6751269000000)^{\wedge}(2/3))^{\wedge}(1/4))$

$(44*x)/105+((69541*x^{\wedge}2*((3^{\wedge}(1/2)*(-(4621318097*x^{\wedge}12)/15630875552250000)^{\wedge}(1/2))/18+(3805076179*x^{\wedge}6)/6751269000000)^{\wedge}(1/3))/14700+(349183*x^{\wedge}4)/5670000+9*((3^{\wedge}(1/2)*(-(4621318097*x^{\wedge}12)/15630875552250000)^{\wedge}(1/2))/18+(3805076179*x^{\wedge}6)/6751269000000)^{\wedge}(2/3))^{\wedge}(1/2)/(6*((3^{\wedge}(1/2)*(-(4621318097*x^{\wedge}12)/15630875552250000)^{\wedge}(1/2))/18+(3805076179*x^{\wedge}6)/6751269000000)^{\wedge}(1/6))-((69541*x^{\wedge}2*((3^{\wedge}(1/2)*(-(4621318097*x^{\wedge}12)/15630875552250000)^{\wedge}(1/2))/18+(3805076179*x^{\wedge}6)/6751269000000)^{\wedge}(1/3)*((69541*x^{\wedge}2*((3^{\wedge}(1/2)*(-(4621318097*x^{\wedge}12)/15630875552250000)^{\wedge}(1/2))/18+(3805076179*x^{\wedge}6)/6751269000000)^{\wedge}(1/3))/14700+(349183*x^{\wedge}4)/5670000+9*((3^{\wedge}(1/2)*(-(4621318097*x^{\wedge}12)/15630875552250000)^{\wedge}(1/2))/18+(3805076179*x^{\wedge}6)/6751269000000)^{\wedge}(2/3))^{\wedge}(1/2))/7350-9*((3^{\wedge}(1/2)*(-(4621318097*x^{\wedge}12)/15630875552250000)^{\wedge}(1/2))/18+(3805076179*x^{\wedge}6)/6751269000000)^{\wedge}(2/3)*((69541*x^{\wedge}2*((3^{\wedge}(1/2)*(-(4621318097*x^{\wedge}12)/15630875552250000)^{\wedge}(1/2))/18+(3805076179*x^{\wedge}6)/6751269000000)^{\wedge}(1/3))/14700+(349183*x^{\wedge}4)/5670000+9*((3^{\wedge}(1/2)*(-(4621318097*x^{\wedge}12)/15630875552250000)^{\wedge}(1/2))/18+(3805076179*x^{\wedge}6)/6751269000000)^{\wedge}(2/3))^{\wedge}(1/2)-(349183*x^{\wedge}4*((69541*x^{\wedge}2*((3^{\wedge}(1/2)*(-(4621318097*x^{\wedge}12)/15630875552250000)^{\wedge}(1/2))/18+(3805076179*x^{\wedge}6)/6751269000000)^{\wedge}(1/3))/14700+(349183*x^{\wedge}4)/5670000+9*((3^{\wedge}(1/2)*(-(4621318097*x^{\wedge}12)/15630875552250000)^{\wedge}(1/2))/18+(3805076179*x^{\wedge}6)/6751269000000)^{\wedge}(2/3))^{\wedge}(1/2))/5670000+(426224*6^{\wedge}(1/2)*x^{\wedge}3*(3*3^{\wedge}(1/2)*(-(4621318097*x^{\wedge}12)/15630875552250000)^{\wedge}(1/2)+(3805076179*x^{\wedge}6)/125023500000)^{\wedge}(1/2))/385875)^{\wedge}(1/2)/(6*((3^{\wedge}(1/2)*(-(4621318097*x^{\wedge}12)/15630875552250000)^{\wedge}(1/2))/18+(3805076179*x^{\wedge}6)/6751269000000)^{\wedge}(1/6)*((69541*x^{\wedge}2*((3^{\wedge}(1/2)*(-(4621318097*x^{\wedge}12)/15630875552250000)^{\wedge}(1/2))/18+(3805076179*x^{\wedge}6)/6751269000000)^{\wedge}(1/3))/14700+(349183*x^{\wedge}4)/5670000+9*((3^{\wedge}(1/2)*(-(4621318097*x^{\wedge}12)/15630875552250000)^{\wedge}(1/2))/18+(3805076179*x^{\wedge}6)/6751269000000)^{\wedge}(2/3))^{\wedge}(1/4))$

$(44*x)/105+((69541*x^{\wedge}2*((3^{\wedge}(1/2)*(-(4621318097*x^{\wedge}12)/15630875552250000)^{\wedge}(1/2))/18+(3805076179*x^{\wedge}6)/6751269000000)^{\wedge}(1/3))/14700+(349183*x^{\wedge}4)/5670000+9*((3^{\wedge}(1/2)*(-(4621318097*x^{\wedge}12)/15630875552250000)^{\wedge}(1/2))/18+(3805076179*x^{\wedge}6)/6751269000000)^{\wedge}(2/3))^{\wedge}(1/2)/(6*((3^{\wedge}(1/2)*(-(4621318097*x^{\wedge}12)/15630875552250000)^{\wedge}(1/2))/18+(3805076179*x^{\wedge}6)/6751269000000)^{\wedge}(1/6))+((69541*x^{\wedge}2*((3^{\wedge}(1/2)*(-(4621318097*x^{\wedge}12)/15630875552250000)^{\wedge}(1/2))/18+(3805076179*x^{\wedge}6)/6751269000000)^{\wedge}(1/3)*((69541*x^{\wedge}2*((3^{\wedge}(1/2)*(-(4621318097*x^{\wedge}12)/15630875552250000)^{\wedge}(1/2))/18+(3805076179*x^{\wedge}6)/6751269000000)^{\wedge}(1/3))/14700+(349183*x^{\wedge}4)/5670000+9*((3^{\wedge}(1/2)*(-(4621318097*x^{\wedge}12)/15630875552250000)^{\wedge}(1/2))/18+(3805076179*x^{\wedge}6)/6751269000000)^{\wedge}(2/3))^{\wedge}(1/2))/7350-9*((3^{\wedge}(1/2)*(-(4621318097*x^{\wedge}12)/15630875552250000)^{\wedge}(1/2))/18+(3805076179*x^{\wedge}6)/6751269000000)^{\wedge}(2/3)*((69541*x^{\wedge}2$

* ((3^(1/2) * (- (4621318097 * x^12)/15630875552250000)^(1/2))/18 + (3805076179 * x^6)/ 6751269000000)^(1/3))/14700 + (349183 * x^4)/5670000 + 9 * ((3^(1/2) * (- (4621318097 * x ^12)/15630875552250000)^(1/2))/18 + (3805076179 * x^6)/6751269000000)^(2/3))^(1/2) - (349183 * x^4 * ((69541 * x^2 * ((3^(1/2) * (- (4621318097 * x^12)/15630875552250000)^(1/ 2))/18 + (3805076179 * x^6)/6751269000000)^(1/3))/14700 + (349183 * x^4)/5670000 + 9 * ((3^(1/2) * (- (4621318097 * x^12)/15630875552250000)^(1/2))/18 + (3805076179 * x^6)/ 6751269000000)^(2/3))^(1/2)/5670000 + (426224 * 6^(1/2) * x^3 * (3 * 3^(1/2) * (- (4621318097 * x^12)/15630875552250000)^(1/2) + (3805076179 * x^6)/125023500000)^(1/2))/ 385875)^(1/2)/(6 * ((3^(1/2) * (- (4621318097 * x^12)/15630875552250000)^(1/2))/18 + (3805076179 * x^6)/6751269000000)^(1/6) * ((69541 * x^2 * ((3^(1/2) * (- (4621318097 * x^ 12)/15630875552250000)^(1/2))/18 + (3805076179 * x^6)/6751269000000)^(1/3))/14700 + (349183 * x^4)/5670000 + 9 * ((3^(1/2) * (- (4621318097 * x^12)/15630875552250000)^(1/ 2))/18 + (3805076179 * x^6)/6751269000000)^(2/3))^(1/4))

(6) 符号矩阵的奇异值运算

>> b6 = svd(a)
b6 =
((100517 * x * conj(x))/176400 - ((326021 * x^4 * conj(x)^4)/78764805 + 9 * ((3^(1/2) * (- (1183057432832 * x^12 * conj(x)^12)/6786785292497965068890625)^(1/2))/18 + (2081228509 * x^6 * conj(x)^6)/211016819955375)^(2/3) + (457931417 * x^2 * conj(x)^2 * ((3^(1/2) * (- (1183057432832 * x^12 * conj(x)^12)/6786785292497965068890625)^(1/2))/18 + (2081228509 * x^6 * conj(x)^6)/211016819955375)^(1/3))/40516875)^(1/2)/(6 * ((3^(1/2) * (- (1183057432832 * x^12 * conj(x)^12)/6786785292497965068890625)^(1/2))/18 + (2081228509 * x^6 * conj(x)^6)/211016819955375)^(1/6) - ((915862834 * x^2 * conj(x)^2 * ((3^(1/2) * (- (1183057432832 * x^12 * conj(x)^12)/6786785292497965068890625)^(1/2))/18 + (2081228509 * x^6 * conj(x)^6)/211016819955375)^(1/3) * ((326021 * x^4 * conj(x)^4)/ 78764805 + 9 * ((3 ^ (1/2) * (- (1183057432832 * x ^ 12 * conj (x) ^ 12)/ 6786785292497965068890625)^(1/2))/18 + (2081228509 * x^6 * conj(x)^6)/211016819955375)^ (2/3) + (457931417 * x^2 * conj(x)^2 * ((3^(1/2) * (- (1183057432832 * x^12 * conj(x)^12)/ 6786785292497965068890625)^(1/2))/18 + (2081228509 * x^6 * conj(x)^6)/211016819955375)^ (1/3))/40516875)^(1/2))/40516875 - (326021 * x^4 * conj(x)^4 * ((326021 * x^4 * conj(x)^ 4)/78764805 + 9 * ((3 ^ (1/2) * (- (1183057432832 * x ^ 12 * conj (x) ^ 12)/ 6786785292497965068890625)^(1/2))/18 + (2081228509 * x^6 * conj(x)^6)/211016819955375)^ (2/3) + (457931417 * x^2 * conj(x)^2 * ((3^(1/2) * (- (1183057432832 * x^12 * conj(x)^12)/ 6786785292497965068890625)^(1/2))/18 + (2081228509 * x^6 * conj(x)^6)/211016819955375)^ (1/3))/40516875)^(1/2))/78764805 - 9 * ((3^(1/2) * (- (1183057432832 * x^12 * conj(x)^ 12)/6786785292497965068890625) ^ (1/2))/18 + (2081228509 * x ^ 6 * conj (x) ^ 6)/ 211016819955375)^(2/3) * ((326021 * x^4 * conj(x)^4)/78764805 + 9 * ((3^(1/2) * (- (1183057432832 * x^12 * conj(x)^12)/6786785292497965068890625)^(1/2))/18 + (2081228509 * x^6 * conj(x)^6)/211016819955375)^(2/3) + (457931417 * x^2 * conj(x)^2 * ((3^(1/2) * (- (1183057432832 * x^12 * conj(x)^12)/6786785292497965068890625)^(1/2))/18 + (2081228509 * x^6 * conj(x)^6)/211016819955375)^(1/3))/40516875)^(1/2) - (628361585696 * 6^(1/2) * x ^3 * conj (x) ^3 * (3 * 3 ^ (1/2) * (- (1183057432832 * x ^ 12 * conj (x) ^ 12)/ 6786785292497965068890625)^(1/2) + (4162457018 * x^6 * conj(x)^6)/7815437776125)^(1/ 2))/148899515625)^(1/2)/(6 * ((3^(1/2) * (- (1183057432832 * x^12 * conj(x)^12)/ 6786785292497965068890625)^(1/2))/18 + (2081228509 * x^6 * conj(x)^6)/211016819955375)^ (1/6) * ((326021 * x^4 * conj(x)^4)/78764805 + 9 * ((3^(1/2) * (- (1183057432832 * x^12 *

$\mathrm{conj}(x)^{\wedge}12)/6786785292497965068890625)^{\wedge}(1/2))/18 + (2081228509 * x^6 * \mathrm{conj}(x)^6/211016819955375)^{\wedge}(2/3) + (457931417 * x^2 * \mathrm{conj}(x)^2 * ((3^{\wedge}(1/2) * (-(1183057432832 * x^12 * \mathrm{conj}(x)^{\wedge}12)/6786785292497965068890625)^{\wedge}(1/2))/18 + (2081228509 * x^6 * \mathrm{conj}(x)^6)/211016819955375)^{\wedge}(1/3))/40516875)^{\wedge}(1/4)))^{\wedge}(1/2)$

$(((100517 * x * \mathrm{conj}(x))/176400 - ((326021 * x^4 * \mathrm{conj}(x)^4)/78764805 + 9 * ((3^{\wedge}(1/2) * (-(1183057432832 * x^12 * \mathrm{conj}(x)^{\wedge}12)/6786785292497965068890625)^{\wedge}(1/2))/18 + (2081228509 * x^6 * \mathrm{conj}(x)^6)/211016819955375)^{\wedge}(2/3) + (457931417 * x^2 * \mathrm{conj}(x)^2 * ((3^{\wedge}(1/2) * (-(1183057432832 * x^12 * \mathrm{conj}(x)^{\wedge}12)/6786785292497965068890625)^{\wedge}(1/2))/18 + (2081228509 * x^6 * \mathrm{conj}(x)^6)/211016819955375)^{\wedge}(1/3))/40516875)^{\wedge}(1/2)/(6 * ((3^{\wedge}(1/2) * (-(1183057432832 * x^12 * \mathrm{conj}(x)^{\wedge}12)/6786785292497965068890625)^{\wedge}(1/2))/18 + (2081228509 * x^6 * \mathrm{conj}(x)^6)/211016819955375)^{\wedge}(1/6)) + ((915862834 * x^2 * \mathrm{conj}(x)^2 * ((3^{\wedge}(1/2) * (-(1183057432832 * x^{\wedge}12 * \mathrm{conj}(x)^{\wedge}12)/6786785292497965068890625)^{\wedge}(1/2))/18 + (2081228509 * x^6 * \mathrm{conj}(x)^6)/211016819955375)^{\wedge}(1/3) * ((326021 * x^4 * \mathrm{conj}(x)^4)/78764805 + 9 * ((3^{\wedge}(1/2) * (-(1183057432832 * x^{\wedge}12 * \mathrm{conj}(x)^{\wedge}12)/6786785292497965068890625)^{\wedge}(1/2))/18 + (2081228509 * x^6 * \mathrm{conj}(x)^6)/211016819955375)^{\wedge}(2/3) + (457931417 * x^2 * \mathrm{conj}(x)^2 * ((3^{\wedge}(1/2) * (-(1183057432832 * x^12 * \mathrm{conj}(x)^{\wedge}12)/6786785292497965068890625)^{\wedge}(1/2))/18 + (2081228509 * x^6 * \mathrm{conj}(x)^6)/211016819955375)^{\wedge}(1/3))/40516875)^{\wedge}(1/2))/40516875 - (326021 * x^4 * \mathrm{conj}(x)^4 * ((326021 * x^4 * \mathrm{conj}(x)^{\wedge}4)/78764805 + 9 * ((3^{\wedge}(1/2) * (-(1183057432832 * x^{\wedge}12 * \mathrm{conj}(x)^{\wedge}12)/6786785292497965068890625)^{\wedge}(1/2))/18 + (2081228509 * x^6 * \mathrm{conj}(x)^6)/211016819955375)^{\wedge}(2/3) + (457931417 * x^2 * \mathrm{conj}(x)^2 * ((3^{\wedge}(1/2) * (-(1183057432832 * x^12 * \mathrm{conj}(x)^{\wedge}12)/6786785292497965068890625)^{\wedge}(1/2))/18 + (2081228509 * x^6 * \mathrm{conj}(x)^6)/211016819955375)^{\wedge}(1/3))/40516875)^{\wedge}(1/2))/78764805 - 9 * ((3^{\wedge}(1/2) * (-(1183057432832 * x^12 * \mathrm{conj}(x)^{\wedge}12)/6786785292497965068890625)^{\wedge}(1/2))/18 + (2081228509 * x^{\wedge}6 * \mathrm{conj}(x)^{\wedge}6)/211016819955375)^{\wedge}(2/3) * ((326021 * x^4 * \mathrm{conj}(x)^4)/78764805 + 9 * ((3^{\wedge}(1/2) * (-(1183057432832 * x^12 * \mathrm{conj}(x)^{\wedge}12)/6786785292497965068890625)^{\wedge}(1/2))/18 + (2081228509 * x^6 * \mathrm{conj}(x)^6)/211016819955375)^{\wedge}(2/3) + (457931417 * x^2 * \mathrm{conj}(x)^2 * ((3^{\wedge}(1/2) * (-(1183057432832 * x^12 * \mathrm{conj}(x)^{\wedge}12)/6786785292497965068890625)^{\wedge}(1/2))/18 + (2081228509 * x^6 * \mathrm{conj}(x)^6)/211016819955375)^{\wedge}(1/3))/40516875)^{\wedge}(1/2) - (628361585696 * 6^{\wedge}(1/2) * x^{\wedge}3 * \mathrm{conj}(x)^{\wedge}3 * (3 * 3^{\wedge}(1/2) * (-(1183057432832 * x^{\wedge}12 * \mathrm{conj}(x)^{\wedge}12)/6786785292497965068890625)^{\wedge}(1/2) + (4162457018 * x^6 * \mathrm{conj}(x)^6)/7815437776125)^{\wedge}(1/2))/148899515625)^{\wedge}(1/2)/(6 * ((3^{\wedge}(1/2) * (-(1183057432832 * x^12 * \mathrm{conj}(x)^{\wedge}12)/6786785292497965068890625)^{\wedge}(1/2))/18 + (2081228509 * x^6 * \mathrm{conj}(x)^6)/211016819955375)^{\wedge}(1/6) * ((326021 * x^4 * \mathrm{conj}(x)^4)/78764805 + 9 * ((3^{\wedge}(1/2) * (-(1183057432832 * x^12 * \mathrm{conj}(x)^{\wedge}12)/6786785292497965068890625)^{\wedge}(1/2))/18 + (2081228509 * x^6 * \mathrm{conj}(x)^6)/211016819955375)^{\wedge}(2/3) + (457931417 * x^2 * \mathrm{conj}(x)^2 * ((3^{\wedge}(1/2) * (-(1183057432832 * x^{\wedge}12 * \mathrm{conj}(x)^{\wedge}12)/6786785292497965068890625)^{\wedge}(1/2))/18 + (2081228509 * x^6 * \mathrm{conj}(x)^6)/211016819955375)^{\wedge}(1/3))/40516875)^{\wedge}(1/4)))^{\wedge}(1/2)$

$((((326021 * x^4 * \mathrm{conj}(x)^4)/78764805 + 9 * ((3^{\wedge}(1/2) * (-(1183057432832 * x^12 * \mathrm{conj}(x)^{\wedge}12)/6786785292497965068890625)^{\wedge}(1/2))/18 + (2081228509 * x^{\wedge}6 * \mathrm{conj}(x)^{\wedge}6)/211016819955375)^{\wedge}(2/3) + (457931417 * x^2 * \mathrm{conj}(x)^2 * ((3^{\wedge}(1/2) * (-(1183057432832 * x^{\wedge}12 * \mathrm{conj}(x)^{\wedge}12)/6786785292497965068890625)^{\wedge}(1/2))/18 + (2081228509 * x^6 * \mathrm{conj}(x)^6)/211016819955375)^{\wedge}(1/3))/40516875)^{\wedge}(1/2)/(6 * ((3^{\wedge}(1/2) * (-(1183057432832 * x^12 * \mathrm{conj}(x)^{\wedge}12)/6786785292497965068890625)^{\wedge}(1/2))/18 + (2081228509 * x^6 * \mathrm{conj}(x)^6)/211016819955375)^{\wedge}(1/6)) + (100517 * x * \mathrm{conj}(x))/176400 - ((915862834 * x^2 * \mathrm{conj}(x)^2 * ((3^{\wedge}(1/2) * (-(1183057432832 * x^{\wedge}12 * \mathrm{conj}(x)^{\wedge}12)/6786785292497965068890625)^{\wedge}(1/2))/18 + (2081228509 * x^6 * \mathrm{conj}(x)^6)/211016819955375)^{\wedge}(1/3) * ((326021 * x^4 * \mathrm{conj}(x)^4)/78764805 + 9 * ((3^{\wedge}(1/2) * (-(1183057432832 * x^12 * \mathrm{conj}(x)^{\wedge}12)/6786785292497965068890625)^{\wedge}$

$(1/2))/18 + (2081228509 * x^6 * \operatorname{conj}(x)^6)/211016819955375)^{\wedge}(2/3) + (457931417 * x^2 * \operatorname{conj}(x)^2 * ((3^{\wedge}(1/2) * (-(1183057432832 * x^{\wedge}12 * \operatorname{conj}(x)^{\wedge}12)/678678529249796506889 0625)^{\wedge}(1/2))/18 + (2081228509 * x^{\wedge}6 * \operatorname{conj}(x)^{\wedge}6)/211016819955375)^{\wedge}(1/3))/40516875)^{\wedge}(1/2))/40516875 - (326021 * x^{\wedge}4 * \operatorname{conj}(x)^{\wedge}4 * ((326021 * x^{\wedge}4 * \operatorname{conj}(x)^{\wedge}4)/78764805 + 9 * ((3^{\wedge}(1/2) * (-(1183057432832 * x^{\wedge}12 * \operatorname{conj}(x)^{\wedge}12)/678678529249796506889 0625)^{\wedge}(1/2))/18 + (2081228509 * x^{\wedge}6 * \operatorname{conj}(x)^{\wedge}6)/211016819955375)^{\wedge}(2/3) + (457931417 * x^{\wedge}2 * \operatorname{conj}(x)^{\wedge}2 * ((3^{\wedge}(1/2) * (-(1183057432832 * x^{\wedge}12 * \operatorname{conj}(x)^{\wedge}12)/6786785292497965068890625)^{\wedge}(1/2))/18 + (2081228509 * x^{\wedge}6 * \operatorname{conj}(x)^{\wedge}6)/211016819955375)^{\wedge}(1/3))/40516875)^{\wedge}(1/2))/78764805 - 9 * ((3^{\wedge}(1/2) * (-(1183057432832 * x^{\wedge}12 * \operatorname{conj}(x)^{\wedge}12)/6786785292497965068890625)^{\wedge}(1/2))/18 + (2081228509 * x^{\wedge}6 * \operatorname{conj}(x)^{\wedge}6)/211016819955375)^{\wedge}(2/3) * ((326021 * x^{\wedge}4 * \operatorname{conj}(x)^{\wedge}4)/78764805 + 9 * ((3^{\wedge}(1/2) * (-(1183057432832 * x^{\wedge}12 * \operatorname{conj}(x)^{\wedge}12)/6786785292497965068890625)^{\wedge}(1/2))/18 + (2081228509 * x^{\wedge}6 * \operatorname{conj}(x)^{\wedge}6)/211016819955375)^{\wedge}(2/3) + (457931417 * x^{\wedge}2 * \operatorname{conj}(x)^{\wedge}2 * ((3^{\wedge}(1/2) * (-(1183057432832 * x^{\wedge}12 * \operatorname{conj}(x)^{\wedge}12)/6786785292497965068890625)^{\wedge}(1/2))/18 + (2081228509 * x^{\wedge}6 * \operatorname{conj}(x)^{\wedge}6)/211016819955375)^{\wedge}(1/3))/40516875)^{\wedge}(1/2) + (628361585696 * 6^{\wedge}(1/2) * x^{\wedge}3 * \operatorname{conj}(x)^{\wedge}3 * (3 * 3^{\wedge}(1/2) * (-(1183057432832 * x^{\wedge}12 * \operatorname{conj}(x)^{\wedge}12)/6786785292497965068890625)^{\wedge}(1/2) + (4162457018 * x^{\wedge}6 * \operatorname{conj}(x)^{\wedge}6)/7815437776125)^{\wedge}(1/2))/148899515625)^{\wedge}(1/2)/(6 * ((3^{\wedge}(1/2) * (-(1183057432832 * x^{\wedge}12 * \operatorname{conj}(x)^{\wedge}12)/6786785292497965068890625)^{\wedge}(1/2))/18 + (2081228509 * x^{\wedge}6 * \operatorname{conj}(x)^{\wedge}6)/211016819955375)^{\wedge}(1/6) * ((326021 * x^{\wedge}4 * \operatorname{conj}(x)^{\wedge}4)/78764805 + 9 * ((3^{\wedge}(1/2) * (-(1183057432832 * x^{\wedge}12 * \operatorname{conj}(x)^{\wedge}12)/6786785292497965068890625)^{\wedge}(1/2))/18 + (2081228509 * x^{\wedge}6 * \operatorname{conj}(x)^{\wedge}6)/211016819955375)^{\wedge}(2/3) + (457931417 * x^{\wedge}2 * \operatorname{conj}(x)^{\wedge}2 * ((3^{\wedge}(1/2) * (-(1183057432832 * x^{\wedge}12 * \operatorname{conj}(x)^{\wedge}12)/6786785292497965068890625)^{\wedge}(1/2))/18 + (2081228509 * x^{\wedge}6 * \operatorname{conj}(x)^{\wedge}6)/211016819955375)^{\wedge}(1/3))/40516875)^{\wedge}(1/4)))^{\wedge}(1/2)$

$(((326021 * x^{\wedge}4 * \operatorname{conj}(x)^{\wedge}4)/78764805 + 9 * ((3^{\wedge}(1/2) * (-(1183057432832 * x^{\wedge}12 * \operatorname{conj}(x)^{\wedge}12)/6786785292497965068890625)^{\wedge}(1/2))/18 + (2081228509 * x^{\wedge}6 * \operatorname{conj}(x)^{\wedge}6)/211016819955375)^{\wedge}(2/3) + (457931417 * x^{\wedge}2 * \operatorname{conj}(x)^{\wedge}2 * ((3^{\wedge}(1/2) * (-(1183057432832 * x^{\wedge}12 * \operatorname{conj}(x)^{\wedge}12)/6786785292497965068890625)^{\wedge}(1/2))/18 + (2081228509 * x^{\wedge}6 * \operatorname{conj}(x)^{\wedge}6)/211016819955375)^{\wedge}(1/3))/40516875)^{\wedge}(1/2)/(6 * ((3^{\wedge}(1/2) * (-(1183057432832 * x^{\wedge}12 * \operatorname{conj}(x)^{\wedge}12)/6786785292497965068890625)^{\wedge}(1/2))/18 + (2081228509 * x^{\wedge}6 * \operatorname{conj}(x)^{\wedge}6)/211016819955375)^{\wedge}(1/6)) + (100517 * x * \operatorname{conj}(x))/176400 + ((915862834 * x^{\wedge}2 * \operatorname{conj}(x)^{\wedge}2 * ((3^{\wedge}(1/2) * (-(1183057432832 * x^{\wedge}12 * \operatorname{conj}(x)^{\wedge}12)/6786785292497965068890625)^{\wedge}(1/2))/18 + (2081228509 * x^{\wedge}6 * \operatorname{conj}(x)^{\wedge}6)/211016819955375)^{\wedge}(1/3) * ((326021 * x^{\wedge}4 * \operatorname{conj}(x)^{\wedge}4)/78764805 + 9 * ((3^{\wedge}(1/2) * (-(1183057432832 * x^{\wedge}12 * \operatorname{conj}(x)^{\wedge}12)/6786785292497965068890625)^{\wedge}(1/2))/18 + (2081228509 * x^{\wedge}6 * \operatorname{conj}(x)^{\wedge}6)/211016819955375)^{\wedge}(2/3) + (457931417 * x^{\wedge}2 * \operatorname{conj}(x)^{\wedge}2 * ((3^{\wedge}(1/2) * (-(1183057432832 * x^{\wedge}12 * \operatorname{conj}(x)^{\wedge}12)/6786785292497965068890625)^{\wedge}(1/2))/18 + (2081228509 * x^{\wedge}6 * \operatorname{conj}(x)^{\wedge}6)/211016819955375)^{\wedge}(1/3))/40516875)^{\wedge}(1/2))/40516875 - (326021 * x^{\wedge}4 * \operatorname{conj}(x)^{\wedge}4 * ((326021 * x^{\wedge}4 * \operatorname{conj}(x)^{\wedge}4)/78764805 + 9 * ((3^{\wedge}(1/2) * (-(1183057432832 * x^{\wedge}12 * \operatorname{conj}(x)^{\wedge}12)/6786785292497965068890625)^{\wedge}(1/2))/18 + (2081228509 * x^{\wedge}6 * \operatorname{conj}(x)^{\wedge}6)/211016819955375)^{\wedge}(2/3) + (457931417 * x^{\wedge}2 * \operatorname{conj}(x)^{\wedge}2 * ((3^{\wedge}(1/2) * (-(1183057432832 * x^{\wedge}12 * \operatorname{conj}(x)^{\wedge}12)/6786785292497965068890625)^{\wedge}(1/2))/18 + (2081228509 * x^{\wedge}6 * \operatorname{conj}(x)^{\wedge}6)/211016819955375)^{\wedge}(1/3))/40516875)^{\wedge}(1/2))/78764805 - 9 * ((3^{\wedge}(1/2) * (-(1183057432832 * x^{\wedge}12 * \operatorname{conj}(x)^{\wedge}12)/6786785292497965068890625)^{\wedge}(1/2))/18 + (2081228509 * x^{\wedge}6 * \operatorname{conj}(x)^{\wedge}6)/211016819955375)^{\wedge}(2/3) * ((326021 * x^{\wedge}4 * \operatorname{conj}(x)^{\wedge}4)/78764805 + 9 * ((3^{\wedge}(1/2) * (-(1183057432832 * x^{\wedge}12 * \operatorname{conj}(x)^{\wedge}12)/6786785292497965068890625)^{\wedge}(1/2))/18 + (2081228509 * x^{\wedge}6 * \operatorname{conj}(x)^{\wedge}6)/211016819955375)^{\wedge}(2/3) + (457931417 * x^{\wedge}2 * \operatorname{conj}(x)^{\wedge}2 * ((3^{\wedge}(1/2) * (-(1183057432832 * x^{\wedge}12 * \operatorname{conj}(x)^{\wedge}12)/6786785292497965068890625)^{\wedge}(1/2))/18 + (2081228509 * x^{\wedge}6 * \operatorname{conj}(x)^{\wedge}6)/211016819955375)^{\wedge}(1/3))/40516875)^{\wedge}(1/2) + (628361585696 * 6^{\wedge}(1/2) * x$

^3 * conj(x)^3 * (3 * 3^(1/2) * (- (1183057432832 * x^12 * conj(x)^12)/678678529249796506889 0625)^(1/2) + (4162457018 * x^6 * conj(x)^6)/7815437776125)^(1/2))/148899515625)^(1/2)/(6 * ((3^(1/2) * (- (1183057432832 * x^12 * conj(x)^12)/678678529249796506 8890625)^(1/2))/18 + (2081228509 * x^6 * conj(x)^6)/211016819955375)^(1/6) * ((326021 * x^4 * conj(x)^4)/78764805 + 9 * ((3^(1/2) * (- (1183057432832 * x^12 * conj(x)^12)/678678529249796506889 0625)^(1/2))/18 + (2081228509 * x^6 * conj(x)^6)/211016819955375)^(2/3) + (457931417 * x^2 * conj(x)^2 * ((3^(1/2) * (- (1183057432832 * x^12 * conj(x)^12)/678678529249796506889 0625)^(1/2))/18 + (2081228509 * x^6 * conj(x)^6)/211016819955375)^(1/3))/40516875)^(1/4)))^(1/2)

第 9 章 优 化 设 计

  内容指南

由于优化问题无处不在,目前最优化方法的应用和研究已经深入到了生产和科研的各个领域,如土木工程、机械工程、化学工程、运输调度、生产控制、经济规划、经济管理等,并取得了显著的经济效益和社会效益。

  知识重点

 优化问题概述
 MATLAB 中的工具箱
 参数设置
 模型输入时需要注意的问题
 @函数
 优化算法介筛
 线性规划

9.1 优化问题概述

在生活和工作中,人们对于同一个问题往往会提出多个解决方案,并通过各方面的论证从中提取最佳方案。最优化方法就是专门研究如何从多个方案中科学合理地提取出最佳方案的技术。

9.1.1 背景

在工程设计中,怎样选取参数使得设计既满足要求又能降低成本;在资源分配中,怎样的分配方案既能满足各方面的基本要求,又能获得好的经济效益;在生产计划安排中,选择怎样的计划方案才能提高产值和利润;在原料配比问题中,怎样确定各种成分的比例才能提高质量、降低成本;在城建规划中,怎样安排工厂、机关、学校、商店、医院、住宅和其他单位的合理布局,才能方便群众,有利于城市各行各业的发展;在军事指挥中,怎样确定最佳作战方案,才能有效地消灭敌人,保存自己,有利于战争的全局,这一系列的实际问题最终促成了优化这门数学分支的建立。最优化是一门研究如何科学、合理、迅速地确定可行方案并找到其中最优方案的学科。同时,最优化还是一门应用相当广泛的学科,它讨论决策问题的最佳选择的特性,构造寻求最佳解的计算方法,研究这些计算方法的理论性质及实际计算表现。

事实上,最优化是个古老的课题,可以追溯到十分古老的极值问题。早在 17 世纪牛顿发明微积分的时代，就已经发现极值问题，后来又出现拉格朗日乘数法。1847年法国数学家柯西研究了函数值沿什么方向下降最快的问题，提出了最速下降法。1939年前苏联数学家 Л. В. Канторович 提出了解决下料问题和运输问题这两种线性规划问题的求解方法。然而，优化成为一门独立的学科是在20世纪40年代末，是在1947年Dantzig提出求解一般线性规划问题的单纯形法之后。随着计算机的广泛应用，现在，解线性规划、非线性规划、随机规划、非光滑规划、多目标规划、几何规划、整数规划等多种最优化问题的理论研究发展迅速，新方法不断出现，实际应用日益广泛。伴随着计算机的高速发展和优化计算方法的进步，规模越来越大的优化问题得到解决。作为20世纪应用数学的重要研究成果，它已受到政府部门、科研机构和产业部门的高度重视。

9.1.2 最优化问题的实现

用最优化方法解决最优化问题的技术称为最优化技术，它包含两个方面的内容。

1) 建立数学模型：即用数学语言来描述最优化问题。模型中的数学关系式反映了最优化问题所要达到的目标和各种约束条件。

2) 数学求解：数学模型建好以后，选择合理的最优化方法进行求解。

最优化方法的发展很快，现在已经包含有多个分支，如线性规划、整数规划、非线性规划、动态规划、多目标规划等。利用 MATLAB 的优化工具箱，可以求解线性规划、非线性规划和多目标规划问题，具体而言，包括线性及非线性最小化、最大最小化、二次规划、半无限问题、线性及非线性方程（组）的求解、线性及非线性的最小二乘问题。另外，该工具箱还提供了线性及非线性最小化、方程求解、曲线拟合、二次规划等问题的求解方法，为优化方法在工程中的实际应用提供了更方便快捷的途径。

使用优化工具箱时，由于优化函数要求目标函数和约束条件满足一定的格式，所以需要用户在进行模型输入时注意以下几个问题。

1. 目标函数最小化

优化函数 fminbnd、fminsearch、fminunc、fmincon、fgoalattain、fminmax 和 lsqnonlin 都要求目标函数最小化，如果优化问题要求目标函数最大化，可以通过使该目标函数的负值最小化即 $-f(x)$ 最小化来实现。近似地，对于 quadprog 函数提供 $-H$ 和 $-f$，对于 linprog 函数提供 $-f$。

2. 约束非正

优化工具箱要求非线性不等式约束的形式为 $C_i(x) \leq 0$，通过对不等式取负可以达到使大于零的约束形式变为小于零的不等式约束形式的目的，如 $C_i(x) \geq 0$ 形式的约束等价于 $-C_i(x) \leq 0$；$C_i(x) \geq b$ 形式的约束等价于 $-C_i(x) + b \leq 0$。

3. 避免使用全局变量

9.1.3 基本概念及分支

为了使读者对优化有一个初步的认识，我们先举一个运输问题例子。

例9-1：假设某种产品有3个产地 A_1、A_2、A_3，它们的产量分别为100、170、200（单位为吨）；该产品有3个销售地 B_1、B_2、B_3，各地的需求量分别为120、170、180（单位为吨），把产品从第 i 个产地 A_i 运到第 j 个销售地 B_j 的单位运价（元/吨）见表9-1。

如何安排从 A_i 到 B_j 的运输方案，才能既满足各销售地的需求又能使总运费最少？

解： 这是一个产销平衡的问题，下面我们对这个问题建立数学模型。

表 9-1 运费表

销售地 产地	B_1	B_2	B_3	产量/吨
A_1	80	90	75	100
A_2	60	85	95	170
A_3	90	80	110	200
需求量	120	170	180	470

设从 A_i 到 B_j 的运输量为 x_{ij}，显然总运费的表达式为：

$$80x_{11}+90x_{12}+75x_{13}+60x_{21}+85x_{22}+95x_{23}+90x_{31}+80x_{32}+110x_{33}$$

考虑到产量应该有下面的要求：

$$\begin{cases} x_{11}+x_{12}+x_{13}=100 \\ x_{21}+x_{22}+x_{23}=170 \\ x_{31}+x_{32}+x_{33}=200 \end{cases}$$

考虑到需求量又应该有下面的要求：

$$\begin{cases} x_{11}+x_{21}+x_{31}=120 \\ x_{12}+x_{22}+x_{32}=170 \\ x_{13}+x_{23}+x_{33}=180 \end{cases}$$

此外运输量不能为负数，即 $x_{ij} \geq 0, i,j=1,2,3$。

综上所述，原问题的数学模型可以写为：

$$\min \quad 80x_{11}+90x_{12}+75x_{13}+60x_{21}+85x_{22}+95x_{23}+90x_{31}+80x_{32}+110x_{33}$$

$$\text{s.t.} \begin{cases} x_{11}+x_{12}+x_{13}=100 \\ x_{21}+x_{22}+x_{23}=170 \\ x_{31}+x_{32}+x_{33}=200 \\ x_{11}+x_{21}+x_{31}=120 \\ x_{12}+x_{22}+x_{32}=170 \\ x_{13}+x_{23}+x_{33}=180 \\ x_{ij} \geq 0, i,j=1,2,3. \end{cases}$$

这个例子中的数学模型就是一个优化问题，属于优化中的线性规划问题，对于这种问题，利用 MATLAB 可以很容易找到它的解。通过上面的例子，读者可能已经对优化有了一个模糊的概念。事实上，优化问题最一般的形式如下：

$$\min \quad f(x)$$
$$\text{s.t.} \quad x \in X, \tag{9-1}$$

其中，$x \in R^n$ 是决策变量（相当于上例中的 x_{ij}）；$f(x)$ 是目标函数（相当于上例中的运费表达式）；$X \subseteq R^n$ 为约束集或可行域（相当于上例中的线性方程组的解集与非负挂限的交集）。

特别地,如果约束集 $X=R^n$,则上述优化问题称为无约束优化问题,即

$$\min_{x \in R^n} f(x)$$

而约束最优化问题通常写为:

$$\text{min} \quad f(x)$$
$$\text{s.t.} \begin{cases} c_i(x)=0, & i \in E, \\ c_i(x) \leq 0, & i \in I, \end{cases} \quad (9-2)$$

其中,E、I 分别为等式约束指标集与不等式约束指标集;$c_i(x)$ 为约束函数。

对于式 (9-1),如果对于某个 $x^* \in X$ 以及每个 $x \in X$ 都有 $f(x) \geq f(x^*)$ 成立,则称 x^* 为式 (9-1) 的最优解(全局最优解),相应的目标函数值称为最优值;若只是在 X 的某个子集内有上述关系,则 x^* 称为式 (9-1) 的局部最优解。最优解并不是一定存在的,通常,我们求出的解只是一个局部最优解。

对于优化式 (9-2),当目标函数和约束函数均为线性函数时,式 (9-2) 就称为线性规划问题;当目标函数和约束函数中至少有一个是变量 x 的非线性函数时,式 (9-2) 就称为非线性规划问题。此外,根据决策变量、目标函数和要求不同,优化问题还可分为整数规划、动态规划、网络优化、非光滑规划、随机优化、几何规划、多目标规划等若干分支。下面几节,将主要讲述如何利用 MATLAB 提供的优化工具箱来求解一些常见的优化问题。

9.2 MATLAB 中的工具箱

MATLAB 工具箱已经成为一个系列产品,MATLAB 主工具箱和各种工具箱(TOOLBOX)功能型工具箱主要用来扩充 MATLAB 的数值计算、符号运算功能、图形建模仿真功能、文字处理功能以及与硬件实时交互功能,能够用于多种学科。

领域型工具箱是学科专用工具箱,其专业性很强,比如控制系统工具箱(Control System Toolbox)、信号处理工具箱(Signal Processing Toolbox)、财政金融工具箱(Financial Toolbox)和下面将介绍的优化工具箱(Optimization Toolbox)等。领域型工具箱只适用于本专业。

9.2.1 MATLAB 中常用的工具箱

MATLAB 中常用的工具箱有:

◆ Matlab Main Toolbox——Matlab 主工具箱;
◆ Control System Toolbox——控制系统工具箱;
◆ Communication Toolbox——通信工具箱;
◆ Financial Toolbox——财政金融工具箱;
◆ System Identification Toolbox——系统辨识工具箱;
◆ Fuzzy Logic Toolbox——模糊逻辑工具箱;
◆ Higher - Order Spectral Analysis Toolbox——高阶谱分析工具箱;
◆ Image Processing Toolbox——图象处理工具箱;
◆ LMI Control Toolbox——线性矩阵不等式工具箱;

- Model predictive Control Toolbox——模型预测控制工具箱；
- μ – Analysis and Synthesis Toolbox——μ 分析工具箱；
- Neural Network Toolbox——神经网络工具箱；
- Optimization Toolbox——优化工具箱；
- Partial Differential Toolbox——偏微分方程工具箱；
- Robust Control Toolbox——鲁棒控制工具箱；
- Signal Processing Toolbox——信号处理工具箱；
- Spline Toolbox——样条工具箱；
- Statistics Toolbox——统计工具箱；
- Symbolic Math Toolbox——符号数学工具箱；
- Simulink Toolbox——动态仿真工具箱；
- System Identification Toolbox——系统辨识工具箱；
- Wavele Toolbox——小波工具箱。

9.2.2 工具箱和工具箱函数的查询

1. MATLAB 的目录结构

首先，简单介绍一下 MATLAB 的目录树：

```
c:\matlab\bin
c:\matlab\extern
c:\matlab\simulink
c:\matlab\toolbox\comm\
c:\matlab\toolbox\control\
c:\matlab\toolbox\symbolic\
```

- matlab\bin——该目录包含 MATLAB 系统运行文件，MATLAB 帮助文件及一些必需的二进制文件。
- matlab\extern——包含 MATLAB 与 C、FORTRAN 语言的交互所需的函数定义和连接库。
- matlab\simulink——包含建立 simulink MEX – 文件所必需的函数定义及接口软件。
- matlab\toolbox——各种工具箱，Math Works 公司提供的商品化 MATLAB 工具箱有 30 多种。toolbox 目录下的子目录数量是随安装情况而变的。

另外，MATLAB 工具箱在 Windows 下由目录检索得到，也可以在 MATLAB 下得到。

2. 工具箱函数清单的获得

在 MATLAB 中，所有工具箱中都有函数清单文件 contents.m，可用各种方法得到工具箱函数清单。

（1）执行在线帮助命令

列出该工具箱中 contents.m 的内容，显示该工具箱中所有函数清单。

例 9-2：列出优化工具箱的内容。

解：MATLAB 程序如下：

```
>> help optim
Optimization Toolbox

Nonlinear minimization of functions.
    fminbnd       - Scalar bounded nonlinear function minimization.
    fmincon       - Multidimensional constrained nonlinear minimization.
    fminsearch    - Multidimensional unconstrained nonlinear minimization,
                    by Nelder - Mead direct search method.
    fminunc       - Multidimensional unconstrained nonlinear minimization.
    fseminf       - Multidimensional constrained minimization, semi - infinite
                    constraints.

Nonlinear minimization of multi - objective functions.
    fgoalattain   - Multidimensional goal attainment optimization
    fminimax      - Multidimensional minimax optimization.

Linear least squares ( of matrix problems ).
    lsqlin        - Linear least squares with linear constraints.
    lsqnonneg     - Linear least squares with nonnegativity constraints.

Nonlinear least squares ( of functions ).
    lsqcurvefit   - Nonlinear curvefitting via least squares ( with bounds ).
    lsqnonlin     - Nonlinear least squares with upper and lower bounds.

Nonlinear zero finding ( equation solving ).
    fzero         - Scalar nonlinear zero finding.
    fsolve        - Nonlinear system of equations solve ( function solve ).

Minimization of matrix problems.
    bintprog      - Binary integer ( linear ) programming.
    linprog       - Linear programming.
    quadprog      - Quadratic programming.

Controlling defaults and options.
    optimset      - Create or alter optimization OPTIONS structure.
    optimget      - Get optimization parameters from OPTIONS structure.

Demonstrations of large - scale methods.
    circustent    - Quadratic programming to find shape of a circus tent.
    molecule      - Molecule conformation solution using unconstrained nonlinear
                    minimization.
    optdeblur     - Image deblurring using bounded linear least - squares.

Demonstrations of medium - scale methods.
    tutdemo       - Tutorial walk - through.
    goaldemo      - Goal attainment.
    dfildemo      - Finite - precision filter design ( requires Signal Processing
                    Toolbox ).
```

datdemo	— Fitting data to a curve.
officeassign	— Binary integer programming to solve the office assignment problem.

Medium – scale examples from User's Guide

objfun	— nonlinear objective
confun	— nonlinear constraints
objfungrad	— nonlinear objective with gradient
confungrad	— nonlinear constraints with gradients
confuneq	— nonlinear equality constraints
optsim.mdl	— Simulink model of nonlinear plant process
optsiminit	— init file for optisim.mdl
runtracklsq	— demonstrates multiobjective function using LSQNONLIN
runtrackmm	— demonstrates multiobjective function using FMINIMAX

Large – scale examples from User's Guide

nlsf1	— nonlinear equations objective with Jacobian
nlsf1a	— nonlinear equations objective
nlsdat1	— MAT – file of Jacobian sparsity pattern (see nlsf1a)
brownfgh	— nonlinear minimization objective with gradient and Hessian
brownfg	— nonlinear minimization objective with gradient
brownhstr	— MAT – file of Hessian sparsity pattern (see brownfg)
tbroyfg	— nonlinear minimization objective with gradient
tbroyhstr	— MAT – file of Hessian sparsity pattern (see tbroyfg)
browneq	— MAT – file of Aeq and beq sparse linear equality constraints
runfleq1	— demonstrates 'HessMult' option for FMINCON with equalities
brownvv	— nonlinear minimization with dense structured Hessian
hmfleq1	— Hessian matrix product for brownvv objective
fleq1	— MAT – file of V, Aeq, and beq for brownvv and hmfleq1
qpbox1	— MAT – file of quadratic objective Hessian sparse matrix
runqpbox4	— demonstrates 'HessMult' option for QUADPROG with bounds
runqpbox4prec	— demonstrates 'HessMult' and TolPCG options for QUADPROG
qpbox4	— MAT – file of quadratic programming problem matrices
runnls3	— demonstrates 'JacobMult' option for LSQNONLIN
nlsmm3	— Jacobian multiply function for runnls3/nlsf3a objective
nlsdat1	— MAT – file of problem matrices for runnls3/nlsf3a objective
runqpeq5	— demonstrates 'HessMult' option for QUADPROG with equalities
qpeq5	— MAT – file of quadratic programming matrices for runqpeq5
particle	— MAT – file of linear least squares C and d sparse matrices
sc50b	— MAT – file of linear programming example
densecolumns	— MAT – file of linear programming example

上述内容即为 MATLAB 优化工具箱的全部函数内容。

① 注意

优化工具箱的名称为 optim.m。

（2）使用 type 命令得到工具箱函数的清单

例如：

```
type    signal\contents
type    optim\contents
```

> **注意**
> 这种方式得出的结果,内容与上面的方式相同,输出的格式稍有不同。

9.3 优化工具箱中的函数

利用 Matlab 的优化工具箱,可以求解线性规划、非线性规划和多目标规划问题。具体而言,包括线性、非线性最小化,最大最小化,二次规划,半无限问题,线性、非线性方程(组)的求解,线性、非线性的最小二乘问题。另外,该工具箱还提供了线性、非线性最小化,方程求解,曲线拟合,二次规划等问题中大型课题的求解方法,为优化方法在工程中的实际应用提供了更方便快捷的途径。

优化工具箱中的函数包括下面几类。

1. 最小化函数

最小化函数见表9-2。

表 9-2 最小化函数

函 数	描 述	函 数	描 述
fminsearch,fminunc	无约束非线性最小化	quadprog	二次规划
fminbnd	有边界的标量非线性最小化	fgoalattain	多目标规划
fmincon	有约束的非线性最小化	fminimax	最大最小化
linprog	线性规划	fseminf	半无限问题

2. 最小二乘问题

最小二乘问题见表9-3。

表 9-3 最小二乘问题

函 数	描 述	函 数	描 述
\	线性最小二乘	lsqlin	有约束线性最小二乘
lsqnonlin	非线性最小二乘	lsqcurvefit	非线性曲线拟合
lsqnonneg	非负线性最小二乘		

3. 方程求解函数

方程求解函数见表9-4。

表 9-4 方程求解函数

函 数	描 述	函 数	描 述
\	线性方程求解	fsolve	非线性方程求解
fzero	标量非线性方程求解		

4. 演示函数

1)中型问题方法演示函数见表9-5。

表 9-5 中型问题方法演示函数

函 数	描 述	函 数	描 述
tutdemo	教程演示	goaldemo	目标达到举例
optdemo	演示过程菜单	dfildemo	过滤器设计的有限精度
officeassign	求解整数规划		

2）大型问题方法演示函数见表 9-6。

表 9-6 大型问题方法演示函数

函 数	描 述	函 数	描 述
molecule	用无约束非线性最小化进行分子组成求解	optdeblur	用有边界线性最小二乘法进行图形处理
circustent	马戏团帐篷问题—二次规划问题		

9.4 优化函数的变量

在 MATLAB 的优化工具箱中，定义了一系列的标准变量，通过使用这些标准变量，用户可以使用 MATLAB 来求解在工作中碰到的问题。

MATLAB 优化工具箱中的变量主要有三类：输入变量、输出变量和优化参数中的变量。

1. 输入变量

调用 MATLAB 优化工具箱，需要首先给出一些输入变量，优化工具箱函数通过对这些输入变量的处理得到用户需要的结果。

优化工具箱中的输入变量大体上分成两类：输入系数和输入参数，见表 9-7 和表 9-8。

表 9-7 输入系数表

变 量 名	作用和含义	主要的调用函数
A, b	A 矩阵和 b 向量分别为线性不等式约束的系数矩阵和右端项	fgoalattain, fmincon, fminimax, fseminf, linprog, lsqlin, quadprog
Aeq, beq	Aeq 矩阵和 beq 向量分别为线性方程约束的系数矩阵和右端项	fgoalattain, fmincon, fminimax, fseminf, linprog, lsqlin, quadprog
C, d	矩阵 C 和向量 d 分别为超定或不定线性系统方程组的系数和进行求解的右端项	lsqlin, lsqnonneg
f	线性方程或二次方程中线性项的系数向量	linprog, quadprog
H	二次方程中二次项的系数	quadprog
lb, ub	变量的上下界	fgoalattain, fmincon, fminimax, fseminf, linprog, quadprog, lsqlin, lsqcurvefit, lsqnonlin
fun	待优化的函数	fgoalattain, fminbnd, fmincon, fminimax, fminsearch, fminunc, fseminf, fsolve, fzero, lsqcurvefit, lsqnonlin
nonlcon	计算非线性不等式和等式	fgoalattain, fmincon, fminimax
seminfcon	计算非线性不等式约束、等式约束和半无限约束的函数	fseminf

表 9-8 输入参数表

变量名	作用和含义	主要的调用函数
goal	目标试图达到的值	fgoalattain
ntheta	半无限约束的个数	fseminf
options	优化选项参数结构	所有
P1，P2，…	传给函数 fun、变量 nonlcon、变量 seminfcon 的其他变量	fgoalattain，fminbnd，fmincon，fminimax，fsearch，fminunc，fseminf，fsolve，fzero，lsqcurvefit，lsqnonlin
weight	控制对象未达到或超过的加权向量	fgoalattain
xdata，ydata	拟合方程的输入数据和测量数据	lsqcurvefit
x0	初始点	除 fminbnd 所有
x1，x2	函数最小化的区间	fminvnd

2. 输出变量

调用 MATLAB 优化工具箱的函数后，函数给出一系列的输出变量，提供给用户相应的输出信息，见表 9-9。

表 9-9 输出变量表

变量名	作用和含义
x	由优化函数求得的解
fval	解 x 处的目标函数值
exitflag	退出条件
output	包含优化结果信息的输出结构
lambda	解 x 处的拉格朗日乘子
grad	解 x 处函数 fun 的梯度值
hessian	解 x 处函数 fun 的海色矩阵
jacobian	解 x 处函数 fun 的雅克比矩阵
maxfval	解 x 处函数的最大值
attainfactor	解 x 处的达到因子
residual	解 x 处的残差值
resnorm	解 x 处残差的平方范数

3. 优化参数

优化参数见表 9-10。

表 9-10 优化参数

参数名	含义
DerivativeCheck	对自定义的解析导数与有限差分导数进行比较
Diagnostics	打印进行最小化或求解的诊断信息
DiffMaxChange	有限差分求导的变量最大变化

(续)

参 数 名	含 义
DiffMinChange	有限差分求导的变量最小变化
Display	值为 off 时,不显示输出;为 iter 时,显示迭代信息;为 final 时,只显示结果,在新版本中,当函数不收敛时输出 notify
GoalsExactAchieve	精确达到的目标个数
GradConstr	用户定义的非线性约束的梯度
GradObj	用户定义的目标函数的梯度
Hessian	用户定义的目标函数的海色矩阵
HessPattern	有限差分的海色矩阵的稀疏模式
HessUpdate	海色矩阵修正结构
Jacobian	用户定义的目标函数的雅克比矩阵
JacobPattern	有限差分的雅克比矩阵的稀疏模式
LargeScale	使用大型算法(如果可能的话)
LevenbergMarquardt	用 Levenberg – Marquardt 方法代替 Gauss – Newton 法
LineSearchType	一维搜索算法的选择
MaxFunEvals	允许进行函数评价的最大次数
MaxIter	允许进行迭代的最大次数
MaxPCGIter	允许进行 PCG 迭代的最大次数
MeritFunction	使用多目标函数
MinAbsMax	最小化最坏个案例绝对值的 $f(x)$ 的个数
PrecondBandWidth	PCG 前提的上带宽
TolCon	违背约束的终止容限
TolFun	函数值的终止容限
TolPCG	PCG 迭代的终止容限
TolX	X 处的终止容限
TypicalX	典型 x 值

9.5 参数设置

对于优化控制,MATLAB 提供了 18 种参数。利用 optimset 函数,可以创建和编辑参数结构;利用 optimget 函数,可以获得 options 优化参数。这些参数的具体意义见表 9–11。

9.5.1 参数值

表 9–11 参数值

参 数	含 义
options(1)	参数显示控制(默认值为0),等于1时显示一些结果
options(2)	优化点 x 的精度控制(默认值为 1e – 4)

(续)

参数	含义
options（3）	优化函数 F 的精度控制（默认值为 1e-4）
options（4）	违反约束的结束标准（默认值为 1e-6）
options（5）	算法选择，不常用
options（6）	优化程序方法选择，为 0 则采用 BFCG 算法，为 1 则采用 DFP 算法
options（7）	线性插值算法选择，为 0 则为混合插值算法，为 1 则采用立方插值算法
options（8）	函数值显示（多目标规划问题中的 Lambda）
options（9）	若需要检测用户提供的梯度，则设为 1
options（10）	函数和约束估值的数目
options（11）	函数梯度估值的个数
options（12）	约束估值的数目
options（13）	等式约束条件的个数
options（14）	函数估值的最大次数（默认值是 100×变量个数）
options（15）	用于多目标规划问题中的特殊目标
options（16）	优化过程中变量的最小有限差分梯度值
options（17）	优化过程中变量的最大有限差分梯度值
options（18）	步长设置（默认为 1 或更小）

> **注意**
>
> 在低版本的 MATLAB 中，使用 foptions 来对这些参数进行设置。

9.5.2 optimset 函数

optimset 函数的功能是创建或编辑优化选项参数结构。具体的调用格式如下。

1. 调用格式 1

这种格式的功能是：创建一个称为 options 的优化选项参数，其中指定的参数具有指定值。所有未指定的参数都设置为空矩阵[ ]（将参数设置为[ ]表示当 options 传递给优化函数时给参数赋默认值）。赋值时只要输入参数前面的字母就行了。

2. 调用格式 2

这种格式的功能是：创建一个 oldopts 的复制，用指定的数值修改参数。

3. 调用格式 3

这种格式的功能是：将已经存在的选项结构 oldopts 与新的选项结构 newopts 进行合并。newopts 参数中的所有元素将覆盖 oldopts 参数中的所有对应元素。

4. 调用格式 4

这种格式的功能是：没有任何输入输出参数，将显示一张完整的带有有效值的参数列表如下：

```
>> optimset
                     Display: [ off | on | iter | notify | final ]
                 MaxFunEvals: [ positive scalar ]
                     MaxIter: [ positive scalar ]
                      TolFun: [ positive scalar ]
                        TolX: [ positive scalar ]
                 FunValCheck: [ {off} | on ]
                   OutputFcn: [ function | {[]} ]
              BranchStrategy: [ mininfeas | {maxinfeas} ]
              DerivativeCheck: [ on | {off} ]
                 Diagnostics: [ on | {off} ]
                DiffMaxChange: [ positive scalar {1e-1} ]
                DiffMinChange: [ positive scalar {1e-8} ]
            GoalsExactAchieve: [ positive scalar | {0} ]
                  GradConstr: [ on | {off} ]
                     GradObj: [ on | {off} ]
                     Hessian: [ on | {off} ]
                    HessMult: [ function | {[]} ]
                  HessPattern: [ sparse matrix | {sparse(ones(NumberOfVariables))} ]
                   HessUpdate: [ dfp | steepdesc | {bfgs} ]
               InitialHessType: [ identity | {scaled-identity} | user-supplied ]
             InitialHessMatrix: [ scalar | vector | {[]} ]
                    Jacobian: [ on | {off} ]
                   JacobMult: [ function | ([]) ]
                 JacobPattern: [ sparse matrix | {sparse(ones(Jrows,Jcols))} ]
                   LargeScale: [ {on} | off ]
            LevenbergMarquardt: [ on | off ]
               LineSearchType: [ cubicpoly | {quadcubic} ]
                    MaxNodes: [ positive scalar | {1000 * NumberOfVariables} ]
                  MaxPCGIter: [ positive scalar | {max(1,floor(NumberOfVariables/2))} ]
                   MaxRLPIter: [ positive scalar | {100 * NumberOfVariables} ]
                   MaxSQPIter: [ positive scalar | {10 * max(NumberOfVariables,NumberOfInequalities + NumberOfBounds)} ]
                     MaxTime: [ positive scalar | {7200} ]
                MeritFunction: [ singleobj | {multiobj} ]
                   MinAbsMax: [ positive scalar | {0} ]
           NodeDisplayInterval: [ positive scalar | {20} ]
            NodeSearchStrategy: [ df | {bn} ]
              NonlEqnAlgorithm: [ {dogleg} | lm | gn ]
             PrecondBandWidth: [ positive scalar | {0} | Inf ]
                     Simplex: [ on | {off} ]
                      TolCon: [ positive scalar ]
```

```
            TolPCG:[ positive scalar | {0.1} ]
         TolRLPFun:[ positive scalar | {1e-6} ]
        TolXInteger:[ positive scalar | {1e-8} ]
           TypicalX:[ vector | {ones(NumberOfVariables,1)} ]
```

5. 调用格式 5

这种格式的功能是：创建一个选项结构 options，其中所有的元素被设置为 [ ]。

6. 调用格式 6

这种格式的功能是：创建一个含有所有参数名和与优化函数 optimfun 相关的默认值的选项结构 options。

例 9-3：optimset 使用举例 1。

解：MATLAB 程序如下：

```
>> options = optimset('Display','iter','TolFun',1e-8)
```

上面的语句创建一个称为 options 的优化选项结构，其中显示参数设为 'iter'，TolFun 参数设置为 $1e-8$。结果如下：

```
options =

            Display: 'iter'
         MaxFunEvals: [ ]
             MaxIter: [ ]
              TolFun: 1.0000e-008
                TolX: [ ]
          FunValCheck: [ ]
            OutputFcn: [ ]
         ActiveConstrTol: [ ]
        NoStopIfFlatInfeas: [ ]
         BranchStrategy: [ ]
         DerivativeCheck: [ ]
           Diagnostics: [ ]
          DiffMaxChange: [ ]
          DiffMinChange: [ ]
        GoalsExactAchieve: [ ]
             GradConstr: [ ]
                GradObj: [ ]
                Hessian: [ ]
               HessMult: [ ]
             HessPattern: [ ]
              HessUpdate: [ ]
```

```
           InitialHessType:[ ]
         InitialHessMatrix:[ ]
                  Jacobian:[ ]
                 JacobMult:[ ]
              JacobPattern:[ ]
                LargeScale:[ ]
        LevenbergMarquardt:[ ]
            LineSearchType:[ ]
                  MaxNodes:[ ]
                MaxPCGIter:[ ]
                MaxRLPIter:[ ]
                MaxSQPIter:[ ]
                   MaxTime:[ ]
             MeritFunction:[ ]
                 MinAbsMax:[ ]
        NodeDisplayInterval:[ ]
          NodeSearchStrategy:[ ]
            NonlEqnAlgorithm:[ ]
         PhaseOneTotalScaling:[ ]
              Preconditioner:[ ]
           PrecondBandWidth:[ ]
               RelLineSrchBnd:[ ]
       RelLineSrchBndDuration:[ ]
             ShowStatusWindow:[ ]
                    Simplex:[ ]
                     TolCon:[ ]
                     TolPCG:[ ]
                   TolRLPFun:[ ]
                  TolXInteger:[ ]
                    TypicalX:[ ]
```

例 9-4：optimset 使用举例 2。

解：MATLAB 程序如下：

```
>> optnew = optimset(options,'TolX',1e-4)
```

上面的语句创建一个称为 options 的优化结构的复制，改变 TolX 参数的值，将新值保存到 optnew 参数中，得到的结果如下：

```
ptnew =

            Display:'iter'
        MaxFunEvals:[ ]
            MaxIter:[ ]
             TolFun:1.0000e-008
               TolX:1.0000e-004
         FunValCheck:[ ]
```

```
              OutputFcn: [ ]
         ActiveConstrTol: [ ]
        NoStopIfFlatInfeas: [ ]
           BranchStrategy: [ ]
          DerivativeCheck: [ ]
              Diagnostics: [ ]
            DiffMaxChange: [ ]
            DiffMinChange: [ ]
         GoalsExactAchieve: [ ]
               GradConstr: [ ]
                  GradObj: [ ]
                  Hessian: [ ]
                 HessMult: [ ]
              HessPattern: [ ]
               HessUpdate: [ ]
           InitialHessType: [ ]
          InitialHessMatrix: [ ]
                 Jacobian: [ ]
                JacobMult: [ ]
              JacobPattern: [ ]
                LargeScale: [ ]
        LevenbergMarquardt: [ ]
            LineSearchType: [ ]
                 MaxNodes: [ ]
                MaxPCGIter: [ ]
                MaxRLPIter: [ ]
                MaxSQPIter: [ ]
                  MaxTime: [ ]
             MeritFunction: [ ]
                MinAbsMax: [ ]
         NodeDisplayInterval: [ ]
          NodeSearchStrategy: [ ]
            NonlEqnAlgorithm: [ ]
         PhaseOneTotalScaling: [ ]
             Preconditioner: [ ]
          PrecondBandWidth: [ ]
             RelLineSrchBnd: [ ]
       RelLineSrchBndDuration: [ ]
           ShowStatusWindow: [ ]
                  Simplex: [ ]
                   TolCon: [ ]
                   TolPCG: [ ]
                 TolRLPFun: [ ]
                TolXInteger: [ ]
                  TypicalX: [ ]
```

例 9-5：optimset 使用举例 3。

解：MATLAB 程序如下：

上面的语句返回 options 优化结构，其中包含所有的参数名和与 fminbnd 函数相关的默认值，结果如下：

```
options =
            Display:'notify'
       MaxFunEvals:500
           MaxIter:500
            TolFun:[ ]
              TolX:1.0000e-004
       FunValCheck:'off'
            ……
```

省略部分同上例。

例 9-6：optimset 使用举例 4。

或

若只希望看到 fminbnd 函数的默认值，只需要简单地输入上面的语句之一就可以了。它们的输出结果同上例。

9.5.3 optimget 函数

optimget 函数的功能是获得 options 优化参数，具体的调用格式为：

1. 调用格式 1

这种格式的功能是：返回优化参数 options 中指定的参数的值。只需要用参数开头的字母来定义参数就行了。

2. 调用格式 2

这种格式的功能是：若 options 结构参数中没有定义指定参数，则返回默认值。注意，这种形式的函数主要用于其他优化函数。

设置了参数 options 后就可以用上述调用形式完成指定任务了。

例 9-7：optimget 函数使用 1。

解：MATLAB 程序如下：

```
>> val = optimget(options,'Display')
```

上面的命令行将显示优化参数 options 返回到 options 结构中，得到结果如下：

```
val =
     notify
```

例 9-8：optimget 函数使用 2。

解：MATLAB 程序如下：

```
>> optnew = optimget(options,'Display','final')
```

上面的命令行返回显示优化参数 options 到 my_options 结构中（就像前面的例子一样），但如果显示参数没有定义，则返回值 'final'。结果如下：

```
optnew =
        notify
```

9.6 模型输入时需要注意的问题

使用优化工具箱时，由于优化函数要求目标函数和约束条件满足一定的格式，所以需要用户在进行模型输入时注意以下几个问题。

1. 目标函数最小化

优化函数 fminbnd、fminsearch、fminunc、fmincon、fgoalattain、fminmax 和 lsqnonlin 都要求目标函数最小化，如果优化问题要求目标函数最大化，可以通过使该目标函数的负值最小化即 $-f(x)$ 最小化来实现。近似地，对于 quadprog 函数提供 $-H$ 和 $-f$，对于 linprog 函数提供 $-f$。

2. 约束非正

优化工具箱要求非线性不等式约束的形式为 $C_i(x) \leq 0$，通过对不等式取负可以达到使大于零的约束形式变为小于零的不等式约束形式的目的，如 $C_i(x) \geq 0$ 形式的约束等价于 $-C_i(x) \leq 0$；$C_i(x) \geq b$ 形式的约束等价于 $-C_i(x) + b \leq 0$。

3. 避免使用全局变量

在 MATLAB 语言中，函数内部定义的变量除特殊声明外均为局部变量，即不加载到工作空间中。如果需要使用全局变量，则应当使用命令 global 定义，而且在任何时候使用该全局变量的函数中都应该加以定义。在命令窗口中也不例外。当程序比较大时，难免会在无意中修改全局变量的值，因而导致错误。更糟糕的是，这样的错误很难发现。因此，在编程时应该尽量避免使用全局变量。

9.7 @ 函数

MATLAB 6.0 以后的版本中可以用 @ 函数进行函数调用。@ 函数返回指定 MATLAB 函数的句柄，其调用格式为：

```
handle = @ function
```

这类似于 C++ 语言中的引用。

利用 @ 函数进行函数调用有下面几点好处：
- 用句柄将一个函数传递给另一个函数；
- 减少定义函数的文件个数；

- 改进重复操作；
- 保证函数计算的可靠性。

例 9-9：利用句柄传递数据。

为 humps 函数创建一个函数句柄，并将它指定为 fhandle 变量。

```
>> fhandle = @ humps;
```

同样传递句柄给另一个函数，也将传递所有变量。本例将刚刚创建的函数句柄传递给 fminbnd 函数，然后在区间 [0，1] 上进行最小化。

解：MATLAB 程序如下：

```
>> x = fminbnd (@ humps,0,1)
x =
    0.6370
```

9.8 优化算法介绍

利用 MATLAB 的优化工具箱，可以求解线性规划、非线性规划和多目标规划问题。具体而言，包括线性非线性最小化、最大最小化、二次规划、半无限问题、线性非线性方程（组）的求解、线性非线性的最小二乘问题。另外，该工具箱还提供了线性非线性最小化、方程求解、曲线拟合、二次规划等中大型课题的求解方法，为优化方法在工程中的实际应用提供了更方便快捷的途径。

9.8.1 参数优化问题

参数优化就是求一组设计参数 $x = (x_1, x_2, \cdots, x_n)$，以满足在某种意义下最优。一个简单的情况就是对某依赖于 x 的问题求极大值或极小值。复杂一点的情况是欲进行优化的目标函数 $f(x)$ 受到以下限定条件。

1. 等式约束条件

$$c_i(x) = 0, i = 1, 2, \cdots, m_e$$

2. 不等式约束条件

$$c_i(x) \leq 0, i = m_e + 1, \cdots, m$$

3. 参数有界约束

这类问题的一般数学模型为：

$$\min_{x \in R^n} f(x)$$

约束条件：

$$c_i(x) = 0, \quad i = 1, 2, \cdots, m_e$$
$$c_i(x) \leq 0, \quad i = m_e + 1, \cdots, m$$
$$lb \leq x \leq ub$$

其中，x 是变量，$f(x)$ 是目标函数，$c(x)$ 是约束条件向量，lb、ub 分别是变量 x 的上界和下界。

要有效而且精确地解决这类问题，不仅依赖于问题的大小即约束条件和设计变量的数目，而且依赖目标函数和约束条件的性质。当目标函数和约束条件都是变量 x 的线性函数时，这类问题被称为线性规划问题；在线性约束条件下，最大化或最小化二次目标函数被称为二次规划问题。对于线性规划问题和二次规划问题都能得到可靠的解，而解决非线性规划问题要困难得多，此时的目标函数和限定条件可能是设计变量的非线性函数，非线性规划问题的求解一般是通过求解线性规划、二次规划或者没有约束条件的子问题来解决的。

9.8.2 无约束优化问题

无约束优化问题是在上述数学模型中没有约束条件的情况。无约束最优化是一个十分古老的课题，至少可以追溯到牛顿发明微积分的时代。无约束优化问题在实际应用中也非常常见。

搜索法是对非线性或不连续问题求解的合适方法，当欲优化的函数具有连续一阶导数时，梯度法一般说来更为有效，高阶法（例如牛顿法）仅适用于目标函数的二阶信息能计算出来的情况。

梯度法使用函数的斜率信息来给出搜索的方向。一个简单的方法是沿负梯度方向 $-\nabla f(x)$ 搜索，其中，$\nabla f(x)$ 是目标函数的梯度。当欲最小化的函数具有窄长形的谷值时，这一方法的收敛速度极慢。

1. 拟牛顿法（Quasi - Newton Method）

在使用梯度信息的方法中，最为有效的方法是拟牛顿方法。此方法的实质是建立每次迭代的曲率信息，以此来解决如下形式的二次模型问题：

$$\min_{x \in R^n} f(x) = \frac{1}{2} x^T H_x + b^T x + c$$

其中，H 为目标函数的海色矩阵（Hessian），H 对称正定，b 为常数向量，c 为常数。这个问题的最优解在 x 的梯度为零的点处，

$$\nabla f(x^*) = Hx^* + b = 0$$

从而最优解为：

$$x^* = -H^{-1}b$$

对应于拟牛顿法，牛顿法直接计算 H，并使用线搜索策略沿下降方向经过一定次数的迭代后确定最小值，为了得到矩阵 H 需要经过大量的计算，拟牛顿法则不同，它通过使用 $f(x)$ 和它的梯度来修正 H 的近似值。

拟牛顿法发展到现在已经出现了很多经典实用的海色矩阵修正方法。当前来说，Broyden、Fletcher、Goldfarb 和 Shanno 等人提出的 BFGS 方法被认为是解决一般问题最为有效的方法，修正公式如下：

$$H_{k+1} = H_k + \frac{q_k q_k^T}{q_k^T s_K} - \frac{H_k^T s_k^T s_k H_k}{s_k^T H_k s_k}$$

其中，

$$s_k = x_{k+1} - x_k$$
$$q_k = \nabla f(x_{k+1}) - \nabla f(x_k)$$

另外一个比较著名的构造海色矩阵的方法是由 Davidon、Fletcher、Powell 提出来的 DFP 方法，这种方法的计算公式如下：

$$H_{k+1} = H_k + \frac{s_k s_k^T}{s_k^T q k} - \frac{H_k^T q_k^T q_k H_k}{s_k^T H_k S_k}$$

2. 多项式近似

该法用于目标函数比较复杂的情况。在这种情况下寻找一个与它近似的函数来代替目标函数，并用近似函数的极小点作为原函数极小点的近似。常用的近似函数为二次多项式和三次多项式。

（1）二次内插

二次内插涉及用数据来满足如下形式的单变量函数问题：

$$f(x) = ax^2 + bx + c$$

其中，步长极值为：

$$x^* = \frac{b}{2a}$$

此点可能是最小值或者最大值。当执行内插或 a 为正时是最小值。只要利用三个梯度或者函数方程组既可以确定系数 a 和 b，从而可以确定 x^*。得到该值以后，进行搜索区间的收缩。

二次内插的一般问题是，在定义域空间给定三个点 x_1、x_2、x_3 和它们所对应的函数值 $f(x_1)$、$f(x_2)$、$f(x_3)$，由二阶匹配得出最小值如下：

$$x^k + 1 = \frac{1}{2} \frac{\beta_{23} f(x_1) + \beta_{13} f(x_2) + \beta_{12} f(x_3)}{\gamma_{23} f(x_1) + \gamma_{31} f(x_2) + \gamma_{12} f(x_3)}$$

其中，

$$\beta_{ij} = x_i^2 - x_j^2$$

$$\gamma_{ij} = x_i - x_j$$

二次插值法的计算速度比黄金分割搜索法快，但是对于一些强烈扭曲或者可能多峰的函数，这种方法的收敛速度变得很慢，甚至失败。

（2）三次插值

三次插值法需要计算目标函数的导数，优点是计算速度快。同类的方法还有牛顿切线法、对分法、割线法等。优化工具箱中使用比较多的是三次插值法。

三次插值的基本思想和二次插值一致，它是用四个已知点构造一个三次多项式来逼近目标函数，同时以三次多项式的极小点作为目标函数极小点的近似。一般来讲，三次插值法比二次插值法的收敛速度快，但是每次迭代需要计算两个导数值。

三次插值法的迭代公式为：

$$x_{k+1} = x_2 - (x_2 - x_1) \frac{\nabla f(x_2) + \beta_1 - \beta_2}{\nabla f(x_2) - \nabla f(x_1) + 2\beta_2}$$

其中，

$$\beta_1 = \nabla f(x_1) + \nabla f(x_2) - 3 \frac{f(x_1) - f(x_2)}{x_1 - x_2}$$

$$\beta_2 = (\beta_1^2 - \nabla f(x_1) \nabla f(x_2))^{\frac{1}{2}}$$

如果导数容易求得，一般来说首先考虑使用三次插值法，因为它具有较高的效率，对于只需要计算函数值的方法中，二次插值是一个很好的方法，它的收敛速度较快，在极小点所在的区间较小时尤其如此。黄金分割法是一种十分稳定的方法，并且计算简单。由于上述原因，MATLAB 优化工具箱中较多地使用二次插值法、三次插值法以及二次三次混合插值法和黄金分割法。

9.8.3 拟牛顿法实现

在函数 fminunc 中使用拟牛顿法，算法的实现过程包括两个阶段：
◆ 确定搜索方向；
◆ 进行一维搜索过程。
下面具体讨论这两个阶段。

1. 确定搜索方向

要确定搜索方向首先必须完成对海色矩阵的修正。牛顿法由于需要多次计算海色矩阵，所以计算量很大。拟牛顿法通过构建一个海色矩阵的近似矩阵来避开这个问题。

搜索方向的选择由选择 BFGS 方法还是选择 DFP 方法来决定，在优化工具箱中，通过将 options 参数 HessUpdate 设置为 BFGS 或 DFP 来确定搜索方向。海色矩阵 H 总是保持正定的，使得搜索方向总是保持为下降方向。这意味着，对于任意小的步长，在上述搜索方向上目标函数值总是减小的。只要 H 的初始值为正定并且计算出的 $q_k^T s_k$ 总是正的，则 H 的正定性得到保证。并且只要执行足够精度的线性搜索，$q_k^T s_k$ 为正的条件总能得到满足。

2. 一维搜索过程

在优化工具箱中有两种线性搜索方法可以使用，这取决于梯度信息是否可以得到。当梯度值可以直接得到时，默认情况下使用三次多项式方法；当梯度值不能直接得到时，默认情况下，采用混合二次和三次插值法。

另外，在三次插值法中，每一个迭代周期都要进行梯度和函数的计算。

9.8.4 最小二乘优化

前面介绍了函数 fminunc 中使用的是在拟牛顿法中介绍的线搜索法，在最小二乘优化程序 lsqnonlin 中也部分使用这一方法。最小二乘问题的优化描述如下：

$$\min_{x \in R^n} f(x) = \frac{1}{2} \gamma(x)^T \gamma(x)$$

在实际应用中，特别是数据拟合时存在大量这种类型的问题，如非线性参数估计等。控制系统中也经常会遇见这类问题，如希望系统输出的 $y(x,t)$ 跟踪某一个连学的期望轨迹，这个问题可以表示为：

$$\min \int_{t_1}^{t_2} (y(x,t) - \varphi(t))^2 dt$$

将问题离散化得到：

$$\min F(x) = \sum_{i=1}^{m} \bar{y}(x,t_i) - \bar{\phi}(t_i)$$

最小二乘问题的梯度和海色矩阵具有特殊的结构，定义 $f(x)$ 的雅克比矩阵，则 $f(x)$ 的

梯度和 $f(x)$ 的海色矩阵定义为：
$$\nabla f(x) = 2J(x)^T f(x)$$
$$H(x) = 4J(x)^T J(x) + Q(x)$$

其中，
$$Q(x) = \sum_{i=1}^{m} \sqrt{2f_i(x)H_i(x)}$$

1. Gauss – Newton 法

在 Gauss – Newton 法中，每个迭代周期均会得到搜索方向 d。它是最小二乘问题的一个解。

Gauss – Newton 法用来求解如下问题：
$$\min \| J(x_k)d_k - f(x_k) \|$$

当 $Q(x)$ 有意义时，Gauss – Newton 法经常会碰到一些问题，而这些问题可以用下面的 Levenberg – Marquadt 方法来克服。

2. Levenberg – Marquadt 法

Levenberg – Marquadt 法使用的搜索方向是一组线性等式的解：
$$J(x_k)^T J(x_k) + \lambda_k I) d_k = -J(x_k)f(x_k)$$

9.8.5 非线性最小二乘实现

1. Guass – Newton 实现

Gauss – Newton 法是用前面求无约束问题中讨论过的多项式线搜索策略来实现的。使用雅克比矩阵的 QR 分解，可以避免在求解现行最小二乘问题中等式条件恶化的问题。

这种方法中包含一项鲁棒性检测技术，这种技术步长低于限定值或当雅克比矩阵的条件数很小时，将改为使用 Levenberg – Marquardt 法。

2. Levenberg – Marquardt 实现

实现 Levenberg – Marquardt 方法的主要困难是在每一次迭代中如何控制 λ 的大小的策略问题，这种控制可以使它对于宽谱问题有效。这种实现的方法是使用线性预测平方总和和最小函数值的三次插值估计，来估计目标函数的相对非线性，用这种方法 λ 的大小在每一次迭代中都能确定。

这种实现方法在大量的非线性问题中得到了成功的应用，并被证明比 Gauss – Newton 法具有更好的鲁棒性，无约束条件方法具有更好的迭代效率。在使用 lsqnonlin 函数时，函数所使用的默认算法是 Levenberg – Marquardt 法。当 options（5）= 1 时，使用 Gauss – Newton 法。

9.8.6 约束优化

在约束最优化问题中，一般方法是先将问题变换为较容易的子问题，然后再求解。前面所述方法的一个特点是可以用约束条件的罚函数将约束优化问题转化为基本的无约束优化问题，按照这种方法，条件极值问题可以通过参数化无约束优化序列来求解。但这些方法效率不高，目前已经被通过求解 Kuhn – Tucker 方程的方法所取代。Kuhn – Tucker 方程是条件极值问题的必要条件。如果欲解决的问题是所谓的凸规划问题，那么 Kuhn – Tucker 方程有解是极值问题有全局解的充分必要条件。

求解 Kuhn-Tucker 方程是很多非线性规划算法的基础，这些方法试图直接计算拉格朗日乘子。因为在每一次迭代中都要求解一次 QP 子问题，这些方法一般又被称为逐次二次规划方法。

给定一个约束最优化问题，求解的基本思想是基于拉格朗日函数的二次近似求解二次规划子问题：

$$L(x,\lambda) = f(x) + \sum_{i=1}^{m} \lambda_i c_i(x)$$

从而得到二次规划子问题：

$$\min \frac{1}{2} d^T H_k d + \nabla f(x_k)^T d$$

这个问题可以通过任何求解二次规划问题的算法来解。

使用序列二次规划方法，非线性约束条件的极值问题经常可以比无约束优化问题用更少的迭代得到解。造成这种现象的一个原因是：对于在可变域的限制，考虑搜索方向和步长后，优化算法可以有更好的决策。

9.8.7 SQP 实现

MATLAB 工具箱的 SQP 实现由三个部分组成：
◆ 修正拉格朗日函数的海色矩阵；
◆ 二次规划问题求解；
◆ 线搜索。

1. 修正海色矩阵

在每一次迭代中，均做拉格朗日函数的海色矩阵的正定拟牛顿近似，通过 BFGS 方法进行计算，其中 λ 是拉格朗日乘子的估计。

用 BFGS 公式修正海色矩阵：

$$H_{k+1} = H_k + \frac{q_k q_k^T}{q_k^t s_k} - \frac{H_k^T s_k^T s_k H_k}{s_k^T H_k s_k}$$

其中，

$$s_k = x_{k+1} - x_k$$

$$q_k = \nabla f(x_{k+1}) - \sum_{i=1}^{m} \lambda_i \nabla g_i(x_k+1) - \left(\nabla f(x_k) + \sum_{i=1}^{m} \lambda_i \nabla g_i(x_k)\right)$$

2. 求解二次规划问题

在逐次二次规划方法中，每一次迭代都要解一个二次规划问题：

$$\min_x \frac{1}{2} x^T H x + f^T x$$

约束条件：

$$A_x \leq b$$
$$Aeqx = beq$$

3. 初始化

此算法要求有一个合适的初始值，如果由逐次二次规划方法得到的当前计算点是不合适的，则通过求解线性规划问题可以得到合适的计算点：

$$\min_{\gamma \in R, x \in R^n} \gamma$$

约束条件：

$$Ax = b$$

$$Aeqx - \gamma \leqslant beq$$

如果上述问题存在要求的点，就可以通过将 X 赋值为满足等式条件的值来得到。

9.9 线性规划

线性规划（Linear Programming）是优化的一个重要分支，它在理论和算法上都比较成熟，在实际中有着广泛的应用（例如9.1.1节的运输问题）。另外，运筹学其他分支中的一些问题也可以转化为线性规划来计算。本节主要讲述如何利用 MATLAB 来求解线性规划问题。

9.9.1 表述形式

线性规划问题操作其数学表述形式，其标准形式表述为：

$$\min \quad c_1 x_1 + c_2 x_2 + \cdots + c_n x_n$$

$$\text{s. t.} \begin{cases} a_{11} x_1 + a_{12} x_2 + \cdots + a_{1n} x_n = b_1 \\ a_{21} x_1 + a_{22} x_2 + \cdots + a_{2n} x_n = b_2 \\ \quad \vdots \\ a_{m1} x_1 + a_{m2} x_2 + \cdots + a_{mn} x_n = b_m \\ x_i \geqslant 0, \quad i = 1, 2, \cdots, n \end{cases} \quad (9-3)$$

线性规划问题的标准型要求如下：
- 所有的约束必须是等式约束；
- 所有的变量为非负变量；
- 目标函数的类型为极小化。

式（9-3）用矩阵形式简写为：

$$\begin{aligned} \min \quad & c^T x \\ \text{s. t.} \quad & Ax = b, \\ & x \geqslant 0. \end{aligned} \quad (9-4)$$

其中，$A = (a_{ij})_{m \times n} \in R^{m \times n}$ 为约束矩阵；$c = (c_1 \ c_2 \ \cdots \ c_n)^T \in R^n$，为目标函数系数矩阵；$b = (b_1 \ b_2 \ \cdots \ b_m)^T \in R^m$；$x = (x_1 \ x_2 \ \cdots \ x_n)^T \in R^n$。为了使约束集不为空集以及避免冗余约束，我们通常假设 A 行满秩且 $m \leqslant n$。

但在实际问题中，建立的线性规划数学模型并不一定都有式（9-4）的形式，例如有的模型还有不等式约束、对自变量 x 的上下界约束等，这时，可以通过简单的变换将它们转化成标准形式（9-4）。

非标准型线性规划问题过渡到标准型线性规划问题的处理方法有如下几种。

1）将极大化目标函数转化为极小化负的目标函数值；

2) 把不等式约束转化为等式约束,可在约束条件中添加松弛变量;

3) 若决策变量无非负要求,可用两个非负的新变量之差代替。

关于具体的变换方法,我们在这里就不再详述了,感兴趣的读者可以查阅一般的优化参考书。

在线性规划中,普遍存在配对现象,即对一个线性规划问题,都存在一个与之有密切关系的线性规划问题,其中之一为原问题,而另一个称为它的对偶问题。例如对于线性规划标准形式 (9-4),其对偶问题为下面的极大化问题:

$$\max \quad \lambda^T b$$
$$\text{s.t.} \quad A^T \lambda \leq c$$

其中,λ 称为对偶变量。

对于线性规划,如果原问题有最优解,那么其对偶问题也一定存在最优解,且它们的最优值是相等的。解线性规划的许多算法都可以同时求出原问题和对偶问题的最优解,例如解大规模线性规划的原-对偶内点法,事实上,MATLAB 中的内点法也是根据这篇文献所编的。关于对偶的详细讨论,读者可以参阅一般的优化教材,这里不再详述。

9.9.2 MATLAB 求解

在优化理论中,将线性规划化为标准形是为了理论分析的方便,但在实际中,这将会带来一点麻烦。幸运的是,MATLAB 提供的优化工具箱可以解决各种形式的线性规划问题,而不用转化为标准形式。

在 MATLAB 提供的优化工具箱中,解线性规划的命令是 linprog,它的调用格式如下。

1) x = linprog (c, A, b) 求解下面形式的线性规划:

$$\min \quad c^T x$$
$$\text{s.t.} \quad Ax \leq b \tag{9-5}$$

2) x = linprog (c, A, b, Aeq, beq) 求解下面形式的线性规划:

$$\min \quad c^T x$$
$$\text{s.t.} \quad \begin{aligned} Ax &\leq b \\ Aeqx &= beq \end{aligned} \tag{9-6}$$

若没有不等式约束 $Ax \leq b$,则只需令 $A = [\ ]$,$b = [\ ]$。

3) x = linprog (c, A, b, Aeq, beq, lb, ub) 求解下面形式的线性规划:

$$\min \quad c^T x$$
$$\text{s.t.} \quad \begin{aligned} Ax &\leq b \\ Aeqx &= beq \\ lb &\leq x \leq ub \end{aligned} \tag{9-7}$$

若没有不等式约束 $Ax \leq b$,则只需令 $A = [\ ]$,$b = [\ ]$;若只有下界约束,则可以不用输入 ub。

4) x = linprog (c, A, b, Aeq, beq, lb, ub, x0) 解式 (9-7) 的线性规划,将初值设置为 x0。

5) x = linprog (c, A, b, Aeq, beq, lb, ub, x0, options) 解式 (9-7) 的线性规划,将初值设

置为 $x0$，options 为指定的优化参数，见表 9-12，利用 optimset 命令设置这些参数（见本章的第 9.4 节）。

表 9-12　linprog 命令的优化参数及说明

优化参数	说　　明
LargeScale	若设置为'on'，则使用大规模算法；若设置为'off'，则使用中小规模算法
Diagnostics	打印要极小化的函数的诊断信息
Display	设置为：'off'不显示输出；'iter'显示每一次的迭代输出；'final'只显示最终结果
MaxIter	函数所允许的最大迭代次数
Simplex	如果设置为'on'，则使用单纯形算法求解（仅适用于中小规模算法）
TolFun	函数值的容忍度

6) [x, fval] = linprog (…) 除了返回线性规划的最优解 x 外，还返回目标函数最优值 $fval$，即 $fval = c^T x$。

7) [x, fval, exitflag] = linprog (…) 除了返回线性规划的最优解 x 及最优值 $fval$ 外，还返回终止迭代的条件信息 exitflag，exitflag 的值及相应的说明见表 9-13。

表 9-13　exitflag 的值及说明

exitflag 的值	说　　明
1	表示函数收敛到解 x
0	表示达到了函数最大评价次数或迭代的最大次数
-2	表示没有找到可行解
-3	表示所求解的线性规划问题是无界的
-4	表示在执行算法的时候遇到了 NaN
-5	表示原问题和对偶问题都是不可行的
-7	表示搜索方向使得目标函数值下降得很少

8) [x, fval, exitflag, output] = linprog (…) 在上个命令的基础上，输出关于优化算法的信息变量 output，它所包含的内容见表 9-14。

表 9-14　output 的结构及说明

output 结构	说　　明
iterations	表示算法的迭代次数
algorithm	表示求解线性规划问题时所用的算法
cgiterations	表示共轭梯度迭代（如果用的话）的次数
message	表示算法退出的信息

9) [x, fval, exitflag, output, lambda] = linprog (…) 在上个命令的基础上，输出各种约束对应的 Lagrange 乘子（即相应的对偶变量值），它是一个结构体变量，其内容见表 9-15。

表 9-15　lambda 的结构及说明

lambda 结构	说明
ineqlin	表示不等式约束对应的拉格朗日乘子向量
eqlin	表示等式约束对应的拉格朗日乘子向量
upper	表示上界约束 $x \leq ub$ 对应的拉格朗日乘子向量
lower	表示下界约束 $x \geq lb$ 对应的拉格朗日乘子向量

例 9-10：对于下面的线性规划问题：

$$\min \quad -x_1 - 3x_2$$

$$\text{s. t.} \quad \begin{cases} x_1 + x_2 \leq 6 \\ -x_1 + 2x_2 \leq 8 \\ x_1, x_2 \geq 0 \end{cases}$$

先利用图解法来求其最优解，然后利用优化工具箱中的 linprog 命令求解。

解：<图解法>

先利用 MATLAB 画出该线性规划的可行集及目标函数等值线。在 MATLAB 命令窗口输入以下命令：

```
>> clear
>> syms x1 x2
>> f = -x1 - 3*x2;
>> c1 = x1 + x2 - 6;
>> c2 = -x1 + 2*x2 - 8;
>> ezcontourf(f)
>> axis([0 6 0 6])
>> hold on
>> ezplot(c1)
>> ezplot(c2)
>> legend('f 等值线','x1 + x2 - 6 = 0',' - x1 + 2*x2 - 8 = 0')
>> title('利用图解法求线性规划问题')
>> gtext('x')
```

运行结果如图 9-1 所示。

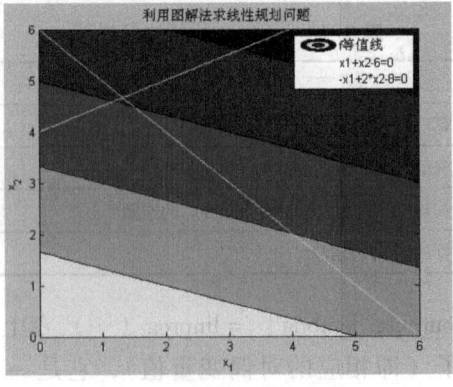

图 9-1　图解法解线性规划

从图 9-1 中可以看出可行集的顶点 x（4/3，14/3）即线性规划的最优解，它也是两个线性约束的交点。

<利用 linprog 命令求解>

```
>> c = [ -1  -3 ]';                                    % 输入目标函数系数矩阵
>> A = [ 1 1; -1 2 ];                                  % 输入不等式约束系数矩阵
>> b = [ 6 8 ]';                                       % 输入右端项
>> lb = zeros(2,1);
>> [x,fval,exitflag,output,lambda] = linprog(c,A,b,[ ],[ ],lb)  % 求解
Optimization terminated.
x =
    1.3333
    4.6667
fval =                                                 % 最优解
   -15.3333                                            % 最优值
exitflag =
    1                                                  % 说明该算法对于该问题是收敛的
output =
    iterations: 7                                      % 迭代次数
    algorithm: 'large - scale: interior point'         % 应用的是内点算法
    cgiterations: 0                                    % 没有共轭梯度迭代
    message: 'Optimization terminated.'                % 达到了最优解,终止迭代
lambda =                                               % 拉格朗日乘子向量
    ineqlin: [2x1 double]
    eqlin: [0x1 double]
    upper: [2x1 double]
    lower: [2x1 double]
>> lambda.ineqlin                                      % 不等式约束对应的拉格朗日乘子
ans =
    1.6667
    0.6667
>> lambda.eqlin          % 等式约束对应的拉格朗日乘子,因为没有等式约束,所以为空矩阵
ans =
    Empty matrix: 0 - by - 1
>> lambda.upper                                        % 上界约束对应的拉格朗日乘子
ans =
    0
    0
>> lambda.lower                                        % 下界约束对应的拉格朗日乘子
ans =
    1.0e - 014 *

    0.0141
    0.4327
```

例 9-11：利用 MATLAB 的优化工具箱求解 9.1.1 节的运输问题。

解：MATLAB 程序如下：

```
>>c = [80 90 75 60 85 95 90 80 110]';
>>A = [1 1 1 0 0 0 0 0 0;0 0 0 1 1 1 0 0 0;0 0 0 0 0 0 1 1 1;
       1 0 0 1 0 0 1 0 0;0 1 0 0 1 0 0 1 0;0 0 1 0 0 1 0 0 1];
>>b = [100 170 200 120 170 180]';
>>lb = zeros(9,1);
>>[x,fval] = linprog(c,[ ],[ ],A,b,lb)
Optimization terminated.
x =
    0.0000
    0.0000
  100.0000
  120.0000
    0.0000
   50.0000
    0.0000
  170.0000
   30.0000
fval =

  3.6350e+004
```

因此，使运费最少的方案是：将产地 A_1 处的产品全部运往 B_3，并在那里销售；将产地 A_2 处的产品运往 B_1 处 120 t 销售，运往 B_3 处 50 t 销售；将产地 A_3 处的产品运往 B_2 处 170 t 销售，运往 B_3 处 30 t 销售。这种方案的运费为 36350 元。

例 9-12（灵敏度分析）：在许多实际问题中，数学模型中的数据未知，需要根据实际情况进行估计和预测，这一点很难做到十分准确，因此需要研究数据的变化对最优解产生的影响，即所谓的灵敏度分析。利用 MATLAB 可以很轻松地对线性规划进行灵敏度分析。考虑下面的线性规划问题：

$$\max \quad -5x_1 + 5x_2 + 13x_3$$

$$\text{s. t.} \begin{cases} -x_1 + x_2 + 3x_3 \leq 20 \\ 12x_1 + 4x_2 + 10x_3 \leq 90 \\ x_1, x_2, x_3 \geq 0 \end{cases}$$

先求出其最优解，然后对原问题进行下列变化，观察新问题最优解的变化情况。

1) 目标函数中 x_3 的系数 c_3 由 13 变为 13.12；
2) b_1 由 20 变为 21；
3) A 的列 $\begin{bmatrix} -1 \\ 12 \end{bmatrix}$ 变为 $\begin{bmatrix} -1.1 \\ 12.5 \end{bmatrix}$；
4) 增加约束条件 $2x_1 + 3x_2 + 5x_3 \leq 50$。

解：该问题是极大化问题，我们首先将其转化为下面的极小化问题：

$$\min \quad 5x_1 - 5x_2 - 13x_3$$

$$\text{s. t.} \quad \begin{cases} -x_1 + x_2 + 3x_3 \leq 20 \\ 12x_1 + 4x_2 + 10x_3 \leq 90 \\ x_1, x_2, x_3 \geq 0 \end{cases}$$

下面我们编写名为 example8_4 的 M 文件来对该线性规划作灵敏度分析，M 源文件如下：

```
% 该 M 文件用来对例 9-12 进行灵敏度分析

c = [5 -5 -13]';
A = [-1 1 3;12 4 10];
b = [20 90]';
lb = zeros(3,1);
disp('原问题的最优解为:');
x = linprog(c,A,b,[],[],lb)

% 第一小题
c1 = c;
c1(3) = 13.12;
disp('当目标函数中 x3 的系数由 13 变为 13.12 时,相应的最优解为:');
x1 = linprog(c1,A,b,[],[],lb)
disp('最优解的变化情况为');    % 新解与原解的各个分量差
e1 = x1 - x

% 第二小题
b1 = b;
b1(1) = 21;
disp('当 b1 由 20 变为 21 时,相应的最优解为:');
x2 = linprog(c,A,b1,[],[],lb)
disp('最优解的变化情况为');
e2 = x2 - x

% 第三小题
A1 = A;
A1(:,1) = [-1.1 12.5]';
disp('当 A 的列变化时相应的最优解为:');
x3 = linprog(c,A1,b,[],[],lb)
disp('最优解的变化情况为');
e3 = x3 - x

% 第四小题
A = [A;2 3 5];
b = [b;50];
disp('当增加一个约束时相应的最优解为:');
x4 = linprog(c,A,b,[],[],lb)
```

```
    disp('最优解的变化情况为');
    e4 = x4 - x
```

该 M 文件的运行结果为：

```
>> clear
>> example8_4
% 原问题的最优解为：
Optimization terminated.
x =
    0.0419
   20.0419
    0.0000


% 当目标函数中 x3 的系数由 13 变为 13.12 时，相应的最优解为：
Optimization terminated.
x1 =
    0.3259
   20.3259
    0.0000


% 最优解的变化情况为：
e1 =
    0.2840
    0.2840
    0.0000


% 当 b1 由 20 变为 21 时，相应的最优解为：
Optimization terminated.
x2 =
    0.0262
   21.0262
    0.0000


% 最优解的变化情况为：
e2 =
   -0.0157
    0.9843
    0.0000


% 当 A 的列变化时相应的最优解为：
Optimization terminated.
x3 =
    0.5917
   20.6509
    0.0000


% 最优解的变化情况为：
```

```
e3 =
    0.5498
    0.6089
   -0.0000
```

% 当增加一个约束时相应的最优解为：
```
Optimization terminated.
x4 =
    0.0000
   12.5000
    2.5000
```

% 最优解的变化情况为：
```
e4 =
   -0.0419
   -7.5419
```

9.10 操作实例——最小化问题

在科学实验的统计方法研究中，往往要从一组实验数据中寻找自变量和因变量之间的函数关系，由于观测数据往往不准确，因此不要求函数经过所有的观测点，而只要求在给定点上的误差按某种标准最小。

求 x，使下式最小化：

$$\sum_{i=1}^{10} 1 + k - 2e^{kx_1} - 2e^{kx_2}$$

由于 MATLAB 优化工具箱中的函数 lsqnonlin 提供的平方和不是显式表达的，所以传递给函数 lsqnonlin 的函数应该是向量值函数，也就是说，函数 FUN 的返回值是一个向量。故上面问题应该使用如下形式：

$$F_k(x) = 1 + k - 2e^{kx_1} - 2e^{kx_2}$$

$k = 1, 2, \cdots, 10$。也就是说 F 为向量。

操作步骤如下。

1. 编制函数文件计算向量函数 F

```
function F = funlsq(x)
% This is an objective function file
k = 1:10;
F = 1 + k - 2 * exp(k * x(1)) - 2 * exp(k * x(2));
```

2. 给函数赋初值

```
>> x = [0.5;0.5];
>> x0 = [0.5;0.5];
```

3. 调用优化函数求解

```
>> [X,RESNORM,RESIDUAL,EXITFLAG,OUTPUT,LAMBDA,JACOBIAN] = lsqnonlin(@funlsq,x0)
Optimization terminated:relative function value
changing by less than OPTIONS.TolFun.
X =
    0.0976
    0.0976
RESNORM =
   12.6208
RESIDUAL =
  Columns 1 through 8
   -2.4100   -1.8620   -1.3603   -0.9097   -0.5154   -0.1831    0.0806    0.2690
  Columns 9 through 10
    0.3741    0.3875
EXITFLAG =
     3
OUTPUT =
       firstorderopt:0.0016
          iterations:8
           funcCount:27
        cgiterations:8
           algorithm:'large - scale:trust - region reflectiveNewton'
             message:[1x87 char]
LAMBDA =
      lower:[2x1 double]
      upper:[2x1 double]
JACOBIAN =
    (1,1)     -2.2050
    (2,1)     -4.8620
    (3,1)     -8.0404
    (4,1)    -11.8193
    (5,1)    -16.2884
    (6,1)    -21.5494
    (7,1)    -27.7178
    (8,1)    -34.9242
    (9,1)    -43.3166
   (10,1)    -53.0625
    (1,2)     -2.2050
    (2,2)     -4.8620
    (3,2)     -8.0404
    (4,2)    -11.8193
    (5,2)    -16.2884
    (6,2)    -21.5494
    (7,2)    -27.7178
    (8,2)    -34.9242
    (9,2)    -43.3166
   (10,2)    -53.0625
```

问题的解为：

X =
 0.0976
 0.0976

相应的残差为：

RESNORM =
 12.6208

由 EXITFLAG 的值可知：残差的变化小于规定的容许范围。

第 10 章　图形用户界面设计

内容指南

MATLAB 提供了图形用户界面（Graph User Interface，GUI）的设计功能，用户可以自行设计人机交互界面，以显示各种计算信息、图形、声音等，或提示输入计算所需要的各种参数。

知识重点

📖 用户界面概述
📖 图形用户界面设计
📖 控件编程

10.1　用户界面概述

用户界面是用户与计算机进行信息交流的平台，计算在屏幕显示图形和文本。用户通过输入设备与计算机进行通信，设定如何观看和感知计算机、操作系统或应用程序。

图形用户界面 GUI 是由窗口、菜单、图标、光标、按键、对话框和文本等各种图形对象组成的用户界面。

10.1.1　用户界面对象

1. 控件

控件是显示数据或接受数据输入的相对独立的用户界面元素，常用控件介绍如下。

1）按钮（Push BuRon）。按钮是对话框中最常用的控件对象，其特征是在矩形框上加上文字说明。一个按钮代表一种操作，所以有时也称命令按钮。

2）双位按钮（Toggle Button）。在矩形框上加上文字说明。这种按钮有两个状态，即按下状态和弹起状态。每单击一次其状态将改变一次。

3）单选按钮（Radio Button）。单选按钮是一个圆圈加上文字说明。它是一种选择性按钮。

当被选中时，圆圈的中心有一个实心的黑点，否则圆圈为空白。在一组单选按钮中，通常只能有一个被选中，如果选中了其中一个，则原来被选中的就不再处于被选中状态，这就像收音机一次只能选中一个电台一样，故称作单选按钮。在有些文献中，也称作无线电按钮或收音机按钮。

4）复选框（Check Box）。复选框是一个小方框加上文字说明，它的作用和单选按钮相似。也是一组选择项，被选中的项其小方框中有√。与单选按钮不同的是，复选框一次可以选择多项，这也是"复选框"名字的来由。

5）列表框（List Box）。列表框列出可供选择的一些选项，当选项很多而列表框装不下时，可使用列表框右端的滚动条进行选择。

6）弹出框（Pop—up Menu）。弹出框平时只显示当前选项，单击其右端的向下箭头即弹出一个列表框，列出全部选项。其作用与列表框类似。

7）编辑框（Edit Box）。编辑框可供用户输入数据用。在编辑框内可提供默认的输入值，随后用户可以进行修改。

8）滑动条（Slider）。滑动条可以用图示的方式输入指定范围内的一个数量值。用户可以移动滑动条中间的游标来改变它对应的参数。

9）静态文本（Stmic Text）。静态文本是在对话框中显示的说明性文字，一般用于给用户做必要的提示。因为用户不能在程序执行过程中改变文字说明，所以将其称为静态文本。

2. 菜单（Uimenu）

在 Windows 程序中，菜单是一个必不可少的程序元素。通过使用菜单，可以把对程序的各种操作命令非常规范有效地表示给用户，单击菜单项程序将执行相应的功能。菜单对象是图形窗口的子对象，所以菜单总在某一个图形窗口中进行。MATLAB 的各个图形窗口有自己的菜单栏，包括 File、Edit、View、Insert、Tools、Windows 和 Help 共 7 个菜单项。

3. 快捷菜单（Uicontextmenu）

快捷菜单是用鼠标右键单击某对象时在屏幕上弹出的菜单。这种菜单出现的位置是不固定的，而且总是和某个图形对象相联系。

4. 按钮组（Uibuttongroup）

按钮组是一种容器，用于对图形窗口中的单选钮和双位按钮集合进行逻辑分组。例如，要分出若干组单选铵钮，在一组单选按钮内部选中一个按钮后不影响在其他组内继续选择。按钮中的所有控件，其控制代码必须写在按钮组的 SelectionChangeFcn 响应函数中，而不是控件的回调函数中。按钮组会忽略其中控件的原有属性。

5. 面板（Uipanel）

面板对象用于对图形窗口中的控件和坐标轴进行分组，便于用户对一组相关的控件和坐标轴进行管理。面板可以包含各种控件，如按钮、坐标系及其他面板等。面板中的控件与面板之间的位置为相对位置，当移动面板时，这些控件在面板中的位置不改变。

6. 工具栏（Uitoolbar）

在通常情况下，工具栏包含的按钮和窗体菜单中的菜单项相对应，以便提供对应用程序的常用功能和命令进行快速访问。

7. 表（Uitable）

表即用表格的形式显示数据。

10.1.2 图形用户界面

MATLAB 本身提供了很多的图形用户界面。在 MATLAB 中，图形用户界面提供了新的设计分析工具，体现了新的设计分析理念，并可以进行某种技术、方法的演示。

1. 单输入单输出控制系统设计工具

在命令窗口输入 sisotool，弹出图 10-1 所示的图形用户界面。

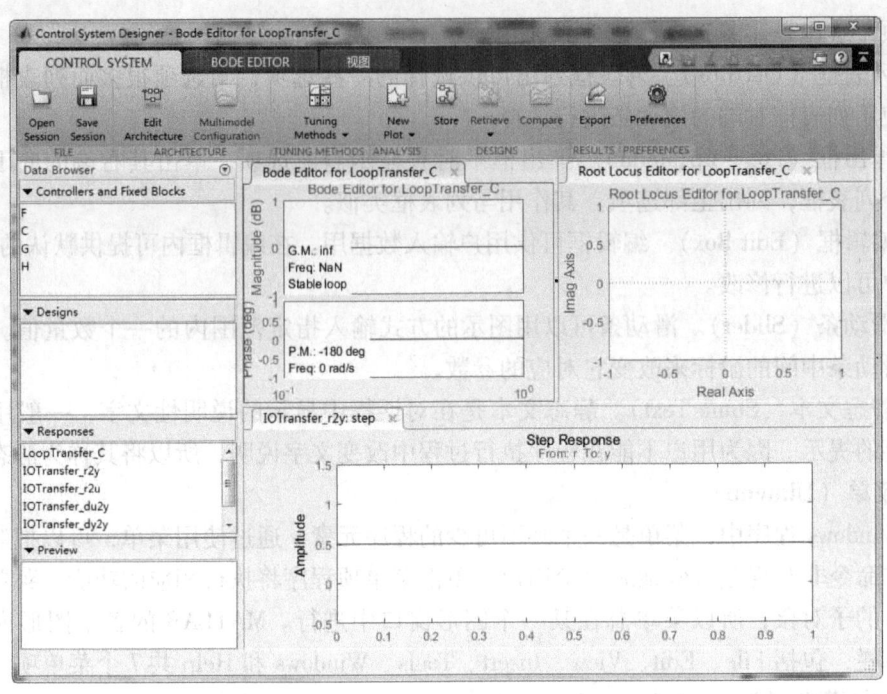

图 10-1 单输入单输出控制系统设计环境

2. 滤波器设计和分析工具

在命令窗口输入 fdatool，弹出图 10-2 所示的图形用户界面。

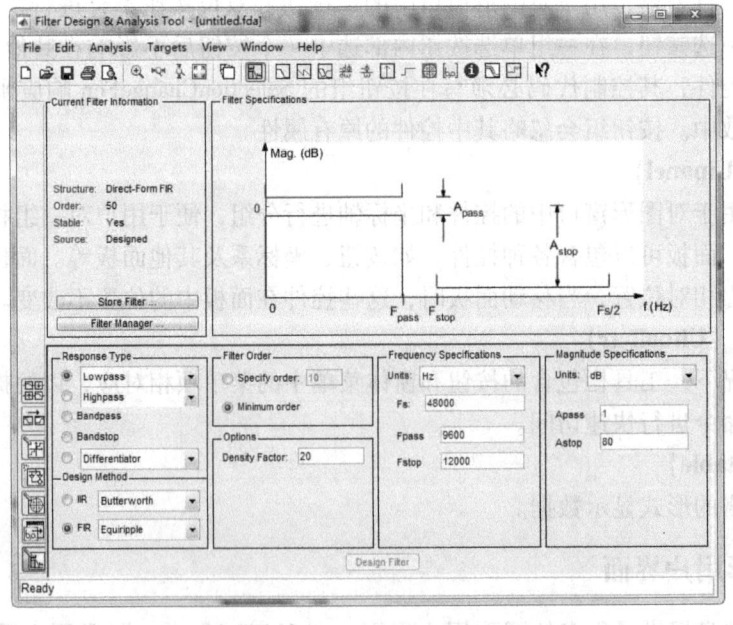

图 10-2 滤波器设计和分析环境

这些工具的出现不仅提高了设计和分析效率，而且改变原先的设计模式，引出了新的设计思想，改变了和正在改变着人们的设计、分析理念。

10.2 图形用户界面设计

本节先简单介绍图形用户界面（GUI）的基本概念，然后说明 GUI 开发环境 GUIDE 及其组成部分的用途和使用方法。

GUI 创建包括界面设计和控件编程两部分，主要步骤如下。

1）通过设置 GUIDE 应用程序的选项来运行 GUIDE。
2）使用界面设计编辑器进行界面设计。
3）编写控件行为相应控制代码（回调函数）。

10.2.1 GUI 概述

对于 GUI 的应用程序，用户只要通过与界面交互就可以正确执行指定的行为，而无须知道程序是如何执行的。

在 MATLAB 中，GUI 是一种包含多种对象的图形窗口，并为 GUI 开发提供一个方便高效的集成开发环境 GUIDE。GUIDE 主要是一个界面设计工具集，MATLAB 将所有 GUI 支持的控件都集成在这个环境中，并提供界面外观、属性和行为响应方式的设置方法。GUIDE 将设计好的 GUI 保存在一个 FIG 文件中，同时还生成 M 文件框架。

FIG 文件：FIG 文件包括 GUI 图形窗口及其所有后裔的完全描述，包括所有对象的属性值。FIG 文件是一个二进制文件，调用命令 hgsave 或选择界面设计编辑器"文件"菜单下的"保存"选项，保存图形窗口时生成该文件。FIG 文件包含序列化的图形窗口对象，在打开 GUI 时，MATLAB 能够通过读取 FIG 文件重新构造图形窗口及其所有后裔。需要说明的是，虽有对象的属性都被设置为图形窗口创建时保存的属性。

M 文件：M 文件包括 GUI 设计、控制函数以及定义为子函数的用户控件回调函数，主要用于控制 GUI 展开时的各种特征。M 文件可分为 GUI 初始化和回调函数两个部分，回调函数根据交互行为进行调用。

GUIDE 可以根据 GUI 设计过程直接自动生成 M 文件框架，这样做具有以下优点。

- M 文件已经包含一些必要的代码。
- 管理图形对象句柄并执行回调函数子程序。
- 提供管理全局数据的途径。
- 支持自动插入回调函数原型。

10.2.2 创建控件

GUI 设计向导（GUIDE）的调用方式有三种。

1）在 MATLAB 主工作窗口中输入 guide 命令。
2）单击 MATLAB 主工作窗口上方工具栏中的 图标。
3）在 MATLAB 主工作窗口"文件"菜单中，选择"New"→"GUI"。

GUIDE 界面如图 10-3 所示。

GUIDE 界面主要有两种功能：一是创建新的 GUI，二是打开已有的 GUI（如图 10-4 所示）。从图 10-3 可以看到，GUIDE 提供了四种图形用户界面，分别是：

- 空白 GUI（Blank GUI）；
- 控制 GUI（GUI with Uicontrols）；
- 图像与菜单 GUI（GUI with Axes and Menu）；
- 对话框 GUI（Modal Question Dialog）。

其中，后三种 GUI 是在空白 GUI 基础上预置了相应的功能供用户直接选用。
GUIDE 界面的下方是"将新图形另存为"工具条，用于选择 GUI 文件的保存路径。

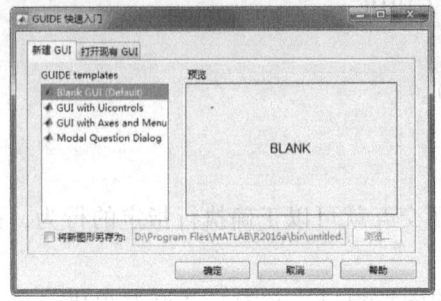 

图 10-3　GUIDE 界面　　　　　　　　图 10-4　打开已有的 GUI

在 GUIDE 界面中选择"Blank GUI"，进入 GUI 的编辑界面，如图 10-5 所示。

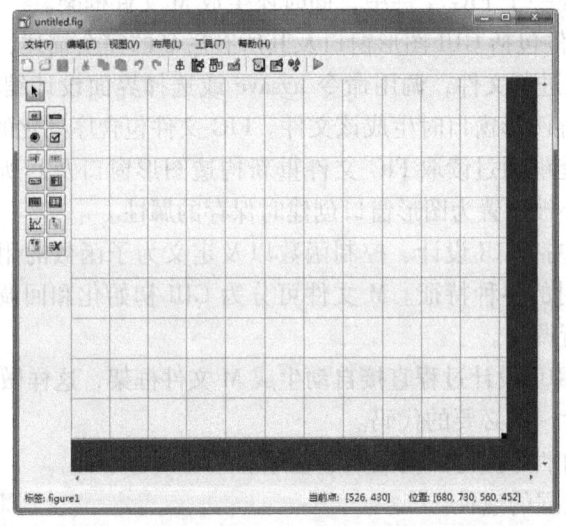

图 10-5　GUI 编辑界面

在用户界面上有各种各样的控件，利用这些控件可以实现有关的控制。MATLAB 提供了用于建立控件对象的函数 uicontrol，其调用格式如下：

- c = uicontrol
- c = uicontrol（Name，Value，…）
- c = uicontrol（parent）
- c = uicontrol（parent，Name，Value，…）
- uicontrol（c）

在命令行输入 uicontrol，弹出图 10-6 所示的图形界面。同样地，在命令行输入 figure，弹出图 10-7 所示的图形编辑窗口。

图 10-6 图形界面

图 10-7 图形编辑窗口

在 GUIDE 中提供了多种控件，用于实现用户界面的创建工作，通过不同组合，形成界面设计，如图 10-8 所示。

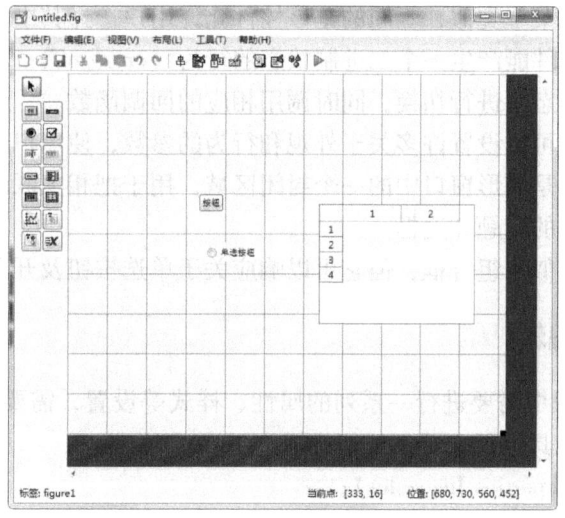

图 10-8 界面设计

用户界面控件分布在 GUI 界面编辑器左侧，其作用见表 10-1。

表 10-1 GUI 控件

图 标	作 用	图 标	作 用
	选择模式控件		按钮控件
	滚动条控件		单选按钮控件
	复选框控件		文本框控件
	文本信息控件		弹出菜单控件
	列表框控件		开关按钮控件
	表格控件		坐标轴控件
	组合框控件		按钮组控件
	ActiveX 控件		

下面简要介绍其中几种控件的功用和特点。
- 按钮：通过鼠标单击可以实现某种行为，并调用相应的回调子函数。
- 滚动条：通过移动滚动条改变指定范围内的数值输入，滚动条的位置代表用户输入的数值。
- 单选按钮：执行方式与按钮相同，通常以组为单位，且组中各按钮是一种互斥关系，即任何时候一组单选按钮中只能有一个有效。
- 复选框：与单选按钮类似，不同的是同一时刻可以有多个复选框有效。
- 文本框：该控件是用于控制用户编辑或修改字符串的文本域。
- 文本信息：通常用于其他控件的标签，且用户不能采用交互方式修改其属性值或调用其响应的回调函数。
- 弹出菜单：用于打开并显示一个由 String 属性定义的选项列表，通常用于提供一些相互排斥的选项，与单选按钮组类似。
- 列表框：与弹出菜单类似，不同的是该控件允许用户选择其中的一项或多项。
- 开关按钮：该控件能产生一个二进制状态的行为（on 或 off）。单击该按钮可以使按钮在下陷或弹起状态间进行切换，同时调用相应的回调函数。
- 坐标轴：该控件可以设置许多关于外观和行为的参数，使用户的 GUI 可以显示图片。
- 组合框：该控件是图形窗口中的一个封闭区域，用于把相关联的控件组合在一起。该控件可以有自己的标题和边框。
- 按钮组：作用类似于组合框，但它可以响应关于单选按钮及开关。

10.2.3 控件属性编辑

在 GUI 设计的过程中需要进行一系列的属性、样式等设置，需要用到相应的设计工具。下面对如下几种设计工具进行介绍：
- 属性设计器（Properties Inspector）；
- 控件布置编辑器（Alignment Objects）；
- 网格标尺编辑器（Grid and Rulers）；
- 菜单编辑器（Menu Editor）；
- 工具栏编辑器（Toolbar Editor）；
- 对象浏览器（Object Browser）；
- GUI 属性编辑器（GUI Options）。

1. 属性设计器（Properties Inspector）

在 GUIDE 界面中选择"Blank GUI"，进入 GUI 的编辑界面，如图 10-9 所示。

GUI 编辑界面的左侧是控件区，右侧是编辑区。

进入属性编辑器有以下两种途径。

1) 在编辑区单击右键，选择"属性检查器"。

2) 在工具条中单击 按钮。

属性编辑器如图 10-10 所示，在此工具中可以设置所选图形对象或者 GUI 空间各属性的值，比如名称、颜色等。

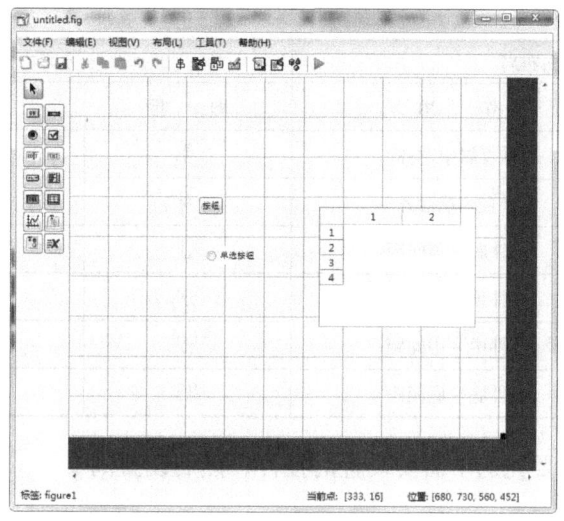

图 10-9　GUI 编辑界面

2. 控件布置编辑器（Alignment Objects）

在工具条中单击 按钮即可调用控件布置编辑器，其功能是设置编辑区中使用的各种控件的布局，包括水平布局、垂直布局、对齐方式、间距等，如图 10-11 所示。

该编辑器中的各个控件作用见表 10-12

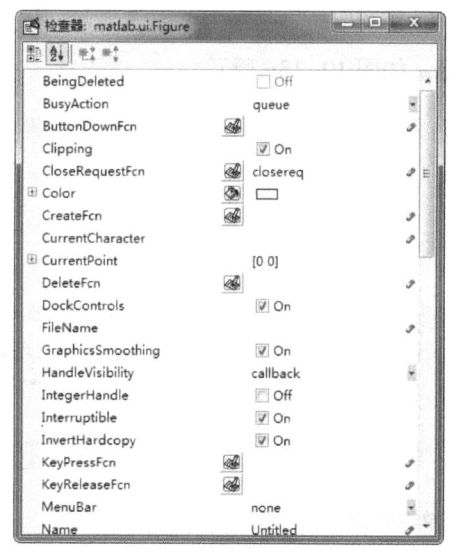

图 10-10　属性编辑器

图 10-11　控件布置编辑器

表 10-2　控件作用

垂直方向布局		水平方向布局	
图标	作用	图标	作用
	关闭垂直对齐设置		关闭水平对齐设置
	垂直顶端对齐		水平左对齐

(续)

垂直方向布局		水平方向布局	
图标	作用	图标	作用
	垂直居中对齐		水平中对齐
	垂直底端对齐		水平右对齐
	控件底-顶间距		控件右-左间距
	控件顶-顶间距		控件左-左间距
	控件中-中间距		控件中-中间距
	控件底-底间距		控件右-右间距

在设置间距时,需要先选中需要设置的控件,然后设置间距值(单位为像素)。

3. 网格标尺编辑器(Grid and Rulers)

在 GUI 编辑界面的菜单栏中,选择"工具"→"网格和标尺(G)"菜单项,即可进入网格标尺编辑器,如图 10-12 所示。

利用该编辑器可以设置是否显示标尺、向导线和网格线等。

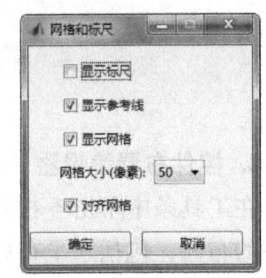

图 10-12 网格标尺编辑器

4. 菜单编辑器(Menu Editor)

在工具条中单击 按钮即可打开菜单编辑器,如图 10-13a 所示。

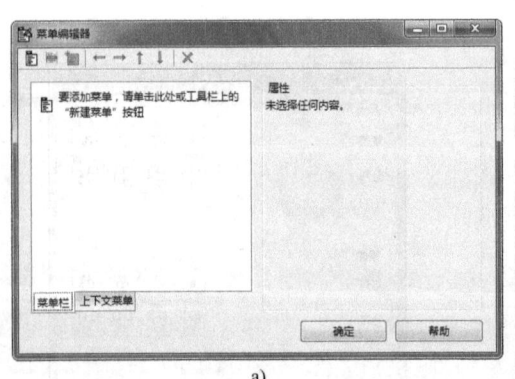
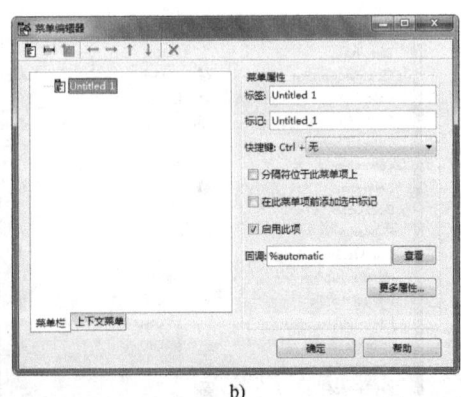

a)　　　　　　　　　　　　　　b)

图 10-13 菜单编辑器

单击该编辑器工具栏上的 按钮,或在左图左侧的空白处单击,即可添加一个菜单项,如图 10-13b 所示。利用该编辑器可以设置所选菜单项的属性,包括菜单属性(Label)、标签(Tag)等。"分隔符位于此菜单项上"是定义是否在该菜单项上显示一条分隔线,以区分不同类型的菜单操作;"在此菜单项前添加选中标记"是定义是否在菜单被选中时给出标示;"回调"定义的是菜单项对应的反映事件。

5. 工具栏编辑器(Toolbar Editor)

在 GUI 编辑窗口的工具条中单击 按钮,即可打开工具栏编辑器,如图 10-14a 所示。

该编辑器用于定制工具栏。将界面左侧的工具图标拖放到其顶端的工具条中，或选中某个工具图标后单击"添加"按钮，即可在图 10-14b 所示的界面中定制工具项图标、名称、在工具栏中的位置及工具栏名称等属性。

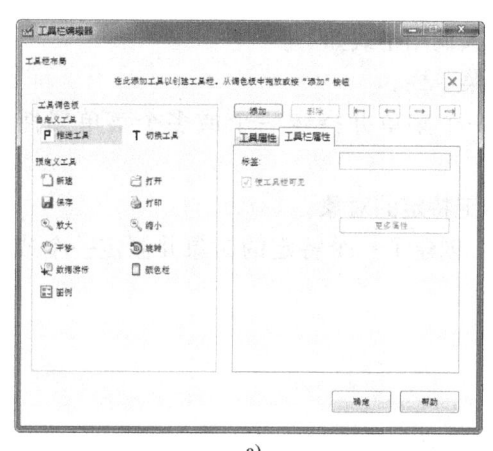
a)

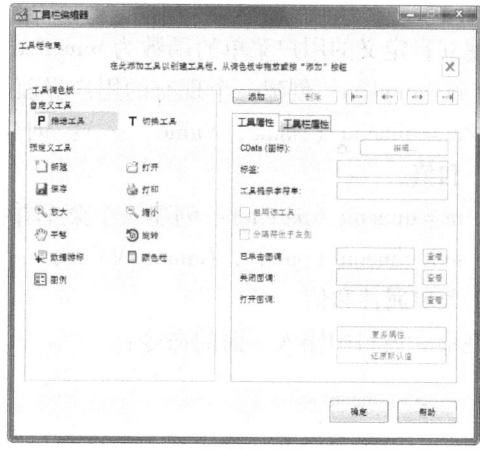
b)

图 10-14 工具栏编辑器

6. 对象浏览器（Object Browser）

在 GUI 编辑窗口的工具条中单击 按钮，即可打开对象浏览器，如图 10-15 所示。在此工具中可以显示所有的图形对象，单击该对象就可以打开相应的属性编辑器。

7. GUI 属性编辑器（GUI Options）

在 GUI 编辑界面的菜单栏中，选择"工具"→"GUI 选项（O）"菜单项，即可打开 GUI 属性编辑器，如图 10-16 所示。

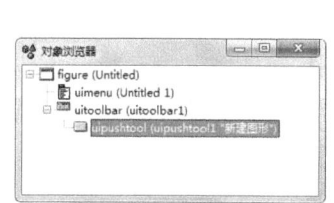

图 10-15 对象浏览器

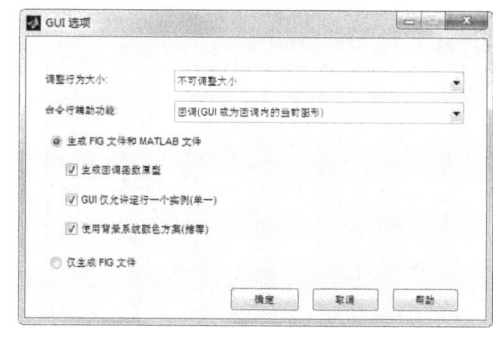

图 10-16 GUI 属性编辑器

其中，"调整行为大小"用于设置 GUI 的缩放形式，包括固定界面、比例缩放、用户自定义缩放等形式；"命令行辅助功能"用于设置 GUI 对命令窗口句柄操作的响应方式，包括屏蔽、响应、用户自定义响应等；中间的复选框用于设置 GUI 保存形式。

10.3 控件编程

GUI 图形界面的功能，主要通过一定的设计思路与计算方法，由特定的程序来实现。为了实现程序的功能，还需要在运行程序前编写代码，完成程序中变量的赋值、输入输出、计算及绘图功能。

10.3.1 菜单设计

建立自定义的用户菜单的函数为uimenue，其调用格式如下。
- m = uimenu：创建一个现有的用户界面的菜单栏。
- m = uimenu（Name，Value，…）：创建一个菜单并指定一个或多个菜单属性名称和值。
- m = uimenu（parent）：创建一个菜单并指定特定的对象。
- m = uimenu（parent，Name，Value，…）：创建了一个特定的对象并制定一个或多个菜单属性和值。

在命令窗口中输入下面的命令：

```
>> uimenu
```

执行上面的命令后，弹出图10-17所示的图形界面。
创建图形窗口：

```
H_fig = figure              %显示图10-17所示的图形窗口
```

隐去标准菜单使用命令：

```
set(H_fig,'MenuBar','none')   %显示图10-18所示的图形窗口
```

恢复标准菜单使用命令：

```
set(gcf,'MenuBar','figure')   %显示图10-17所示的图形窗口
```

图10-17 图形界面显示　　　　图10-18 隐藏菜单栏显示

例10-1：添加菜单栏命令。
解：MATLAB程序如下：

```
>> f = uimenu('Label','Workspace');
    uimenu(f,'Label','New Figure','Callback','disp("figure")');
    uimenu(f,'Label','Save','Callback','disp("save")');
    uimenu(f,'Label','Quit','Callback','disp("exit")',...
        'Separator','on','Accelerator','Q');
```

执行上面的命令后，弹出图 10-19 所示的图形界面。

例 10-2：重建菜单栏命令。

解：MATLAB 程序如下：

```
>> f = uimenu('Label','Workspace');
    uimenu(f,'Label','New Figure','Callback','disp("figure")');
    uimenu(f,'Label','Save','Callback','disp("save")');
    uimenu(f,'Label','Quit','Callback','disp("exit")',...
        'Separator','on','Accelerator','Q');
>> f = figure('MenuBar','None');
mh = uimenu(f,'Label','Find');
frh = uimenu(mh,'Label','Find and Replace ...',...
        'Callback','disp("goto")');
frh = uimenu(mh,'Label','Variable');
uimenu(frh,'Label','Name...',...
        'Callback','disp("variable")');

uimenu(frh,'Label','Value...',...
        'Callback','disp("value")');
```

执行上面的命令后，弹出图 10-20 所示的图形界面。

 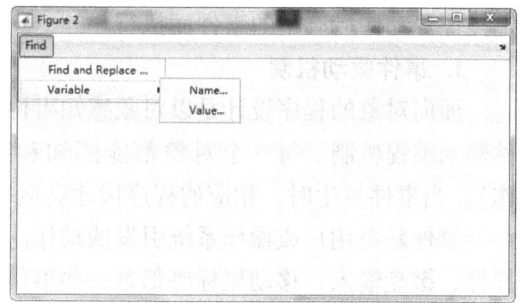

图 10-19　添加菜单栏后的图形窗口　　　　图 10-20　重建菜单栏后的图形窗口

例 10-3：创建一个上下文菜单。

解：MATLAB 程序如下：

```
>> f = figure;
% Create the UICONTEXTMENU
cmenu = uicontextmenu;

% Create the parent menu
fontmenu = uimenu(cmenu,'label','Font');

% Create the submenus
font1 = uimenu(fontmenu,'label','Helvetica',...
            'Callback','disp("HelvFont")');
font2 = uimenu(fontmenu,'label',...
```

　　　　　　　'Monospace','Callback','disp("MonoFont")');
　　f. UIContextMenu = cmenu;

执行上面的命令后，弹出图 10-21 所示的图形界面。

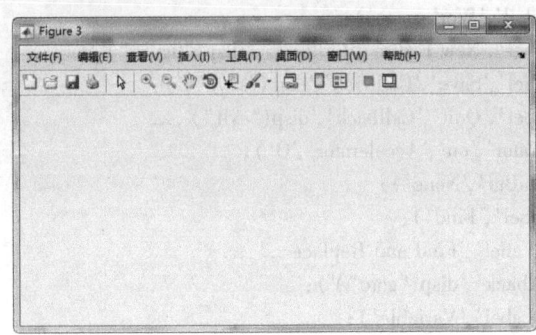

图 10-21　添加上下文菜单后的图形窗口

10.3.2　回调函数

在图形用户界面中，每一个控件均与一或数个函数或程序相关，此相关的程序称为回调函数（callbacks），每一个回调函数可以经由按钮触动、鼠标单击、项目选定、光标滑过特定控件等动作后产生的事件而执行。

1. 事件驱动机制

面向对象的程序设计是以对象感知事件的过程为编程单位，这种程序设计的方法称为事件驱动编程机制。每一个对象都能感知和接受多个不同的事件，并对事件做出响应（动作）。当事件发生时，相应的程序段才会运行。

事件是由用户或操作系统引发的动作。事件发生在用户与应用程序交互时，例如，单击控件、键盘输入、移动鼠标等都是一些事件。每一种对象能够"感受"的事件是不同的。

2. 回调函数

回调函数就是处理该事件的程序，它定义对象怎样处理信息并响应某事件，该函数不会主动运行，是由主控程序调用的。主控程序一直处于前台操作，它对各种消息进行分析、排队和处理，当控件被触发时去调用指定的回调函数，执行完毕之后控制权又回到主控程序。gcbo 为正在执行回调的对象句柄，可以使用它来查询该对象的属性。例如：

　　get(gcbo,'Value')　　% 获取回调对象的状态

MATLAB 将 Tag 属性作为每一个控件的唯一标识符。GUIDE 在生成 M 文件时，将 Tag 属性作为前缀，放在回调函数关键字 Callback 前，通过下画线连接而成函数名。例如：

　　function pushbutton1_Callback(hObject,eventdata,handles)

其中，hObject 为发生事件的源控件，eventdata 为事件数据，handles 为一个结构体，保存图形窗口中所有对象的句柄。

3. handles 结构体

GUI 中的所有控件都使用同一个 handles 结构体，handles 结构体中保存了图形窗口中所

有对象的句柄，可以使用 handles 获取或设置某个对象的属性。例如，设置图形窗口中静态文本控件 textl 的文字为 "Welcome"。

set(handles·textl,'strlng','Welcome')

GUIDE 将数据与 GUI 图形关联起来，并使之能被所有 GUI 控件的回调使用。GUI 数据常被定义为 handles 结构，GUIDE 使用 guidata 函数生成和维护 handles 结构体，设计者可以根据需要添加字段，将数据保存到 handles 结构的指定字段中，可以实现回调间的数据共享。

例如，要将向量 x 中的数据保存到 handles 结构体中，按照下面的步骤进行操作。

1）给 handles 结构体添加新字段并赋值，即

handles.mydata = X;

2）用 guidata 函数保存数据，即

guidata(hObject,handles)

其中，hObject 是执行回调的控件对象的句柄。

要在另一个回调中提取数据，使用下面的命令：

X = handles.mydata;

例 10-4：显示提示对话框。

解：MATLAB 程序如下：

>> guide

执行后弹出图 10-22 所示的 GUI 模板选择对话框，选择空白文档，单击"确定"按钮，进入 GUI 图形窗口，进行界面设计。

在弹出的图形窗口中选择"按钮"，放置到设计界面，选择该控件，单击鼠标右键，选择"属性检查器"命令，在弹出的对话框中设置"string"栏为"关闭"，结果如图 10-23 所示。

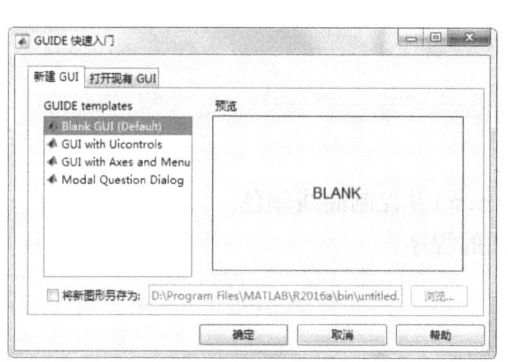

图 10-22　GUIDE 快速入门

图 10-23　界面设计结果

在命令行窗口中输入下面的程序：

```
>> choice = questdlg('是否需要关闭对话框?','关闭对话框','Yes','No','No');
% 弹出图10-24所示的图形界面。
switch choice,
    case'Yes'
        delete(handle.figure1);
        return
    case'No'
        return
end
%   编写变量对应关系代码
```

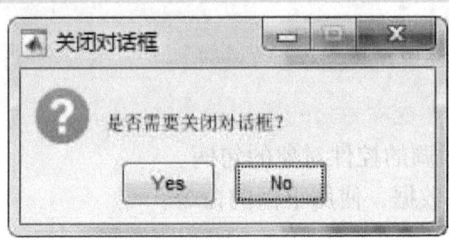

图10-24 创建提示对话框

例10-5：编写整数转换为字符串回调函数。

解：MATLAB程序如下：

```
function dec = trdec( n,a )
ch1 ='0123456789ABCDEF';
k = 1;
while n ~ = 0
    p(k) = rem(n,a);
    n = fix(n/a);
    k = k + 1;
end
k = k - 1;
strdec = '';
while k > = 1
    kb = p(k);
    strdec = strcat(strdec,ch1(kb + 1:kb + 1));
    k = k - 1;
end
dec = strdec;
```

例10-6：绘制函数曲线 $x = \sin(t)\cos(t), (-\pi,\pi)$ 并控制曲线颜色。

解：创建M文件"quxianyanse.m"，输入下面的程序：

```
t = ( - pi:pi/100:pi) + eps;
y = sin(t).*cos(t);
hline = plot(t,y);      % 绘制曲线
```

```
cm = uicontextmenu;        % 创建快捷菜单
uimenu(cm,'label','Red','callback','set(hline,"color","r"),')
uimenu(cm,'label','Blue','callback','set(hline,"color","b"),')
uimenu(cm,'label','Green','callback','set(hline,"color","g"),')
set(hline,'uicontextmenu',cm)
```

执行命令后，弹出图 10-25 所示的图形窗口，同时，单击右键可弹出右键菜单，显示曲线颜色。

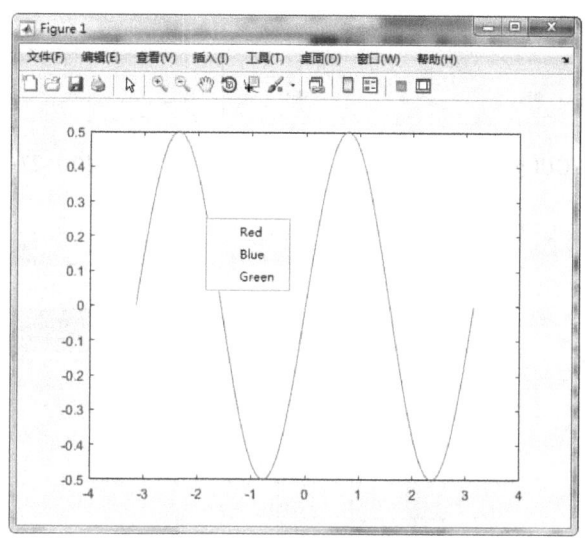

图 10-25　绘制函数曲线

10.4　操作实例——二阶系统的曲线显示

演示归一化二阶系统 $G(s) = \dfrac{1}{s^2 + 2\xi s + 1}$。

操作步骤如下。

1. 界面布置

1）在命令行窗口中输入下面的命令：

```
>> guide
```

弹出图 10-26 所示的 GUI 模板选择对话框，选择空白文档，单击"确定"按钮，进入 GUI 图形窗口，进行界面设计。

2）在弹出的图形窗口中选择里 1 个坐标轴、1 个文本编辑框和 1 个静态文本框，放置到设计界面，如图 10-27 所示。

3）单击工具栏中的"属性检查器"按钮，根据需要修改控件名称与字体大小，如图 10-28 所示。

单击"运行"按钮，系统自动生成以".flg"".m"为后缀的文件，图 10-29 所示的"erjie.flg"图形显示图形运行界面。

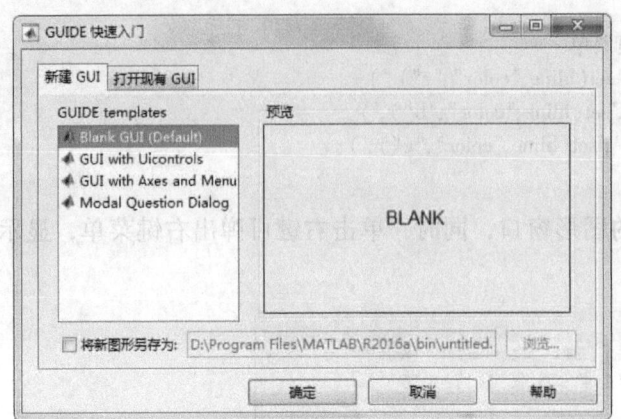

图 10-26　GUI 模板选择对话框

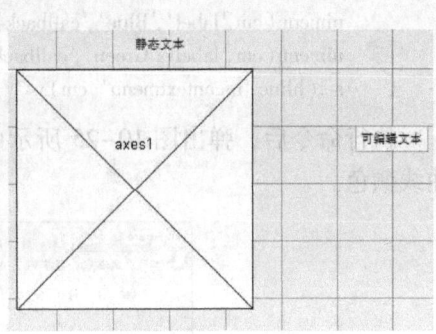

图 10-27　控件放置结果

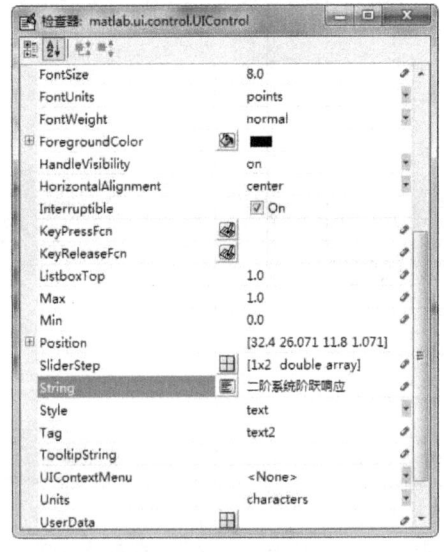

图 10-28　控件属性设置

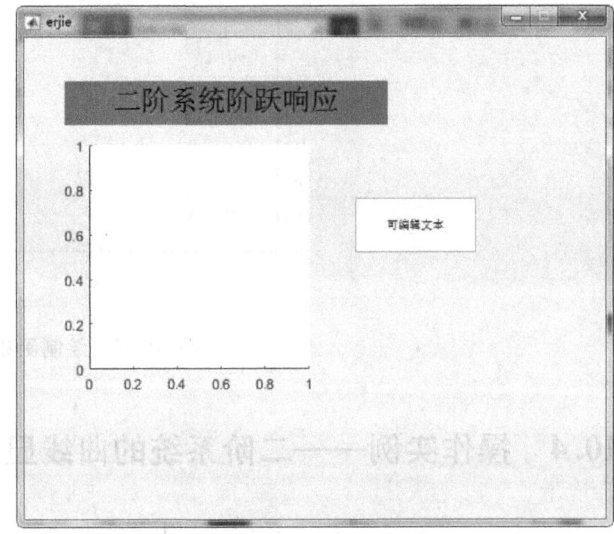

图 10-29　图形运行结果

2. 程序编辑

在"erjie.flg"图形界面中,单击工具栏中的"编辑器"按钮，打开"erjie.m"文件,在程序代码中找到下面的程序：

```
function edit1_Callback(hObject,eventdata,handles)
```

在回调函数程序下面添加下面的程序：

```
get(hObject,'String');
zeta = str2double(get(hObject,'String'));
handles.t = 0:0.05:15;
handles.y = step(tf(1,[1,2*zeta,1]),handles.t);
cla
line(handles.t,handles.y)
```

3. 程序运行

设置文本编辑器的初始值,在运行界面显示图 10-30 所示的分析结果。

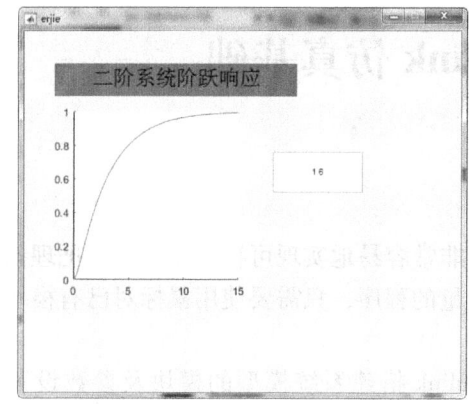
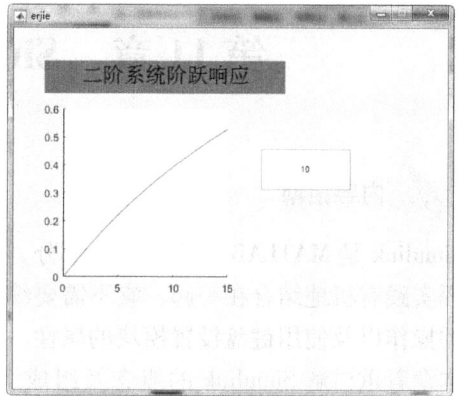

图 10-30 分析结果

第 11 章 Simulink 仿真基础

 内容指南

Simulink 是 MATLAB 的重要组成部分，可以非常容易地实现可视化建模，并把理论研究和工程实践有机地结合在一起，它不需要编写大量的程序，只需要使用鼠标对已有模块进行简单的操作以及使用键盘设置模块的属性。

本章着重讲解 Simulink 的概念及组成、Simulink 搭建系统模型的模块及参数设置以及 Simulink 环境中的仿真及调试。

 知识重点

📖 Simulink 简介
📖 Simulink 模块库
📖 仿真分析
📖 S 函数

11.1 Simulink 简介

Simulink 是 MATLAB 软件的扩展，它提供了集动态系统建模、仿真和综合分析于一体的图形用户环境，是实现动态系统建模和仿真的一个软件包，它与 MATLAB 语言的主要区别在于，其与用户交互接口是基于 Windows 的模型化图形输入，其结果是使得用户可以把更多的精力投入到系统模型的构建，而非语言的编程上。

Simulink 提供了大量的系统模块，包括信号、运算、显示和系统等多方面的功能，可以创建各种类型的仿真系统，实现丰富的仿真功能。用户也可以定义自己的模块，进一步扩展模型的范围和功能，以满足不同的需求。为了创建大型系统，Simulink 提供了系统分层排列的功能，类似于系统的设计，在 Simulink 中可以将系统分为从高级到低级的几个层次，每层又可以细分为几个部分，每层系统构建完成后，将各层连接起来构成一个完整的系统。模型创建完成之后，可以启动系统的仿真功能分析系统的动态特性，Simulink 内置的分析工具包括各种仿真算法、系统线性化、寻求平衡点等，仿真结果可以以图形的方式显示在示波器窗口，以便于用户观察系统的输出结果；Simulink 也可以将输出结果以变量的形式保存起来，并输入到 MATLAB 工作空间中以完成进一步的分析。

Simulink 可以支持多采样频率系统，即不同的系统能够以下不同的采样频率进行组合，可以仿真较大、较复杂的系统。

1. 图形化模型与数学模型间的关系

现实中每个系统都有输入、输出和状态 3 个基本要素，它们之间随时间变化呈数学

函数关系，即数学模型。图形化模型也体现了输入、输出和状态问随时间变化的某种关系，如图 11-1 所示。只要这两种关系在数学上是等价的，就可以图形化模型代替数学模型。

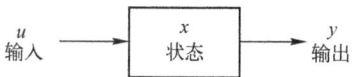

图 11-1 模块的图形化表示

2. 图形化模型的仿真过程

Simulink 的仿真过程包括如下几个阶段。

1）模型编译阶段。Simulink 引擎调用模型编译器，将模型翻译成可执行文件。其中编译器主要完成以下任务。

- 计算模块参数的表达式，以确定它们的值；
- 确定信号属性（如名称、数据类型等）；
- 传递信号属性，以确定未定义信号的属性；
- 优化模块；
- 展开模型的继承关系（如子系统）；
- 确定模块运行的优先级；
- 确定模块的采样时间。

2）连接阶段。Simulink 引擎按执行次序创建运行列表，初始化每个模块的运行信息。

3）仿真阶段。Simulink 引擎从仿真的开始到结束，在每一个采样点按运行列表计算各模块的状态和输出。该阶段又分成以下两个子阶段。

- 初始化阶段：该阶段只运行一次，用于初始化系统的状态和输出。
- 迭代阶段：该阶段在定义的时间段内按采样点间的步长重复运行，并将每次的运算结果用于更新模型。在仿真结束时获得最终的输入、输出和状态值。

11.1.1 Simulink 模型的特点

Simulink 建立的模型具有以下 3 个特点。

- 仿真结果的可视化；
- 模型的层次性；
- 可封装子系统。

例 11-1：演示 Simulink 建立模型的特点。

解：1）通过菜单命令"帮助"→"文档"，打开图 11-2 所示的帮助窗口。

2）在选项中选择"Simulink"→"Simulation"→"Featured Example"→"Four Hydraulic Cylinder Simulation"。

3）单击"Open this model"按钮，打开图 11-3 所示的窗口。

4）单击"开始"按钮，可以看到图 11-4 所示的仿真结果。

5）双击模型图标中的 Control Valve Command 模块，如图 11-5 所示 Control Valve Command 子系统图标。

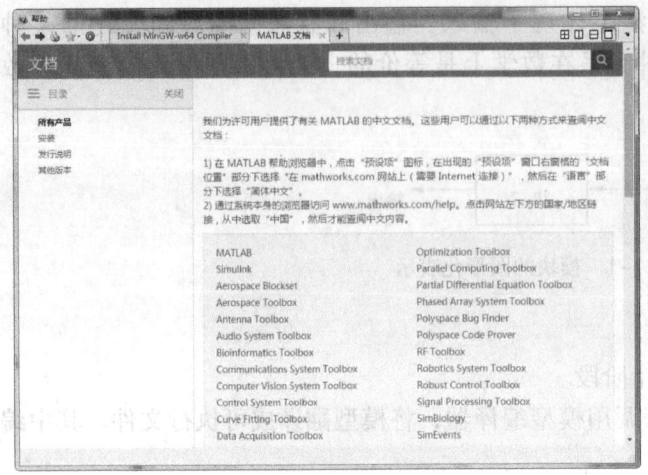

图 11-2 MATLAB 帮助

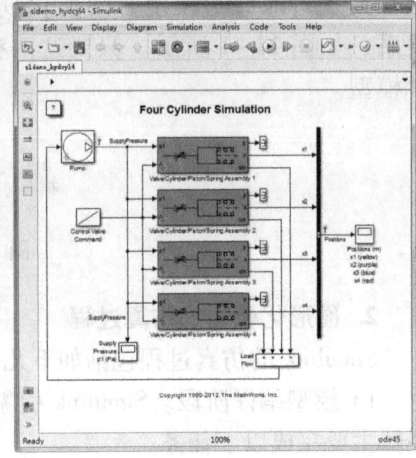

图 11-3 仿真结果可视化

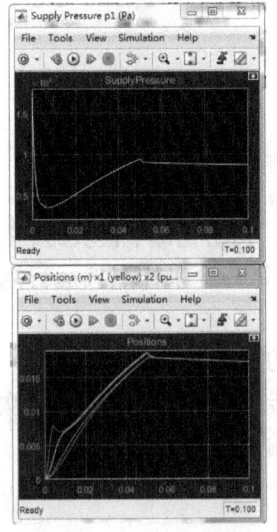

图 11-4 演示模型

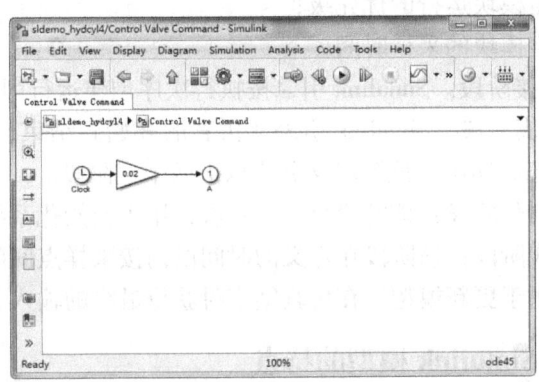

图 11-5 子系统图标

11.1.2 Simulink 的数据类型

Simulink 在仿真开始之前和运行过程中会自动确认模型的类型安全性，以保证该模型产生的代码不会出现上溢或下溢。

1. Simulink 支持的数据类型

Simulink 支持所有的 MATLAB 内置数据类型，除此之外 Simulink 还支持布尔类型。绝大多数模块都默认为 double 类型的数据，但有些模块需要布尔类型和复数类型等。

在 Simulink 模型窗口中选择菜单"Help"→"Simulink"→"Block & Blockets Reference"，其中总结了所有 Simtllink 库中的模块所支持的数据类型的情况。

还可以在 Simulink 模型窗口选择"Display"→"Signal&Ports"→"Port Data Types"选项，如图 11-6 所示，查看信号的数据类型和模块输入/输出端口的数据类型，示例如

图 11-7 所示。

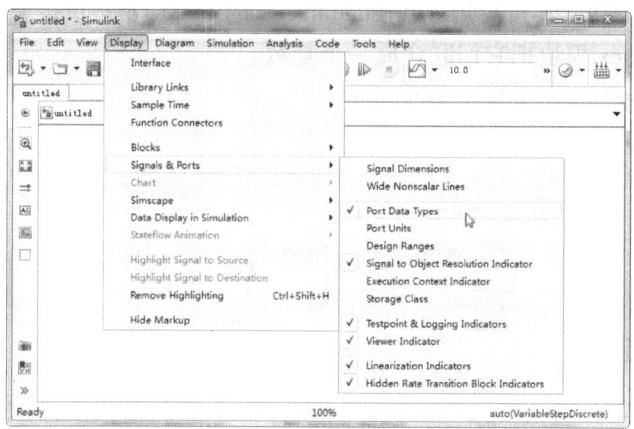

图 11-6 查看信号的数据类型

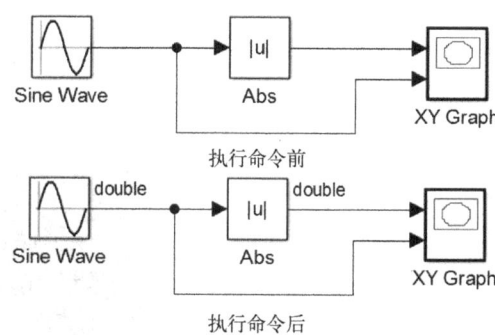

图 11-7 信号的数据类型的显示

2. 数据类型的统一

如果模块的输出/输入信号支持的数据类型不相同,则在仿真时会弹出错误提示对话框,告知出现冲突的信号和端口。此时可以尝试在冲突的模块间插入 Data Type Conversion 模块来解决类型冲突。

例 11-2:解决信号冲突的方法。

解 1)在图 11-8 所示的示例模型中,当常数模块的输出信号类型设置为布尔型时,由于连续信号积分器只接受 double 类型信号,所以弹出出错提示框。

2)在示例模型中插入 Data Type Conversion 模块,并将其输出改成 double 数据类型,如图 11-9 所示。

3. 复数类型

Simulink 默认的信号值都是实数,但在实际问题中有时需要处理复数信号。在 Simulink 中通常用 Real – Image to complex 模块和 Magnitue – Angle to Complex 模块来建立处理复数信号的模型,如图 11-10 所示。

例 11-3:输出复数。

解 ◆ 在模型中加入 constant 模块,并将其参数设为复数。
◆ 分别生成复数的虚部和实部:在 Simulink 库的 Malh Operations 子库中用 Real – Image

to Cmplex 模块把它们联合成一个复数。
- 分别生成复数的幅值和幅角：在 Simulink 库的 Malh Operations 子库中用 Magnitue – Angle to complex 模块把它们联合成一个复数。

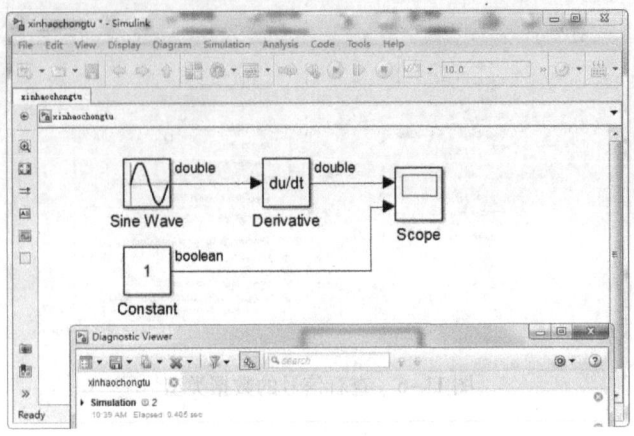

图 11-8　数据类型示例模型

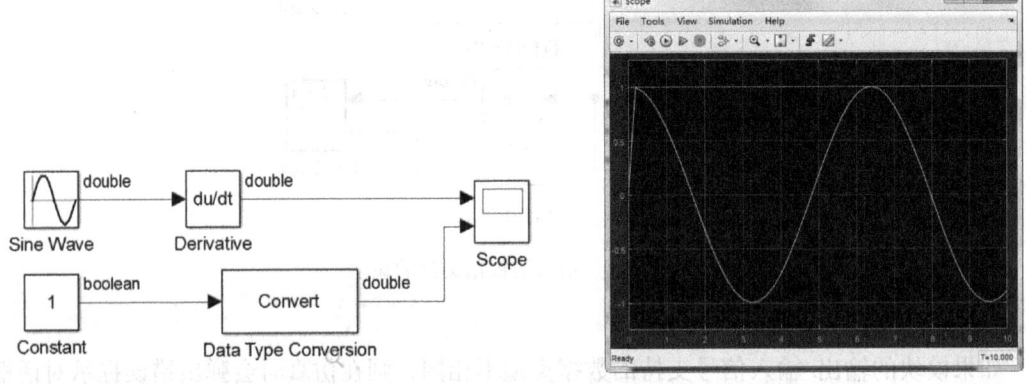

图 11-9　修改后的示例

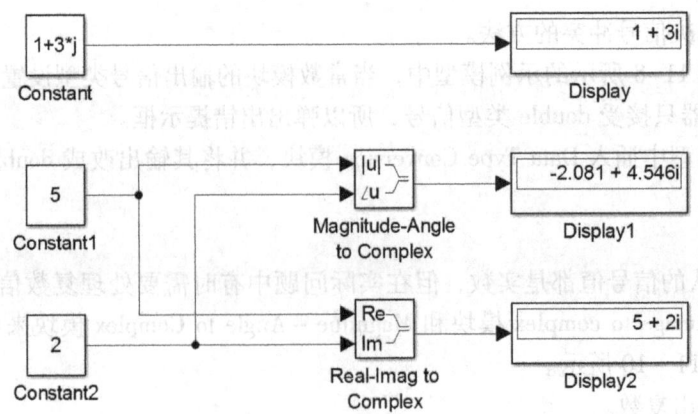

图 11-10　复数信号模型

11.2 Simulink 模块库

Simulink 模块库提供了各种基本模块，它按应用领域以及功能组成若干子库，大量封装子系统模块按照功能分门别类存储，以方便查找，每一类即为一个模块库。在图 11-11 中显示的"Simulink Library Browser"窗口按树状结构显示，以方便查找模块。本节介绍 Simulink 常用子库中的常用模块库中模块的功能。

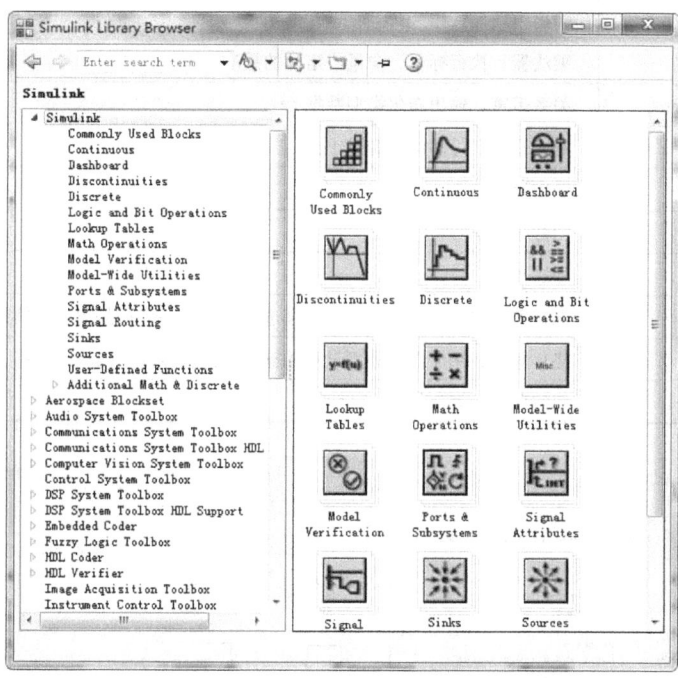

图 11-11 "Simulink Library Browser"窗口

11.2.1 常用模块库

1. Commonly Used Blocks 库

双击 Simulink 模块库窗口中的"Commonly Used Blocks"选项，即可打开常用模块库，如图 11-12 所示，常用模块库中的各子模块功能见表 11-1。

表 11-1 Commonly Used Blocks 子库

模 块 名	功 能
Bus Creator	将输入信号合并成向量信号
Bus Selector	将输入向量分解成多个信号，输入只接受从 Mux 和 Bus Creator 输出的信号
Constant	输出常量信号
Data Type Conversion	数据类型的转换
Demux	将输入向量转换成标量或更小的标量
Discrete – Time Integrator	离散积分器模块

(续)

模 块 名	功 能
Gain	增益模块
In1	输入模块
Integrator	连续积分器模块
Logical Operator	逻辑运算模块
Mux	将输入的向量、标量或矩阵信号合成
Out1	输出模块
Product	乘法器，执行标量、向量或矩阵的乘法
Relational Operator	关系运算，输出布尔类型数据
Saturation	定义输入信号的最大和最小值
Scope	输出示波器
Subsystem	创建子系统
Sum	加法器
Switch	选择器，根据第二个输入信号来选择输出第一个还是第三个信号
Terrainator	终止输出，用于防止模型最后的输出端没有接任何模块时报错
Unit Delay	单位时间延迟

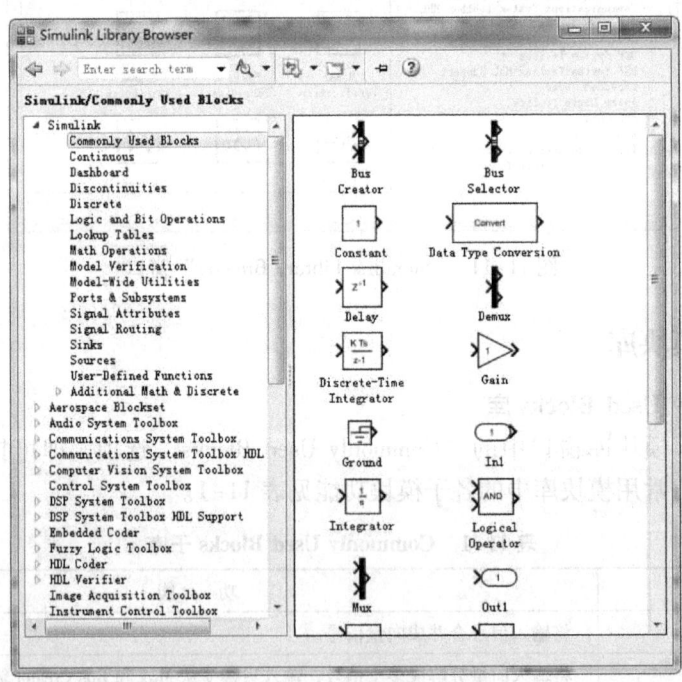

图 11-12　常用模块库

2. Continuous 库

双击 Simulink 模块库窗口中的 "Continuous" 选项，即可打开连续系统模块库，如图 11-13 所示，连续系统模块库中的各子模块功能，见表 11-2。

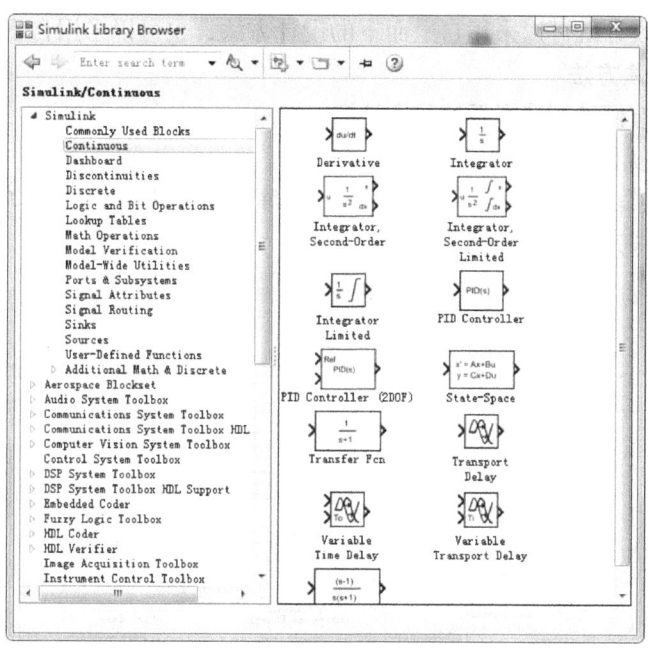

图 11-13 连续系统模块库

表 11-2 Continuous 子库

模 块 名	功 能
Derivative	数值微分
Integrator	积分器与 Commonly Used Blocks 子库中的同名模块一样
State – Space	创建状态空间模型 $dx/dt = Ax + Bu$ $y = Cx + Du$
Transport Delay	定义传输延迟,如果将延迟设置得比仿真步长大,就可以得到更精确的结果
Transfer Fcn	用矩阵形式描述的传输函数
Variable Transport Delay	定义传输延迟,第一个输入接收输入,第二个输入接收延迟时间
Zero – Pole	用矩阵描述系统零点,用向量描述系统极点和增益

11.2.2 子系统及其封装

若模型的结构过于复杂,则需要将功能相关的模块组合在一起形成几个小系统,即子系统,然后在这些子系统之间建立连接关系,从而完成整个模块的设计。这种设计方法实现了模型图表的层次化。将使整个模型变得非常简洁,使用起来非常方便。

用户可以把一个完整的系统按照功能划分为若干个子系统,而每一个子系统又可以进一步划分为更小的子系统,这样依次细分下去,就可以把系统划分成多层。

如图 11-14 所示为一个二级系统图的基本结构图。

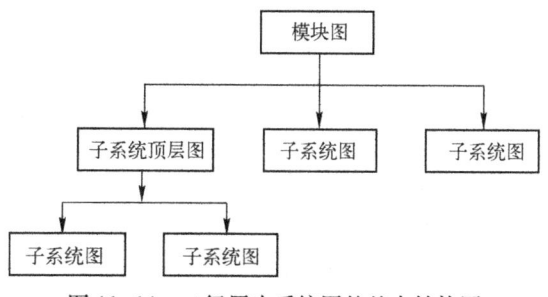

图 11-14 二级层次系统图的基本结构图

模块的层次化设计既可以采用自上而下的设计方法，也可以采用自下而上的设计方法。

1. 子系统的创建方法

在 Simulink 中有两种创建子系统的方法。

（1）通过子系统模块来创建子系统

打开 Simulink 模块库中的 Ports & Subsystems 库，如图 11-15 所示，选中 Subsystem 模块，将其拖动到模块文件中，如图 11-16 所示。

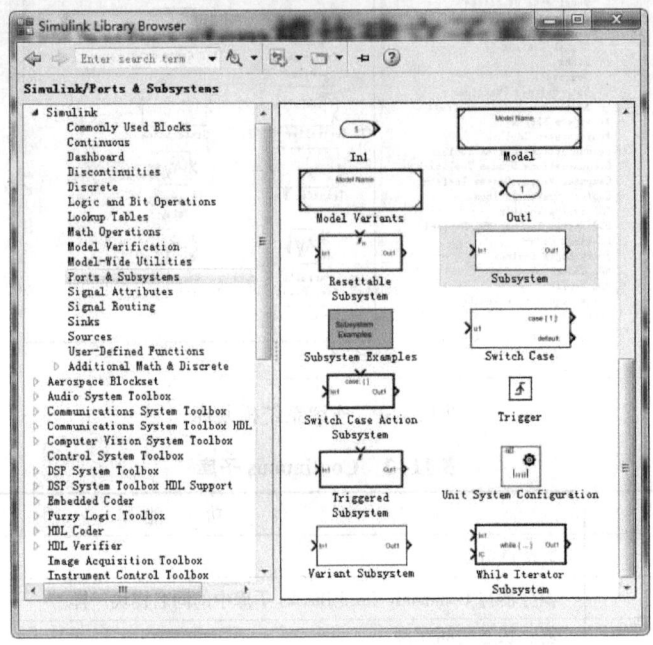

图 11-15　Simulink 模块库对话框

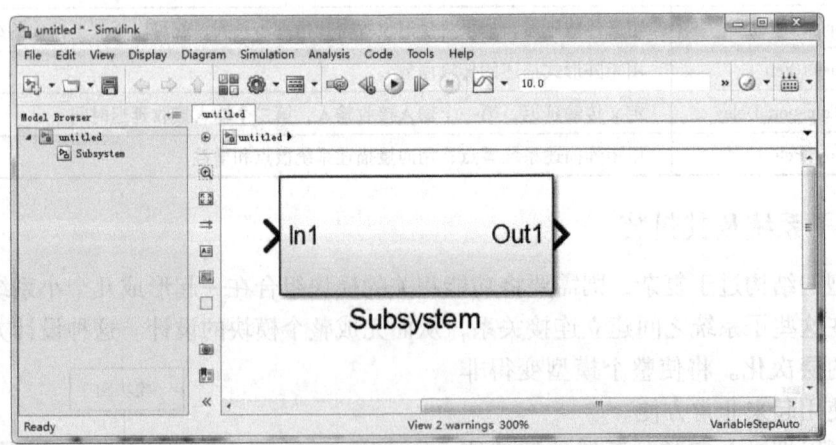

图 11-16　放置子系统模块

双击 Subsystem 模块，打开 Subsystem 文件，如图 11-17 所示，在该文件中绘制子系统图，然后保存即可。

（2）组合已存在的模块集

打开"Model Browser（模块浏览器）"面板，如图 11-18 所示。单击面板中相应的模块

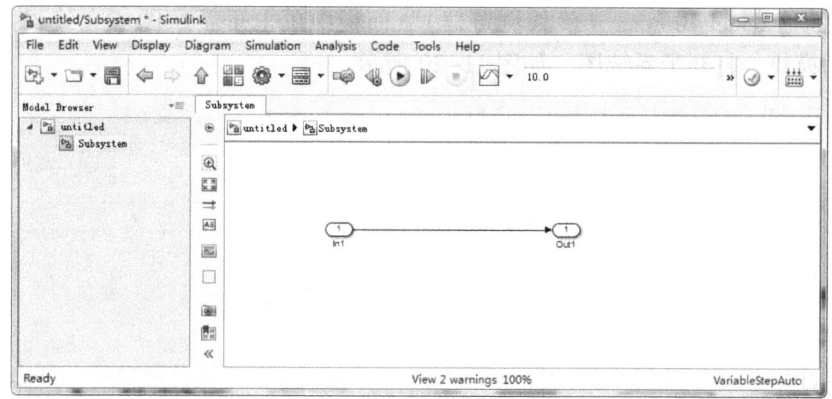

图 11-17　打开子系统图

文件名,在编辑区内就会显示对应的系统图。

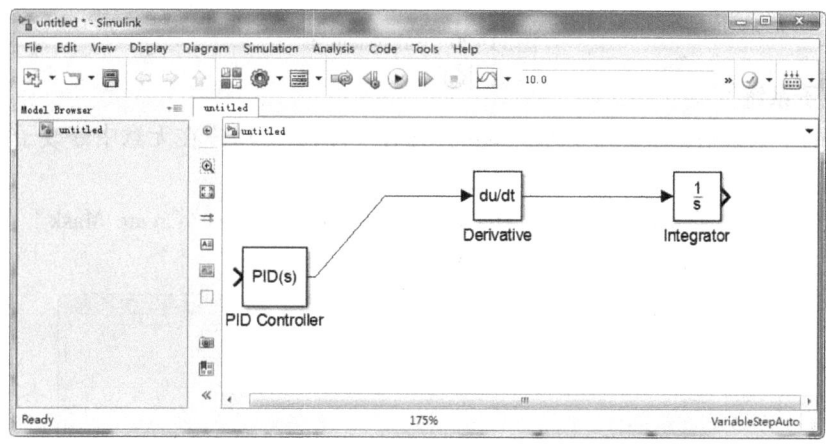

图 11-18　打开"Model Browser(模块浏览器)"面板

选中其中一个模块,选择菜单栏中的"Disgram"→"Subsystem&Model Reference"→"Create Subsystem from Selection"命令,模块自动变为 Subsystem 模块,如图 11-19 所示,同时在左侧的"Model Browser(模块浏览器)"面板中显示下一个层次的 Subsystem 图。

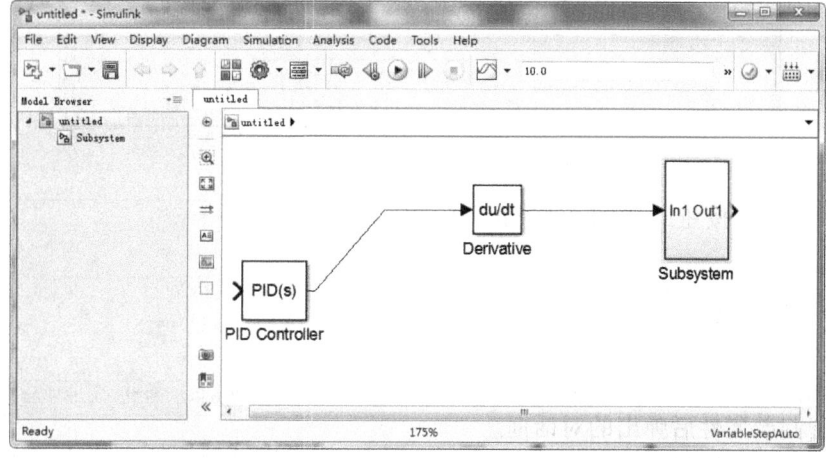

图 11-19　显示子系统图层次结构

在左侧的"Model Browser（模块浏览器）"面板中单击子系统图或在编辑区双击变为 Subsystem 的模块，打开子系统图，如图 11-20 所示。

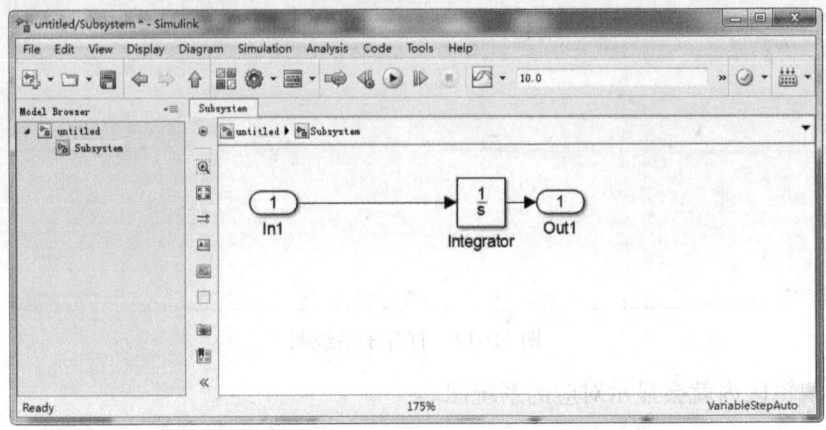

图 11-20　Subsystem 图

2. 封装子系统

封装后的子系统可以反映子系统功能的图标，可以避免用户在无意中修改子系统中模块的参数。

选择需要封装的子系统，选择"Diagram"→"Mask"→"Create Mask"选项，弹出图 11-21 所示的封装编辑器对话框，从中设置子系统中的参数。

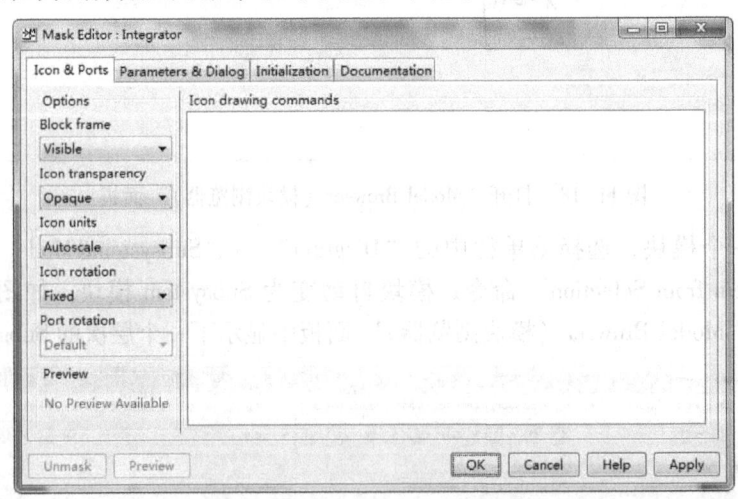

图 11-21　"Mask Editor"对话框

单击"Apply"按钮或"OK"按钮，保存参数设置。

封装前的子系统图双击后，进入子系统图文件；封装后的子系统拥有与 Simulink 提供的模块一样的图标，如图 11-22 所示，显示添加 image 封装属性后弹出的对话框。

例 11-4：封装信号选择输出子系统。

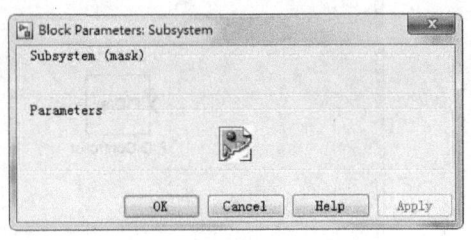

图 11-22　"Block Parameters：Subsystem"对话框

解: 选择需要封装的 Subsystem 模块,选择 "Diagram" → "Mask" → "Create Mask" 选项,弹出封装编辑器对话框,打开 "Parameters & Dialog" 选项卡,输入参数,如图 11-23 所示。

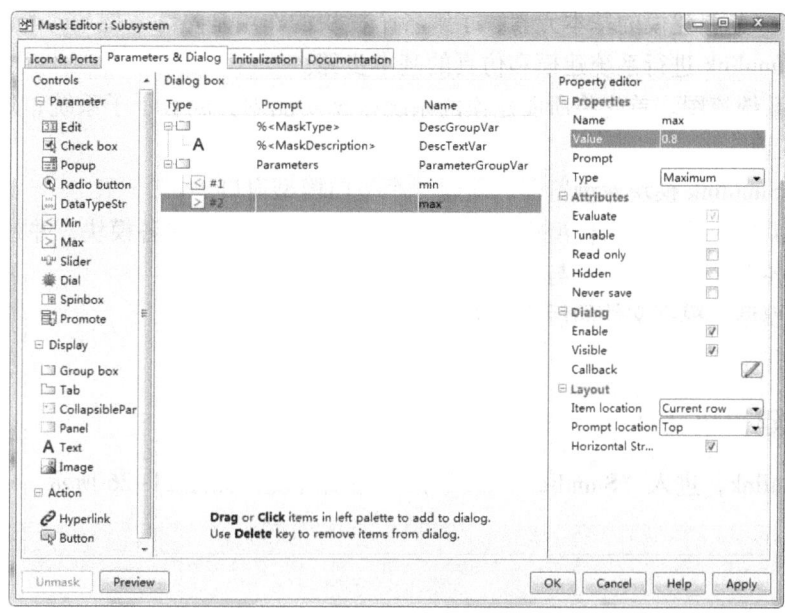

图 11-23 "Parameters & Dialog" 选项卡

按照图 11-24 所示设置 "Documentation" 选项卡,设置封装子系统的封装类型、模块描述和模块帮助信息。

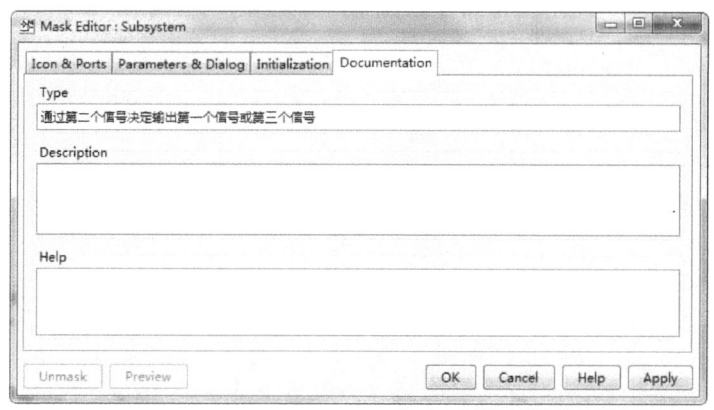

图 11-24 "Documentation" 选项卡

单击 "Apply" 按钮或 "OK" 按钮,保存参数设置。

双击 Subsystem 模块,弹出图 11-25 所示的参数对话框,显示添加的封装参数。

将文件保存为 "signal_switch_fz" 文件。

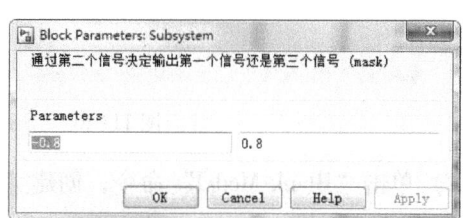

图 11-25 "Block Parameters:Subsystem" 对话框

11.3 模块的创建

模块是 Simulink 建模的基本元素，了解各个模块的作用是熟练掌握 Simulink 的基础。下面介绍利用 Simulink 进行系统建模和仿真的基本步骤。

1）绘制系统流图。首先将所要建模的系统根据功能划分成若干子系统，然后用模块来搭建每个子系统。

2）启动 Simulink 模块库浏览器，新建一个空白模型窗口。

3）将所需模块放入空白模型窗口中，按系统流图的布局连接各模块，并封装子系统。

4）设置各模块的参数以及与仿真有关的各种参数。

5）保存模型，模型文件的后缀名为.mdl。

6）运行并调试模型。

11.3.1 创建模块文件

启动 Simulink，进入"Simulink Start Page"编辑环境，如图 11-26 所示。

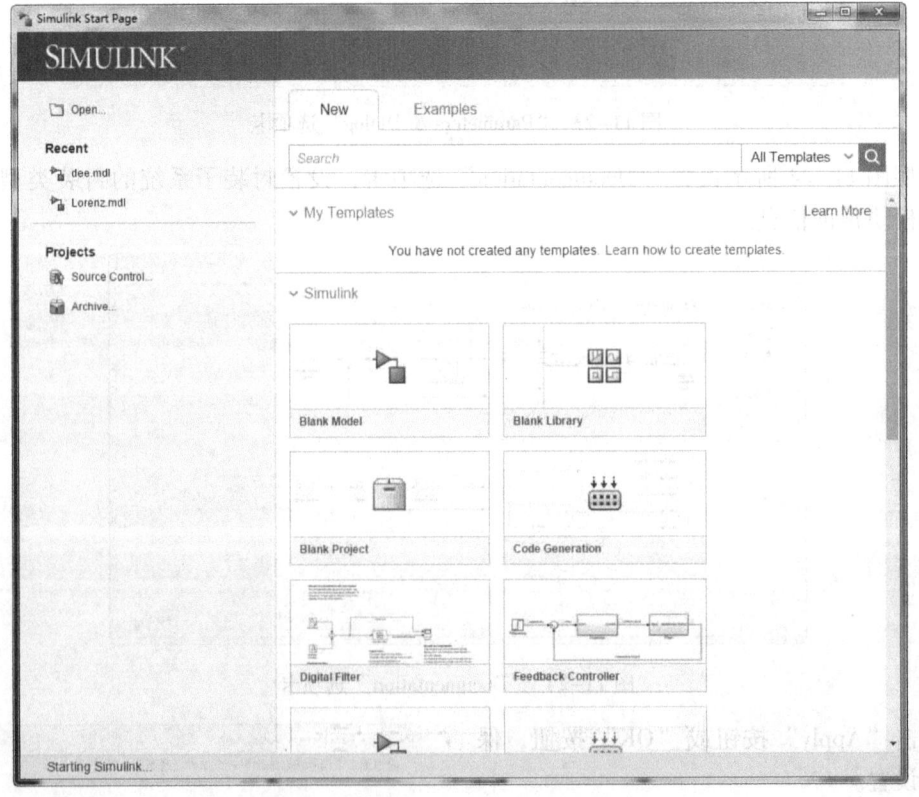

图 11-26 "Simulink Start Page"窗口

1）单击"Blank Model"命令，创建空白模块文件，如图 11-27 所示，后面详细介绍模块的编辑。

2）单击"Blank Library"命令，创建空白模块库文件。通过自定义模块库，可以集中

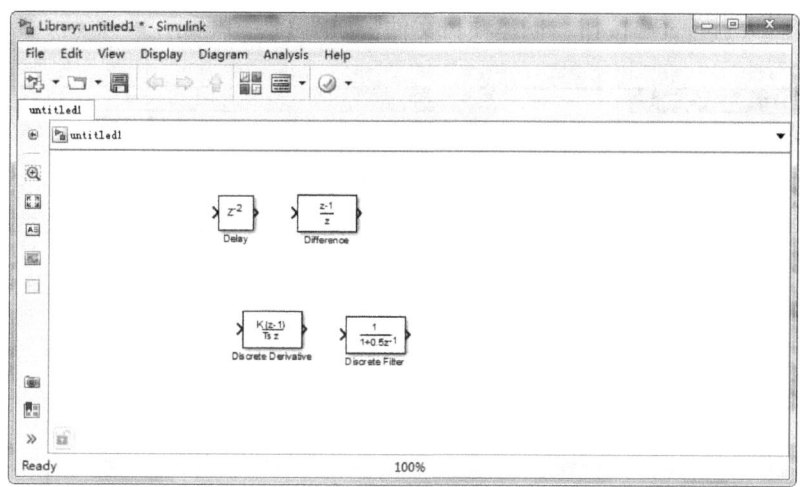

图 11-27　自建模型库

存储为某个领域服务的所有模块。

选择 Simulink 界面的 "File" → "New" → "Library" 菜单,弹出一个空白的库窗口,将需要的模块复制到模块库窗口中即可创建模块库,如图 11-28 所示。

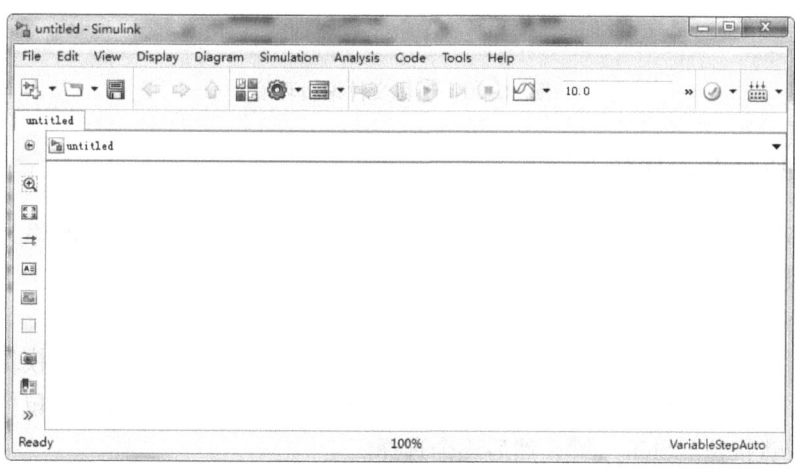

图 11-28　创建模块文件

3) 执行 "Blank Project" 命令,创建空白项目文件,执行该命令后,弹出图 11-29 所示的 "Create Project" 对话框,设置项目文件的路径与名称。

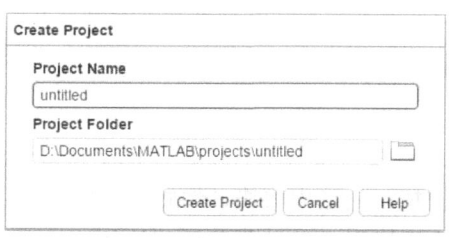

图 11-29　"Create Project" 对话框

单击"Create Project"按钮,创建项目文件,如图11-30所示。

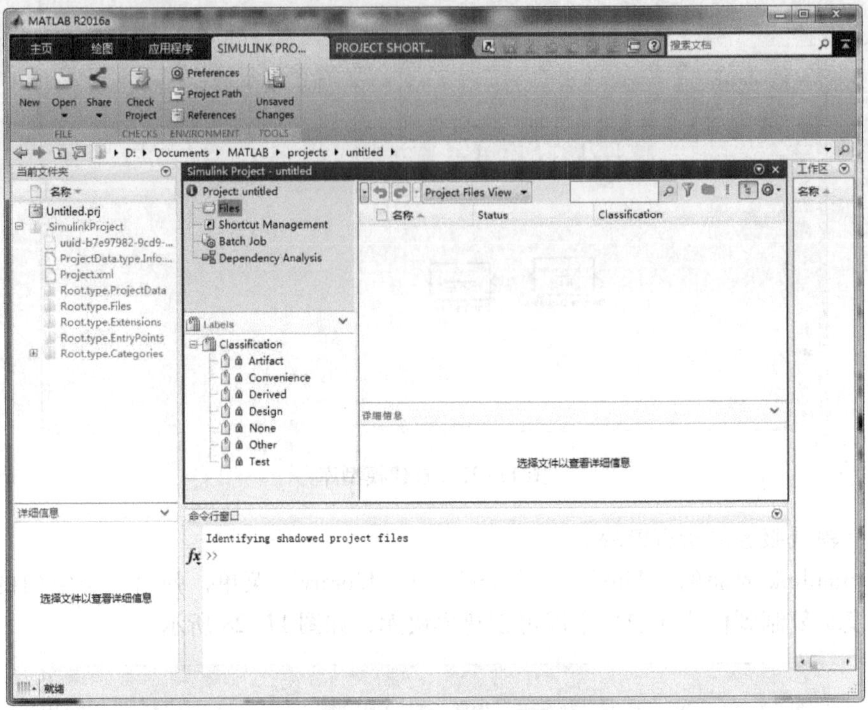

图 11-30 项目文件编辑环境

11.3.2 模块的基本操作

打开"Simulink Library Browser"窗口,在左侧的列表框中选择特定的库文件,在右侧显示对应的模块。

1. 模块的选择
- 选择一个模块:单击要选择的模块,当选择一个模块后,之前选择的模块被放弃。
- 选择多个模块:按住鼠标左键不放拖动鼠标,将要选择的模块框选在鼠标画出的方框里;或者按住〈Shift〉键,然后逐个选择。

2. 模块的放置
模块的放置包括以下两种:
- 将选中的模块拖动到模块文件中;
- 在选中的模块上单击右键,弹出图 11-31 所示的快捷菜单,选择"Add block to model untitled"命令。

完成放置的模块如图 11-32 所示。

3. 模块的位置调整
- 不同窗口间复制模块:直接将模块从一个窗口拖动到另一个窗口。
- 同一模型窗口内复制模块:先选中模块,然后按〈Ctrl + C〉组合键,再按〈Ctrl + V〉组合键;还可以在选中模块后,通过菜单栏"Edit"→"cut"或快捷菜单"copy"来实现。

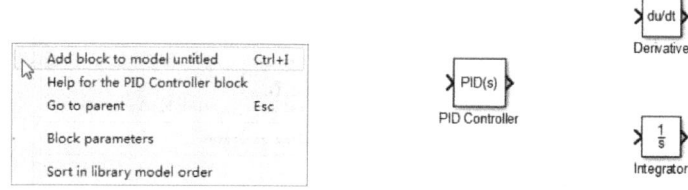

图 11-31　快捷菜单　　　　图 11-32　放置模块

- 移动模块：按下鼠标左键直接拖动模块。
- 删除模块：先选中模块，再按〈Delete〉键或者通过〈Delete〉菜单。

4. 模块的属性编辑

- 改变模块大小：先选中模块，然后将移到鼠标模块方框的一角，当鼠标指针变成两端有箭头的线段时，按下鼠标左键拖动模块图标，以改变图标大小。
- 调整模块的方向：先选中模块，然后通过菜单栏中的"Disgram"→"Rotate&Flip"→"Clockwise"或"Counterclockwise"来改变模块方向。
- 给模缝加阴影：先选中模块，然后通过菜单栏中的"Disgram"→"Format"→"Shadow"来改变给模块的阴影，如图 11-33 所示。

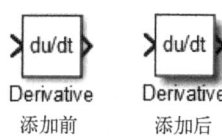

图 11-33　给模块添加阴影

- 修改模块名：双击模块名，然后修改。
- 模块名的显示与否：先选中模块，然后通过菜单栏中的"Disgram"→"Format"→"Show Block Name"来决定是否显示模块名。
- 改变模块名的位置：先选中模块，然后通过菜单栏中的"Disgram"→"Format"→"Fllip Block Name"菜单来改变模块名的显示位置。

11.3.3　模块参数设置

1. 参数设置

双击模块或现则菜单栏中的"Disgram"→"Block Parameters"命令或选择右键快捷快捷命令"Block Parameters"，弹出"Block Parameters：Derivative（参数设置）"对话框，如图 11-34 所示，设置增益模块的参数值。

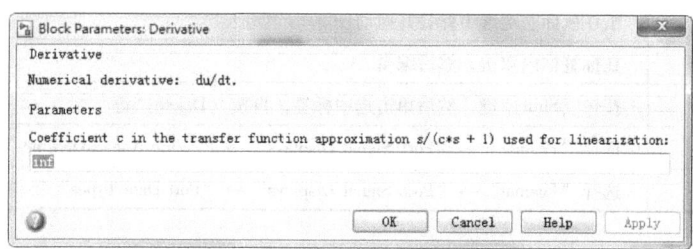

图 11-34　模块参数设置对话框

2. 属性设置

选择菜单栏中的"Disgram"→"Properties"命令或选择右键命令"Properties"，弹出属性设置对话框，如图 11-35 所示，其中包括如下 3 项内容。

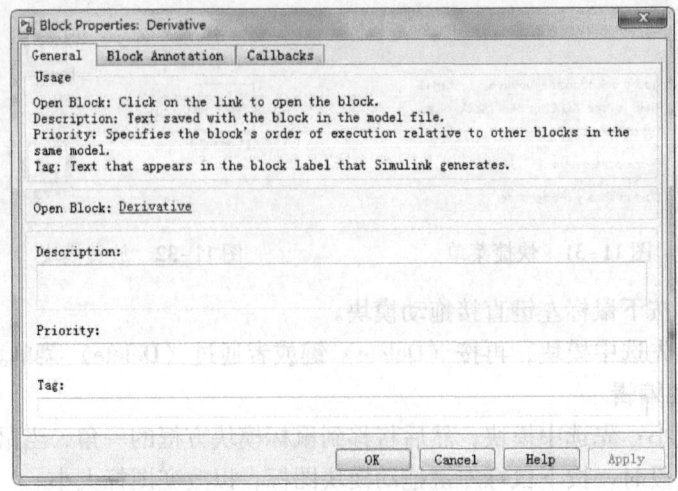

图 11-35 模块属性设置对话框

(1) "General" 选项卡
- Description：用于注释该模块在模型中的用法。
- Priority：定义该模块在模型中执行的优先顺序，其中优先级的数值必须是整数，且数值越小（可以是负整数），优先级越高，一般由系统自动设置。
- Tag：为模块添加文本格式的标记。

(2) "Block Annotation" 选项卡

指定在图标下显示模块的参数、取值及格式。

(3) "Callbacks" 选项卡

用于定义该模块发生某种指定行为时所要执行的回调函数。对信号进行标注和对模型进行注释的方法分别见表 11-3 和表 11-4。

表 11-3 标注信号

任 务	Microsoft Windows 环境下的操作
建立信号标签	直接在直线上双击，然后输入
复制信号标签	按住〈Ctrl〉键，然后按住鼠标左键选中标签并拖动
移动信号标签	按住鼠标左键选中标签并拖动
编辑信号标签	在标签框内双击，然后编辑
删除信号标签	按住〈Shift〉键，然后单击选中标签，再按〈Delete〉键
用粗线表示向量	选择 "Foamat" → "Port/Signal Displays" → "Wide Nonscalar Lines" 菜单
显示数据类型	选择 "Foamat" → "Port/Signal Displays" → "Port Data Types" 菜单

表 11-4 注释模型

任 务	Microsoft Windows 环境下的操作
建立注释	在模型图标中双击，然后输入文字
复制注释	按住〈Ctrl〉键，然后按住鼠标左键选中注释文字并拖动
移动注释	按住鼠标左键选中注释并拖动

任　　务	Microsoft Windows 环境下的操作
编辑注释	单击注释文字，然后编辑
删除注释	按住〈Shift〉键，然后选中注释文字，再按〈Delete〉键

（续）

11.3.4　模块的连接

1. 直线的连接

- 连接模块：先选中源模块，然后按住〈Ctrl〉键并单击目标模块，如图 11-36 所示。

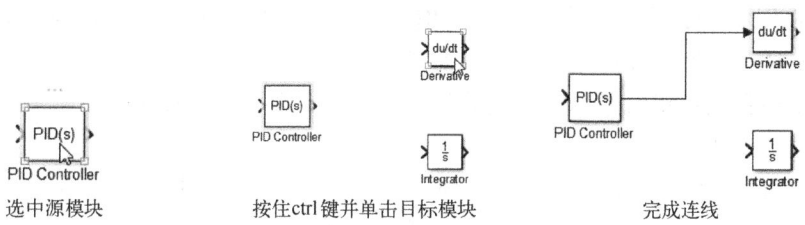

图 11-36　连接模块流程

- 断开模块间的连接：先按住〈Shift〉键，然后拖动模块到另一个位置；或者将鼠标指向连线的箭头处，当出现一个小圆圈圈住箭头时，按下鼠标左键并移动连线，如图 11-37 所示。同时也可以直接选中连线，按〈Delete〉键删除。

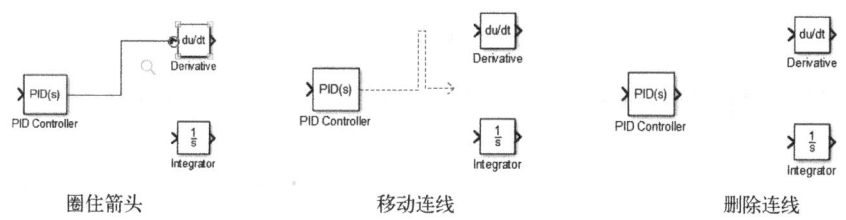

图 11-37　断开连接模块流程

- 在连线之间插入模块：拖动模块到连线上，使模块的输入/输出端口对准连线，如图 11-38 所示。

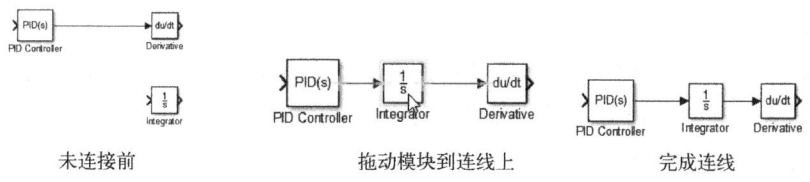

图 11-38　在连线之间插入模块流程

知识拓展：

模块不仅可以在连线之间插入模块，还可以在连线之外插入模块进行连接，如图 11-39 所示。

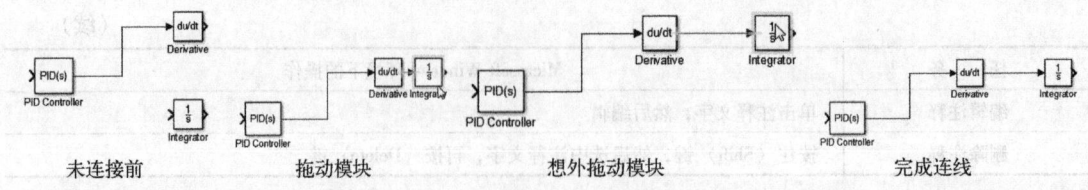

图 11-39 在连线之外插入模块流程

2. 直线的编辑

- 选择多条直线：与选择多个模块的方法一样。
- 选择一条直线：单击要选择的连线，选择一条连线后，之前选择的连线被放弃。
- 连线的分支：按住〈Ctrl〉键，然后拖动直线；或者按下鼠标右键并拖动直线。
- 移动直线段：按住鼠标左键直接拖动直线。
- 移动直线顶点：将鼠标指向连线的箭头处，当出现一个小圆圈圈住箭头时，按住鼠标左键移动连线。
- 直线调整为斜线段：按住〈Shift〉键，鼠标变为圆圈，将圆圈指向需要移动的直线上的一点，并按下鼠标左键直接拖动直线，如图 11-40 所示。

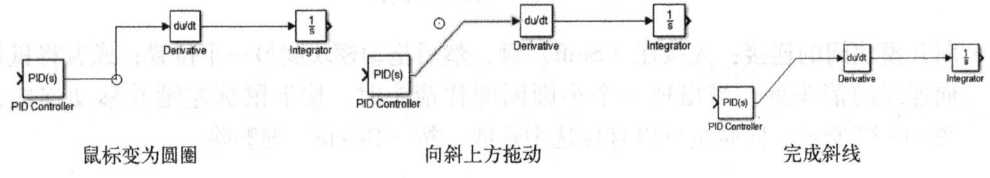

图 11-40 斜线的操作

- 直线调整为折线段：按住鼠标左键不放直接拖动直线，如图 11-41 所示。

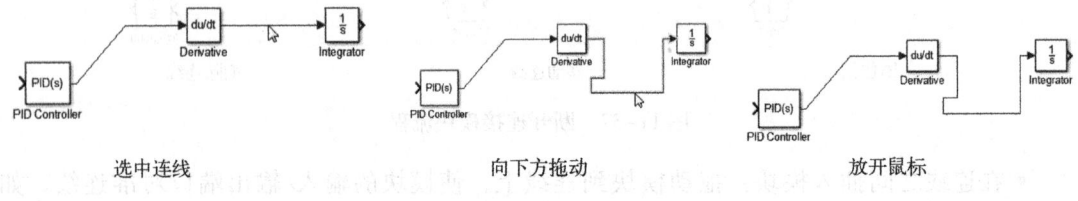

图 11-41 折线的操作

知识拓展：

Simulink 提供了通过命令行建立模型和设置模型参数的方法。在一般情况下，用户不需要使用这种方式来建模，因为它很不直观，这里不再介绍。

例 11-5：正弦信号的最大值、最小值输出。

解：1）打开 Simulink 模块库中的 Commonly Used Blocks 库，选中 Subsystem 模块，将其拖动到模型中。

选择 Source 库中的正弦信号模块 Sine Wave 以及 Commonly Used Blocks 库中的定义输入信号的最大和最小值模块 Saturation，将其拖动到模型中，结果如图 11-42 所示。

2）双击 Subsystem 模块图标，打开 Subsystem 模块编辑窗口。

3）在新的空白窗口创建子系统，选择 Commonly Used Blocks 库中的将输入信号合并成向量信号模块 Bus Creator，结果如图 11-43 所示。

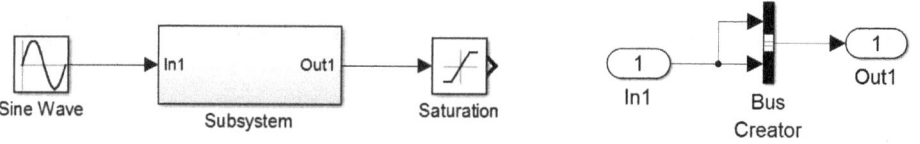

图 11-42　创建子系统图　　　　图 11-43　绘制 Subsystem 模块

4）将文件保存为"sine_max_min"文件。

例 11-6：信号选择输出。

解：1）打开 Simulink 模块库中的 Commonly Used Blocks 库，选中 Switch（选择器）模块、Scope（示波器）模块，将其拖动到模型中。

2）选择 Source 库中的正弦信号 Sine Wave 模块、Constant 模块、Chirp Signal 模块，连接模块，结果如图 11-44 所示。

3）选中要创建成子系统的模块，如图 11-45 所示。选择菜单栏中的"Disgram"→"Subsystem&Model Reference"→"Create Subsystem from Selection"命令，模块自动变为 Subsystem 模块，结果如图 11-46 所示。

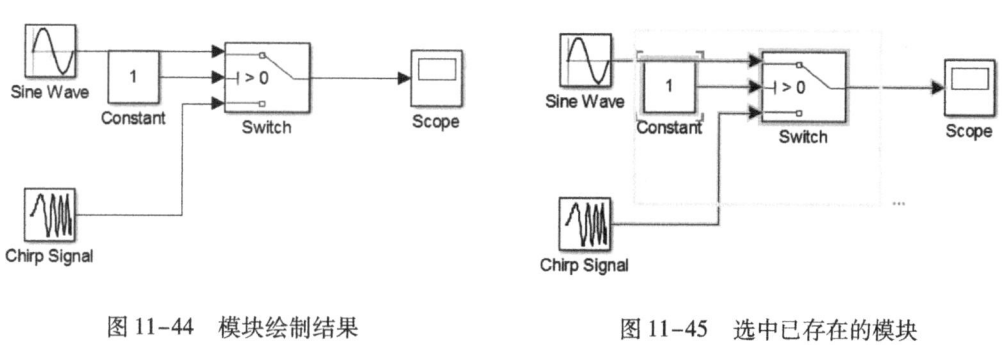

图 11-44　模块绘制结果　　　　图 11-45　选中已存在的模块

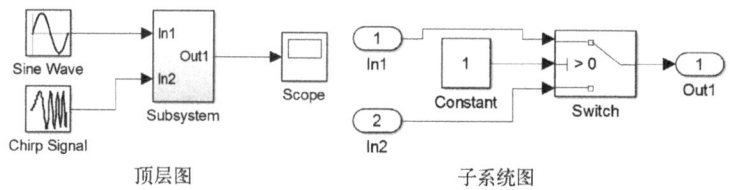

图 11-46　创建子系统

4）将文件保存为"signal_switch"文件。

11.4　仿真分析

Simulink 的仿真性能和精度受许多因素的影响，包括模型的设计、仿真参数的设置等。可以通过设置不同的相对误差或绝对误差参数值，比较仿真结果，并判断解是否收敛，设置较小的绝对误差参数。

11.4.1 仿真参数设置

在模型窗口中选择"Simulation"→"Mode Configuration Parameters"菜单项，打开设置仿真参数的对话框，如图 11-47 所示。

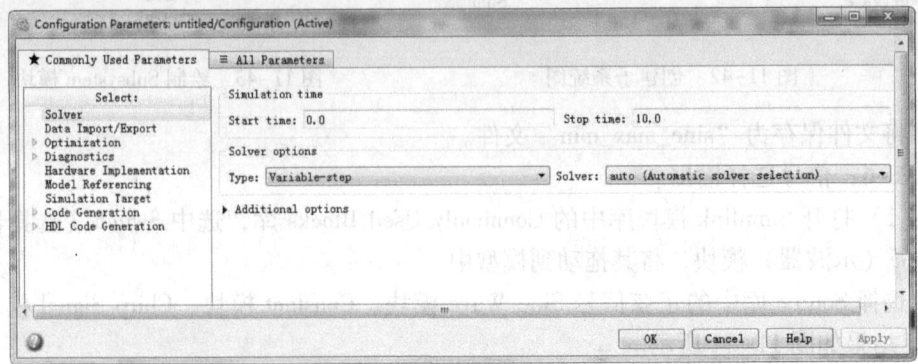

图 11-47　设置仿真参数的对话框

下面介绍不同面板中参数的含义。

（1）Solver 面板

要用于设置仿真开始和结束时间，选择解法器，并设置相应的参数，如图 11-48 所示。

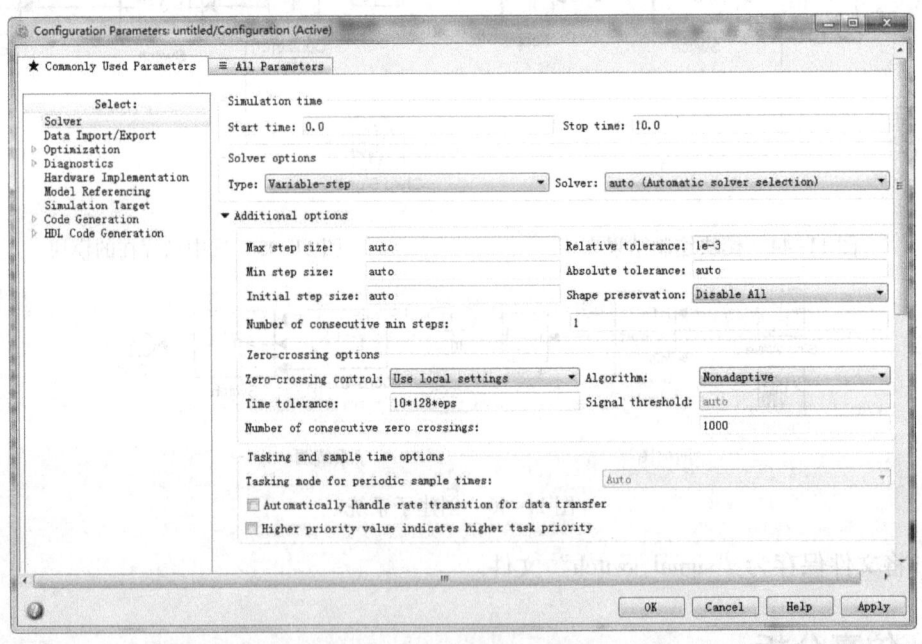

图 11-48　Solver 面板

Simulink 支持两类解法器：固定步长和变步长解法器。Type 下拉列表用于设置解法器类型，Solver 下拉列表用于选择相应类型的具体解法器。

（2）Data Import/Export 面板

主要用于向 MATLAB 工作空间输出模型仿真结果，或从 MATLAB 工作空间读入数据到模型，如图 11-49 所示。

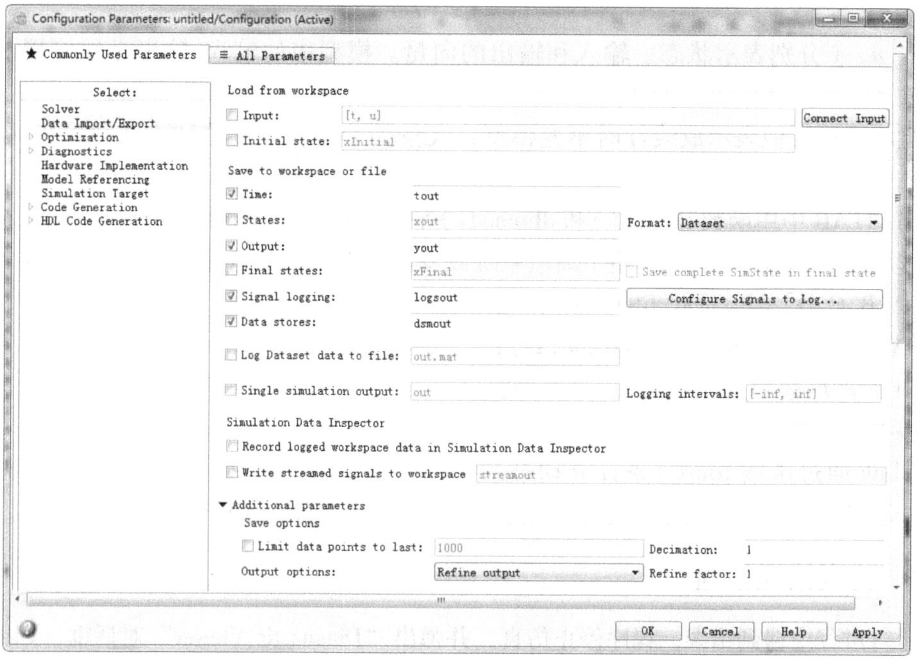

图 11-49 Data Import/Export 面板

- Load from workspace：设置从 MATLAB 工作空间向模型导入数据。
- Save to Workspace：设置向 MATLAB 工作空间输出仿真时间、系统状态、输出和最终状态。
- Save options：设置向 MATLAB 工作空间输出数据。

11.4.2 仿真的运行和分析

仿真结果的可视化是 Simulink 建模的一个特点，而且 Simulink 还可以分析仿真结果。仿真运行方法包括以下 4 种。

- 选择菜单栏中的"Simulation"→"Run"命令。
- 单击工具栏中的"Run"按钮 ▶。
- 通过命令窗口运行仿真。
- 从 M 文件中运行仿真。

为了使仿真结果能达到一定的效果，仿真分析还可采用几种不同的分析方法。

1. 仿真结果输出分析

在 Simulink 中输出模型的仿真结果有如下 3 种方法。

- 在模型中将信号输入 Scope（滤波器）模块或 XY Graph 模型。
- 将输出写入 To Workspace 模块，然后使用 MATLAB 绘图功能。
- 将输出写入 To File 模块，然后使用 MATLAB 文件读取和绘图功能。

2. 线性化分析

线性化就是将所建模型用如下的线性时不变模型进行近似表示：

$$\begin{cases} \dot{x} = Ax + Bu \\ y = Cx + Du \end{cases}$$

其中，x、u、y 分别表示状态、输入和输出的向量。模型中的输入/输出必须使用 Simulink 提供的输入（Inl）和输出（Outl）模块。

一旦将模型近似表示成线性时不变模型，大量关于线性的理论和方法就可以用来分析模型。

在 MATLAB 中用函数 linmod( ) 和 dlinmod( ) 来实现模型的线性化，其中，函数 linmod( ) 用于连续模型，函数 dlinmod( ) 用于离散系统或者混杂系统。其具体使用方法如下：

- [A,B,C,D] = lirnmod(filename)；
- [A,B,C,D] = dlinmod(filename,Ts)；

其中参量 Ts 表示采样周期。

3. 平衡点分析

Sinulink 通过函数 trim( ) 来计算动态系统的平衡点，所谓稳定状态点，就是满足 $x = f(x)$。并不是所有时候都有解，如果无解，则函数 trim( ) 返回离期望状态最近的解。

11.4.3　仿真错误诊断

在运行过程中遇到错误，程序停止仿真，并弹出"Diagnostic Viewer"对话框，如图 11-50 所示。通过该对话框，可以了解模型出错的位置和原因。

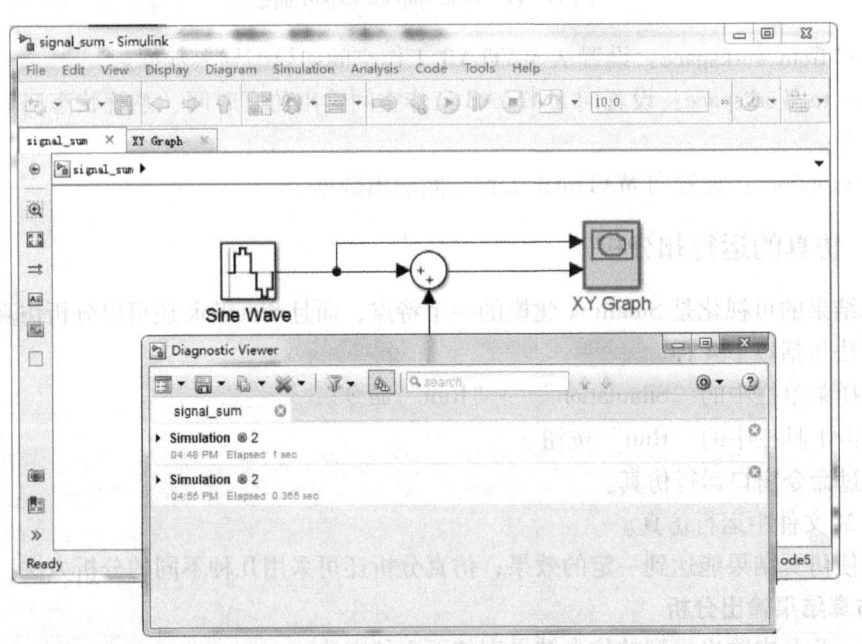

图 11-50　仿真诊断对话框

单击每一个错误左侧的展开按钮，列出了每个错误的信息，如图 11-51 所示，在蓝色文字上单击，在模块文件中显示对应的错误模型元素用黄色加亮显示。

展开的错误信息包括 Message 的完整内容，包括出错原因和元素。

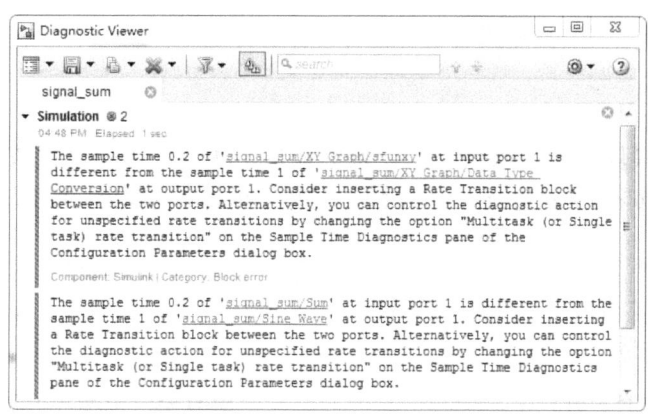

图 11-51　显示详细的错误信息

11.5　过零检测

Simulink 中的仿真都是根据某种方式选定若干采样点进行计算和数据传递，因此对于显著变化的区域，若采样点不足，则可能无法反映真实的情况。固定步长仿真方式无法保证准确描述显著变化的区域；可变步长仿真方式当变化趋势平缓时，保持或增加步长，变化趋势剧烈时，减小步长。

过零检测通过 Simulink 为模块注册若干过零函数，解决上述问题。当变化趋势剧烈时，过零函数发生符号变化。每个采样点仿真结束时，Simulink 检测是否有过零函数符号变化，如果检测到过零点，Simulink 将在前一个采样点和目前采样点间内插值，即减少了步长。

表 11-5 所示为 Simulink 中支持过零检测的模块，大多数 Simulink 模块都支持过零检测。

表 11-5　支持过零点检测的模块

模 块 名	说　　明
Abs	一个过零检测：检测输入信号沿上升或下降方向通过零点
Backlash	两个过零检测：一个检测是否超过上限阈值，一个检测是否超过下限阈值
Dead Zone	两个过零检测：一个检测何时进入死区，一个检测何时离开死区
Hit Crossing	一个过零检测：检测输入何时通过阈值
Integrator	若提供了 Reset 端口，就检测何时发生 Reset；若输出有限，则有 3 个过零检测，即检测何时达到上限饱和值、检测何时达到下限饱和值和检测何时离开饱和区
MinMax	一个过零检测：对于输出向量的每一个元素，检测一个输入何时成为最大或最小值
Relay	一个过零检测：若 relay 是 off 状态，就检测开启点；若是 on 状态，就检测关闭点
Relational Operator	一个过零检测：检测输出何时发生改变
Saturation	两个过零检测：一个检测何时达到或离开上限，一个检测何时达到或离开下限
Sign	一个过零检测：检测输入何时通过零点
Step	一个过零检测：检测阶跃发生时间
Switch	一个过零检测：检测开关条件何时满足
Subsystem	用于有条件地运行子系统：一个使能端口，一个触发端口

11.6 代数环

如果 Simulink 模块的输入依赖于该模块的输出,就会产生一个代数环,如图 11-52 和图 11-53 所示。这意味着无法进行仿真,因为没有输入就得不到输出,没有输出也得不到输入。

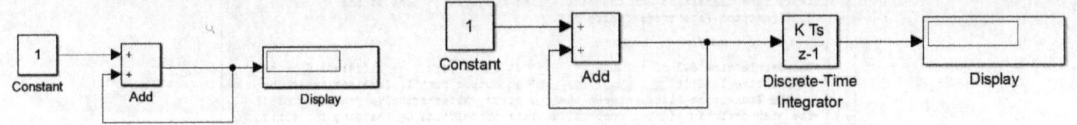

图 11-52 代数环示例 1　　　　　　　　图 11-53 代数环示例 2

解决代数环的方法有以下几种。
- 尽量不形成代数环的结构,采用替代结构。
- 为可以设置初始值的模块设置初值。
- 对于离散系统,在模块的输出一侧增加 unit delay 模块。
- 对于连续系统,在模块的输出一侧增加 memoIy 模块。

11.7 回调函数

为模型或模块设置回调函数的方法有下面两种。
- 通过模型或模块的编辑对话框来设置。
- 通过 MATLAB 相关的命令来设置。

在图 11-54 和图 11-55 所示的"Model Properties untitled(模型属性设置)"和"Block Properties:Data Type Conversion(模块属性设置)"对话框中的 Callbacks 选项卡给出了回调函数列表,分别见表 11-6 和表 11-7。

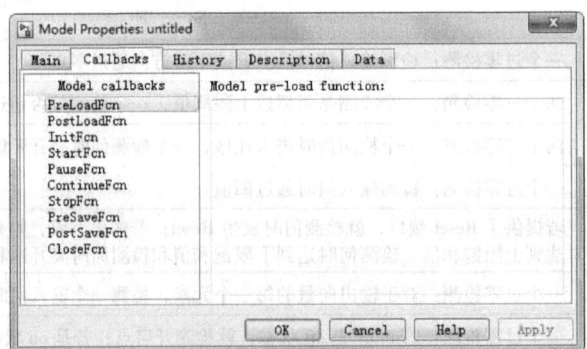

图 11-54 模型属性对话框

表 11-6 模型的回调参数

模型回调参数名称	参数含义
CloseFcn	在模型图表被关之前调用
PostLoadFcn	在模型载入之后调用

(续)

模型回调参数名称	参数含义
InitFcn	在模型的仿真开始时调用
PostSaveFcn	在模型保存之后调用
PreLoadFcn	在模型载入之前调用,用于预先载入模型使用的变量
PreSaveFcn	在模型保存之前调用
StartFcn	在模型仿真开始之前调用
StopFcn	在模型仿真停止之后,在 StopFcn 执行前,仿真结果先写入工作空间中的变量和文件中

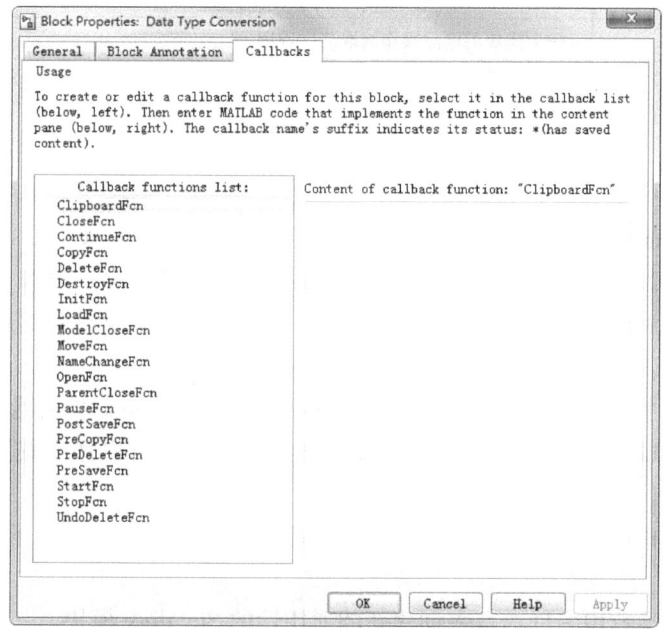

图 11-55 模块属性设置对话框

表 11-7 模块的回调参数

模型回调参数名称	参数含义
ClipboardFcn	在模块被复制或剪切到系统粘贴板时调用
CloseFcn	使用 close-system 命令关闭模块时调用
CopyFcn	模块被复制之后调用,该回调对于子系统是递归的。如果是使用 add—block 命令复制模块,该回调也会被执行
DeleteFcn	在模块删除之前调用
DeleteChildFcn	从子系统中删除模块之后调用
DestroyFcn	模块被毁坏时调用
InitFcn	在模块被编译和模块参数被估值之前调用
LoadFcn	模块载入之后调用,该回调对于子系统是递归的
ModelCloseFcn	模块关闭之前调用,该回调对于子系统是递归的
MoveFcn	模块被移动或调整大小时调用

(续)

模型回调参数名称	参数含义
NameChangeFcn	模块的名称或路径发生改变时
OpenFcn	双击打开模块或者使用 open – system 命令打开模块时调用,一般用于子系统模块
ParentCloseFcn	在关闭包含该模块的子系统或者用 new – system 命令建立的包含该模块的子系统时调用
PostSaveFcn	模块保存之后调用,该回调对于子系统是递归的
PreSaveFcn	模块保存之前调用,该回调对于子系统是递归的
StarFcn	模块被编译之后,仿真开始之前调用
StopFcn	仿真结束时调用
UndoDeleteFcn	一个模块的删除操作被取消时调用

11.8 S 函数

S 函数是一种描述动态系统的计算机语言,可以用 MATLAB、C、C++、Ada 和 Fortran 语言编写。用 C、C++等语言编写的 S 函数用 mex 命令可编译成:MEX 文件,从而可以像 MATLAB 中的其他 MEX 文件一样,动态地连接到 MATLAB。本章只介绍用 MATLAB 语言编写的 S 函数。

S 函数采用一种特殊的调用语法,使得 S 函数可以和 Simulink 解法器进行交互,这种交互与解法器和 SimrLlink 自带模块间的交互十分类似。S 函数可以用于描述连续、离散和混杂系统。

S 函数(System 函数)是扩展 Simulink 功能的强有力的工具,S 函数可以实现以下操作。

* 可以通过 S 函数用多种语言来创建新的通用性的 Simulink 模块。
* 编写好的 S 函数,可以在 User – Defined Functions 模块库的 s—function 模块中通过名称来调用,并可以进行封装。
* 可以通过 S 函数将一个系统描述成一个数学方程。
* 便于图形化仿真。
* 可以创建代表硬件驱动的模块。

11.8.1 S 函数的工作流程

在理解 S 函数的工作流程前,需要理解 Simulink(模块对应的数学描述以及 Simulink 仿真流程。

1. Simulink 模块的数学描述

描述一个 Simulink 模块需要 3 个基本元素,即输入向量(t)、状态向量(s)和输出向量(y),输出是输入向量、状态向量和采样时间的函数。在计算中,往往需要利用如下的 3 种关系:

$$y = f_0(t, u, x) \quad \text{输出}$$

$$\dot{x}_c = f_d(t,x,u) \qquad 微分$$
$$x_d(k+1) = f_u(t,x,u) \qquad 更新$$

Simulink 在仿真时把上面的关系对应为不同的函数,它们分别实现计算模块的输出、更新模块的离散状态和计算连续状态的微分。

Simulink 在仿真的开始和结束,还包括初始化和结束处理。上述每一个部分,Simulink 都需要重复对模型进行调用。

2. SinluIink 仿真流程

Simulink. 仿真按照图 11-56 所示的流程进行,由此可知仿真是分阶段进行的。在初始化阶段,Simulink 将库中的模块并入自建模型中,确定模块端口的数据宽度、数据类型和采样时间,评估模块参数,决定模块运行的优先级,定位存储地址;然后进入仿真循环;如此循环,直至仿真结束。含有 S 函数模块的模型的仿真流程与此类似。

3. S 函数的回调函数

一个 S 函数是由一系列回调函数组成的,仿真循环中的每个仿真阶段都由 Simulink 调用回调函数来执行相应的任务。与一般模型的仿真类似,S 函数的回调函数可以完成以下任务。

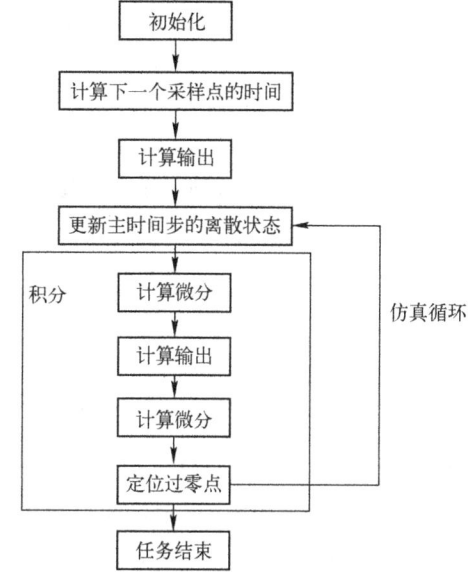

图 11-56　仿真执行流程图

- 初始化:在进入第一个仿真循环之前,Simulink 初始化 S 函数。在此阶段,Simulink 主要完成初始化 SimStruct(SimStruct 包含 S 函数信息的数据结构)、确定输入/输出端口的数目和大小、确定模块的采样时间、分配内存和 Sizes 数组的工作。
- 计算下一个采样点。如果模型使用变步长解法器,那么就需要在当前仿真时确定下一个采样点的时刻。
- 计算当前仿真步的输出。本次回调完成后,模块所有输出端口的值对当前仿真步有效,即模块的输出被更新后才能作为其他模块的有效输入。
- 更新当前仿真步的离散状态。在此仿真阶段,所有的模块都更新离散状态。
- 积分。只有当模块具有连续状态或者非采样过零点时,Simulink 才会有这一仿真阶段。

11.8.2　S 函数的编写

使用 MATLAB 语言编写的 S 函数称为 M 文件 S 函数,M 文件 S 函数的形式如下。

$$[sys,x0,str,ts] = f(t,x,u,flag,p1,p2,\ldots)$$

表 11-8 所示为上面各参数的含义,M 文件 S 函数中的回调函数是用子函数的形式来实现的。

表 11-8 函数各参数的含义

参数名	参数含义
f	S 函数的名称
t	当前仿真时间
x	S 函数模块的状态向量
u	S 函数模块输入
flag	用以标示 S 函数当前所处的仿真阶段，以便执行相应的子函数
p1，p2⋯	S 函数模块的参数
ts	向 Simulink 返回一个包含采样时间和偏置值的两列矩阵。不同的采样时刻设置方法对应不同的矩阵值。如果希望 S 函数在每一个时间步都运行，就设为 [0 0]；如果希望 S 函数模块与和它相连的模块以相同的速率运行，就设为 [-1 0]；如果希望可变步长，则设为 [2 0]；如果希望从 0.1s 开始，每隔 0.25s 运行一次，就设为 [0.25 0.1]；如果 S 函数执行多个任务，而每个任务运行的速率不同，可设为多维矩阵，两个任务设为 [0.25 0; 1.0 0.1]
sys	用于向 Simulink 返回仿真结果的变量。根据不同的 flag 值，sys 返回的值也不完全一样（因为不同的 flag 对应不同的仿真阶段和仿真任务，仿真也就得到不同的结果）
X0	用于向 Simulink 返回初始状态值
str	保留参数

在模型仿真过程中，Simulink 重复调用函数 f()，并根据 Simulink 所处的仿真阶段（由 flag 参量值决定）为 sys 变量指定不同的角色，并调用相应的子函数。

因此，在编写 M 文件 S 函数时，只需用 MATLAB 语言来编写每个 flag 值对应的子函数即可。表 11-9 所示为在各个仿真阶段对应要执行的回调函数方法以及相应的 fnag 参数值。

表 11-9 各个仿真阶段对应要执行的 S 函数方法

仿真阶段及方法说明	S 函数方法	flag
初始化。定义 S 函数模块的基本特性，包括采样时间、连续或离散状态的初始条件和 Sizes 数组	mdlInitializeSizes	flag = 0
计算微分	mdlDerivatives	flag = 1
更新离散状态	mdlUpdate	flag = 2
计算输出	mdlOutputs	flag = 3
计算下一个采样点的绝对时间。该方法只有用户在 mdlInitializeSizes 说明了一个可变的离散采样时间时才可用	mdlGetTimeOfNextVarHit	flag = 4
结束仿真	mdlTerminate	flag = 9

函数 mdlInitializesizes() 中的 sizes 是一个结构，它是 S 函数信息的载体，其中各字段的含义表 11-10。

表 11-10 函数 mdlInitializesizes 字段的含义

字段名	含义	字段名	含义
sizes.NumContStates	连续状态的数目	sizes.NumInputs	输入的数目（所有输入向量的宽度之和）
sizes.NumDiscStates	离散状态的数目	sizes.DirFeedthrough	有无直接馈入
sizes.NumOutputs	输出的数目（所有输出向量的宽度之和）	sizes.NumSampleTimes	采样时间的数目

S 函数模块还可实现直接馈入、输入信号宽度动态可变以及多种采样时间的设置。

11.9 操作实例——轴系扭转振动仿真

某柴油机 4 级系统振动微分方程

$$I\ddot{\varphi} + C\dot{\varphi} + K\varphi = T$$

其中，ψ 是轴系各质量点扭振转角位移，轴系节点扭矩向量 $T = 1200 \text{ N} \cdot \text{m}$，轴系转动惯量 $I = (0.002 - 6.7) \text{k} \cdot \text{gm}^2$，阻尼 $C = 13000(\text{N} \cdot \text{m})\text{s/rad}$，刚度矩阵 $K = 200000000 \text{ N/m}$，当 $T = 0$ 时，计算系统自由振动；$T \neq 0$，计算系统强迫振动。

系统强迫振动微分方程表述为：

$$5\ddot{\varphi} + 13000\dot{\varphi} + 2000\varphi = 1200$$

将原微分方程修改为：

$$\ddot{\varphi} = 240 - 2600\dot{\varphi} - 400\varphi$$

操作步骤如下。

1. 创建模型文件

在 MATLAB "主页" 主窗口单击 "新建" → "SIMULINK 模型" 命令，打开 Simulink 模型文件。

2. 打开库文件

选择菜单栏中的 "View" → "Library Browser" 命令，弹出图 11-57 所示的模块库浏览器。

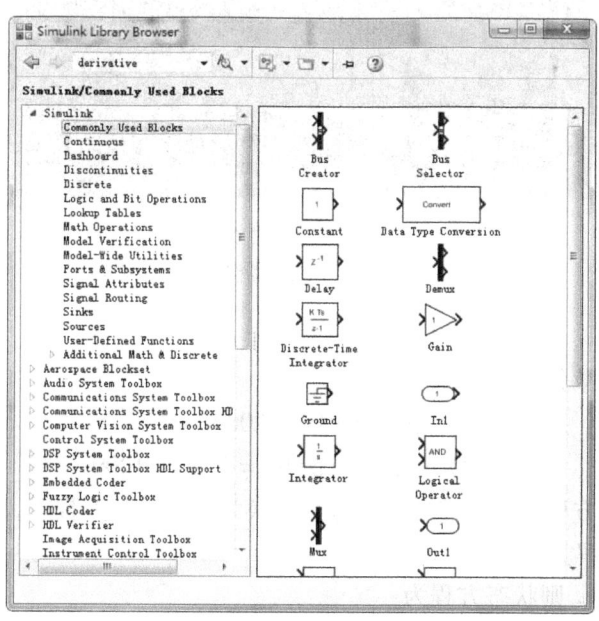

图 11-57 "Simulink Library Browser" 对话框

3. 放置模块

在模块库中，选择 "Simulink" → "Commonly Used Blocks" 中的 1 个常数模块 Constant、2 个增益模块 Gain、2 个积分模块 Intergrater，将其拖动到模型中。

选择 "DSP System Toolbox" → "Sink" 库中的滤波器模块 Scope，将其拖动到模型中。

选择 "Simulink" → "Math" 库中选择 Add 加法模块，将其拖动到模型中。

4. 仿真模型中参数的设定

设置 Gain 模块中增益值为 400，Gain1 中增益值为 4000；常数模块 Constant 设置为 240，默认积分模块 Intergrater 参数，Add 加法模块设置 3 个减法。连接模块，结果如图 11-58 所示。

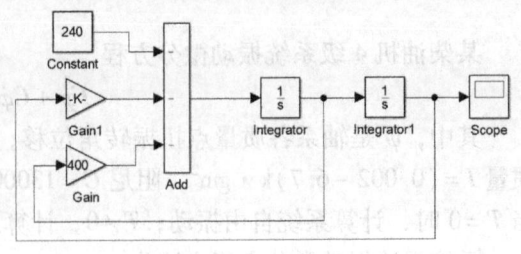

图 11-58 创建模型图

5. 仿真分析

单击工具栏中的 "Run" 按钮，弹出 "Scope" 对话框，在滤波器中显示分析结果，如图 11-59 所示。

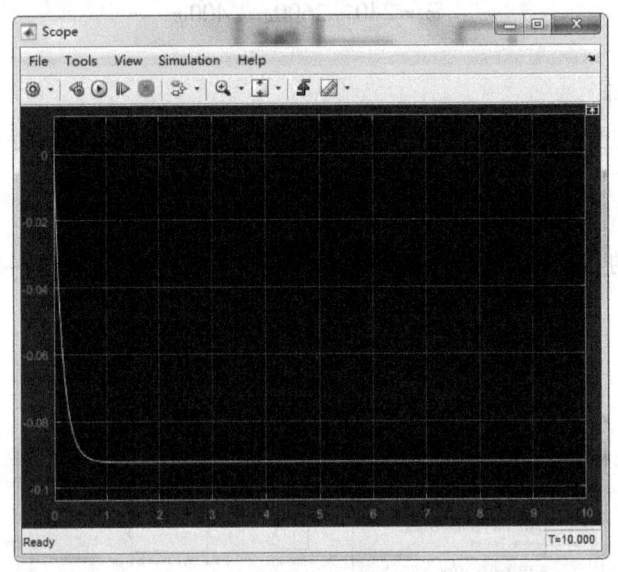

图 11-59 滤波器分析图

6. 转化方程组

对系统强迫振动微分方程：

$$5\ddot{\varphi} + 13000\dot{\varphi} + 2000\varphi = t$$

$$\psi(0) = 1200, \quad \psi(0) = 0, \quad t = 1200$$

上式为高阶微分方程，这里需要将其进行转换为一阶微分方程组，即状态方程，然后使用函数 ode45 进行求解。

令 $x_1 = \psi$，$x_2 = \dot{\varphi}$，则状态方程为：

$$\dot{x}_1 = x_2$$
$$\dot{x}_2 = 0.2t - 400x_1 - 2600x_2$$

7. 时间响应曲线与平面曲线

1）创建函数文件 verderpol.m。

```
function [ xn ] = verderpol(t,x)
global mu;
xn = [x(2);0.2*mu-400*x(1)-2600*x(2)];
end
```
在命令行窗口中输入下面的程序:
```
global mu;
mu = 1200;
y0 = [1200;0]
[t,x] = ode45(@verderpol,[0,1200],y0);      %求解微分方程
subplot(1,2,1);plot(t,x);
title('时间响应曲线')                          %绘制系统时间响应曲线
subplot(1,2,2);plot(x(:,1),x(:,2))            %绘制平面曲线
title('平面曲线')
```

2) 执行程序后,弹出图形界面,如图 11-60 所示。

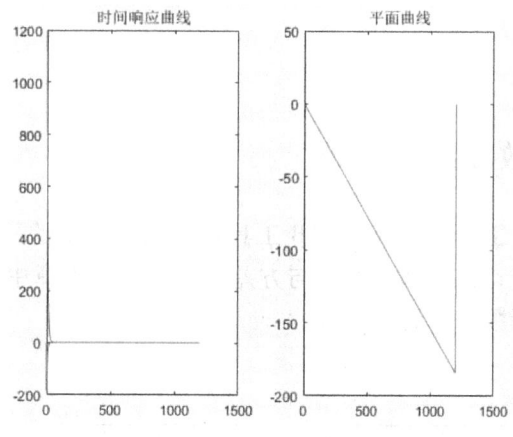

图 11-60 时间响应曲线与平面曲线

在图形界面选择菜单栏中的"文件"→"另存为"命令,将生成的图形文件保存为"xiangyingquxianyupingmianquxian.flg"。

第 12 章 数理统计分析

内容指南

在工程试验与工程测量中会对离散数据与连续数据进行分析处理，数理统计分析属于这个范畴。MATLAB 提供了关于数理统计的函数，包括曲线拟合和回归分析。

知识重点

📖 MATLAB 数理统计基础
📖 曲线拟合
📖 回归分析

12.1 MATLAB 数理统计基础

MATLAB 的数理统计工具箱是 MATLAB 工具箱中较为简单的一个，其涉及的数学知识是大家都很熟悉的数理统计，比如求均值与方差等。因此在本章中，我们将对 MATLAB 数理统计工具箱中的一些函数进行简单介绍。

12.1.1 样本均值

MATLAB 中计算样本均值的函数为 mean，其调用格式见表 12-1。

表 12-1 mean 调用格式

调用格式	说 明
M = mean(A)	如果 A 为向量，输出 M 为 A 中所有参数的平均值；如果 A 为矩阵，输出 M 是一个行向量，其每一个元素是对应的列的元素的平均值
M = mean(A,dim)	按指定的维数求平均值

MATLAB 还提供了表 12-2 中的其他几个求平均数的函数，调用格式与 mean 函数相似。

表 12-2 mean 调用格式

函 数	说 明
nanmean	求算术平均
geomean	求几何平均
harmmean	求和谐平均
trimmean	求调整平均

例 12-1：求 40Cr 的不同系数下许用抗压、弯应力许用剪切应力、许用端面承压应力的几种平均值。

1.48	331.1	1912	496.7
1.34	365.7	211.1	548.6
1.22	401.7	231.9	602.6

解：MATLAB 程序如下：

```
>> A = [311.1 192.2 496.7;365.7 211.1 548.6;401.7 231.9 602.6];
>> A1 = mean(A)
ans =
    3.0000    4.0000    6.0000    7.0000    7.0000    5.5000
>> A2 = mean(A,2)
ans =
    5.8333
    5.0000
>> A3 = nanmean(A)
ans =
    3.0000    4.0000    6.0000    7.0000    7.0000    5.5000
>> A4 = geomean(A)
ans =
    2.2361    3.8730    5.1962    6.9282    7.0000    4.8990
>> A5 = harmmean(A)
ans =
    1.6667    3.7500    4.5000    6.8571    7.0000    4.3636
>> A6 = trimmean(A,1)
ans =
    3.0000    4.0000    6.0000    7.0000    7.0000    5.5000
>> subplot(3,2,1),plot(A,'k-')
>> hold on
>> plot(A1,'bo')
>> hold off
>> title('样本平均')
>> subplot(3,2,2),plot(A,'k-')
>> hold on
>> plot(A2,'r+')
>> hold off
>> title('算数平均')
>> subplot(3,2,3),plot(A,'k-')
>> hold on
>> plot(A3,'c>')
>> hold off
>> title('第二列算数平均')
>> subplot(3,2,4),plot(A,'k-')
>> hold on
>> plot(A4,'m<')
>> hold off
>> title('几何平均')
>> subplot(3,2,5),plot(A,'k-')
```

```
>> hold on
>> plot(A5,'yp')
>> hold off
>> title('和谐平均')
>> subplot(3,2,6),plot(A,'k-')
>> hold on
>> plot(A6,'gv')
>> hold off
>> title('调整平均')
```

在图形窗口中显示平均值与原数据结果对比图,如图12-1所示。

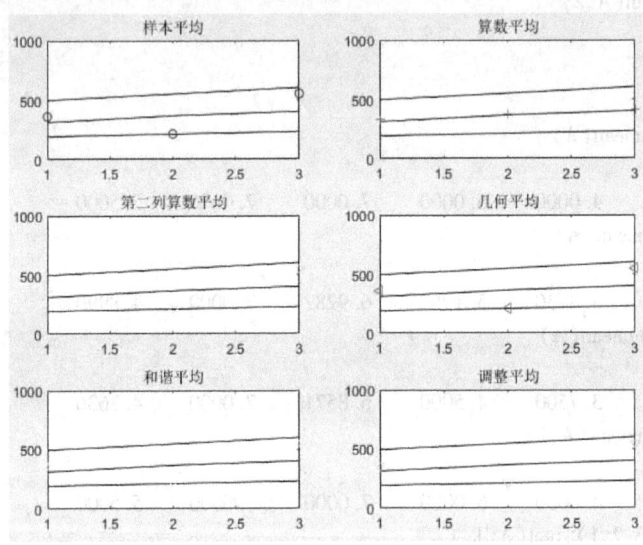

图 12-1 平均数据对比图

12.1.2 样本方差与标准差

MATLAB 中计算样本方差的函数为 var,其调用格式见表 12-3。

表 12-3 var 调用格式

调用格式	说 明
V = var(X)	如果 X 是向量,输出 V 是 X 中所有元素的样本方差;如果 X 是矩阵,输出 V 是行向量,其每一个元素是对应列的元素的样本方差,这里使用的是 $n-1$ 标准化
V = var(X,1)	使用 n 标准化,即按二阶中心矩的方式计算
V = var(X,w)	w 是权重向量,其元素必须为正,长度与 X 匹配
V = var(X,w,dim)	dim 指定计算维数

MATLAB 中计算样本标准差的函数为 std,其调用格式见表 12-4。

表 12-4 std 调用格式

调用格式	说 明
s = std(X)	按照样本方差的无偏估计计算样本标准差,如果 X 是向量,输出 s 是 X 中所有元素的样本标准差;如果 X 是矩阵,输出 s 是行向量,其每一个元素是对应列的元素的样本标准差

(续)

调用格式	说　　明
s = std(X,flag)	如果 flag 为 0，同上；如果 flag 为 1，按照二阶中心矩的方式计算样本标准差
s = std(X,flag,dim)	dim 指定计算维数

例 12-2：已知某批电线的寿命服从正态分布 $N(\mu,\sigma^2)$，今从中抽取 4 组进行寿命试验，测得数据如下（单位：h）：2501，2253，2467，2650。

试估计参数 μ 和 σ。

解：MATLAB 程序如下：

```
>> clear
>> A = [2501,2253,2467,2650];
>> miu = mean(A)
miu =
    2.4678e + 03
>> sigma = var(A,1)
sigma =
    2.0110e + 04
>> sigma^0.5
ans =
    141.8086
>> sigma2 = std(A,1)
sigma2 =
    141.8086
```

可以看出，两个估计值分别为 2467.8 和 141.8086，在这里我们使用的是二阶中心矩。

12.1.3　协方差和相关系数

MATLAB 中计算协方差的函数为 cov，其调用格式见表 12-5。

表 12-5　cov 调用格式

调用格式	说　　明
cov(x)	**x** 为向量时，计算其方差；**x** 为矩阵时，计算其协方差矩阵，其中协方差矩阵的对角元素是 **x** 矩阵的列向量的方差，使用的是 $n-1$ 标准化
cov(x,y)	计算 **x**、**y** 的协方差矩阵，要求 **x**、**y** 维数相同
cov(x,1)	使用的是 n 标准化
cov(x,y,1)	使用的是 $n-1$ 标准化

MATLAB 中计算相关系数的函数为 corrcoef，其调用格式见表 12-6。

表 12-6　corrcoef 调用格式

调用格式	说　　明
R = corrcoef(X)	计算矩阵 **X** 的列元的相关系数矩阵 **R**
R = corrcoef(x,y)	计算列向量 **x**、**y** 的相关系数矩阵 **R**
[R,P] = corrcoef(…)	**P** 返回的是不相关的概率矩阵
[R,P,RLO,RUP] = corrcoef(…)	RLO、RUP 分别是相关系数 95% 置信度的估计区间上、下限

例 12-3：表 12-7 显示不同微生物在低温、常温、高温下的存活时间（时间为分钟），求数据的协方差。

表 12-7 给定数据

低温/min	常温/min	高温/min
128.8	334.7	385.5
246.4	142	369.7
270.6	156.3	406

解：MATLAB 程序如下：

```
>> A = [128.8 334.7 385.5;246.4 142 369.7;270.6 156.3 406];
>> cov(A)
ans =
   1.0e + 04 *
    0.5754   -0.7935    0.0321
   -0.7935    1.1527   -0.0016
    0.0321   -0.0016    0.0331
>> corrcoef(A)
ans =
    1.0000   -0.9744    0.2327
   -0.9744    1.0000   -0.0080
    0.2327   -0.0080    1.0000
```

12.2 曲线拟合

在工程实践中，只能通过测量得到一些离散的数据，然后利用这些数据得到一个光滑的曲线来反映某些工程参数的规律。这就是一个曲线拟合的过程。本节将介绍 MATLAB 的曲线拟合命令以及用 MATLAB 实现的一些常用拟合算法。

12.2.1 多项式拟和

多项式拟和用 polyfit 来实现。其调用格式见表 12-8。

表 12-8 polyfit 调用格式

调用格式	说明
lyfit(x,y,n)	表示用二乘法对已知数据 x、y 进行拟和，以求得 n 阶多项式系数向量
[p,s] = polyfit(x,y,n)	p 为拟和多项式系数向量，s 为拟和多项式系数向量的信息结构

例 12-4：用 5 阶多项式对 $y=\sin x, x\in(0,\pi)$ 进行最小二乘拟和。

解：MATLAB 程序如下：

```
>> x = 0:pi/20:pi;
>> y = sin(x);
>> a = polyfit(x,y,5);
>> y1 = polyval(a,x);        % 多项式估值运算
>> plot(x,y,'go',x,y1,'b--')
```

结果如图 12-2 所示。

由图 12-2 可知，由多项式拟和生成的图形与原始曲线可以很好吻合，这说明多项式的拟和效果很好。

12.2.2 直线的最小二乘拟合

一组数据 $[x_1,x_2,\cdots,x_n]$ 和 $[y_1,y_2,\cdots,y_n]$，已知 x 和 y 成线性关系，即 $y=kx+b$，对该直线进行拟合，就是求出待定系数 k 和 b 的过程。如果将直线拟合看成是一阶多项式拟合，那么可以直接利用直线拟合的方法进行计算。

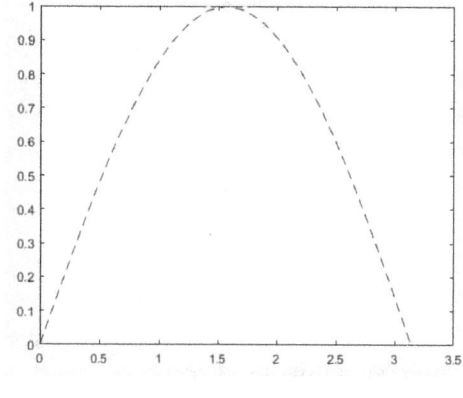

图 12-2 多项式拟合

由于最小二乘法直线拟合在数据处理中有其特殊的重要作用，这里再单独介绍另外一种方法：利用矩阵除法进行最小二乘拟合。

编写如下一个 M 文件：

```
function [k,b] = linefit(x,y)
n = length(x);
x = reshape(x,n,1);         %生成列向量
y = reshape(y,n,1);
A = [x,ones(n,1)];          %连接矩阵 A
bb = y;
B = A' * A;
bb = A' * bb;
yy = B\bb;
k = yy(1);                  %得到 k
b = yy(2);                  %得到 b
```

例 12-5：用 4 阶多项式对 $y=e^x, x\in(0,1)$ 进行最小二乘拟和。

```
>> x = 0:1/20:1;
>> y = exp(x);
>> a = polyfit(x,y,4);
>> y1 = polyval(a,x);
>> plot(x,y,'go',x,y1,'rh')
```

结果如图 12-3 所示。

例 12-6：将以下数据进行直线拟合，见表 12-9。

表 12-9 实验数据

x	0.5	1	1.5	2	2.5	3
y	1.75	2.45	3.81	4.8	8	8.6

解：MATLAB 程序如下：

```
>> clear
>> x = [0.5 1 1.5 2 2.5 3];
```

```
>> y = [1.75 2.45 3.81 4.8 8 8.6];
>> [k,b] = linefit(x,y)
k =
    2.9651
b =
    -0.2873
>> y1 = polyval([k,b],x);
>> plot(x,y1);
>> hold on
>> plot(x,y,'*')
```

拟合结果如图 12-4 所示。

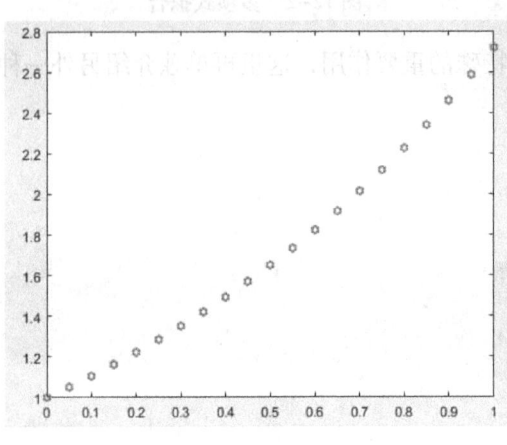

图 12-3 多项式拟合   图 12-4 直线拟合

例 12-7：函数线性组合。

已知存在一个函数线性组合 $g(x) = c_1 + c_2 e^{-2x} + c_3 \cos(-2x) e^{-4x} + c_4 x^2$，求出待定系数 c_i，实验数据见表 12-10。

表 12-10 实验数据

x	0	0.2	0.4	0.7	0.9	0.92
y	2.88	2.2576	1.9683	1.9258	2.0862	2.109

提示：

如果存在以下函数的线性组合 $g(x) = c_1 f_1(x) + c_2 f_2(x) + \cdots + c_n f_n(x)$，其中 $f_i(x)(i=1,2,\cdots,n)$ 为已知函数，$c_i(i=1,2,\cdots,n)$ 为待定系数，则对这种函数线性组合的曲线拟合，也可以采用直线的最小二乘拟合。

解：MATLAB 程序如下：

(1) 编写 M 文件

```
function yy = linefit2(x,y,A)
n = length(x);
y = reshape(y,n,1);
A = A';
```

```
yy = A\y;
yy = yy';
```

(2) 在命令窗口中输入向量数据

```
>> clear
>> x = [0 0.2 0.4 0.7 0.9 0.92];
>> y = [2.88 2.2576 1.9683 1.9258 2.0862 2.109];
```

(3) 输入表达式

```
>> A = [ones(size(x));exp(-2*x);cos(-2*x).*exp(-4*x);x.^2];
```

(4) 调用 linefit2 函数

```
>> yy = linefit2(x,y,A)
yy =
    1.1652    1.3660    0.3483    0.8608
```

(5) 绘制图形

```
>> plot(x,y1)
>> x = [0:0.01:0.92]';
>> A1 = [ones(size(x)) exp(-2*x),cos(-2*x).*exp(-4*x) x.^2];
>> y1 = A1*yy';
>> plot(x,y1)
```

12.2.3 最小二乘法曲线拟合

在科学实验与工程实践中,经常进行测量数据$\{(x_i,y_i),i=0,1,\cdots,m\}$的曲线拟合,其中$y_i=f(x_i),i=0,1,\cdots,m$。要求一个函数$y=S^*(x)$与所给数据$\{(x_i,y_i),i=0,1,\cdots,m\}$拟合,若记误差$\delta_i=S^*(x_i)-y_i$ $i=0,1,\cdots,m$,$\delta=(\delta_0,\delta_1,\cdots,\delta_m)^T$,设$\varphi_0,\varphi_1,\cdots,\varphi_n$是$C[a,b]$上的线性无关函数族,在$\varphi=\mathrm{span}\{\varphi_0(x),\varphi_1(x),\cdots,\varphi_n(x)\}$中找一个函数$S^*(x)$,使误差平方和

$$\|\delta\|^2 = \sum_{i=0}^{m}\delta_i^2 = \sum_{i=0}^{m}[S^*(x_i)-y_i]^2 = \min_{S(x)\in\varphi}\sum_{i=0}^{m}[S(x_i)-y_i]^2$$

这里,$S(x)=a_0\varphi_0(x)+a_1\varphi_1(x)+\cdots+a_n\varphi_n(x)$ $(n<m)$。

这就是所谓的曲线拟合的最小二乘方法,是曲线拟合最常用的一个方法。

MATLAB 提供了 polyfit 函数命令进行最小二乘的曲线拟合。

polyfit 命令的使用格式见表 12-11。

表 12-11 polyfit 调用格式

调用格式	说 明
p = polyfit(x,y,n)	对 x 和 y 进行 n 维多项式的最小二乘拟合,输出结果 p 为含有 $n+1$ 个元素的行向量,该向量以维数递减的形式给出拟合多项式的系数
[p,s] = polyfit(x,y,n)	结果中的 s 包括 R、df 和 $normr$,分别表示对 x 进行 QR 分解的三角元素、自由度、残差
[p,s,mu] = polyfit(x,y,n)	在拟合过程中,首先对 x 进行数据标准化处理,以在拟合中消除量纲等的影响,mu 包含两个元素,分别是标准化处理过程中使用的 x 的均值和标准差

例 12-8： 用二次多项式拟合数据，给定数据见表 12-12。

表 12-12 给定数据

金属材料	组合 I				组合 II				组合 III			
	安全系数	许用抗压弯应力/MPa	许用剪切应力/MPa	许用端面承压应力/MPa	安全系数	许用抗压弯应力/MPa	许用剪切应力/MPa	许用端面承压应力/MPa	安全系数	许用抗压弯应力/MPa	许用剪切应力/MPa	许用端面承压应力/MPa
Q235-A	1.48	152.0	87.8	228	1.34	167.9	96.9	251.9	1.22	184.4	106.5	276.6
16Mn	1.48	185.8	107.3	278.7	1.34	205.2	118.5	307.8	1.22	225.4	130.1	338.1

解： MATLAB 程序如下：

```
>> clear
>> x = [1.48,152.0,87.8,228,1.34,167.9,96.9,251.9,1.2,184.4,406.5,276.6];
>> y = [1.48,185.8,107.3,278.7,1.34,205.2,118.5,307.8,1.22,225.4,130.1,338.1];
>> p = polyfit(x,y,2)
p =
   -0.0043    2.2108   -19.0493
>> xi = 1.48:10:276.6;
>> yi = polyval(p,xi);
>> plot(x,y,'o',xi,yi,'k');
>> title('多项式拟合')
```

拟合结果如图 12-5 所示。

例 12-9： 用二次多项式拟合数据，见表 12-13。

表 12-13 给定数据

	1.4	1.5	1.6	1.7	1.8	1.9	2.0	2.1	2.2	2.3	2.4	2.5
45#	1.48	192.0	110.9	288	1.34	212.1	122.5	318.2	1.22	232.9	134.5	349.4

解： MATLAB 程序如下：

```
>> clear
>> x = 1.4:0.1:2.5;
>> y = [1.48,192.0,110.9,288,1.34,212.1,122.5,318.2,1.22,232.9,134.5,319.4];
>> [p,s] = polyfit(x,y,2)
p =
    6.5010   88.6566  -37.1634
s =
        R: [3x3 double]
       df: 9
    normr: 370.4611
```

例 12-10： 考查拟合的有效性。

在 $[0,\pi]$ 区间上对正弦函数进行拟合，然后在 $[0,2\pi]$ 区间上画出图形，比较拟合区间和非拟合区间的图形，考查拟合的有效性。

解： MATLAB 程序如下：

```
>>clear
>>x=0:0.1:pi;
>>y=sin(x);
>>[p,mu]=polyfit(x,y,9)
>>x1=0:0.1:2*pi;
>>y1=sin(x1);
>>y2=polyval(p,x1);
>>plot(x1,y1,'kh',x1,y2,'b-')
>>legend('sin(x)','拟合曲线')
p =
  1 至 5 列
    0.0000    0.0000   -0.0003    0.0002    0.0080
  6 至 10 列
    0.0002   -0.1668    0.0000    1.0000    0.0000
mu =
      R: [10x10 double]
     df: 22
   normr: 1.6178e-07
```

从图 12-6 中可以看出，区间 $[0,\pi]$ 经过了拟合，图形的符合性就比较优秀，$[\pi,2\pi]$ 区间没有经过拟合，图形就有了偏差。

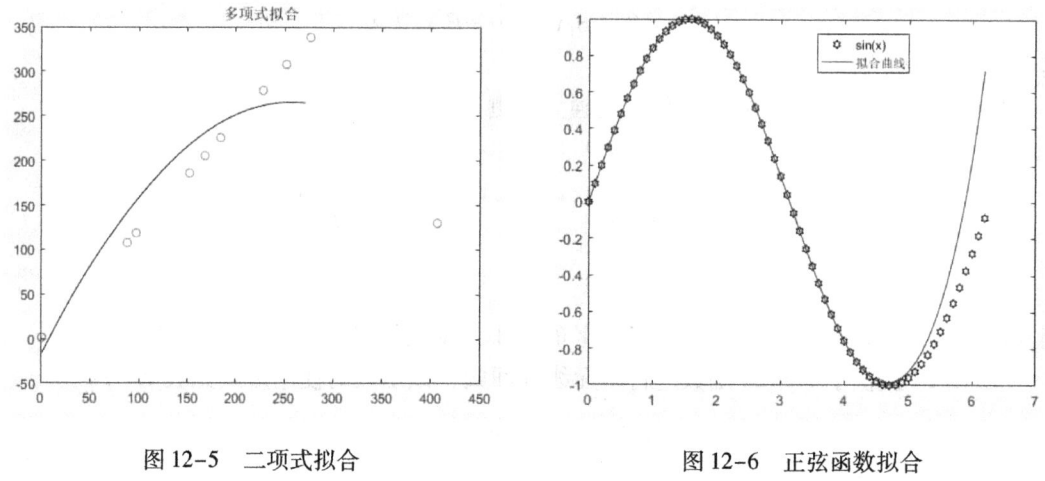

图 12-5 二项式拟合　　　　　　　　　　图 12-6 正弦函数拟合

12.3 回归分析

在客观世界中，变量之间的关系可以分为两种：确定性函数关系与不确定性统计关系。统计分析是研究统计关系的一种数学方法，可以由一个变量的值去估计另外一个变量的值。无论是在经济管理、社会科学还是在工程技术或医学、生物学中，回归分析都是一种普遍应用的统计分析和预测技术。本节主要针对目前应用最普遍的部分最小回归，进行一元线性回归、多元线性回归；同时，还将对近几年开始流行的部分最小二乘回归的 MATLAB 实现进行介绍。

12.3.1 一元线性回归

如果在总体中,因变量 y 与自变量 x 的统计关系符合一元线性的正态误差模型,即对给定的 x_i 有 $y_i = b_0 + b_1 x_i + \varepsilon_i$,那么 b_0 和 b_1 的估计值可以由下列公式得到:

$$\begin{cases} b_1 = \dfrac{\sum\limits_{i=1}^{n}(x_i - \bar{x})(y_i - \bar{y})}{\sum\limits_{i=1}^{n}(x_i - \bar{x})^2} \\ b_0 = \bar{y} - b_1 \bar{x} \end{cases}$$

其中,$\bar{x} = \dfrac{1}{n}\sum\limits_{i=1}^{n} x_i, \bar{y} = \dfrac{1}{n}\sum\limits_{i=1}^{n} y_i$。这就是部分最小二乘线性一元线性回归的公式。

MATLAB 提供的一元线性回归函数为 polyfit,因为一元线性回归其实就是一阶多项式拟合。

12.3.2 多元线性回归

在大量的社会、经济、工程问题中,对于因变量 y 的全面解释往往需要多个自变量的共同作用。当有 p 个自变量 $x_1, x_2, \cdots, x_p$ 时,多元线性回归的理论模型为

$$y = \beta_0 + \beta_1 x_1 + \cdots + \beta_p x_p + \varepsilon$$

其中,ε 是随机误差,$E(\varepsilon) = 0$。

若对 y 和 $x_1, x_2, \cdots, x_p$ 分别进行 n 次独立观测,记

$$Y = \begin{pmatrix} y_1 \\ y_2 \\ \vdots \\ y_n \end{pmatrix}, \quad X = \begin{pmatrix} 1 & x_{11} & \cdots & x_{1p} \\ 1 & x_{21} & \cdots & x_{2p} \\ \vdots & \vdots & & \vdots \\ 1 & x_{n1} & \cdots & x_{np} \end{pmatrix}, \quad \boldsymbol{\beta} = \begin{pmatrix} \beta_0 \\ \beta_1 \\ \vdots \\ \beta_p \end{pmatrix}$$

则 $\boldsymbol{\beta}$ 的最小二乘估计量为 $(X'X)^{-1}X'Y$,Y 的最小二乘估计量为 $X(X'X)^{-1}X'Y$。

MATLAB 提供了 regress 函数进行多元线性回归,该函数的使用形式见表 12-14。

表 12-14 regress 调用格式

调用格式	说明
b = regress(y, X)	对因变量 y 和自变量 X 进行多元线性回归,b 是对回归系数的最小二乘估计
[b, bint] = regress(y, X)	bint 是回归系数 b 的 95% 置信度的置信区间
[b, bint, r] = regress(y, X)	r 为残差
[b, bint, r, rint] = regress(y, X)	rint 为 r 的置信区间
[b, bint, r, rint, stats] = regress(y, X)	stats 是检验统计量,其中第一值为回归方程的置信度,第二值为 F 统计量,第三值为与 F 统计量相应的 p 值。如果 F 很大而 p 很小,说明回归系数不为 0
[⋯] = regress(y, X, alpha)	alpha 指定的是置信水平

> **注意**
>
> 计算 F 统计量及其 p 值的时候会假设回归方程含有常数项,所以在计算 stats 时,X 矩

阵应该包含一个全一的列。

12.3.3 部分最小二乘回归

在经典最小二乘多元线性回归中，Y 的最小二乘估计量为 $X(X'X)^{-1}X'Y$，这就要求 (XX) 是可逆的，所以当 X 中的变量存在严重的多重相关性，或者在 X 样本点与变量个数相比明显过少时，经典最小二乘多元线性回归就失效了。针对这个问题，人们提出了部分最小二乘方法，也叫作偏最小二乘方法。它产生于化学领域的光谱分析，目前已被广泛应用于工程技术和经济管理的分析、预测研究中，被誉为"第二代多元统计分析技术"。限于篇幅的原因，这里对部分最小二乘回归方法的原理不作详细介绍，感兴趣的读者可以参考《偏最小二乘回归的线性与非线性方法》（王惠文著，国防工业出版社）。

设有 q 个因变量 $\{y_1,\cdots,y_q\}$ 和 p 个自变量 $\{x_1,\cdots,x_p\}$。为了研究因变量与自变量的统计关系，观测 n 个样本点，构成了自变量与因变量的数据表 $X=[x_1,\cdots,x_p]_{n\times p}$ 和 $Y=[y_1,\cdots,y_q]_{n\times q}$。部分最小二乘回归分别在 X 和 Y 中提取成分 t_1 和 u_1，它们分别是 $x_1,\cdots,x_p$ 和 $y_1,\cdots,y_q$ 的线性组合。提取这两个成分有以下要求：

- 两个成分尽可能多地携带它们各自数据表中的变异信息；
- 两个成分的相关程度达到最大。

也就是说，它们能够尽可能好地代表各自的数据表，同时自变量成分 t_1 对因变量成分 u_1 有最强的解释能力。

在第一个成分被提取之后，分别实施 X 对 t_1 的回归和 Y 对 u_1 的回归。如果回归方程达到满意的精度则终止算法；否则，利用残余信息进行第二轮的成分提取，直到达到一个满意的精度。

例 12-11：对自变量 X 和因变量 Y 进行部分最小二乘回归的函数文件。

解：MATLAB 程序如下：

```
function [beta,VIP] = pls(X,Y)
[n,p] = size(X);
[n,q] = size(Y);
meanX = mean(X);                %均值
varX = var(X);                  %方差
meanY = mean(Y);                %均值
varY = var(Y);                  %方差
%%% 数据标准化过程
for i = 1:p
    for j = 1:n
        X0(j,i) = (X(j,i) - meanX(i))/((varX(i))^0.5);
    end
end
for i = 1:q
    for j = 1:n
        Y0(j,i) = (Y(j,i) - meanY(i))/((varY(i))^0.5);
    end
end
%%%%%%%%%%%%%%%%%%%%%%%%%%%%%%%%%%%%%%
```

```
[omega(:,1),t(:,1),pp(:,1),XX(:,:,1),rr(:,1),YY(:,:,1)] = plsfactor(X0,Y0);
[omega(:,2),t(:,2),pp(:,2),XX(:,:,2),rr(:,2),YY(:,:,2)] = plsfactor(XX(:,:,1),YY
(:,:,1));
PRESShj = 0;
tt0 = ones(n-1,2);
for i = 1:n
    YY0(1:(i-1),:) = Y0(1:(i-1),:);
    YY0(i:(n-1),:) = Y0((i+1):n,:);
    tt0(1:(i-1),:) = t(1:(i-1),:);
    tt0(i:(n-1),:) = t((i+1):n,:);
    expPRESS(i,:) = (Y0(i,:) - t(i,:) * inv((tt0' * tt0)) * tt0' * YY0);
    for m = 1:q
        PRESShj = PRESShj + expPRESS(i,m)^2;
    end
end
sum1 = sum(PRESShj);
PRESSh = sum(sum1);
for m = 1:q
    for i = 1:n
        SShj(i,m) = YY(i,m,1)^2;
    end
end
sum2 = sum(SShj);
SSh = sum(sum2);
Q = 1 - (PRESSh/SSh);
k = 3;
%%%%%%%%%%%%%%%% 循环,提取主元
while Q > 0.0975
[omega(:,k),t(:,k),pp(:,k),XX(:,:,k),rr(:,k),YY(:,:,k)] = plsfactor(XX(:,:,k-1),
YY(:,:,k-1));
    PRESShj = 0;
    tt00 = ones(n-1,k);
    for i = 1:n
        YY0(1:(i-1),:) = Y0(1:(i-1),:);
        YY0(i:(n-1),:) = Y0((i+1):n,:);
        tt00(1:(i-1),:) = t(1:(i-1),:);
        tt00(i:(n-1),:) = t((i+1):n,:);
        expPRESS(i,:) = (Y0(i,:) - t(i,:) * ((tt00' * tt00)^(-1)) * tt00' * YY0);
        for m = 1:q
            PRESShj = PRESShj + expPRESS(i,m)^2;
        end
    end
for m = 1:q
    for i = 1:n
        SShj(i,m) = YY(i,m,k-1)^2;
    end
end
sum2 = sum(SShj);
```

```
        SSh = sum(sum2);
        Q = 1 - (PRESSh/SSh);
        if Q > 0.0975
            k = k + 1;
        end
    end
%%%%%%%%%%%%%%%%%%%%
h = k - 1;%%%%%%%% 提取主元的个数
%%%%%%%%%%%%%%% 还原回归系数
omegaxing = ones(p,h,q);
for m = 1:q
    omegaxing(:,1,m) = rr(m,1) * omega(:,1);
    for i = 2:(h)
        for j = 1:(i-1)
            omegaxingi = (eye(p) - omega(:,j) * pp(:,j)');
            omegaxingii = eye(p);
            omegaxingii = omegaxingii * omegaxingi;
        end
        omegaxing(:,i,m) = rr(m,i) * omegaxingii * omega(:,i);
    end
    beta(:,m) = sum(omegaxing(:,:,m),2);
end
%%%%%% 计算相关系数
for i = 1:h
    for j = 1:q
        relation(i,j) = sum(prod(corrcoef(t(:,i),Y(:,j))))/2;
    end
end
%%%%%%%%%%%%%%%%%%%%%%%%
Rd = relation.*relation;
RdYt = sum(Rd,2)/q;
Rdtttt = sum(RdYt);
omega22 = omega.*omega;
VIP = ((p/Rdtttt) * (omega22 * RdYt)).^0.5;     %%% 计算 VIP 系数
```

下面的 M 文件是专门的提取主元函数:

```
function [omega,t,pp,XXX,r,YYY] = plsfactor(X0,Y0)
XX = X0' * Y0 * Y0' * X0;
[V,D] = eig(XX);
Lamda = max(D);
[MAXLamda,I] = max(Lamda);
omega = V(:,I);                         %最大特征值对应的特征向量
%%% 第一主元
t = X0 * omega;
pp = X0' * t/(t' * t);
XXX = X0 - t * pp';
r = Y0' * t/(t' * t);
YYY = Y0 - t * r';
```

部分最小二乘回归提供了一种多因变量对多自变量的回归建模方法，可以有效解决变量之间的多重相关性问题，适合在样本容量小于变量个数的情况下进行回归建模，可以实现多种多元统计分析方法的综合应用。

12.4 操作实例——飞机速度拟合分析

对某型号飞机速度进行 10 次测试，表 12-15 是测得的最大飞行速度，试利用这些数据对每次的风速关系进行数理统计。

表 12-15 飞机速度测量数据

风速次数 x	1	2	3	4	5	6	7	8	9	10
飞机速度 y/(km/h)	422.2	417.5	426.5	420.3	425.9	423.1	412.3	431.5	441.3	423.0

操作步骤如下。

1. 输入数据向量

```
>>x = [1 2 3 4 5 6 7 8 9 10];          %风速数据
>>y = [422.2 417.5 426.3 420.3 425.9 423.1 412.3 431.5 441.3 423.0];   %飞机速度数据
```

2. 绘制二次多项式拟合曲线

```
>>[p,s] = polyfit(x,y,2)
p =
    0.1409    -0.5015    421.6733
s =
        R: [3x3 double]
        df: 7
        normr: 21.4473
>>x1 = 1:1:10;
>>y1 = polyval(p,x1);
>>subplot(1,3,1),plot(x,y,'r--',x1,y1,'ko')
>>title('飞机速度与多项式拟合曲线')
>>xlabel('风速')
>>ylabel('飞机速度')
```

在图形窗口中显示拟合结果，如图 12-7 所示。

3. 直线拟合分析

创建直线闭合函数文件 linefit.m。

```
function [k,b] = linefit(x,y)
n = length(x);
x = reshape(x,n,1);           %生成列向量
y = reshape(y,n,1);
A = [x,ones(n,1)];            %连接矩阵 A
bb = y;
B = A' * A;
bb = A' * bb;
yy = B\bb;
k = yy(1);                    %得到 k
b = yy(2);                    %得到 b
```

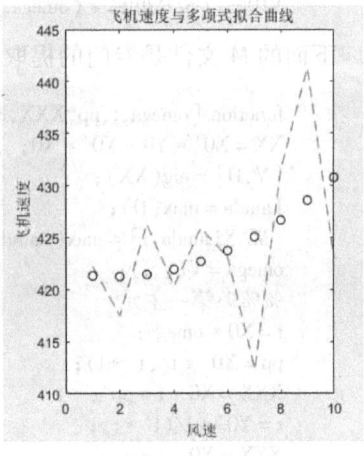

图 12-7 拟合曲线

4. 调用函数

```
>>[k,b] = linefit(x,y)
k =
    1.0485
b =
    418.5733
>>y2 = polyval([k,b],x);
>>subplot(1,3,2),plot(x,y2,x,y,'*');
>>title('飞机速度与直线拟合曲线')
>>xlabel('风速')
>>ylabel('飞机速度')
```

拟合结果如图 12-8 所示。

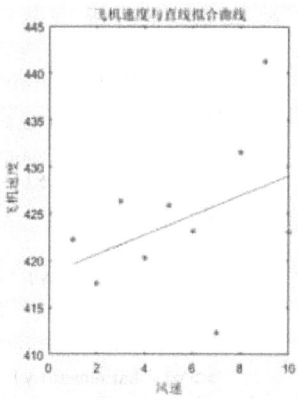

图 12-8　直线拟合

5. 线性回归分析

```
>>[b,bint,r,rint,stats] = regress(y',x')
b =
    60.8447
bint =
    37.2827    84.4066
r =
    361.3553
    295.8106
    243.7660
    176.9213
    121.6766
     58.0319
    - 13.6127
    - 55.2574
    - 106.3021
    - 185.4468
rint =
    - 41.6620    764.3727
    - 139.0541    730.6754
    - 208.4825    696.0144
    - 290.7085    644.5511
    - 351.4001    594.7533
    - 415.5344    531.5983
    - 480.4567    453.2313
    - 509.4620    398.9472
    - 541.9476    329.3434
    - 588.0725    217.1790
stats =
    1.0e + 04 *
    - 0.0669    NaN    NaN    4.1767
```

6. 样本均值分析

```
>> y1 = mean(y)                 %样本平均
y1 =
    424.3400
>> y2 = nanmean(y)              %算数平均
y2 =
    424.3400
>> y3 = geomean(y)              %几何平均
y3 =
    424.2744
>> y4 = harmmean(y)             %和谐平均
y4 =
    424.2094
>> y5 = trimmean(y,1)           %调整平均
y5 =
    424.3400
```

7. 绘制均值曲线

```
>> A(1,1) = y1;A(1,2) = y2;A(1,3) = y3;A(1,4) = y4;A(1,5) = y5;
>> subplot (1,3,3),plot(A,'k -')
>> gtext('均值曲线')
>> title('样本均值分析')
>> xlabel('风速')
>> ylabel('飞机速度')
```

均值曲线结果如图 12-9 所示。

8. 样本方差的分析

```
>> miu = mean(y)
miu =
    424.3400
>> sigma = var(y,1)
sigma =
    56.1164
```

9. 协方差分析

```
>> cov(y)
ans =
    62.3516
>> corrcoef(y)
ans =
    1
```

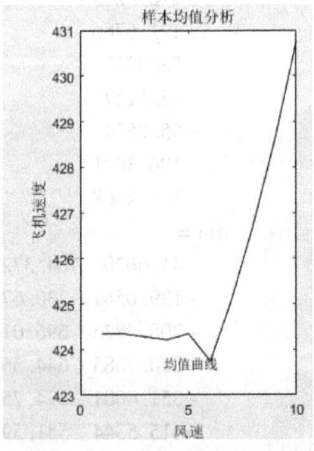

图 12-9　均值曲线

348

第 13 章 概率统计分析

内容指南

概率统计需要大量的反复试验,造成了大量的数值需要进行计算,MATLAB 具有强大的数值计算记录和卓越的数据可视化能力,为概率统计中的数值计算提供了良好的基础。本章详细讲解概率的统计过程中需要解决的问题和使用的功能函数。

知识重点

- 概率问题
- 数据可视化
- 正交试验分析
- 特殊图形

13.1 概率问题

设 E 时随机试验,S 是它的样本空间,对于 E 的每一事件 A 赋予一个实数,记为 $p(A)$,称为事件 A 的概率,如果集合函数 $p(.)$ 满足下列条件:

非负性:对于每一个事件 A,有 $p(A) \geq 0$。

规范性:对于必然事件 S,有 $p(s)=1$。

可列可加性:设 $A_1 A_2,\cdots$ 是两两互不相容的事件,即对于 $A_1 A_2 \neq \varnothing, i \neq j, i, j = 1, 2, \cdots$,有 $p(A_1 \cup A_2 \cup \cdots) = p(A_1) + p(A_2) + \ldots$

当 $n \to \infty$ 时频率 $f_n(A)$ 在一定意义下接近于频率 $p(A)$,基于这一事实,我们就有理由将概率 $p(A)$ 用来表征事件 A 在一次实验中发生的可能性的大小。

13.2 数据可视化

在工程计算中,往往会遇到大量的数据,单单从这些数据表面是看不出事物内在关系的,这时便会用到数据可视化。它的字面意思就是将用户所收集或通过某些实验得到的数据反映到图像上,以此来观察数据所反映的各种内在关系。

设随机试验的样本空间为 $S=(e), X=X(e)$ 是定义在样本空间 S 上的实值单值函数,称 $X=X(e)$ 为随机变量。

13.2.1 离散情况

有些随机变量,它全部可能取到的值是有限个或可列无限多个,这种随机变量称为离散型随机变量。

要掌握一个离散型随机变量 X 的统计规律，必须且只需要 X 的所有可能取值以及取每一个可能值概率。

设离散型随机变量 X 所有可能取的值为 $x_k(k=1,2,\cdots)$，X 取各个可能值的概率，即事件 $(X=x_k)$ 的概率，为：

$$P(X=x_k)=p_k, \quad k=1,2,\cdots \tag{13-1}$$

由概率的定义，p_k 满足如下两个条件：

$$p_k \geq 0, \quad k=1,2,\cdots \tag{13-2}$$

$$\sum_{k=1}^{\infty} p_k = 1 \tag{13-3}$$

是由于 $(X=x_1) \cup (X=x_2) \cup \cdots$ 是必然事件，且 $(X=x_j) \cap (X=x_k) = \varnothing, k \neq j$，故 $1 = P\left[\bigcup_{k=1}^{\infty} \{X=x_k\}\right] = \sum_{k=1}^{\infty} p\{X=x_k\}$，即 $\sum_{k=1}^{\infty} p_k = 1$。

我们称（13-1）式为离散型随机变量 X 的分布律，分布律也可以用下面的形式来表示：

$$\begin{array}{cccc} X & x_1 & x_2 \ldots x_n \ldots \\ p_k & p_1 & p_2 \cdots p_n \cdots \end{array} \tag{13-4}$$

式（13-4）直观地表示了随机变量 X 取各个值的概率的规律，X 取各个值各占一些概率，这些概率合起来是 1，可以想象成：概率 1 以一定的规律分布在各个可能值上，这就是式（13-4）称为分布律的缘故。

在实际中，得到的数据往往是一些有限的离散数据，例如用最小二乘法估计某一函数。我们需要将它们以点的形式描述在图上，以此来反映一定的函数关系。

例 13-1 观察使用游标卡尺对同一零件不同次数测量结果的变化关系。

进行 12 次独立测量，测得次数 t 与测量结果 L 的数据见表 13-1。

表 13-1 次数 t 与测量结果 L 的关系

次数 t	1	2	3	4	5	6	7	8	9	10	11	12
测量结果 L/mm	6.24	6.28	6.28	6.20	6.22	6.24	6.24	6.26	6.28	6.20	6.20	6.24

解：MATLAB 程序如下：

```
>>t=1:12;                    % 输入次数 t 的数据
>>L=[6.24 6.28 6.28 6.20 6.22 6.24 6.24 6.26 6.28 6.20 6.20 6.24];% 输入测量结果 L 的数据
>>plot(t,L,'ro')             % 用红色的 '*' 描绘出相应的数据点
>>title('游标卡尺测量数据')
>>grid on                    % 画出坐标方格
```

输出结果如图 13-1 所示。

13.2.2 连续情况

在一般情况下，如果对于随机变量 X 的分布函数 $F(X)$，存在非负函数 $f(x)$，使对于任意实数 X 有：

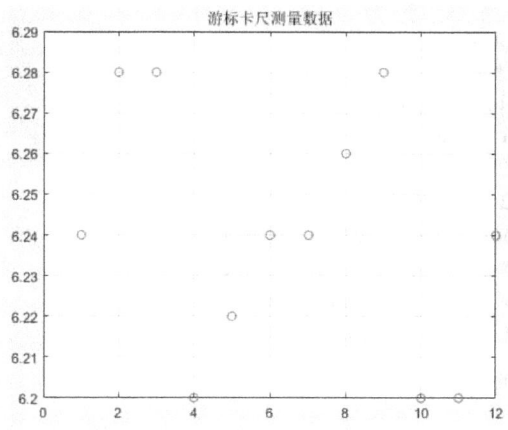

图 13-1 游标卡尺测量数据

$$F(x) = \int_{-\infty}^{x} f(t)\,\mathrm{d}t \tag{13-5}$$

则称 X 为连续型随机变量,其中函数 $f(x)$ 称为 X 的概率密度函数,简称概率密度。

由式(13-5),据数学分析的知识知连续型随机变量的分布函数是连续函数,在实际应用中遇到的基本上是离散型或连续型随机变量。

由定义知道,概率密度 $f(x)$ 具有以下性质:

$$f(x) \geqslant 0$$

$$\int_{-\infty}^{x} f(x)\,\mathrm{d}x = 1$$

对于任意实数 $x_1, x_2(x_1 \leqslant x_2)$:

$$P(x_1 < X \leqslant x_2) = F(x_2) - F(x_2) = \int_{x_1}^{x_2} f(x)\,\mathrm{d}x$$

若 $f(x)$ 在点 x 处连续,则有 $F'(x) = f(x)$。

用 MATLAB 可以画出连续函数的图像,不过此时自变量的取值间隔要足够小,否则所画出的图像可能会与实际情况有很大的偏差。这一点读者可从下面的例子中体会。

例 13-2 用图形表示连续函数 $y = \sin x + \cos x$ 在 $[0, 2\pi]$ 区间十等分点处的值。

解:MATLAB 程序如下:

```
>> x = 0:0.1*pi:2*pi;
>> y = sin(x) + cos(x);
>> plot(x,y,'b*')
>> title('连续函数')
>> grid on
```

运行结果如图 13-2 所示。

例 13-3 画出下面含参数方程的图像。

$$\begin{cases} x = 2(\cos t + e^t) \\ y = 2(\sin t - e^t) \end{cases} \quad t \in [0, 4\pi]$$

解:MATLAB 程序如下:

```
>> t1 = 0:pi/5:4*pi;
>> t2 = 0:pi/20:4*pi;
>> x1 = 2*(cos(t1)+exp(t1));
>> y1 = 2*(sin(t1)-exp(t1));
>> x2 = 2*(cos(t2)+exp(t2));
>> y2 = 2*(sin(t2)-exp(t2));
>> subplot(2,2,1),plot(x1,y1,'r.'),title('图1')
>> subplot(2,2,2),plot(x2,y2,'r.'),title('图2')
>> subplot(2,2,3),plot(x1,y1),title('图3')
>> subplot(2,2,4),plot(x2,y2),title('图4')
```

运行结果如图 13-3 所示。

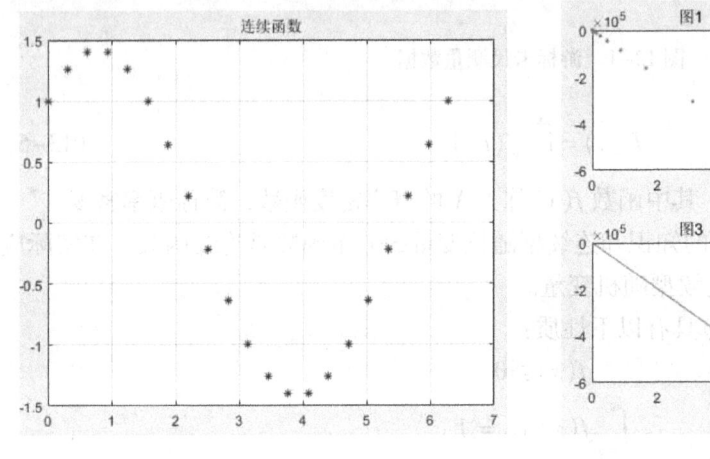
图 13-2 连续函数

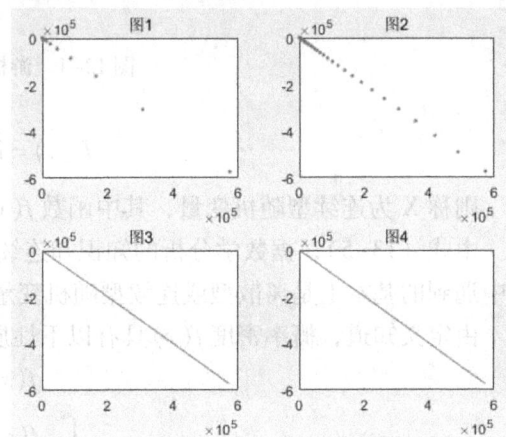
图 13-3 连续函数作图

 说明

图 13-3 中图 4 的曲线要比图 3 光滑得多,因此要使图像更精确,一定要多选一些数据点。

13.3 正交试验分析

在科学研究和生产中,经常要做很多试验,这就存在着如何安排试验和如何分析试验结果的问题。如果试验安排得好,试验次数不多,就能得到满意的结果;如果试验安排得不好,次数既多,结果还往往不能让人满意。因此,合理安排试验是一个很值得研究的问题。正交设计法就是一种科学安排与分析多因素试验的方法。它主要是利用一套现成的规格化表正交表,来科学地挑选试验条件。正交试验方法的基础理论这里不做介绍,感兴趣的读者可以参考《应用数理统计》(韩于羹编,北京航空航天大学出版社)。

13.3.1 正交试验的极差分析

极差分析又叫作直观分析法,通过计算每个因素水平下的指标最大值和指标最小值之差(极差)的大小,说明该因素对试验指标影响的大小。极差越大说明影响越大。MATLAB 没有专门进行正交极差分析的函数命令,下面的 M 文件是作者编写的进行正交试验极差分析的函数。

```
function [result,sum0] = zjjc(s,opt)
% 对正交试验进行极差分析,s是输入矩阵,opt是最优参数,其中
% 若opt=1,表示最优取最大,若opt=2,表示最优取最小
%s = [    1    1    1    1      857;
%         1    2    2    2      951;
%         1    3    3    3      909;
%         2    1    2    3      878;
%         2    2    3    1      973;
%         2    3    1    2      899;
%         3    1    3    2      803;
%         3    2    1    3      1030;
%         3    3    2    1      927];
%s的最后一列是各个正交组合的试验测量值,前几列是正交表
    [m,n] = size(s);
    p = max(s(:,1));                              %取水平数
    q = n - 1;                                    %取列数
    sum0 = zeros(p,q);
    for i = 1:q
        for k = 1:m
            for j = 1:p
                if(s(k,i) = = j)
                    sum0(j,i) = sum0(j,i) + s(k,n);    %求和
                end
            end
        end
    end
maxdiff = max(sum0) - min(sum0);                  %求极差
result(1,:) = maxdiff;
if(opt = = 1)
    maxsum0 = max(sum0);
    for kk = 1:q
        modmax = mod(find(sum0 = = maxsum0(kk)),p);  %求最大水平
        if modmax = = 0
            modmax = p;
        end
        result(2,kk) = (modmax);
    end
else
    minsum0 = min(sum0);
    for kk = 1:q
        modmin = mod(find(sum0 = = minsum0(kk)),p);  %求最小水平
        if modmin = = 0
            modmin = p;
        end
        result(2,kk) = (modmin);
    end
end
```

例 13-4 对影响油泵柱塞组合件质量原因试验结果进行极差分析。

某厂生产的油泵柱塞组合件存在质量不稳定、拉脱力波动大的问题。该组合件要求满足承受拉脱力大于 900kgf。为了寻找最优工艺条件，提高产品质量，决定进行试验。根据经验，认为柱塞头的外径、高度、倒角、收口油压（分别记为 A、B、C、D）四个因素对拉脱力可能有影响，因此决定在试验中考查这四个因素，并根据经验，确定了各个因素的三种水平，试验方案采用 $L_9(3^4)$ 正交表，试验结果见表 13-2。

表 13-2 测量数据

	A	B	C	D	拉脱力数据
1	1	1	1	1	857
2	1	2	2	2	951
3	1	3	3	3	909
4	2	1	2	3	878
5	2	2	3	1	973
6	2	3	1	2	890
7	3	1	3	2	803
8	3	2	1	3	1030
9	3	3	2	1	927

解：MATLAB 程序如下：

```
>> clear
>> s = [ 1  1  1  1   857;
         1  2  2  2   951;
         1  3  3  3   909;
         2  1  2  3   878;
         2  2  3  1   973;
         2  3  1  2   899;
         3  1  3  2   803;
         3  2  1  3   1030;
         3  3  2  1   927];
>> [result, sum0] = zjjc(s,1)
result =
    43   416   101   164
     3     2     1     3
sum0 =
   2717   2538   2786   2757
   2750   2954   2756   2653
   2760   2735   2685   2817
```

result 的第一行是每个因素的极差，反映的是该因素波动对整体质量波动的影响大小。从结果可以看出，影响整体质量的大小顺序为 BDCA。result 的第二行是相应因素的最优生产条件，在本题中选择的是最大为最优，所以最优的生产条件是 $B_3 D_3 C_1 A_3$。sum0 的每一行是相应因素每个水平的数据和。

13.3.2 正交试验的方差分析

极差分析简单易行，却并不能把试验中由于试验条件的改变引起的数据波动同试验误差引起的数据波动区别开来。也就是说，不能区分因素各水平间对应的试验结果的差异究竟是由于因素水平不同引起的，还是由于试验误差引起的，因此不能知道试验的精度。同时，各因素对试验结果影响的重要程度，也不能给予精确的数量估计。为了弥补这种不足，要对正交试验结果进行方差分析。

下面的 M 文件 zjfc.m 就是进行方差分析的函数。

```matlab
function [result,error,errorDim] = zjfc(s,opt)
% 对正交试验进行方差分析,s 是输入矩阵,opt 是空列参数向量,给出 s 中是空白列的列序号
% s = [  1  1  1  1  1 1 1 83.4;
%        1  1  1  2  2 2 2 84;
%        1  2  2  1  1 2 2 87.3;
%        1  2  2  2  2 1 1 84.8;
%        2  1  2  1  2 1 2 87.3;
%        2  1  2  2  1 2 1 88;
%        2  2  1  1  2 2 1 92.3;
%        2  2  1  2  1 1 2 90.4;
% ];
% opt = [3,7];
% s 的最后一列是各个正交组合的试验测量值,前几列是正交表
[m,n] = size(s);
p = max(s(:,1));                      % 取水平数
q = n - 1;                            % 取列数
sum0 = zeros(p,q);
for i = 1:q
    for k = 1:m
        for j = 1:p
            if(s(k,i) == j)
                sum0(j,i) = sum0(j,i) + s(k,n);  % 求和
            end
        end
    end
end
totalsum = sum(s(:,n));
ss = sum0.*sum0;
levelsum = m/p;                       % 水平重复数
ss = sum(ss./levelsum) - totalsum^2/m;  % 每一列的 s
ssError = sum(ss(opt));
for i = 1:q
    f(i) = p - 1;                     % 自由度
end
fError = sum(f(opt));                 % 误差自由度
ssbar = ss./f
Errorbar = ssError/fError;
index = find(ssbar < Errorbar);
```

```
                index1 = find( index == opt) ;
                index( index == index( index1 ) ) = [ ] ;      % 剔除重复
                ssErrorNew = ssError + sum( ss( index ) ) ;    % 并入误差
                fErrorNew = fError + sum( f( index ) ) ;       % 新误差自由度
                F = ( ss. /f)/( ssErrorNew. /fErrorNew ) ;     % F 值
                errorDim = [ opt, index ] ;
                 errorDim = sort( errorDim ) ;                 % 误差列的序号
                result = [ ss', f', ssbar', F'] ;
                error = [ ssError, fError; ssErrorNew, fErrorNew ]
```

例 13-5：对农作物品种试验结果进行极方差分析。

在农作物品种试验中，参加试验的有甲、乙、丙、丁四个品种，各品种所试种的小区个数不相等。每个品种选取两个小区，试验方案采用 $L_8(2^7)$ 正交表，试验结果见表 13-3。

表 13-3 测量数据

	甲 1	乙 2	丙 3	丁 4
1	51	25	18	32
2	40	23	13	35
3	43	24	12	34
4	48	26	16	30
5	35	30	11	35
6	32	31	10	37

解：MATLAB 程序如下：

```
>> clear
>> s = [ 51 25 18 32;
40 23 13 35;
43 24 12 34;
48 26 16 30;
35 30 11 35;
32 31 10 37];
>> [ result, sum0 ] = zjfc( s, 1)
result =
   1.0e + 04 *
    5.1773    0.0050    0.1035    0.0001
    5.1773    0.0050    0.1035    0.0001
    5.1773    0.0050    0.1035    0.0001
sum0 =
   1.0e + 04 *
    5.1773    0.0050
    5.1773    0.0050
```

例 13-6：对提高苯酚的生产率因素进行极方差分析。

某化工厂为提高苯酚的生产率，选了合成工艺条件中的五个因素进行研究，分别记为 A、B、C、D、E，每个因素选取两种水平，试验方案采用 $L_8(2^7)$ 正交表，试验结果见表 13-4。

表 13-4 测量数据

	A 1	B 2	3	C 4	D 5	E 6	7	数据
1	1	1	1	1	1	1	1	83.4
2	1	1	1	2	2	2	2	84
3	1	2	2	1	1	2	2	87
4	1	2	2	2	2	1	1	84.8
5	2	1	2	1	2	1	2	87.3
6	2	1	2	2	1	2	1	88
7	2	2	1	1	2	2	1	92.3
8	2	2	1	2	1	1	2	90.4

解：MATLAB 程序如下：

```
>> clear
>> s = [ 1 1 1 1 1 1 1 83.4;
        1 1 1 2 2 2 2 84;
        1 2 2 1 1 2 2 87.3;
        1 2 2 2 2 1 1 84.8;
        2 1 2 1 2 1 2 87.3;
        2 1 2 2 1 2 1 88;
        2 2 1 1 2 2 1 92.3;
        2 2 1 2 1 1 2 90.4;
       ];
>> opt = [3,7];
>> [result,error,errorDim] = zjfc(s,opt)
result =
   42.7813    1.0000   42.7813   127.8643
   18.3013    1.0000   18.3013    54.6986
    0.9113    1.0000    0.9113     2.7235
    1.2013    1.0000    1.2013     3.5903
    0.0613    1.0000    0.0613     0.1831
    4.0613    1.0000    4.0613    12.1382
    0.0313    1.0000    0.0313     0.0934
error =
    0.9425    2.0000
    1.0038    3.0000
errorDim =
     3     5     7
```

result 中每列的含义分别是 S、f、$\bar{S}$、F；error 的两行分别为初始误差的 S、f 以及最终误差的 S、f；errorDim 给出的是正交表中误差列的序号。

由于 $F_{0.95}(1,3) = 10.13$，$F_{0.99}(1,3) = 34.12$，而 $127.8643 > 34.12$，$54.6986 > 34.12$，$12.1382 > 10.13$，所以 A、B 因素高度显著，E 因素显著，C 不显著。

> **注意**
>
> 正交试验的数据分析还有几种，比如重复试验、重复取样的方差分析、交互作用分析等，都可以在简单修改以上函数之后完成。

13.4 特殊图形

为了满足用户的各种需求，MATLAB 还提供了绘制条形图、面积图、饼图、阶梯图、火柴图等特殊图形的命令。本节将介绍这些命令的具体用法。

13.4.1 统计图形

MATLAB 提供了很多在统计中经常用到的图形绘制命令，本小节主要介绍几个常用命令。

1. 条形图绘制命令

绘制条形图时可分为二维情况和三维情况，其中绘制二维条形图的命令为 bar（竖直条形图）与 barh（水平条形图）；绘制三维条形图的命令为 bar3（竖直条形图）与 bar3h（水平条形图）。它们的使用格式都是一样的，因此我们只介绍 bar 的使用格式，见表 13-5。

表 13-5 bar 命令的使用格式

调用格式	说明
bar(Y)	若 Y 为向量，则分别显示每个分量的高度，横坐标为 1 到 length(Y)；若 Y 为矩阵，则 bar 把 Y 分解成行向量，再分别画出，横坐标为 1 到 size(Y,1)，即矩阵的行数
bar(x,Y)	在指定的横坐标 X 上画出 Y，其中 X 为严格单增的向量。若 Y 为矩阵，则 bar 把矩阵分解成几个行向量，在指定的横坐标处分别画出
bar(…,width)	设置条形的相对宽度和控制在一组内条形的间距，默认值为 0.8，所以，如果用户没有指定 x，则同一组内的条形有很小的间距，若设置 width 为 1，则同一组内的条形相互接触
bar(…,'style')	指定条形的排列类型，类型有"group"和"stack"，其中"group"为默认的显示模式，它们的含义为： group：若 Y 为 $n\times m$ 矩阵，则 bar 显示 n 组，每组有 m 个垂直条形图； stack：对矩阵 Y 的每一个行向量显示在一个条形中，条形的高度为该行向量中的分量和，其中同一条形中的每个分量用不同的颜色显示出来，从而可以显示每个分量在向量中的分布
bar(…,LineSpec)	用指定的颜色 LineSpec 显示所有的条形
[xb,yb] = bar(…)	返回用户可用命令 plot 或命令 patch 画出条形图的参量 xb、yb
h = bar(…)	返回一个 patch 图形对象句柄的向量，每一条形对应一个句柄

2. 面积图绘制命令

面积图在实际中可以表现不同部分对整体的影响。在 MATLAB 中，绘制面积图的命令是 area，它的使用格式见表 13-6。

表 13-6　area 命令的使用格式

调用格式	说　明
area(x)	与 plot(x) 命令一样,但是将所得曲线下方的区域填充颜色
area(x,y)	其中 y 为向量,与 plot(x,y) 一样,但将所得曲线下方的区域填充颜色
area(x,A)	矩阵 A 的第一行对向量 x 绘图,然后依次是下一行与前面所有行值的和对向量 x 绘图,每个区域有各自的颜色
area(…,leval)	将填色部分改为由连线图到 y = leval 的水平线之间的部分

3. 饼图绘制命令

饼图用于显示向量或矩阵中各元素所占的比例,它可以用在一些统计数据可视化中。在二维情况下,创建饼图的命令是 pie,三维情况下创建饼图的命令是 pie3,二者的使用格式也非常相似,因此我们只介绍 pie 的使用格式,见表 13-7。

表 13-7　pie 命令的使用格式

调用格式	说　明
pie(X)	用 X 中的数据画一饼形图,X 中的每一元素代表饼形图中的一部分,X 中元素 X(i) 所代表的扇形大小通过 X(i)/sum(X) 的大小来决定。若 sum(X) = 1,则 X 中元素就直接指定了所在部分的大小;若 sum(X) < 1,则画出一不完整的饼形图
pie(X,explode)	从饼图中分离出一部分,explode 为一与 X 同维的矩阵,当所有元素为零时,饼图的各个部分将连在一起组成一个圆,而其中存在非零元素时,X 中相应的元素在饼图中对应的扇形将向外移出一些来加以突出
h = pie(…)	返回 patch 与 text 的图形对象句柄向量 h

例 13-7:对于矩阵

$$Y = \begin{pmatrix} 45 & 6 & 8 \\ 7 & 4 & 7 \\ 6 & 25 & 4 \\ 7 & 5 & 8 \\ 9 & 9 & 4 \\ 2 & 6 & 8 \end{pmatrix}$$

绘制四种不同的条形图与面积图。

解:MATLAB 程序如下:

(1) 绘制条形图

```
>>Y = [45 6 8;7 4 7;6 25 4;7 5 8;9 9 4;2 6 8];
>>subplot(2,2,1)
>>bar(Y)
>>title('图 1')
>>subplot(2,2,2)
>>bar3(Y),title('图 2')
>>subplot(2,2,3)
>>bar(Y,2.5)
>>title('图 3')
>>subplot(2,2,4)
>>bar(Y,'stack'),title('图 4')
```

运行结果见图 13-4。

(2) 绘制面积图

```
>>area(Y)
>>grid on
>>colormap summer
>>set(gca,'layer','top')
>>title('面积图')
```

运行结果如图 13-5 所示。

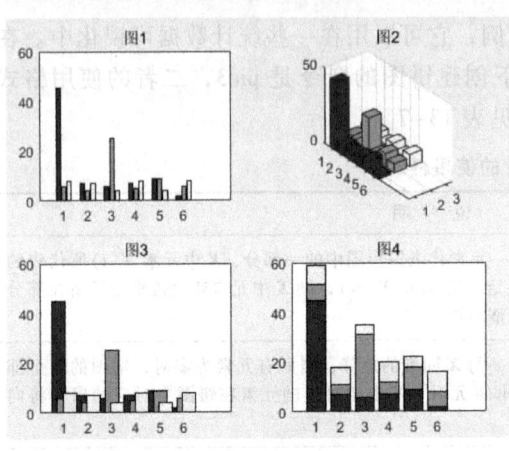

图 13-4 条形图

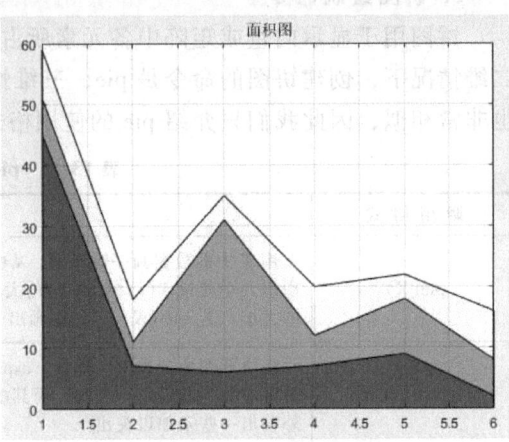

图 13-5 面积图

4. 柱状图绘制命令

柱状图是数据分析中用得较多的一种图形，例如在一些预测彩票结果的网站，把各期中奖数字记录下来，然后作成柱状图，这可以让彩民清楚地了解到各个数字在中奖号码中出现的机率。在 MATLAB 中，绘制柱状图的命令有两个。

- hist 命令：它用来绘制直角坐标系下的柱状图；
- rose 命令：它用来绘制极坐标系下的柱状图。

1) hist 命令的使用格式见表 13-8。

表 13-8 hist 命令的使用格式

调用格式	说明
n = hist(Y)	把向量 Y 中的数据分放到等距的 10 个柱状图中，且返回每一个柱状图中的元素个数。若 Y 为矩阵，则该命令按列对 Y 进行处理
n = hist(Y,X)	参量 X 为向量，把 Y 中元素放到 $m(m = length(x))$ 个由 X 中元素指定的位置为中心的柱状图中
n = hist(Y,n)	参量 n 为标量，用于指定柱状图的数目
[n,xout] = hist(…)	返回向量 n 与包含频率计数与柱状图的位置向量 xout，用户可以用命令 bar(xout,n) 画出条形直方图
hist(…)	直接绘出柱状图

2) rose 命令的使用格式与 hist 命令非常相似，具体见表 13-9。

表 13-9 rose 命令的使用格式

调用格式	说　　明
rose(theta)	显示参数 *theta* 的数据在 20 个区间或更少的区间内的分布，向量 *theta* 中的角度单位为 rad，用于确定每一区间与原点的角度，每一区间的长度反映出输入参量的元素落入该区间的个数
rose(theta,x)	用参量 *x* 指定每一区间内的元素与区间的位置，length(*x*) 等于每一区间内元素的个数与每一区间位置角度的中间角度
rose(theta,n)	在区间 $[0.2\pi]$ 内画出 *n* 个等距的小扇形，默认值为 20
[tout,rout] = rose(…)	返回向量 *tout* 与 *rout*，可以用 polar(*tout*,*rout*) 画出图形，但此命令不画任何的图形

例 13-8：各个季度所占营利总额的比例统计图。

某企业四个季度的营利额分别为 528 万元、701 万元、658 万元和 780 万元，试用条形图、饼图绘出各个季度所占营利总额的比例。

解：MATLAB 程序如下：

```
>>X = [528 701 658 780];
>>subplot(2,2,1)
>>bar(Y)
>>title('二维条形图')
>>subplot(2,2,2)
>>bar3(Y),title('三维条形图')
>>subplot(2,2,3)
>>pie(X)
>>title('二维饼图')
>>subplot(2,2,4)
>>explode = [0 0 0 1];
>>pie3(X,explode)
>>title('三维分离饼图')
```

运行结果如图 13-6 所示。

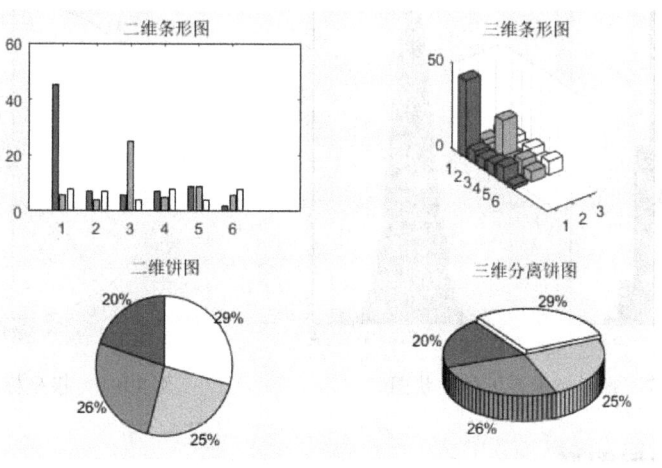

图 13-6　图形分析

> **注意**
>
> 饼图的标注比较特别,其标签是作为文本图形对象来处理的,如果要修改标注文本字符串或位置,则首先要获取相应对象的字符串及其范围,然后再加以修改。

例 13-9:绘制柱状图。

创建服从高斯分布的数据柱状图,再将这些数据分到范围为指定的若干个相同的柱状图中和极坐标下的柱状图。

解:MATLAB 程序如下:

(1) 指定的若干个相同的柱状图

```
>> close all
>> Y = randn(10000,1);
>> subplot(1,2,1)
>> hist(Y)
>> title('高斯分布柱状图')
>> x = -3:0.1:3;
>> subplot(1,2,2)
>> hist(Y,x)
>> h = findobj(gca,'Type','patch');
>> set(h,'FaceColor','r')              % 改变柱状图的颜色为红色
>> title('指定范围的高斯分布柱状图')
```

运行结果如图 13-7 所示。

(2) 极坐标下的柱状图

```
>> theta = Y * pi;
>> rose(theta);
>> title('极坐标系下的柱状图')
```

运行结果如图 13-8 所示。

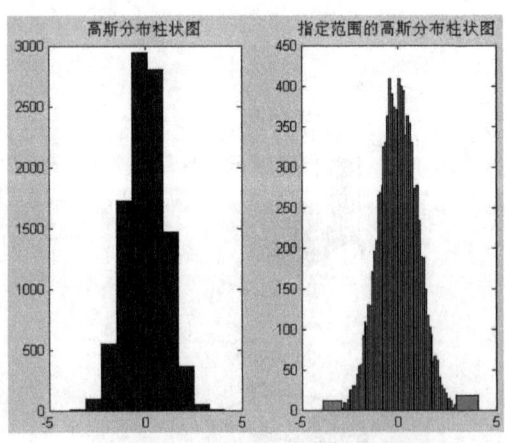

图 13-7 直角坐标系下的柱状图

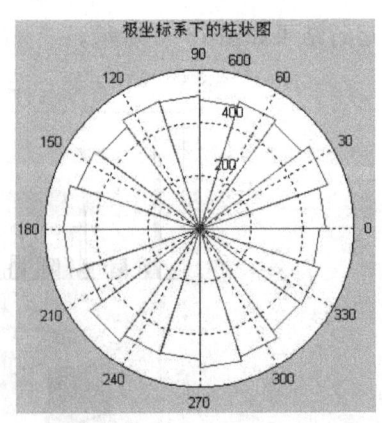

图 13-8 极坐标系下的柱状图

13.4.2 离散数据图形

除了上面提到的统计图形外,MATLAB 还提供了一些在工程计算中常用的离散数据图

形,例如误差棒图、火柴杆图与阶梯图等。下面来看一下它们的用法。

1. 误差棒图

MATLAB 中绘制误差棒图的命令为 errorbar,它的使用格式见表 13-10。

表 13-10 errorbar 命令的使用格式

调用格式	说 明
errorbar(Y,E)	画出向量 Y,同时显示在向量 Y 的每一元素之上的误差棒,其中误差棒为 $E(i)$ 在曲线 Y 上面与下面的距离线段,故误差棒的长度为 $2E(i)$
errorbar(X,Y,E)	X、Y、E 必须为同型参量。若同为向量,则画出曲线上点 $(X(i),Y(i))$ 处长度为 $2E(i)$ 的误差棒图;若同为矩阵,则画出曲面上点 $(X(i,j),Y(i,j))$ 处长度为 $E(i,j)$ 的误差棒图
errorbar(X,Y,L,U)	X、Y、L、U 必须为同型参量。若同为向量,则在点 $(X(i),Y(i))$ 处画出向下长为 $L(i)$、向上长为 $U(i)$ 的误差棒图;若同为矩阵,则在点 $(X(i,j),Y(i,j))$ 处画出向下长为 $L(i,j)$、向上长为 $U(i,j)$ 的误差棒图
errorbar(…,LineSpec)	画出用 LineSpec 指定线型、标记符、颜色等的误差棒图
h = errorbar(…)	将返回线图形对象的句柄向量给 h

2. 火柴杆图

用线条显示数据点与 x 轴的距离,用一小圆圈(默认标记)或用指定的其他标记符号与线条相连,并在 y 轴上标记数据点的值,这样的图形称为火柴杆图。在二维情况下,实现这种操作的命令是 stem,它的使用格式见表 13-11。

表 13-11 stem 命令的使用格式

调用格式	说 明
stem(Y)	按 Y 元素的顺序画出火柴杆图,在 x 轴上,火柴杆之间的距离相等;若 Y 为矩阵,则把 Y 分成几个行向量,在同一横坐标的位置上画出一个行向量的火柴杆图
stem(X,Y)	在横坐标 x 上画出列向量 Y 的火柴杆图,其中 X 与 Y 为同型的向量或矩阵
stem(…,'fill')	指定是否对火柴杆末端的"火柴头"填充颜色
stem(…,LineSpec)	用参数 LineSpec 指定线型、标记符号和火柴头的颜色画火柴杆图
h = stem(…)	返回火柴杆图的 line 图形对象句柄向量

在三维情况下,也有相应的画火柴杆图的命令 stem3,它的使用格式见表 13-12。

表 13-12 stem3 命令的使用格式

调用格式	说 明
stem3(Z)	用火柴杆图显示 Z 中数据与 xy 平面的高度。若 Z 为一行向量,则 x 与 y 将自动生成,stem3 将在与 x 轴平行的方向上等距的位置上画出 Z 的元素;若 Z 为列向量,stem3 将在与 y 轴平行的方向上等距的位置上画出 Z 的元素
stem3(X,Y,Z)	在参数 X 与 Y 指定的位置上画出 Z 的元素,其中 X、Y、Z 必须为同型的向量或矩阵
stem3(…,'fill')	指定是否要填充火柴杆图末端的火柴头颜色
stem3(…,LineSpec)	用指定的线型、标记符号和火柴头的颜色
h = stem3(…)	返回火柴杆图的 line 图形对象句柄

3. 阶梯图

阶梯图在电子信息工程以及控制理论中用得非常多,在 MATLAB 中,实现这种作图的命令是 stairs,它的使用格式见表 13-13。

表 13-13　stairs 命令的使用格式

调用格式	说　明
stairs(Y)	用变量 Y 的元素画一阶梯图,若 Y 为向量,则横坐标 x 的范围从 1 到 m = length(Y),若 Y 为 m×n 矩阵,则对 Y 的每一行画一阶梯图,其中 x 的范围从 1 到 n
stairs(X,Y)	结合 X 与 Y 画阶梯图,其中要求 X 与 Y 为同型的向量或矩阵。此外,X 可以为行向量或为列向量,且 Y 为有 length(X) 行的矩阵
stairs(…,LineSpec)	用参数 LineSpec 指定的线型、标记符号和颜色画阶梯图
[xb,yb] = stairs(Y)	该命令没有画图,而是返回可以用命令 plot 画出变量 Y 的阶梯图上的坐标向量 xb 与 yb
[xb,yb] = stairs(X,Y)	该命令没有画图,而是返回可以用命令 plot 画出变量 X、Y 的阶梯图上的坐标向量 xb 与 yb

例 13-10:绘制铸件误差棒图。

甲乙两个铸造厂生产同种铸件,相同型号的铸件尺寸,测量如下,绘出表 13-14 数据的误差棒图。

表 13-14　给定数据

甲	93.3	92.1	94.7	90.1	95.6	90.0	94.7
乙	95.6	94.9	96.2	95.1	95.8	96.3	94.1

解:MATLAB 程序如下:

```
>> close all
>> x = [93.3 92.1 94.7 90.1 95.6 90.0 94.7];
>> y = [95.6 94.9 96.2 95.1 95.8 96.3 94.1];
>> e = abs(x - y);
>> errorbar(y,e)
>> title('误差棒图')
```

运行结果如图 13-9 所示。

例 13-11:绘制下面函数的火柴杆图。

$$\begin{cases} x = \sin t \\ y = \cos 2t \\ z = t \sin t \cos t \cos 2t \end{cases} \quad t \in (-20\pi, 20\pi)$$

解:MATLAB 程序如下:

```
>> close all
>> t = -20 * pi:pi/100:20 * pi;
>> x = sin(t);
>> y = cos(2 * t);
>> z = t. * sin(t). * cos(2 * t);
>> stem3(x,y,z,'fill','r')
>> title('三维火柴杆图')
```

运行结果如图 13-10 所示。

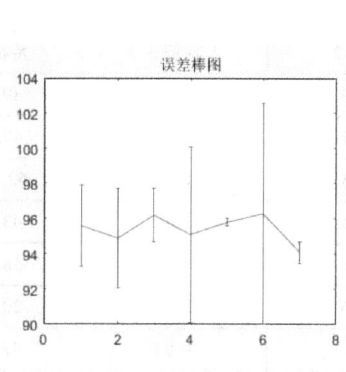

图 13-9 误差棒图

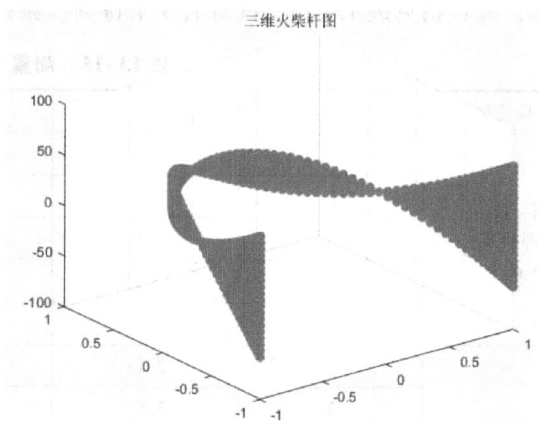

图 13-10 三维火柴杆图

例 13-12：画出正弦波的阶梯图。

解：MATLAB 程序如下：

```
>> close all
>> x = -pi:pi/10:pi;
>> y = sin(x);
>> stairs(x,y)
>> hold on
>> plot(x,y,'--*')
>> hold off
>> text(-3.8,0.8,'正弦波的阶梯图','FontSize',16)
```

运行结果如图 13-11 所示。

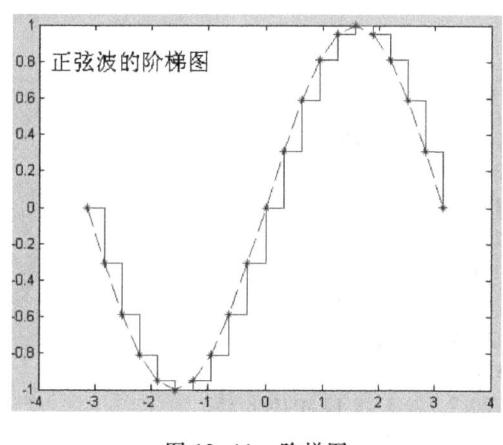

图 13-11 阶梯图

13.5 操作实例——盐泉的钾性判别

某地区经勘探证明，A 盆地是一个钾盐矿区，B 盆地是一个钠盐（不含钾）矿区，其他盆地是否含钾盐有待判断。今从 A 和 B 两盆地各取 5 个盐泉样本,从其他盆地抽得 8 个盐泉样本,其数据见表 13-15,试对后 8 个待判盐泉进行钾性判别。

表 13-15 测量数据

盐泉类别	序号	特征 1	特征 2	特征 3	特征 4
第一类: 含钾盐泉, A 盆地	1	13.85	2.79	7.8	49.6
	2	22.31	4.67	12.31	47.8
	3	28.82	4.63	16.18	62.15
	4	15.29	3.54	7.5	43.2
	5	28.79	4.9	16.12	58.1
第二类: 含钠盐泉, B 盆地	1	2.18	1.06	1.22	20.6
	2	3.85	0.8	4.06	47.1
	3	11.4	0	3.5	0
	4	3.66	2.42	2.14	15.1
	5	12.1	0	15.68	0
待判盐泉	1	8.85	3.38	5.17	64
	2	28.6	2.4	1.2	31.3
	3	20.7	6.7	7.6	24.6
	4	7.9	2.4	4.3	9.9
	5	3.19	3.2	1.43	33.2
	6	12.4	5.1	4.43	30.2
	7	16.8	3.4	2.31	127
	8	15	2.7	5.02	26.1

操作步骤如下。

1. 输入数据

```
>> clear
>> X1 = [13.85 22.31 28.82 15.29 28.79;
    2.79 4.67 4.63 3.54 4.9;
    7.8 12.31 16.18 7.5 16.12 ;
    49.6 47.8 62.15 43.2 58.1];
>> X2 = [2.18 3.85 11.4 3.66 12.1;
    1.06 0.8  0   2.42 0;
    1.22 4.06 3.5 2.14 15.68;
    20.6 47.1 0 15.1 0];
>> X = [8.85 28.6 20.7 7.9 3.19 12.4 16.8 15;
    3.38 2.4  6.7  2.4  3.2 5.1  3.4 2.7;
    5.17 1.2 7.6  4.3  1.43 4.43 2.31 5.02;
    64 31.3 24.6 9.9 33.2 30.2 127 26.1];
```

2. 编写协方差函数文件

当两总体的协方差矩阵不相等时,判别函数取

$$W(X) = (X-\mu_2)' V_2^{-1}(X-\mu_2) - (X-\mu_1)' V_1^{-1}(X-\mu_1)$$

其中

$$V_1 = \frac{1}{n_1} S_1, V_2 = \frac{1}{n_2} S_2$$

下面的 M 文件是当两总体的协方差不相等时的计算函数。

```
function [r1,r2,alpha,r] = mpbfx2(X1,X2,X)
X1 = X1';
X2 = X2';
miu1 = mean(X1,2);
miu2 = mean(X2,2);
[m,n1] = size(X1);
[m,n2] = size(X2);
[m,n] = size(X);
for i = 1:m
    ss11(i,:) = X1(i,:) - miu1(i);
    ss12(i,:) = X1(i,:) - miu2(i);
    ss22(i,:) = X2(i,:) - miu2(i);
    ss21(i,:) = X2(i,:) - miu1(i);
    ss2(i,:) = X(i,:) - miu2(i);
    ss1(i,:) = X(i,:) - miu1(i);
end
s1 = ss11 * ss11';
s2 = ss22 * ss22';
V1 = (s1)/(n1 - 1);
V2 = (s2)/(n2 - 1);
for j = 1:n1
    r1(j) = ss12(:,j)' * inv(V2) * ss12(:,j) - ss11(:,j)' * inv(V1) * ss11(:,j);
end
for k = 1:n2
    r2(k) = ss22(:,k)' * inv(V2) * ss22(:,k) - ss21(:,k)' * inv(V1) * ss21(:,k);
end
r1(r1 >= 0) = 1;
r1(r1 < 0) = 2;
r2(r2 >= 0) = 1;
r2(r2 < 0) = 2;
num1 = n1 - length(find(r1 == 1));
num2 = n2 - length(find(r2 == 2));
alpha = (num1 + num2)/(n1 + n2);
for l = 1:n
    r(l) = ss2(:,k)' * inv(V2) * ss2(:,k) - ss1(:,k)' * inv(V1) * ss1(:,k);
end
r(r > 0) = 1;
r(r < 0) = 2;
```

3. 协方差判定钾性

```
>>[W,d,r1,r2,alpha,r] = mpbfx(X1,X2,X)
W =
```

```
            0.5034      2.2353     -0.1862      0.1259     -15.4222
d =
    18.1458
r1 =
     1     1     1     1     1
r2 =
     2     2     2     2     2
alpha =
     0
r =
     1     1     1     2     2     1     1     1
```

从结果中可以看出，$W(X) = 0.5034x_1 + 2.2353x_2 - 0.1862x_3 + 0.1259x_4 - 15.4222$，回判结果对两个盆地的盐泉都判别正确，误判率为0，对待判盐泉的判别结果为第4、5为含钠盐泉，其余都是含钾盐泉。

4. 绘制统计图形

（1）绘制条形图

```
>> subplot(2,3,1)
>> bar(X)
>> title('二维条形图')
>> subplot(2,3,2)
>> bar3(X),title('三维条形图')
```

运行结果如图13-12所示。

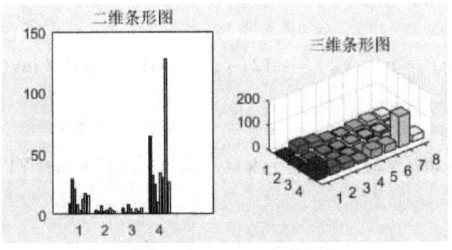

图13-12　条形图

（2）柱状图绘制

```
>> subplot(2,3,3)
>> hist(X)
>> title('高斯分布柱状图')
>> h = findobj(gca,'Type','patch');
>> set(h,'FaceColor','r')              % 改变柱状图的颜色为红色
>> title('高斯分布柱状图')
```

运行结果如图13-13所示。

5. 绘制离散图形

（1）绘制误差棒图

```
>> subplot(2,3,4)
>> e = abs(X1 - X2);
>> errorbar(X2,e)
>> title('误差棒图')
```

运行结果如图 13-14 所示。

（2）绘制阶梯图

```
>> subplot(2,3,5)
>> stairs(X1,X2)
>> plot(X1,X2,'-- *')
```

运行结果如图 13-15 所示。

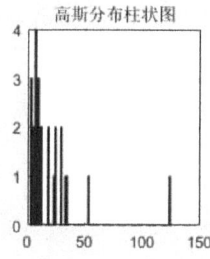 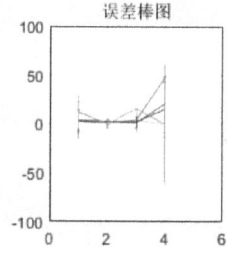 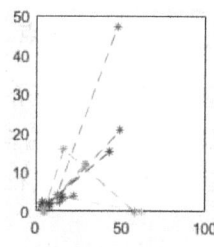

图 13-13　直角坐标系下的柱状图　　图 13-14　误差棒图　　图 13-15　阶梯图

第 14 章　MATLAB 与外部程序接口

内容指南

本章简要介绍 MATLAB 与应用程序的接口。由于本书的使用偏重于 MATLAB 用户，所有介绍的接口程序的主调程序为 MATLAB。本章内容主要为 MATLAB 在优化问题中的应用提供一个开放的接口。

知识重点

- 应用程序接口介绍
- MEX 文件的编辑与使用
- MATLAB 可执行程序

14.1　应用程序接口介绍

MATLAB 不仅自身功能强大、环境友善，能十分有效地处理各种科学和工程问题，而且具有极好的开放性。这开放性表现在两方面：一，MATLAB 适应各科学、专业研究的需要，提供了各种专业性的工具包；二，MATLAB 为实现与外部应用程序的"无缝"结合，提供了专门的应用程序接口 API。

API 能够完成的交互操作包括：提供 MATLAB 解释器所识别并执行的动态链接库（MEX 文件），使得可以在 MATLAB 环境下直接调用 C 语言或 FORTRAN 等语言编写的程序段；调用 MATLAB 计算引擎，在 C 语言或者 FORTRAN 等语言中直接使用 MATLAB 的内置函数；读写 MATLAB 数据文件（MAT 文件）实现 MATLAB 与 C 语言或 FORTRAN 等语言程序间的数据交换等。

14.1.1　MEX 文件

MEX 文件是一种具有特定格式的文件；是能够被 MATLAB 解释器识别并执行的动态链接函数。它可由 C 语言等高级语言编写。在 Microsoft Windows 操作系统中，这种文件类型的后缀名为 dll。

MEX 文件是在 MATLAB 环境下调用外部程序的应用接口，通过 MEX 文件，可以在 MATLAB 环境下调用有 C 语言等高级语言编写的应用程序模块。重要的是，在调用过程中并不对所调用的程序进行任何的重新编译处理；此外，通过 MEX 文件可以把在 MATLAB 中执行效率较低的运算转移到其他的高级程序设计语言中来完成，这样就可以大大地提升整个程序的运行速度；而且，通过使用 MEX 文件，在 MATLAB 中还可以实现许多 MATLAB 本身难以完成的任务。

用 C 语言写的函数，实现了一个功能，如一个简单相加的函数：

```
double add(double x,double y)
{
return x + y;
}
```

在 Matlab 中输入：

```
>> a = add(2.1,2.2)
```

要通过使用 MEX 文件，MEX 文件使得调用 C 函数和调用 Matlab 的内置函数一样方便。完整的 add.c 程序如下：

```
#include"mex.h" // 使用 MEX 文件必须包含的头文件
// 执行具体工作的 C 函数
double add(double x,double y)
{
    return x + y;
}
// MEX 文件接口函数
void mexFunction(int nlhs,mxArray * plhs[ ],int nrhs,const mxArray * prhs[ ])
{
    double * a;
    double b,c;
    plhs[0] = mxCreateDoubleMatrix(1,1,mxREAL);
    a = mxGetPr(plhs[0]);
    b = * (mxGetPr(prhs[0]));
    c = * (mxGetPr(prhs[1]));
    * a = add(b,c);
}
```

调用函数时：
```
>> output = add(2.1,2.2);
output = 4.3
```

14.1.2 mx - 函数库和 MEX 文件的区别

在 MATLAB 外部程序接口函数库中，存在两种类型的库函数，分别以 mx 和 mex 为前缀，并且分别完成不同的功能。

1. mx - 函数库

mx - 函数库是 MATLAB 外部程序接口函数库中提供的一系列函数，它们均以 mx 为前缀，主要功能是为用户提供了一种在 C 语言等高级程序设计语言中创建、访问、操作和删除 mxArray 结构体对象的方法。

2. mex - 函数库

mex - 函数库同样是 MATLAB 外部程序接口函数库中提供的一系列函数，它们均以 mex 为前缀，主要功能是与 MATLAB 环境进行交互，从 MATLAB 环境中获取必要的阵列数据，并且返回一定的信息，包括文本提示、数据阵列等。这里必须注意，以 mex 为前缀的函数只能用于 MEX 文件中。

14.1.3 MAT 文件

MAT 文件是 MATLAB 数据存储的默认文件格式，在 MATLAB 环境下生成的数据存储时，都是以 .mat 作为扩展名。MAT 文件由文件头、变量名和变量数据三部分组成。其中，MAT 文件的文件头又是由 MATLAB 的版本信息、使用的操作系统平台和文件的创建时间三部分组成的。

在 MATLAB 中，用户可以直接使用 save 命令存储在当前工作内存区中的数据，把这些数据存储成二进制的 MAT 文件，load 则执行相反的操作，它把磁盘中的 MAT 文件数据读取到 MATLAB 工作区中，而 MATLAB 提供了带 mat 前缀的 API 库函数，这样用户就能够比较容易地对 MAT 文件进行操作。

14.2 MEX 文件的编辑与使用

作为应用程序接口的组成部分，MEX 文件在 MATLAB 与其他应用程序设计语言的交互程序设计中发挥着重要的作用。

14.2.1 C 语言 MEX 文件的编写

C 语言 MEX 文件，就是基于 C 语言编写的 MEX 文件，是 MATLAB 应用程序接口的一个重要组成部分。通过它不但可以将现有的使用 C 语言编写的函数轻松地引入 MATLAB 环境中使用，避免了重复的程序设计，而且可以使用 C 语言为 MATLAB 定制用于特定目的的函数，以完成在 MATLAB 中不易实现的任务，同时还可以使用 C 语言提高 MATLAB 环境中数据的处理效率。

例 14-1：传递一个数量。

这是一个 C 语言程序，用于求解一个数量的 2 倍。

解：MATLAB 程序如下：

```c
#include <math.h>
void timestwo(double y[],double x[])
{
    y[0] = 2.0 * x[0];
    return;
}
```

下面是相应的 MEX 文件

```c
#include "mex.h"

void timestwo(double y[],double x[])
{
    y[0] = 2.0 * x[0];
}

void mexFunction(int nlhs,mxArray *plhs[],int nrhs,
```

```
                    const mxArray * prhs[ ])
{
    double * x, * y;
    int mrows, ncols;

    /* Check for proper number of arguments. */
    if( nrhs! = 1) {
        mexErrMsgTxt("One input required.");
    } else if(nlhs > 1) {
        mexErrMsgTxt("Too many output arguments");
    }

    /* The input must be a noncomplex scalar double. */
    mrows = mxGetM( prhs[0]);
    ncols = mxGetN( prhs[0]);
    if( ! mxIsDouble( prhs[0]) || mxIsComplex( prhs[0]) ||
        ! (mrows = =1&&ncols = =1)) {
        mexErrMsgTxt("Input must be a noncomplex scalar double.");
    }

    /* Create matrix for the return argument. */
    plhs[0] = mxCreateDoubleMatrix(mrows, ncols, mxREAL);
    /* Assign pointers to each input and output. */
    x = mxGetPr( prhs[0]);
    y = mxGetPr( plhs[0]);

    /* Call the timestwo subroutine. */
    timestwo(y, x);
}
```

从上面的示例程序可以看出，C语言编写的MEX文件与一般的C语言程序相同，没有复杂的内容和格式。较为独特的是，在输入参数中出现的一种新的数据类型mxArray，该数据类型就是MATLAB矩阵在C语言中的表述，是一种已经在C语言头文件matrix.h中预定义的结构类型，所以，在实际编写MEX文件过程中，应当在文件开始声明这个头文件，否则，在执行过程中会报错。

在MATLAB命令窗口中输入下述命令，进行编译和链接。

```
>> mex timestwo.c
```

这样，就可以把上述文件当作MATLAB中的M文件一样调用了。

```
>> x = 2;
>> y = timestwo(x)

y =

    4
```

例 14-2：传递多个输入或输出变量。

这个程序的功能是，计算一个数量和一个数量或者矩阵的乘积。如果第二个输入为数量，则输出数量；如果第二个输入为矩阵，则输出矩阵。

解： MATLAB 程序如下：

```c
#include "mex.h"

void xtimesy(double x, double * y, double * z, int m, int n)
{
    int i, j, count = 0;

    for(i = 0; i < n; i++){
        for(j = 0; j < m; j++){
            *(z + count) = x * *(y + count);
            count++;
        }
    }
}

/* The gateway routine */
void mexFunction(int nlhs, mxArray * plhs[],
                 int nrhs, const mxArray * prhs[])
{
    double * y, * z;
    double x;
    int status, mrows, ncols;

    /* Check for proper number of arguments. */
    /* NOTE: You do not need an else statement when using
       mexErrMsgTxt within an if statement. It will never
       get to the else statement if mexErrMsgTxt is executed.
       (mexErrMsgTxt breaks you out of the MEX - file.)
    */
    if(nrhs != 2)
        mexErrMsgTxt("Two inputs required.");
    if(nlhs != 1)
        mexErrMsgTxt("One output required.");

    /* Check to make sure the first input argument is a scalar. */
    if(!mxIsDouble(prhs[0]) || mxIsComplex(prhs[0]) ||
       mxGetN(prhs[0]) * mxGetM(prhs[0]) != 1){
        mexErrMsgTxt("Input x must be a scalar.");
    }

    /* Get the scalar input x. */
    x = mxGetScalar(prhs[0]);

    /* Create a pointer to the input matrix y. */
```

```
        y = mxGetPr(prhs[1]);

    /* Get the dimensions of the matrix input y. */
        mrows = mxGetM(prhs[1]);
        ncols = mxGetN(prhs[1]);

    /* Set the output pointer to the output matrix. */
        plhs[0] = mxCreateDoubleMatrix(mrows,ncols,mxREAL);

    /* Create a C pointer to a copy of the output matrix. */
        z = mxGetPr(plhs[0]);

    /* Call the C subroutine. */
        xtimesy(x,y,z,mrows,ncols);
    }
```

将文件保存为 xtimesy.c。

在 MATLAB 命令窗口中输入下述命令，编译链接程序。

```
>> mex xtimesy.c
```

然后可以调用检验程序的执行效果。

```
>> x = 7;
>> y = 7;
>> z = xtimesy(x,y)

z =

     49

>> x = 9;
>> y = ones(3);
>> z = xtimesy(x,y)

z =

     9     9     9
     9     9     9
     9     9     9
```

显然，当输入为两个数量的时候，返回一个数量结果；当第二个输入为矩阵的时候，返回一个数量和矩阵的乘积。

例 14-3：用 M 文件建立一个 1000×1000 的 Hilbert 矩阵。

解：MATLAB 程序如下：

```
tic
m = 1000;
n = 1000;
```

```
a = zeros(m,n);
for i = 1:1000
    for j = 1:1000
        a(i,j) = 1/(i+j);
    end
end
toc
```

在 MATLAB 中新建一个 Matlab_1.cpp 文件并输入以下程序：

```
#include"mex.h"
//计算过程
void hilb(double * y,int n)
{
int i,j;
for(i = 0;i < n;i ++)
for(j = 0;j < n;j ++)
*(y + j + i * n) = 1/((double)i + (double)j + 1);
}
//接口过程
void mexFunction(int nlhs,mxArray * plhs[],int nrhs,const mxArray * prhs[])
{
double x, * y;
int n;

if(nrhs! = 1)
mexErrMsgTxt("One inputs required.");
if(nlhs! = 1)
mexErrMsgTxt("One output required.");
if(!mxIsDouble(prhs[0]) || mxGetN(prhs[0]) * mxGetM(prhs[0])! = 1)
mexErrMsgTxt("Input must be scalars.");
x = mxGetScalar(prhs[0]);
plhs[0] = mxCreateDoubleMatrix(x,x,mxREAL);
n = mxGetM(plhs[0]);
y = mxGetPr(plhs[0]);
hilb(y,n);
}
```

该程序是一个 C 语言程序，它也实现了建立 Hilbert 矩阵的功能。

在 MATLAB 命令窗口输入以下命令：

```
>> mex Matlab_1.cpp
```

使用 'MinGW64 Compiler (C)' 编译。

MEX 已成功完成。

然后可以调用检验程序的执行效果。

进入该文件夹，会发现多了两个文件：Matlab_1.asv 和 Matlab_1.dll，其中 Matlab_1.dll 即是 MEX 文件。运行下面程序：

```
>> tic
>> a = Matlab_1(1000);
toc
elapsed_time =
    0.0470
```

例 14-4:mexCallMATLAB 的使用。

下述程序输出一个正弦曲线,其中 mexCallMATLAB 调用了 MATLAB 中的绘图函数。

解:MATLAB 程序如下:

```c
#include "mex.h"
#define MAX 1000

/* Subroutine for filling up data */
void fill(double * pr, int * pm, int * pn, int max)
{
  int i;

  /* You can fill up to max elements, so( * pr) <= max. */
  * pm = max/2;
  * pn = 1;
  for(i = 0; i < ( * pm); i ++)
    pr[i] = i * (4 * 3.14159/max);
}

/* The gateway routine */
void mexFunction(int nlhs, mxArray * plhs[],
                 int nrhs, const mxArray * prhs[])
{
  int      m, n, max = MAX;
  mxArray * rhs[1], * lhs[1];

  rhs[0] = mxCreateDoubleMatrix(max, 1, mxREAL);

  /* Pass the pointers and let fill( ) fill up data. */
  fill(mxGetPr(rhs[0]), &m, &n, MAX);
  mxSetM(rhs[0], m);
  mxSetN(rhs[0], n);

  /* Get the sin wave and plot it. */
  mexCallMATLAB(1, lhs, 1, rhs, "sin");
  mexCallMATLAB(0, NULL, 1, lhs, "plot");

  /* Clean up allocated memory. */
  mxDestroyArray(rhs[0]);
  mxDestroyArray(lhs[0]);
    return;
}
```

保存为 sincall.c。

在 MATLAB 命令窗口中输入下述命令，编译链接程序。

>> mex sincall.c

使用 'MinGW64 Compiler（C）'编译。
MEX 已成功完成。
然后可以调用检验程序的执行效果。

>> sincall

得到图 14-1。

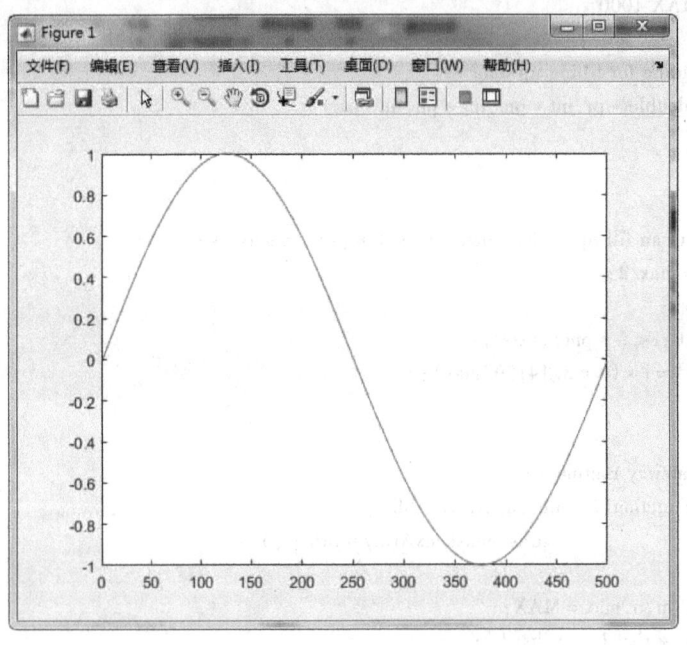

图 14-1　绘图函数执行结果

14.2.2　FORTRAN 语言 MEX 文件

与 C 语言相同，FORTRAN 语言也可以实现同 MATLAB 语言的通信。相应地，基于 FORTRAN 语言的 MEX 文件也是 MATLAB 应用程序接口的重要组成部分。

同 C 语言编写的 MEX 文件相比，FORTRAN 语言在数据的存储上表现得更为简单一些，这是因为 MATLAB 的数据存储方式与 FORTRAN 语言相同，均是按列存储，所以，编制的 MEX 文件在数据存储上相对简单（C 语言的数据存储是按行进行的）。但是，FORTRAN 语言没有灵活的指针运算，所以，在程序的编制过程中也有其他的麻烦，而 C 语言没有类似的问题。

FORTRAN 语言编写的 MEX 文件与普通的 FORTRAN 程序也没有特别的差别。同 C 语言编写的 MEX 文件相同，FORTRAN 语言编写的 MEX 文件也需要入口程序，并且入口程序的参数与 C 语言的完全相似。这里不拟对 FORTRAN 语言的 MEX 文件做实例分析，但是值得注意的是，在 FORTRAN 语言中的函数调用必须加以声明，而不能像 C 语言那样仅仅给出头文件即可，所以，在使用 mx 函数或 mex 函数时应做出适当的声明。

14.3 MATLAB 可执行程序

MATLAB 引擎是 MATLAB 提供的一组编程接口，通过引擎，其他编程环境，如 VC 等可以使用 MTALAB 提供的计算与图形功能。采用 MATLAB 引擎，可以在非 MATLAB 为主的应用程序中使用 MATLAB 功能。

但是，如果在以 MATLAB 为主的应用程序中，需要实现与操作系统紧密结合的代码，甚至实现对硬件进行控制，或者在使用现有其他应用程序的功能的情况下，则需要在 MATLAB 应用程序中调用其他语言。MATLAB 采用 mcc 命令可以将大部分 .m 程序编译成动态链接库供 MATLAB 调用；通过 mex 命令，可以将 C 或者 FORTRAN 语言程序编译成 MATLAB 可执行程序，供 MATLAB 调用。

本节将具体介绍根据 MATLAB 可执行程序调用格式，采用 Visual C++ 来编写动态链接库，从而实现 MATLAB 对 VC 的调用。

14.3.1 接口函数 mexFunction

接口函数 mexFunction 的调用格式如下：

其中，
- nlhs：输出变量的个数；
- plhs：指向输出变量指针的数组；
- nrhs：输入变量的个数；
- prhs：指向输入变量指针的数组。

接口函数 mexFunction 中的参数 mxArray 声明为常量，是只读的，不能够被 mex 命令修改。

MATLAB 函数的调用方式一般为：[a,b,c,…] = 被调用函数名称(d,e,f,…)，nlhs 保存了等号左端输出参数的个数，指针数组 plhs 具体保存了等号左端各参数的地址，注意在 plhs 各元素针向的 mxArray 内存未分配，需在接口过程中分配内存；prhs 保存了等号右端输入参数的个数，指针数组 prhs 具体保存了等号右端各参数的地址，注意 MATLAB 在调用该 MEX 文件时，各输入参数已存在，所以在接口过程中不需要再为这些参数分配内存。

14.3.2 出错信息发布函数 mexErrMsgTxt 和 mexWarnMsgTxt

两函数的具体格式如下：

```
#include"mex.h"
void mexErrMsgTxt(const char * error_msg);
void mexWarnMsgTxt(const char * warning_msg);
```

其中 error_msg 包含了要显示错误信息，warning_msg 包含了要显示的警告信息。两函数的区别在于 mexErrMsgTxt 显示出错信息后即返回到 MATLAB，而 mexWarnMsgTxt 显示警告信息后继续执行。

14.3.3　变量定义函数 mexCallMATLAB 和 mexString

两函数具体格式如下：

```
#include" mex. h"
int mexCallMATLAB(int nlhs,mxArray * plhs[ ],
int nrhs,mxArray * prhs[ ],const char * command_name);
int mexString(const char * command);
```

mexCallMATLAB 前四个参数的含义与 mexFunction 的参数相同，command_name 可以用于 MATLAB 内建函数名、用户自定义函数、M 文件或 MEX 文件名构成的字符串，也可以用于 MATLAB 合法的运算符。

mexString 用来操作 MATLAB 空间已存在的变量，它不返回任何参数。

mexCallMATLAB 与 mexString 差异较大。

14.3.4　建立二维双精度矩阵函数 mxCreateDoubleMatrix

二维双精度矩阵函数 mxCreateDoubleMatriix 格式具体如下：

```
#include" matrix. h"
mxArray * mxCreateDoubleMatrix(int m,int n,mxComplexity ComplexFlag);
```

其中 m 代表行数，n 代表列数，ComplexFlag 可取值 mxREAL 或 mxCOMPLEX。如果创建的矩阵需要虚部，选择 mxCOMPLEX，否则选用 mxREAL。

类似的函数有：

mxCreateCellArray	创建 n 维元胞 mxArray
mxCreateCellMatrix	创建二维元胞 mxArray
mxCreateCharArray	创建 n 维字符串 mxArray
mxCreateCharMatrixFromStrings	创建二维字符串 mxArray
mxCreateDoubleMatrix	创建二维双精度浮点 mxArray
mxCreateDoubleScalar	创建指定值的二维精度浮点 mxArray
mxCreateLogicalArray	创建 n 维逻辑 mxArray，初值为 false
mxCreateLogicalMatrix	创建二维逻辑 mxArray，初值为 false
mxCreateLogicalScalar	创建指定值的二维逻辑 mxArray
mxCreateNumericArray	创建 n 维数值 mxArray
mxCreateNumericMatrix	创建二维数值 mxArray，初值为 0
mxCreateScalarDouble	创建指定值的双精度 mxArray
MxCreateSparse	创建二维稀疏 mxArray
mxCreateSparseLogicalMatrix	创建二维稀疏逻辑 mxArray
MxCreateString	创建指定字符串的一维的串 mxArray
mxCreateStructArray	创建 n 维架构 mxArray
mxCreateStructMatrix	创建二维架构 mxArray

14.3.5　获取行维和列维函数 mxGetM、mxGetN

获取行维和列维函数 mxGetM、mxGetN 格式如下：

```
#include" matrix. h"
int mxGetM( const mxArray * array_ptr);
int mxGetN( const mxArray * array_ptr);
```

与之相关的还有：
- mxSetM：设置矩阵的行维；
- mxSetN：设置矩阵的列维。

14.3.6 获取矩阵实部和虚部函数 mxGetPr、mxGetPi

获取矩阵实部和虚部函数 mxGetPr、mxGetPi 格式如下：

```
#include" matrix. h"
double * mxGetPr( const mxArray * array_ptr);
double * mxGetPi( const mxArray * array_ptr);
```

与之相关的函数还有：
- mxSetPr：设置矩阵的实部；
- mxSetPi：设置矩阵的虚部。

14.3.7 在 Visual C++ 中实现 MATLAB 可执行程序

前面提到，采用 MATLAB 命令 mcc 可以将 MATLAB 程序编译成 mex 程序，而采用 mex 命令可以将 C 或者 FORTRAN 程序编译成 mex 程序。这在前面已经用大量的例子说明了。下面用 Visual C++ 来实现这个功能。

1. 创建 DLL 工程

一个 mex 程序实际上就是一个 dll，只不过它的输出函数为 mexFunction。根据这个特点下面我们在 Visual C++ 中创建一个 DLL 工程，并为其指定输出函数为 mexFunction。这样就满足了上述要求。

首先，启动 Visual C++，创建一个名称为 MexDemo 的 DLL 工程，如图 14-2 所示。

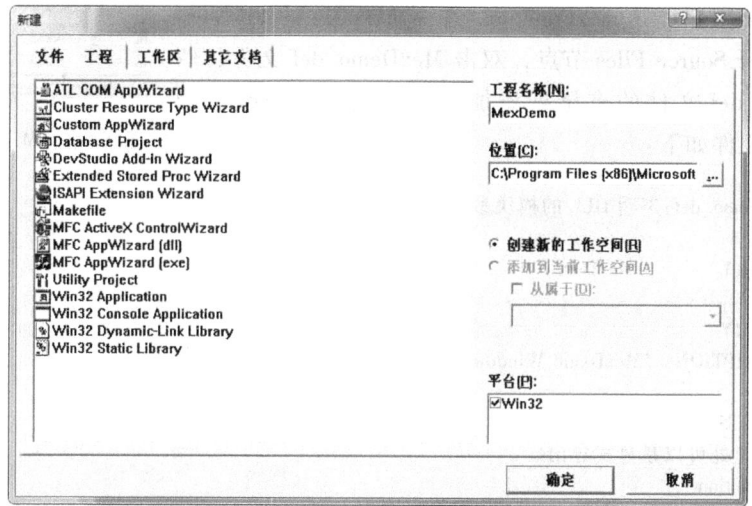

图 14-2 创建 DLL 工程

2. 选择静态链接的 MFC 类库

在图 14-2 中单击"确定"按钮,然后在 MFC 应用向导对话框中,选择使用静态链接 MFC 类库,如图 14-3 所示。

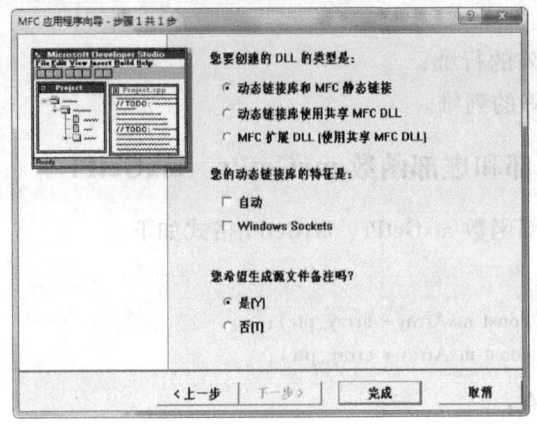

图 14-3 选择 MFC 类库

熟悉 MFC 编程的用户都知道,在一般创建 MFC 应用程序时,都是采用动态链接的 MFC 类库,此处采用静态链接类库是因为 MATLAB 采用自带的 mfc42.dll 文件,这个文件同 Windows 系统目录中的 mfc42.dll 是不兼容的。在 MATLAB 启动时,它使用 MATLAB 目录下的 mfc42.dll 文件而不是 Windows 目录下的 mfc42.dll 文件。

如果创建 mex 工程时,使用动态链接的 MFC 类库,它将调用位于 MATLAB 程序目录下的 mfc42.dll 文件,这在某些情况下有可能出错。所以这里采用静态链接的 MFC 类库来避免这个问题。

3. 设定输出函数

单击"完成"按钮,完成创建,打开"新建工程信息"对话框,单击"确定"按钮,MFC 应用向导生成图 14-4 所示的几个文件。下面需要在 MexDemo.def 文件中添加 DLL 文件的输出函数。这个函数只能是 mexFunction。在 Workspace 的 FileView 属性页中,展开 Source Files 节点,双击 MexDemo.def 文件,然后在 MexDemo.def 文件的末尾处添加 mexFunction。修改后的 MexDemo.def 文件如下:

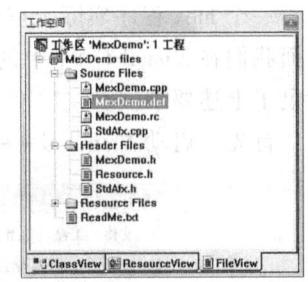

图 14-4 MFC 生成的文件

```
;MexDemo.def:声明 DLL 的模块参数。

LIBRARY        "MexDemo"

LIBRARY
DESCRIPTION    'MexDemo Windows Dynamic Link Library'

EXPORTS
    ;此处可以是显式导出
mexFunction
```

工作空间的窗口如图 14-5。图中高亮显示的即为需要编辑的函数文件。

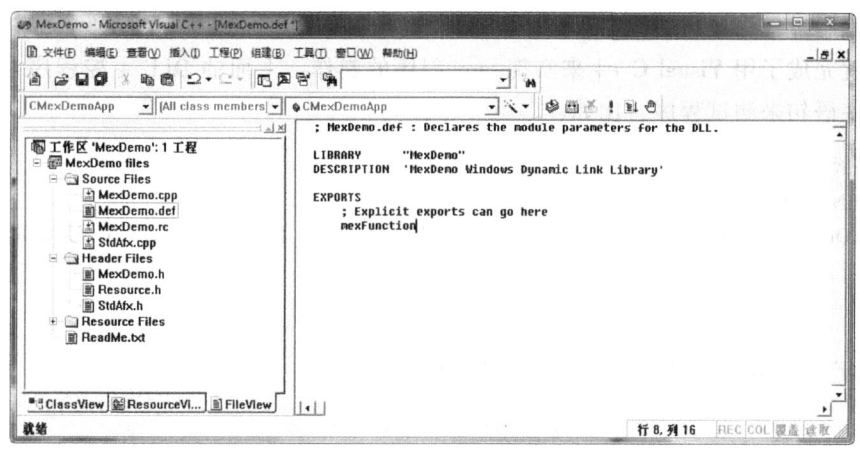

图 14-5 编辑 MexDemo.def 文件

4. 环境设置

在 Visual C++ 中选择菜单栏中的"工具"→"选项"命令,得到图 14-6,在最后一行中加入图所示的目录文件。

在 Visual C++ 中单击"工程"→"MexDemo 属性"命令,根据图 14-7 所示,设置库文件路径。

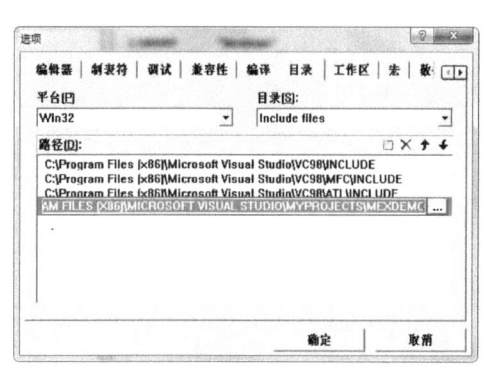

图 14-6 设置路径

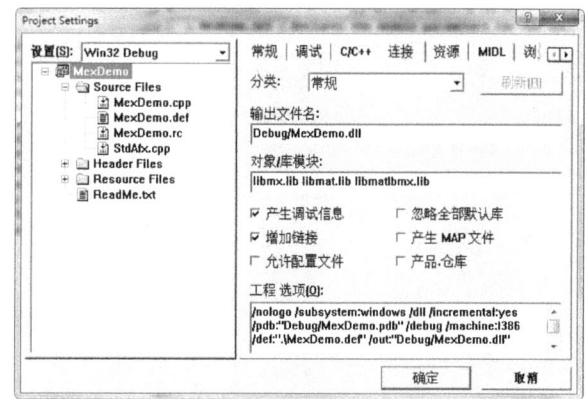

图 14-7 设置库文件路径

5. 编写 DLL 主程序

添加一个文件 mexmain,文件扩展名为 .cpp。头两行内容必须是:

```
#INCLUDE"STDAFX.H"
#INCLUDE"MEX.H"
```

编写 mexFunction 函数,用下面的格式声明:

```
VOID MEXFUNCTION(INT NLHS,MXARRAY * PLHS[ ],INT NRHS,CONST MXARRAY * PRHS[ ])
{
    ……
}
```

其他编制过程同普通的程序编制。

这样就完成了用 Visual C++ 来实现 mex 程序的制作，上面的 DLL 主控程序是空的，可以加上一些语句来测试程序，比如：

```
#INCLUDE"STDAFX.H"
#INCLUDE"MEX.H"
VOID MEXFUNCTION(INT NLHS,MXARRAY * PLHS[ ],INT NRHS,CONST MXARRAY * PRHS[ ])
{

MEXPRINTF("TEST TERMINATED! VICTORY!")

}
```

第 15 章 控制系统的时域分析设计实例

 内容指南

在 MATLAB 中,控制领域包括自动控制、线性控制和智能控制。本章主要介绍 MAT-LAB 在控制领域的工程应用案例,对控制系统状态进行分析的方法主要分为时域与频域,本章主要讲解时域分析。

 知识重点

- 控制系统的分析
- 闭环传递函数
- 控制系统的稳定性分析

15.1 控制系统的分析

自动控制是工程科学的一个分支,是在无人直接参与的情况下,利用设备或装置,使生产过程中某个状态或参数按预定规律运行。

15.1.1 控制系统的仿真分析

对控制系统进行分析和设计过程时,首先需要建立的是数学模型。在自动控制原理中数学模型有多种模型。

数学模型通常是指表示该系统输入和输出之间动态关系的数学表达式。具有与实际系统相似的特性,可采用不同形式表示系统内外部性能特点。

建立系统数学模型,一般是根据系统实际结构、参数及计算精度的要求,抓住主要因素,略去一些次要的因素,使系统的数学模型既能准确地反映系统的动态本质,又能简化分析计算的工作。

系统仿真实质上就是对系统模型的求解,对控制系统来说,一般模型可转化成某个微分方程或差分方程表示,因此在仿真过程中,一般以某种数值算法从初态出发,逐步计算系统的响应,最后绘制出系统的响应曲线,进而可分析系统的性能。控制系统最常用的时域分析方法是,当输入信号为单位阶跃和单位冲激函数时,求出系统的输出响应,分别称为单位阶跃响应和单位冲激响应。在 MATLAB 中,提供了求取连续系统的单位阶跃响应函数 step,单位冲激响应函数 impulse,零输入响应函数 initial 等。

15.1.2 闭环传递函数

线性定常系统在初始条件为零时,系统输出信号的拉氏变换之比称为该系统的传递函数，可表示为：

$$G(s) = \frac{C(s)}{R(s)}$$

1. 传递函数的性质

1）只能用于线性定常系统。
2）只能反映系统在零初始状态下输入与输出变量之间的动态关系。
3）由系统的结构和参数来确定，与输入信号的形式无关。
4）用于同一个系统对于不同作用点的输入信号和不同观测点的输出信号之间。
5）传递函数是一种数学现象，无法直接看出实际系统的物理构造，物理性质不同的系统可有相同的传递函数。

在控制系统性能分析中，传递函数具有一般性，可将系统传递函数分解为若干个典型环节的组合，便于讨论系统的各种性能。

常用的典型环节主要有：
- 比例环节；
- 惯性环节；
- 一阶微分环节；
- 积分环节；
- 开环环节；
- 闭环环节。

如图 15-1 所示为闭环控制系统的典型结构。

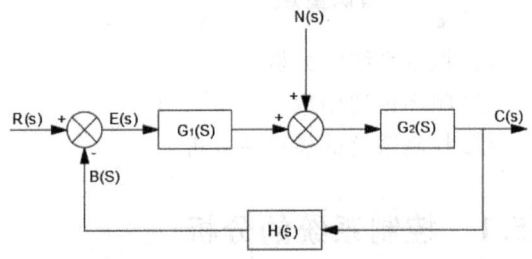

图 15-1 闭环控制系统典型结构图

2. 系统开环传递函数

闭环系统在开环状态下的传递函数称为系统的开环传递函数。
表示为：

$$G(s) = \frac{B(s)}{R(s)} = G_1(s) G_2(s) H(s)$$

从上式可以看出，系统开环传递函数等于前向通道的传递函数与反馈通道的传递函数之乘积。

15.2 闭环传递函数的响应分析

本节介绍系统的闭环传递函数 $\varphi(s) = \dfrac{G_k(S)}{1+G_k(S)} = \dfrac{1}{s^3 + 50s^2 + 500s + 50000}$，对该函数进行时域分析。

15.2.1 阶跃响应曲线

阶跃响应曲线是指系统在其输入为阶跃函数时，其输出的变化曲线。在电子工程或控制领域中，分析系统的阶跃响应曲线有助于了解系统的特性，因为当输入在长时间稳态后，如有快速而大幅度的变化，可以看出系统各个部分的特性。而且也可以知道一个系统的稳定性。

绘制单位阶跃响应曲线，输入下面的程序：

```
>> a = [0,0,0,1];              % 定义函数变量
>> b = [1,50,500,50000];
>> t = 0:0.01:2;
>> s = tf(a,b);                % 定义系统
>> subplot(1,3,1),step(s,t);   % 绘制阶跃响应曲线
>> grid on
>> title('单位阶跃响应');
```

运行结果如图 15-2 所示。

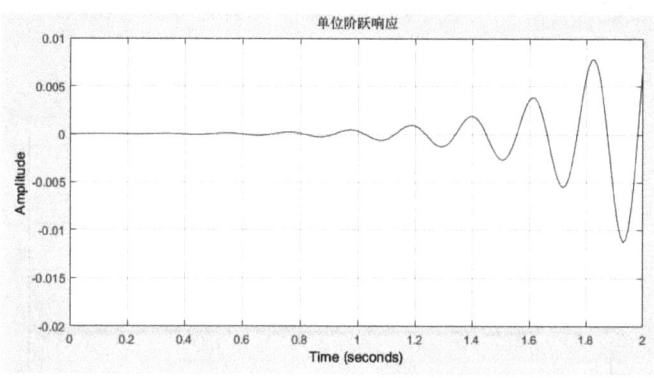

图 15-2　单位阶跃响应曲线

15.2.2　冲激响应曲线

系统在单位冲激函数激励下引起的零状态响应被称之为该系统的"冲激响应"。"冲激响应"完全由系统本身的特性所决定，与系统的激励源无关，是用时间函数表示系统特性的一种常用方式。

绘制单位冲激响应曲线，输入下面的程序：

```
>> subplot(1,3,2),impulse(s,t);   % 绘制冲激响应曲线
>> grid on
>> title('单位冲激响应');
```

运行结果如图 15-3 所示。

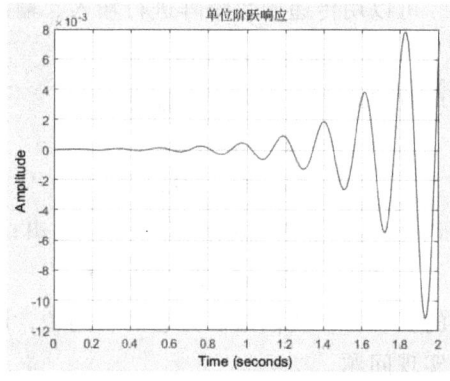

图 15-3　单位冲激响应曲线

15.2.3 斜坡响应

斜坡响应是一个输入量的变化斜率从零跃增到某有限值引起的时间响应。

绘制单位斜坡响应曲线，输入下面的程序：

```
>>t=0:0.1:50;
>>subplot(1,3,3),c=step(a,b,t);    %绘制斜坡响应曲线
>>plot(t,c,'ro',t,t,'b-')
>>grid on
>>title('单位斜坡响应');
```

运行结果如图 15-4 所示。

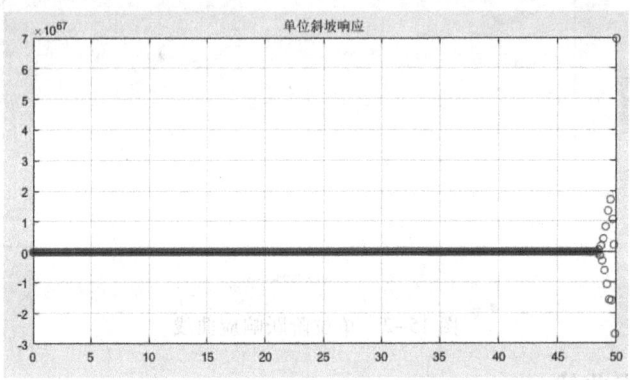

图 15-4　单位斜坡响应曲线

15.3　控制系统的稳定性分析

系统稳定是自动控制系统设计的基本要求，这样系统才能满足生产工艺所要求的暂态性能指标和稳态误差。因而，如何分析系统的稳定性并找出保证系统稳定的措施，便成为了自动控制理论的一个基本任务。

15.3.1　状态空间实现

对于一个线性定常系统，可以用传递函数矩阵进行输入、输出描述：

$$\hat{y}(s) = \hat{G}(s)\hat{u}(s) \tag{15.1}$$

如果系统还是集中的，则还可以用状态空间方程来描述：

$$\begin{cases} \dot{x} = Ax + Bu \\ y = Cx + Du \end{cases} \tag{15.2}$$

如果已知上述状态空间方程式（15.2），则相应的传递矩阵可由：

$$\hat{G}(s) = G(sI - A)^{-1}B + D \tag{15.3}$$

求出，且求出的矩阵式唯一的。现在，我们来研究它的反问题，即由给定的传递矩阵来求状态空间方程，这就是所谓的实现问题。

事实上，对于时变系统也有实现问题，只是它的输入、输出描述不再是传递矩阵。

1）式（15.1）的线性定常系统的矩阵 A 的特征值 λ_i 互异，$(i=1,2,\cdots n)$ 将系统经过非奇异线性变换变换成对角阵

$$\dot{\overline{x}} = \begin{bmatrix} \lambda_1 & & & 0 \\ & \lambda_2 & & \\ & & \ddots & \\ 0 & & & \lambda_n \end{bmatrix} \overline{x} + \overline{B}u$$

则系统能空的充分必要条件是矩阵 B 中不包含元素全为零的行。

2）式（15.2）所描述的系统为能观测的充分必要条件是以下能观性矩阵满秩，即

$$\mathrm{rank}\,Q_0 = n$$

$$Q_0 = \begin{bmatrix} C \\ CA \\ \vdots \\ CA^{n-1} \end{bmatrix}_{nm \times n}$$

```
>>[A,B,C,D] = tf2ss(a,b)
A =
         -50        -500     -50000
           1           0          0
           0           1          0
B =
    1
    0
    0
C =
    0    0    1
D =
    0
```

结果中矩阵 A 中不包含元素全为 0 的行，因此证明该系统是状态完全能控的；矩阵 B 是满秩矩阵，因此证明该系统是状态完全能观的。

15.3.2 稳定性

在多变量控制系统中，能控性、能观测性和两个反映控制系统构造的基本特性，是现代控制理论中最重要的基本概念。

1. 线性定常系统的状态方程

$$\dot{x} = Ax + Bu \tag{15.4}$$

给定系统一个初始状态 $x(t_0)$，如果在 $t_1 > t_0$ 的有限时间区间 $[t_1, t_0]$ 内，存在容许控制 $u(t)$，使 $x(t_1) = 0$ 则称系统状态在 t_0 时刻是能控的；如果系统对任意一个初始状态都能控，则称系统是状态完全能控的。

PBH 判别法式（15.4）的线性定常系统为状态能控的充分必要条件是，对 A 的所有特征值 λ_i，都有

$$rank[\lambda_i I - A \vdots B] = n \qquad (i=1,2,\cdots,n)$$

```
>> rank(ctrb(A,B))        % 判断系统的能控性
ans =
     3
```

由此可见,该系统是状态完全能控的。

2. 能观性

线性定常系统方程为 $\left.\begin{array}{l}\dot{x} = Ax + Bu \\ y = Cx\end{array}\right\}$

如果在有限时间区间 $[t_0, t_1]$ $(t_1 > t_0)$ 内,通过观测 $y(t)$ 能够唯一地确定系统的初始状态 $x(t_0)$,称系统状态在 t_0 是能观测的。如果对任意的初始状态都能观测,则称系统是状态完全能观测的。

上述方程所描述的系统为能观测的充分必要条件是以下格拉姆能观性矩阵满秩,即:

$$\text{rank}\, W_0[0, t_1] = n$$

```
>> rank(ctrb(A,B))        % 判断系统的能观性
ans =
     3
```

由此可见,该系统是状态完全能观的。

第16章 分析健康女性的测量数据设计实例

 内容指南

本章通过测量数据的拟合分析、样本均值求解等操作来体会数理统计在数值统计中的应用。数理统计统计的数据处理方法不只是简单的数值计算，还可以用连续曲线近似地刻画或比拟平面上离散点组所表示的坐标之间的函数关系，通过本章的学习，读者可以加深对数理统计的记忆，掌握对数理统计的应用。

 知识重点

- 健康女性的测量数据分析
- 曲线拟合分析

16.1 健康女性的测量数据分析

表16-1是对20位25～34周岁的健康女性的测量数据，试利用这些数据对身体脂肪与大腿围长、三头肌皮褶厚度、中臂围长的关系进行数理统计。

表16-1 测量数据

受试验者 i	1	2	3	4	5	6	7	8	9	10
三头肌皮褶厚度 x_1	19.5	24.7	30.7	29.8	19.1	25.6	31.4	27.9	22.1	25.5
大腿围长 x_2	43.1	49.8	51.9	54.3	42.2	53.9	58.6	52.1	49.9	53.5
中臂围长 x_3	29.1	28.2	37	31.1	30.9	23.7	27.6	30.6	23.2	24.8
身体脂肪 Y	11.9	22.8	18.7	20.1	12.9	21.7	27.1	25.4	21.3	19.3
受试验者 i	11	12	13	14	15	16	17	18	19	20
三头肌皮褶厚度 x_1	31.1	30.4	18.7	19.7	14.6	29.5	27.7	30.2	22.7	25.2
大腿围长 x_2	56.6	56.7	46.5	44.2	42.7	54.4	55.3	58.6	48.2	51
中臂围长 x_3	30	28.3	23	28.6	21.3	30.1	25.6	24.6	27.1	27.5
身体脂肪 Y	25.4	27.2	11.7	17.8	12.8	23.9	22.6	25.4	14.8	21.1

16.2 曲线拟合分析

曲线拟合（Curve Fitting）是指选择适当的曲线类型来拟合观测数据，并用拟合的曲线方程分析两变量间的关系。

16.2.1 二次多项式拟合曲线

1. 输入基本数据

```
>> y = [11.9 22.8 18.7 20.1 12.9 21.7 27.1 25.4 21.3 19.3 25.4 27.2 11.7 17.8 12.8 23.9 22.6
25.4 14.8 21.1];                                    % 身体脂肪数据
>> x1 = [19.5 24.7 30.7 29.8 19.1 25.6 31.4 27.9 22.1 25.5 31.1 30.4 18.7 19.7 14.6 29.5
27.7 30.2 22.7 25.2];                               % 三头肌皮褶厚度数据
>> x2 = [43.1 49.8 51.9 54.3 42.2 53.9 58.6 52.1 49.9 53.5 56.6 56.7 46.5
44.2 42.7 54.4 55.3 58.6 48.2 51];                  % 大腿围长数据
>> x3 = [29.1 28.2 37 31.1 30.9 23.7 27.6 30.6 23.2 24.8 30.2 28.6 21.3 30.1 25.6 24.6
27.1 27.5];                                         % 中臂围长数据
```

2. 绘制二次多项式拟合曲线

```
>> [p,s] = polyfit(x1,y,2)                          % 三头肌皮褶厚度数据多项式拟合曲线
p =
    -0.0084    1.2612   -6.1524
s =
        R: [3x3 double]
       df: 17
    normr: 11.9341
>> xi1 = 14.6:0.1:30.4;
>> yi1 = polyval(p,xi1);
>> subplot(1,3,1),plot(x1,y,'r>',xi1,yi1,'k')
>> title('三头肌皮褶厚度数据与多项式拟合曲线')
>> xlabel('三头肌皮褶厚度数据')
>> ylabel('身体脂肪')
>> [p,s] = polyfit(x2,y,2)                          % 大腿围长数据多项式拟合曲线
p =
    -0.0009    0.9495  -25.9190
s =
        R: [3x3 double]
       df: 17
    normr: 10.6448
>> xi2 = 42.2:0.1:58.6;
>> yi2 = polyval(p,xi2);
>> subplot(1,3,2),plot(x2,y,'bo',xi2,yi2,'k')
>> title('大腿围长数据与拟合曲线')
>> xlabel('大腿围长数据')
>> ylabel('身体脂肪')
>> [p,s] = polyfit(x3,y,2)                          % 中臂围长数据多项式拟合曲线
p =
    -0.0832    4.9278  -51.3911
s =
        R: [3x3 double]
       df: 17
    normr: 20.8832
>> xi3 = 21.3:0.1:37;
>> yi3 = polyval(p,xi3);
```

```
>> subplot(1,3,3),plot(x3,y,'gh',xi3,yi3,'k')
>> title('中臂围长数据与多项式拟合曲线')
>> xlabel('中臂围长数据')
>> ylabel('身体脂肪')
```

在图形窗口中显示拟合结果，如图 16-1 所示。

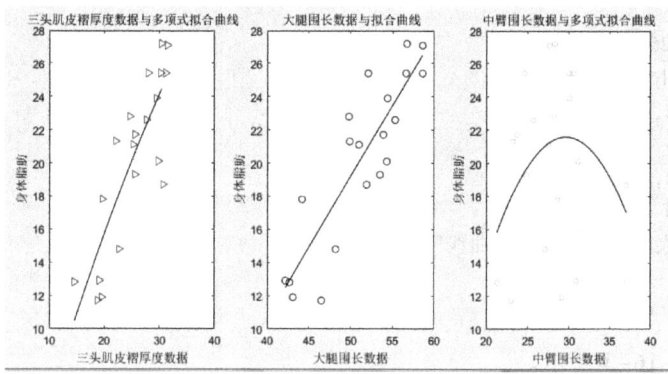

图 16-1 拟合曲线

16.2.2 直线拟合分析

1. 创建直线闭合函数文件 linefit.m

```
function [k,b] = linefit(x,y)
n = length(x);
x = reshape(x,n,1);           %生成列向量
y = reshape(y,n,1);
A = [x,ones(n,1)];            %连接矩阵 A
bb = y;
B = A'*A;
bb = A'*bb;
yy = B\bb;
k = yy(1);                    %得到 k
b = yy(2);                    %得到 b
```

2. 调用函数计算三头肌皮褶厚度数据

```
>> [k,b] = linefit(x1,y)
k =
    0.8572
b =
   -1.4961
>> y1 = polyval([k,b],x1);
>> plot(x1,y1);
>> hold on
>> plot(x1,y,'*')
>> hold off
>> title('三头肌皮褶厚度直线拟合曲线')
>> xlabel('三头肌皮褶厚度数据')
>> ylabel('身体脂肪')
```

拟合结果如图 16-2 所示。

3. 调用函数计算大腿围长数据

```
>>[k,b] = linefit(x2,y)
k =
    0.8554
b =
   -23.5826
>>y2 = polyval([k,b],x2);
>>plot(x2,y2);
>>hold on
>>plot(x2,y,'*')
>>hold off
>>title('大腿围长直线拟合曲线')
>>xlabel('大腿围长数据')
>>ylabel('身体脂肪')
```

拟合结果如图 16-3 所示。

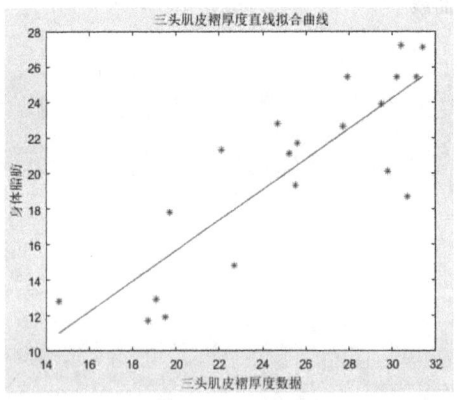
图 16-2 直线拟合

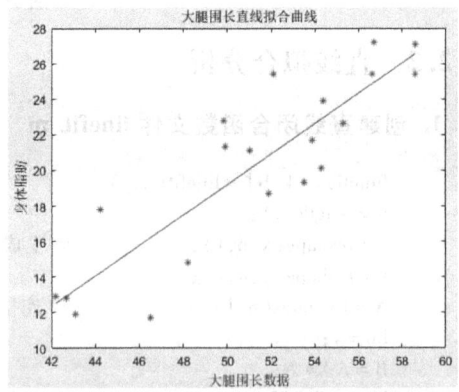
图 16-3 大腿围长直线拟合曲线

4. 调用函数计算中臂围长数据

```
>>[k,b] = linefit(x3,y)
k =
    0.1982
b =
    14.7226
>>y3 = polyval([k,b],x3);
>>plot(x3,y3);
>>hold on
>>plot(x3,y,'*')
>>hold off
>>title('中臂围长直线拟合曲线')
>>xlabel('中臂围长数据')
>>ylabel('身体脂肪')
```

拟合结果如图 16-4 所示。

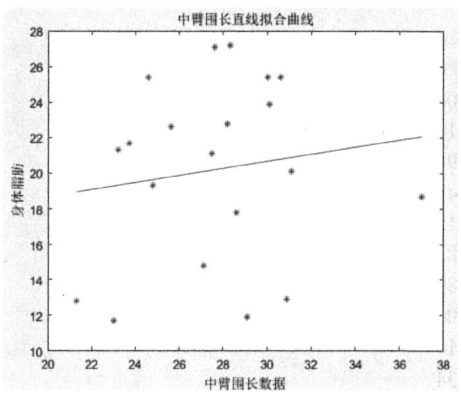

图 16-4 中臂围长直线拟合曲线

16.2.3 线性回归分析

计算三头肌皮褶厚度数据与身体脂肪数据的线性回归分析。

```
>> [b,bint,r,rint,stats] = regress(y',x1')
b =
    0.8002
bint =
    0.7501    0.8503
r =
   -3.7038
    3.0351
   -5.8660
   -3.7459
   -2.3838
    1.2150
    1.9738
    3.0745
    3.6156
   -1.1050
    0.5139
    2.8740
   -3.2637
    2.0361
    1.1171
    0.2942
    0.4345
    1.2340
   -3.3645
    0.9350
rint =
   -9.2816    1.8739
   -2.5865    8.6568
  -10.8194   -0.9127
   -9.1937    1.7019
   -8.1391    3.3715
```

```
    -4.5625     6.9924
    -3.6744     7.6220
    -2.5017     8.6507
    -1.9504     9.1817
    -6.8890     4.6790
    -5.2170     6.2447
    -2.6935     8.4415
    -8.9157     2.3883
    -3.7464     7.8187
    -4.7664     7.0006
    -5.4630     6.0514
    -5.3443     6.2134
    -4.4827     6.9508
    -8.9626     2.2337
    -4.8598     6.7299
stats =
    0.7078      NaN         NaN         7.6176
```

16.3 样本分析

本章的测试数据包括20组，完成图形分析后，需要对20组数据进行样本分析，得到数据之间的差异，对分析更多人群的脂肪函数两测试数据之间的关系奠定基础。

16.3.1 样本均值分析

1. 创建所有测试数据矩阵

```
>> A(1,:) = x1;A(2,:) = x2;A(3,:) = x3
A =
  1 至 5 列
    19.5000    24.7000    30.7000    29.8000    19.1000
    43.1000    49.8000    51.9000    54.3000    42.2000
    29.1000    28.2000    37.0000    31.1000    30.9000
  6 至 10 列
    25.6000    31.4000    27.9000    22.1000    25.5000
    53.9000    58.6000    52.1000    49.9000    53.5000
    23.7000    27.6000    30.6000    23.2000    24.8000
  11 至 15 列
    31.1000    30.4000    18.7000    19.7000    14.6000
    56.6000    56.7000    46.5000    44.2000    42.7000
    30.0000    28.3000    23.0000    28.6000    21.3000
  16 至 20 列
    29.5000    27.7000    30.2000    22.7000    25.2000
    54.4000    55.3000    58.6000    48.2000    51.0000
    30.1000    25.6000    24.6000    27.1000    27.5000
```

2. 求解均值

```
>> A1 = mean(A)                          % 样本平均
A1 =
```

```
1 至 5 列
    30.5667    34.2333    39.8667    38.4000    30.7333
6 至 10 列
    34.4000    39.2000    36.8667    31.7333    34.6000
11 至 15 列
    39.2333    38.4667    29.4000    30.8333    26.2000
16 至 20 列
    38.0000    36.2000    37.8000    32.6667    34.5667
>> A2 = nanmean(A)                          %算数平均
A2 =
1 至 5 列
    30.5667    34.2333    39.8667    38.4000    30.7333
6 至 10 列
    34.4000    39.2000    36.8667    31.7333    34.6000
11 至 15 列
    39.2333    38.4667    29.4000    30.8333    26.2000
16 至 20 列
    38.0000    36.2000    37.8000    32.6667    34.5667
>> A3 = geomean(A)                          %几何平均
A3 =
1 至 5 列
    29.0270    32.6131    38.9197    36.9198    29.2035
6 至 10 列
    31.9786    37.0321    35.4314    29.4664    32.3431
11 至 15 列
    37.5174    36.5382    27.1440    29.2024    23.6803
16 至 20 列
    36.4191    33.9741    35.1787    30.9514    32.8172
>> A4 = harmmean(A)                         %和谐平均
A4 =
1 至 5 列
    27.5613    31.2412    38.0382    35.6601    27.6714
6 至 10 列
    30.0573    35.2345    34.2013    27.6772    30.5406
11 至 15 列
    36.0770    34.9377    25.3251    27.6878    21.6044
16 至 20 列
    35.0864    32.1727    33.0295    29.4985    31.3630
>> A5 = trimmean(A,1)                       %调整平均
A5 =
1 至 5 列
    30.5667    34.2333    39.8667    38.4000    30.7333
6 至 10 列
    34.4000    39.2000    36.8667    31.7333    34.6000
11 至 15 列
    39.2333    38.4667    29.4000    30.8333    26.2000
16 至 20 列
    38.0000    36.2000    37.8000    32.6667    34.5667
```

3. 绘制均值曲线

```
>> plot(A1,'bo')
>> hold on
>> plot(A2,'r-')
>> plot(A3,'c--')
>> plot(A4,'y:')
>> plot(A5,'g-..')
>> hold off
>> title('均值曲线')
>> xlabel('测试数据'),ylabel('身体脂肪')
>> legend('样本平均','算数平均','几何平均','和谐平均','调整平均')
```

在图形窗口中显示平均值结果对比图，如图 16-5 所示。

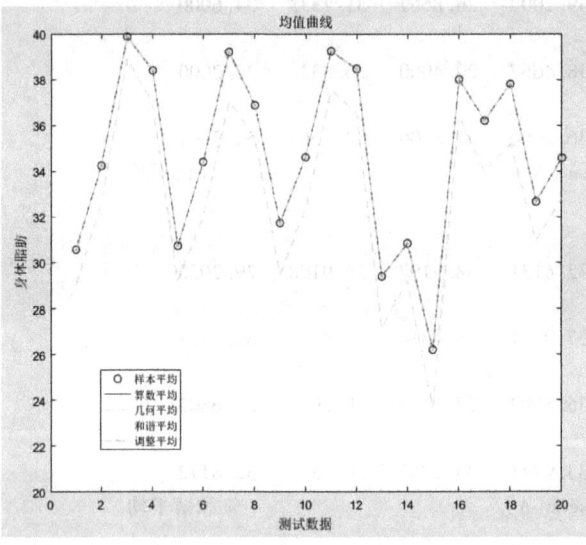

图 16-5　平均数据对比图

16.3.2　样本方差的分析

```
>> miu = mean(A)
miu =
  1 至 5 列
    30.5667   34.2333   39.8667   38.4000   30.7333
  6 至 10 列
    34.4000   39.2000   36.8667   31.7333   34.6000
  11 至 15 列
    39.2333   38.4667   29.4000   30.8333   26.2000
  16 至 20 列
    38.0000   36.2000   37.8000   32.6667   34.5667
>> sigma = var(A,1)
sigma =
  1 至 5 列
```

```
      93.9022   123.2022    79.0156   126.6867    88.9489
   6 至 10 列
     190.7267   190.5867   117.2422   165.2156   178.6867
  11 至 15 列
     151.0022   166.9622   149.2867   102.5356   143.6067
  16 至 20 列
     134.5400   183.1400   221.5467   123.8689   135.9089
```

16.3.3 协方差分析

(1) 协方差计算

```
>> B = cov(A)
B =
   1 至 5 列
     140.8533   154.7267   128.2333   152.5800   136.1067
     154.7267   184.8033   146.0017   186.7700   144.1983
     128.2333   146.0017   118.5233   145.5450   122.0717
     152.5800   186.7700   145.5450   190.0300   140.5750
     136.1067   144.1983   122.0717   140.5750   133.4233
     178.7400   226.0000   172.9950   231.9200   162.0950
     173.2400   223.1700   169.1000   230.1100   155.6300
     149.6733   180.2117   141.7333   182.5350   138.9717
     173.4067   213.0583   165.6867   216.9950   159.4783
     175.9800   220.0450   169.4700   225.1550   160.4750
     160.6067   201.7933   155.0017   206.7400   146.1083
     166.3533   211.0367   161.2483   216.7500   150.6117
     171.0600   203.4050   161.1000   205.3150   159.7450
     147.0067   163.8433   134.6517   162.2900   141.2083
     171.1800   198.5000   159.4650   198.9400   161.6650
     155.6000   191.9950   148.9550   195.7650   142.8100
     174.5000   221.1550   169.0700   227.0850   158.0650
     182.0800   237.9400   178.9000   246.2200   162.3600
     156.5733   185.2017   147.1183   186.6650   146.5667
     159.9933   193.8717   151.9333   196.7150   148.1117
   6 至 10 列
     178.7400   173.2400   149.6733   173.4067   175.9800
     226.0000   223.1700   180.2117   213.0583   220.0450
     172.9950   169.1000   141.7333   165.6867   169.4700
     231.9200   230.1100   182.5350   216.9950   225.1550
     162.0950   155.6300   138.9717   159.4783   160.4750
     286.0900   285.5300   221.5050   265.1650   276.7450
     285.5300   285.8800   219.0800   263.2800   275.6600
     221.5050   219.0800   175.8633   208.2967   215.4600
     265.1650   263.2800   208.2967   247.8233   257.3200
     276.7450   275.6600   215.4600   257.3200   268.0300
     254.5100   253.7300   197.6717   236.3183   246.3650
     267.6600   267.2900   206.8983   247.8517   258.8250
```

248.0450	244.7200	198.2700	234.1700	241.6400
191.2600	186.0300	158.7217	184.5683	187.9150
238.1300	233.7100	193.0350	226.6550	232.7150
239.5650	238.0500	187.7750	223.6150	232.3650
280.3350	279.9000	216.8000	259.6600	271.1100
306.8600	307.9600	233.8600	281.8600	295.8200
225.0850	221.8300	180.4383	212.8517	219.4150
239.2450	236.9200	189.3033	224.5367	232.5400

11 至 15 列

160.6067	166.3533	171.0600	147.0067	171.1800
201.7933	211.0367	203.4050	163.8433	198.5000
155.0017	161.2483	161.1000	134.6517	159.4650
206.7400	216.7500	205.3150	162.2900	198.9400
146.1083	150.6117	159.7450	141.2083	161.6650
254.5100	267.6600	248.0450	191.2600	238.1300
253.7300	267.2900	244.7200	186.0300	233.7100
197.6717	206.8983	198.2700	158.7217	193.0350
236.3183	247.8517	234.1700	184.5683	226.6550
246.3650	258.8250	241.6400	187.9150	232.7150
226.5033	238.0667	221.5450	171.6533	213.0700
238.0667	250.4433	231.5850	178.1167	222.1200
221.5450	231.5850	223.9300	180.9950	218.8150
171.6533	178.1167	180.9950	153.8033	180.3200
213.0700	222.1200	218.8150	180.3200	215.4100
213.4450	223.9550	210.9750	165.7450	203.9550
249.3550	262.2950	242.7000	186.8050	232.8450
272.4600	287.3800	260.7400	196.0600	248.0200
201.1117	210.1083	203.9450	165.5117	199.5950
213.4117	223.5183	213.2300	169.8617	207.2150

16 至 20 列

155.6000	174.5000	182.0800	156.5733	159.9933
191.9950	221.1550	237.9400	185.2017	193.8717
148.9550	169.0700	178.9000	147.1183	151.9333
195.7650	227.0850	246.2200	186.6650	196.7150
142.8100	158.0650	162.3600	146.5667	148.1117
239.5650	280.3350	306.8600	225.0850	239.2450
238.0500	279.9000	307.9600	221.8300	236.9200
187.7750	216.8000	233.8600	180.4383	189.3033
223.6150	259.6600	281.8600	212.8517	224.5367
232.3650	271.1100	295.8200	219.4150	232.5400
213.4450	249.3550	272.4600	201.1117	213.4117
223.9550	262.2950	287.3800	210.1083	223.5183
210.9750	242.7000	260.7400	203.9450	213.2300
165.7450	186.8050	196.0600	165.5117	169.8617
203.9550	232.8450	248.0200	199.5950	207.2150
201.8100	234.6150	255.0000	191.7200	202.4750
234.6150	274.7100	300.9000	220.2050	234.2000
255.0000	300.9000	332.3200	236.1600	253.1400

191.7200	220.2050	236.1600	185.8033	193.9783
202.4750	234.2000	253.1400	193.9783	203.8633

（2）绘制对比图

```
>> subplot(1,2,1),plot(A)
>> title('样本数据')
>> subplot(1,2,2),plot(B)
>> title('协方差结果')
```

在图形窗口中显示样本数据与协方差数据结果对比图，如图 16-6 所示。

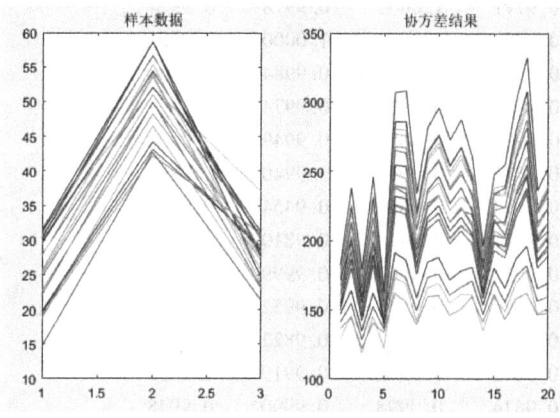

图 16-6　结果对比图

（3）相关系数计算

```
>> corrcoef(A)
ans =
  1 至 5 列
```

1.0000	0.9590	0.9925	0.9326	0.9928
0.9590	1.0000	0.9865	0.9966	0.9183
0.9925	0.9865	1.0000	0.9698	0.9707
0.9326	0.9966	0.9698	1.0000	0.8828
0.9928	0.9183	0.9707	0.8828	1.0000
0.8904	0.9829	0.9395	0.9947	0.8297
0.8633	0.9709	0.9186	0.9873	0.7969
0.9510	0.9996	0.9817	0.9985	0.9072
0.9281	0.9956	0.9668	0.9999	0.8770
0.9057	0.9887	0.9508	0.9977	0.8486
0.8992	0.9863	0.9460	0.9965	0.8405
0.8857	0.9810	0.9359	0.9936	0.8239
0.9632	0.9999	0.9889	0.9953	0.9242
0.9988	0.9718	0.9973	0.9493	0.9857
0.9827	0.9949	0.9980	0.9833	0.9536
0.9229	0.9942	0.9631	0.9997	0.8703
0.8871	0.9815	0.9370	0.9939	0.8256
0.8416	0.9601	0.9014	0.9798	0.7711

0.9678	0.9995	0.9914	0.9934	0.9309
0.9442	0.9988	0.9774	0.9994	0.8981

6 至 10 列

0.8904	0.8633	0.9510	0.9281	0.9057
0.9829	0.9709	0.9996	0.9956	0.9887
0.9395	0.9186	0.9817	0.9668	0.9508
0.9947	0.9873	0.9985	0.9999	0.9977
0.8297	0.7969	0.9072	0.8770	0.8486
1.0000	0.9984	0.9875	0.9958	0.9994
0.9984	1.0000	0.9771	0.9891	0.9958
0.9875	0.9771	1.0000	0.9978	0.9924
0.9958	0.9891	0.9978	1.0000	0.9984
0.9994	0.9958	0.9924	0.9984	1.0000
0.9998	0.9971	0.9904	0.9974	0.9999
0.9999	0.9989	0.9859	0.9949	0.9990
0.9800	0.9672	0.9991	0.9940	0.9863
0.9118	0.8872	0.9651	0.9454	0.9255
0.9592	0.9418	0.9918	0.9810	0.9685
0.9970	0.9911	0.9967	0.9999	0.9991
1.0000	0.9988	0.9864	0.9952	0.9991
0.9952	0.9991	0.9674	0.9822	0.9912
0.9763	0.9625	0.9982	0.9919	0.9832
0.9907	0.9814	0.9998	0.9990	0.9948

11 至 15 列

0.8992	0.8857	0.9632	0.9988	0.9827
0.9863	0.9810	0.9999	0.9718	0.9949
0.9460	0.9359	0.9889	0.9973	0.9980
0.9965	0.9936	0.9953	0.9493	0.9833
0.8405	0.8239	0.9242	0.9857	0.9536
0.9998	0.9999	0.9800	0.9118	0.9592
0.9971	0.9989	0.9672	0.8872	0.9418
0.9904	0.9859	0.9991	0.9651	0.9918
0.9974	0.9949	0.9940	0.9454	0.9810
0.9999	0.9990	0.9863	0.9255	0.9685
1.0000	0.9996	0.9837	0.9197	0.9646
0.9996	1.0000	0.9779	0.9075	0.9563
0.9837	0.9779	1.0000	0.9753	0.9963
0.9197	0.9075	0.9753	1.0000	0.9907
0.9646	0.9563	0.9963	0.9907	1.0000
0.9983	0.9962	0.9924	0.9408	0.9782
0.9996	1.0000	0.9785	0.9088	0.9572
0.9931	0.9961	0.9558	0.8672	0.9270
0.9803	0.9740	0.9998	0.9791	0.9977
0.9931	0.9892	0.9980	0.9593	0.9888

16 至 20 列

0.9229	0.8871	0.8416	0.9678	0.9442
0.9942	0.9815	0.9601	0.9995	0.9988
0.9631	0.9370	0.9014	0.9914	0.9774

0.9997	0.9939	0.9798	0.9934	0.9994
0.8703	0.8256	0.7711	0.9309	0.8981
0.9970	1.0000	0.9952	0.9763	0.9907
0.9911	0.9988	0.9991	0.9625	0.9814
0.9967	0.9864	0.9674	0.9982	0.9998
0.9999	0.9952	0.9822	0.9919	0.9990
0.9991	0.9991	0.9912	0.9832	0.9948
0.9983	0.9996	0.9931	0.9803	0.9931
0.9962	1.0000	0.9961	0.9740	0.9892
0.9924	0.9785	0.9558	0.9998	0.9980
0.9408	0.9088	0.8672	0.9791	0.9593
0.9782	0.9572	0.9270	0.9977	0.9888
1.0000	0.9964	0.9847	0.9901	0.9982
0.9964	1.0000	0.9959	0.9747	0.9896
0.9847	0.9959	1.0000	0.9504	0.9726
0.9901	0.9747	0.9504	1.0000	0.9967
0.9982	0.9896	0.9726	0.9967	1.0000

Plot(B)

参 考 文 献

[1] 黄少罗,胡仁喜,甘勤涛. MATLAB 2016 数学计算与工程分析从入门到精通[M]. 北京:机械工业出版社,2017.
[2] 张磊,郭连英,丛滨. MATLAB 实用教程[M]. 北京:人民邮电出版社,2014.
[3] 蔡旭辉,刘卫国,蔡丽燕. MATLAB 基础与应用教程[M]. 北京:人民邮电出版社,2015.
[4] 周建兴,等. MATLAB 从入门到精通[M]. 北京:人民邮电出版社,2008.
[5] 龚纯,王正林. 精通 MATLAB 最优化计算[M]. 北京:电子工业出版社,2009.
[6] 王正林,等. MATLAB/Simulink 与控制系统仿真[M]. 2 版. 北京:电子工业出版社,2008.
[7] 陆垚光,等. 精通 MATLAB GUI 设计[M]. 北京:电子工业出版社,2008.
[8] 夏玮,等. MATLAB 控制系统仿真与实例详解[M]. 北京:人民邮电出版社,2008.
[9] 薛定宇. 基于 MATLAB/Simulink 的系统仿真技术与应用[M]. 北京:清华大学出版社,2002.
[10] 刘卫国. MATLAB 程序设计与应用[M]. 2 版. 北京:高等教育出版社,2006.
[11] 王忠礼. MATLAB 应用技术在电气工程与自动化专业中的应用[M]. 北京:清华大学出版社,2007.
[12] 刘超,高双. 自动控制原理的 MATLAB 仿真与实践[M]. 北京:机械工业出版社,2015.
[13] 方康玲. 过程控制及其 MATLAB 实现[M]. 2 版. 北京:电子工业出版社,2013.
[14] John J. D Azzo. 基于 MATLAB 的线性控制系统分析与设计[M]. 5 版. 北京:机械工业出版社,2008.
[15] 何正风. MATLAB R2015b 神经网络技术(精通 MATLAB)[M]. 北京:清华大学出版社,2016.
[16] 丁毓峰. 精通 MATLAB 混合编程[M]. 北京:电子工业出版社,2012.
[17] 马昌凤. 最优化方法及其 MATLAB 程序设计[M]. 北京:科学出版社,2010.
[18] 余胜威. MATLAB 优化算法案例分析与应用[M]. 北京:清华大学出版社,2014.
[19] 许丽佳,穆炯,康志亮,等. MATLAB 程序设计及应用[M]. 北京:清华大学出版社,2011.
[20] 褚洪生,杜增吉,阎金华,等. MATLAB 7.2 优化设计实例指导教程[M]. 北京:机械工业出版社,2007.